普通高等教育新工科电子信息类课改系列教材

微型计算机原理及应用

主　编　袁臣虎

副主编　冯　慧　陈伏荣

西安电子科技大学出版社

内容简介

本书根据微型计算机原理及应用课程的基本教学要求以及新工科及工程教育认证背景下微型计算机原理教学改革的需求而编写。本书分为基础篇、原理篇和提高篇三部分。基础篇(第1章至第5章)创新性地将微型计算机的基本概念、基本理论和基本技术等提炼归纳，使读者更容易掌握微型计算机的基本原理；原理篇(第6章)以MCS-51单片机为例，介绍了微型计算机的结构组成、工作原理、编程方法和应用等，可以使读者学有所用、学以致用；提高篇(第7章)侧重微型计算机系统存储器、外部设备和串行总线扩展技术等内容，满足读者深入学习的需求。另外，在本书编写过程中引入了微型计算机仿真软件Proteus，将抽象理论直观呈现，更加有利于读者对微型计算机原理和技术的学习和掌握。

本书内容全面、重点突出，在充分考虑教学和自学需求的基础上，内容叙述由浅入深、通俗简洁。本书可作为高等院校本科和研究生微型计算机原理课程的教材，也可以作为有关科技人员的参考书。

本书配备多媒体课件和教学视频，读者可通过出版社官网(http://www.xduph.com)下载学习。

图书在版编目(CIP)数据

微型计算机原理及应用 / 袁臣虎主编. —西安：西安电子科技大学出版社，2023.2
(2024.1 重印)
ISBN 978–7–5606–6759–1

Ⅰ.①微…　Ⅱ.①袁…　Ⅲ.①微型计算机　Ⅳ.①TP36

中国国家版本馆 CIP 数据核字(2023)第 028039 号

策　　划　刘小莉
责任编辑　赵婧丽
出版发行　西安电子科技大学出版社(西安市太白南路 2 号)
电　　话　(029) 88202421　88201467　　邮　　编　710071
网　　址　www.xduph.com　　电子邮箱　xdupfxb001@163.com
经　　销　新华书店
印刷单位　陕西日报印务有限公司
版　　次　2023 年 2 月第 1 版　2024 年 1 月第 2 次印刷
开　　本　787 毫米×1092 毫米　1/16　印张 21.5
字　　数　511 千字
定　　价　55.00 元
ISBN　978–7–5606–6759–1 / TP
XDUP 7061001–2

前　言

微型计算机原理及应用课程作为高等学校工科类学生的基础必修主干课，在人才培养体系中的重要性不言而喻。时下，新工科和工程教育认证(OBE)对微型计算原理课程教学提出了新要求，微型计算机原理课程的教学内容和教材必须做出适应性改革。本书编者结合多年微型计算机原理课程一线教学积累和新时期教学要求，在查阅大量相关文献和资料的基础上，对教材内容进行精心组织并融入独到见解，以期读者通过本书，能够更好地掌握微型计算机的工作原理和相关应用技术，并达到举一反三、融会贯通之学习目的。

本书在内容选取和章节安排上进行了大胆创新，将全书分为基础篇、原理篇和提高篇三个部分。基础篇包含第 1～5 章，着重介绍微型计算机原理的基础理论。其中：第 1 章介绍微型计算机的历史和发展、微型计算机中的数制和数、微型计算机运算电路及补码运算规则、微型计算机中的常用编码、微型计算机系统和微型计算机仿真软件 Proteus 的应用；第 2 章介绍微型计算机存储器体系结构、微型计算机内存储器的结构和分类、微型计算机内部存储器扩展技术；第 3 章介绍微型计算机中断的基本概念和中断系统；第 4 章介绍微型计算机接口的基本概念、I/O 接口结构和芯片分类、可编程并行接口芯片 8255A、定时/计数技术及其控制芯片 8253A、串行通信及其接口芯片 8251A、D/A 与 A/D 转换技术及接口芯片；第 5 章介绍微型计算机总线技术和串行总线技术。通过基础篇可以掌握微型计算机基本原理和基本应用。原理篇为第 6 章，以 MCS-51 单片机为例介绍了微型计算机的结构组成、工作原理、编程方法和应用等，内容涉及 MCS-51 内部资源及工作时序、MCS-51 汇编指令系统、MCS-51 汇编程序设计、MCS-51 中断系统及应用、MCS-51 内部定时/计数器及其应用、MCS-51 内部串行口及其应用。提高篇为第 7 章，介绍 MCS-51 的扩展技术及其应用，包括 MCS-51 总线系统、存储器扩展技术、并行接口扩展技术、键盘和显示扩展技术、D/A 与 A/D 扩展技术、I^2C 总线扩展技术、SPI 总线扩展技术、RS-232 总线扩展技术、RS-485 总线扩展技术，以及基于 8051 的数字温度计设计案例，供读者深入学习微型计算机原理及工程应用，并且为嵌入式系统微处理器(诸如 ARM\DSP 等)的学习打下了坚实基础。

本书的编写工作由天津工业大学微机原理课程组成员集体完成，袁臣虎任主编，负责全书内容统筹、选取和最终定稿，冯慧、陈伏荣任副主编。具体分工为：袁臣虎编写第 1～3 章、第 6～7 章和各章节 Proteus 仿真设计；冯慧编写第 4 章并制作配套多媒体课件；陈伏荣编写第 5 章和各章课后习题；天津市计量监督检测科学研究院周海亮博士编写了 Proteus 仿真软件使用方法及附录，并提出了大量的工程实用性建议，在此向其表示衷心感谢。

本书的编写与出版凝聚了所有参编人员多年的一线教学工作经验和心血，是集体智慧的结晶，也是学校领导和相关朋友大力支持的结果，西安电子科技大学出版社刘小莉编辑对本书的出版给予了大力支持和帮助，在此向他们表示由衷的感谢！

由于编者水平有限，加之编写时间仓促，书中难免有疏漏之处，殷切希望广大同仁和热心读者批评指正！

编　者

2022 年 9 月

目　录

基　础　篇

第 1 章　微型计算机原理基础知识 2
1.1　概述 2
1.1.1　计算机的发展历史 2
1.1.2　微型计算机的发展历史 4
1.1.3　单片微型计算机发展历史 6
1.1.4　微型计算机的未来发展 7
1.2　微型计算机中的数制和数 8
1.2.1　数制 8
1.2.2　数制转换方法 8
1.2.3　微型计算机中数的表示 10
1.3　微型计算机运算电路及补码运算规则 13
1.3.1　微型计算机中的运算电路 13
1.3.2　微型计算机中的补码运算规则 14
1.3.3　机器数补码运算规则实例解析 15
1.4　微型计算机中的常用编码 18
1.4.1　微型计算机编码的基本概念 18
1.4.2　ASCII 码编码规则 18
1.4.3　8421 BCD 码编码规则 18
1.5　微型计算机系统 21
1.5.1　微型计算机系统组成 21
1.5.2　微型计算机主机组成 21
1.5.3　微型计算机的主要性能指标 23
1.6　微型计算机仿真软件 Proteus 25
1.6.1　Proteus 简介 25
1.6.2　Proteus 简易教程 25
1.6.3　补码运算规则仿真实验 32
习题 35
第 2 章　微型计算机内部存储器及扩展技术 36
2.1　微型计算机存储器体系结构 36
2.2　微型计算机内存储器结构和分类 37
2.2.1　内存分类 37
2.2.2　内存储器的主要性能指标 38
2.2.3　随机存取存储器(RAM) 38
2.2.4　只读存储器(ROM) 42
2.2.5　新一代可编程只读存储器 FLASH 44
2.3　微型计算机内部存储器扩展技术 45
2.3.1　内部存储器扩展方式 45
2.3.2　内部存储器扩展技术 46
2.3.3　存储器扩展 Proteus 仿真 54
习题 58
第 3 章　微型计算机中断技术 60
3.1　中断的基本概念 60
3.1.1　中断的定义 60
3.1.2　中断的意义 60
3.1.3　中断源 61
3.1.4　中断响应 61
3.1.5　中断源优先权 62
3.1.6　中断嵌套 65
3.1.7　中断服务程序 66
3.2　中断系统 66
习题 68
第 4 章　微型计算机接口技术 69
4.1　接口的基本概念 69

4.1.1 I/O 接口传递的信息......69
4.1.2 I/O 接口的端口......70
4.1.3 I/O 接口的主要功能......70
4.1.4 I/O 接口编址......71
4.1.5 I/O 接口控制方式......71
4.1.6 I/O 接口的驱动程序......75
4.2 I/O 接口结构及芯片分类......75
4.3 可编程并行接口芯片 8255A......77
4.3.1 8255A 内部结构及引脚功能......77
4.3.2 8255A 控制字......79
4.3.3 8255A 工作方式......80
4.3.4 8255A 的状态字......85
4.4 定时/计数技术及其控制芯片 8253A......86
4.4.1 定时/计数技术......86
4.4.2 定时/计数控制芯片 8253A......88
4.4.3 8253A 控制字及工作方式......90
4.4.4 8253A 初始化编程及锁存命令......91
4.4.5 8253A 的工作方式......91
4.5 串行通信及其接口芯片 8251A......95
4.5.1 串行通信基础知识......95
4.5.2 8251A 内部结构及引脚功能......98
4.5.3 8251A 控制字及工作方式......101
4.5.4 8251A 的初始化......104
4.6 D/A 与 A/D 转换技术及接口芯片......105
4.6.1 模拟信号的输入/输出通道......105
4.6.2 D/A 转换技术......106
4.6.3 D/A 转换芯片 DAC0832......109
4.6.4 A/D 转换技术......112
4.6.5 A/D 转换芯片 ADC0809......115
习题......117
第 5 章 微型计算机总线技术......119
5.1 总线技术概述......119
5.1.1 总线的概念......119
5.1.2 总线的分类......119
5.1.3 总线主要性能指标......120
5.1.4 总线的操作周期......121
5.1.5 总线仲裁......122
5.1.6 总线数据传输方法......124
5.1.7 总线标准......126
5.2 串行总线......126
5.2.1 通用串行总线 USB......126
5.2.2 SPI 总线......130
5.2.3 RS-232 总线......132
5.2.4 RS-485 总线......135
5.2.5 I^2C 总线......137
5.2.6 CAN 总线......142
习题......144

原 理 篇

第 6 章 MCS-51 微型计算机系统原理及应用......146
6.1 内部资源及工作时序......146
6.1.1 MCS-51 的特点和基本组成......146
6.1.2 8051 单片机的内部资源......147
6.1.3 8051 时序......154
6.1.4 8051 引脚及功能......155
6.2 MCS-51 汇编指令系统......159
6.2.1 MCS-51 汇编指令格式......159
6.2.2 MCS-51 汇编指令寻址方式......160
6.2.3 MCS-51 汇编指令系统......162
6.2.4 MCS-51 汇编伪指令系统......183
6.3 MCS-51 汇编程序设计......187
6.3.1 顺序结构程序设计......187
6.3.2 分支结构程序设计......191
6.3.3 循环结构程序设计......197

6.3.4 查表结构程序设计 202
6.3.5 子结构程序设计 206
6.4 MCS-51 中断系统及应用 209
6.4.1 MCS-51 中断系统 209
6.4.2 MCS-51 中断系统应用 214
6.5 MCS-51 内部定时/计数器及其应用 218
6.5.1 定时/计数器的内部结构及工作原理 218
6.5.2 定时/计数器的工作方式及控制寄存器 220
6.5.3 定时/计数器的应用举例 222
6.6 MCS-51 内部串行口及其应用 230
6.6.1 8051 串行口结构 231
6.6.2 8051 串行口的工作方式 232
6.6.3 8051 串行口工作方式设置 233
6.6.4 8051 串行口工作过程及应用 234
习题 251

提 高 篇

第 7 章 微型计算机接口技术及应用 256
7.1 MCS-51 扩展技术及其应用 256
7.1.1 MCS-51 的总线系统 256
7.1.2 MCS-51 存储器扩展技术 256
7.1.3 MCS-51 并行接口扩展技术 261
7.1.4 MCS-51 键盘与显示扩展技术 272
7.1.5 MCS-51 D/A 与 A/D 扩展技术 284
7.1.6 MCS-51 I^2C 总线扩展技术 289
7.1.7 MCS-51 SPI 总线扩展技术 297
7.1.8 MCS-51 扩展 RS-232 总线技术 301
7.1.9 MCS-51 扩展 RS-485 总线技术 304
7.2 基于 8051 的数字温度计设计 305
7.2.1 数字温度计功能要求 305
7.2.2 数字温度计硬件电路设计 305
7.2.3 数字温度计软件程序设计 309
习题 327
附录 A ASCII 码表 329
附录 B MCS-51 单片机指令集 331
参考文献 336

基础篇

微型计算机原理及应用

第 1 章　微型计算机原理基础知识

1.1　概　　述

1.1.1　计算机的发展历史

计算机科学和人工智能之父、英国著名数学家、逻辑学家、密码学家艾伦·麦席森·图灵(Alan Mathison Turing)于1936年在《论数字计算在决断难题中的应用》一文中提出了著名的“图灵机”(Turing Machine)设想，涉及以下三方面内容：

图灵(1912—1954年)

(1) 足够长的磁带，将计算信息和推理过程存储起来，解决人脑记忆信息量不足的问题。

(2) 读写磁头，解决存储在磁带上的信息的读写问题。

(3) 有限的控制部件，解决数据的计算、推理、信息的存储与读写等问题。

计算机之父、美籍匈牙利数学家、物理学家约翰·冯·诺依曼(John Von Neumann)于1946年提出把程序本身当作数据来对待，程序和该程序处理的数据采用同样的方式储存，即“存储程序控制”，由此设计出完整的现代计算机体系，也就是著名的冯·诺依曼计算机体系。概括来讲，冯·诺依曼计算机体系包括以下三方面内容：

冯·诺依曼(1903—1957年)

(1) 用二进制表示数据和指令，解决了计算机中数的表示问题。

(2) 存储程序控制，计算机的所有工作都是按照既定程序进行的，将程序和运算数据预先存入存储器。

(3) 确立了计算机硬件的五大组成部分，即运算器、控制器、存储器、输入设备和输出设备。

1946年2月，美国“莫尔小组”发明了世界上第一台多用途计算机ENIAC(埃尼阿克)，如图1-1所示。它采用电子管作为计算机的基本元件，每秒能进行5000次加减运算，共使用了18 000个电子管、10 000个电容、7000个电阻、6000多个开关，其体积约为84.95 m^3，占地170 m^2，重量为30 t，耗电140～150 kW，是一个名副其实的“庞然大物”。

图 1-1　世界上第一台计算机

自 ENIAC 之后，计算机发展迅速，在短短的几十年时间里，经历了电子管计算机、晶体管计算机、集成电路计算机再到大规模集成电路计算机四个典型时代，如图 1-2 至图 1-5 所示。

图 1-2　电子管计算机(1948—1958 年)及电子管

图 1-3　晶体管计算机(1958—1964 年)及晶体管

图 1-4　集成电路计算机(1964—1971 年)及集成电路

图 1-5　大规模集成电路计算机(1971 年至今)及大规模集成电路

1.1.2　微型计算机的发展历史

微型计算机于 20 世纪 70 年代初研制成功，近年来获得了极快的发展，几乎每两年微处理器的集成度就会翻一番，每 2～4 年更新换代一次。微处理器是微型计算机的核心芯片，简称 MPU，是将微机中的运算器和控制器集成在一片硅片上制成的集成电路。每当一款新型的微处理器出现时，就会带动微机系统的其他部件的相应发展，如微机体系结构的进一步优化，存储器的存取容量不断增大、存取速度不断提高，外围设备的不断改进以及新设备的不断出现等。微处理器和微型计算机的发展主要经历了 6 个阶段，或者说经历了 6 代。

(1) 第一代为 4 位或 8 位低档微处理器(1971—1973 年)，代表型号为 Intel 公司 4 位 4004 及 8 位 8008 微处理器(见图 1-6)。其特点是：采用 PMOS 工艺，集成度约为 2000 个晶体管/片；系统结构和指令系统都比较简单，只能进行串行的二进制运算；软件主要采用机器语言或简单的汇编语言，指令数目较少(20 多条指令)，基本指令周期为 20～50 μs，用于简单的控制场合。

(a) 4004

(b) 8008

图 1-6　第一代微处理器

(2) 第二代为中高档 8 位微处理器(1974—1977 年)，代表型号为 Intel 8085、Z80 和 MC6809 等(见图 1-7)，均为 8 位微处理器，具有 16 位地址总线，可寻址 64 KB 个存储单元。第二代微处理器比第一代有了较多改进，采用 NMOS 工艺，集成度提高 1～4 倍，运算速度提高 10～15 倍，指令系统相对比较完善，已具有典型的计算机体系结构以及中断、存储器直接存取(DMA)功能。软件除汇编语言外，还可使用 BASIC、FORTRAN 以及 PL/M 等高级语言，在后期还出现了操作系统，但对于具有大量数据的大型复杂程序这还是不够的。另外，8 位微处理器每次只能处理 8 位数据，处理大量数据就要分成许多个 8 位字节进行操作，数值特别大或特别小，计算时间都很长。

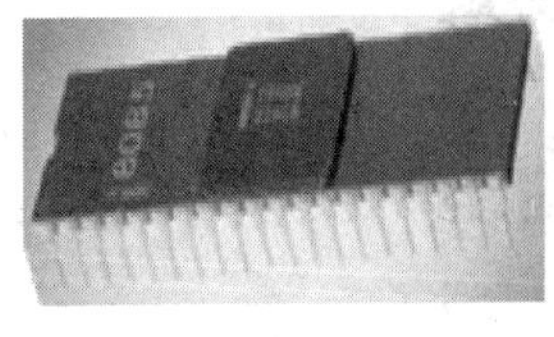
(a) 8085

(b) Z80

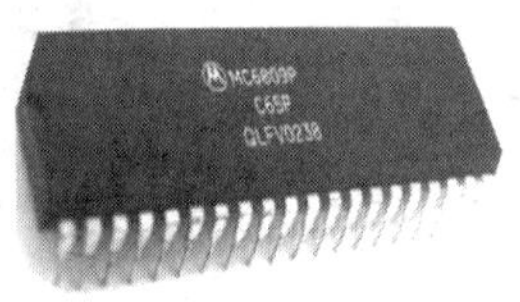
(c) MC6809

图 1-7　第二代微处理器

(3) 第三代为 16 位微处理器(1978—1984 年)，代表型号为 Intel 8086、80286 和 MC68000 等(见图 1-8)。其特点是：采用 HMOS 工艺，集成度(20 000～70 000 晶体管/片)和运算速度(基本指令执行时间是 0.5 μs)都比第二代提高了一个数量级；指令系统更加丰富、完善，采用多级中断、多种寻址方式、段式存储机构、硬件乘除部件，并配置了软件系统。这一时期著名微机产品有 IBM 公司的个人计算机，1981 年 IBM 公司推出的个人计算机采用 8088 处理器。紧接着 1982 年又推出了扩展型的个人计算机 IBM PC/XT，它对内存进行了扩充，并增加了一个硬磁盘驱动器，1984 年 IBM 公司又推出了以 80286 处理器为核心的 16 位增强型个人计算机 IBM PC/AT。由于 IBM 公司在发展个人计算机时采用了技术开放的策略，使个人计算机风靡世界。

(a) 8086

(b) MC68000

(c) 80286

图 1-8　第三代微处理器

(4) 第四代为 32 位微处理器(1985—1992 年)，代表型号为 Intel 公司的 80386/80486，Motorola 公司的 M69030/68040 等(见图 1-9)。其特点是：采用 HMOS 或 CMOS 工艺，集成度高达 100 万个晶体管/片，具有 32 位地址线和 32 位数据总线；每秒钟可完成 600 万条指令(Million Instructions Per Second，MIPS)。这个时期微型计算机的功能已经达到甚至超过超级小型计算机，完全可以胜任多任务、多用户的作业。同期，其他一些微处理器生产厂商(如 AMD、TEXAS 等)也推出了 80386/80486 系列芯片。

(a) 80386

(b) 80486

(c) 69030

图 1-9　第四代微处理器

(5) 第五代为奔腾(Pentium)系列微处理器(1993—2005 年)，代表机型为 Intel 公司的奔腾系列芯片及与之兼容的 AMD K6 系列微处理器芯片等(见图 1-10)。其特点是内部采用超标量指令流水线结构，并具有相互独立的指令和数据高速缓存。随着 MMX(Multi Media eXtended)微处理器的出现，微机的发展在网络化、多媒体化和智能化等方面跨上了更高的台阶。2000 年 3 月，AMD 与 Intel 分别推出时钟频率达 1 GHz 的 Athlon 和 Pentium Ⅲ。2000 年 11 月，Intel 又推出了 Pentium 4 微处理器，集成度高达每片 4200 万个晶体管，主频为 1.5 GHz。2002 年 11 月，Intel 推出的 Pentium 4 微处理器的时钟频率达到 3.06 GHz。对于个人计算机用户而言，多任务处理一直是一个难题，因为单处理器的多任务以分割时间段的方式来实现，此时的性能损失相当巨大。而在双内核处理器的支持下，真正的多任务得以应用，而且越来越多的应用程序甚至会为之优化，进而奠定了双内核处理器扎实的应用基础。

(a) 80586

(b) Pentium 4

(c) AMD K6

图 1-10　第五代微处理器

(6) 第六代为酷睿(Core)系列微处理器(2005 年至今)。酷睿(英文名 Core)是英特尔公司继使用长达 12 年之久的奔腾处理器之后推出的 Core 2 Duo 和 Core 2 Quad 品牌，以及最新出的 Core i7、Core i5、Core i3 三个品牌的 CPU(见图 1-11)。当然，奔腾也没有被放弃，而是作为消费者所熟悉的一个品牌逐渐转向经济型产品。

(a) Core i7

(b) Core i5

(c) Core i3

图 1-11　第六代微处理器

酷睿采用领先、节能的新型微架构，早期的酷睿是基于笔记本处理器发展起来的。酷睿 2(英文名 Core 2 Duo)是英特尔推出的新一代基于 Core 微架构的产品体系统称，于 2006 年 7 月 27 日发布。Core 2 是一个跨平台的构架体系，包括服务器版、桌面版、移动版三大领域，其中，服务器版的开发代号为 Woodcrest，桌面版的开发代号为 Conroe，移动版的开发代号为 Merom。Core i7(内核代号为 Bloomfield)处理器是英特尔于 2008 年推出的 64 位四内核 Core i7 CPU，沿用 x86-64 指令集，并以 Intel Nehalem 微架构为基础，i7 920 取代 Intel Core 2 系列处理器。Core i5 采用的是成熟的 DMI(Direct Media Interface)，相当于内部集成所有北桥的功能，采用 DMI 用于准南桥通信，并且只支持双通道的 DDR3 内存。Core i3 可看作是 Core i5 的进一步精简版，其特点是整合 GPU(图形处理器)，由 CPU + GPU 两个核心封装而成。在规格上，Core i3 的 CPU 部分采用双核心设计，通过超线程技术可支持四个线程，三级缓存由 8 MB 削减到 4 MB，而内存控制器、双通道、超线程技术等技术还会保留，同样采用 LGA 1156 接口，相对应的主板将会是 H55/H57。

1.1.3　单片微型计算机发展历史

单片微型计算机是一种集成电路芯片，是采用超大规模集成电路技术把具有数据处理能力的中央处理器 CPU、随机存储器 RAM、只读存储器 ROM、多种 I/O 口和中断系统、定时/计数等功能(可能还包括显示驱动电路、脉宽调制电路、模拟多路转换器、A/D 转换等电路)集成到一块硅片上构成的一个小而完善的微型计算机系统，简称“单片机”(Single Chip)，也称为嵌入式微控制器(Micro Controller Unit，MCU)。和计算机相比，单片机只缺少了 I/O 设备。概括地讲，一块单片机芯片就是一台计算机。单片机体积小、质量轻、价格便宜，为学习、应用和开发提供了便利条件。最早的单片机设计理念是通过将大量外围设备和 CPU 集成在一个芯片中，使计算机系统变小，以便集成进复杂且对体积要求严格的控制设备当中。Intel 的 Z80 是最早按照这种思想设计出来的处理器，当时单片机都是 8 位或 4 位，其中最成功的是 Intel 的 8031，后来形成了 MCS-51 系列单片机系统。MCS 是 Intel 公司生产单片机的系列号，主要有 MCS-48、MCS-51、MCS-96 系列。MCS-51 系列单片机包括 3 个基本型，分别是 8031(80C31)、8051(80C51)、8751(87C51)。20 世纪 80 年代中期以后，Intel 公司以专利形式将 8051 技术转让给许多半导体厂家(ATMEL、PHILIPS、ANALOG、DEVICE、DALLAS 等)，所以这些厂家生产的单片机与 MCS-51 系列单片机兼容。目前国内单片机课程学习内容大多都是 MCS-51 系列单片机，主要是因为其简单、可靠、易学易用、性价比高。尽管 2000 年以后 ARM 已经研发了 32 位的主频超过 300 MHz 的高端单片机，可是直到目前基于 8031 的单片机还在广泛使用。在很多方面单片机比专用处理器更适合应用于嵌入式系统。单片机的发展大致经历了四个阶段。

(1) 第一阶段(1976—1978 年)为低性能单片机的探索阶段。以 Intel 公司的 MCS-48 为代表，采用了单片结构，即在一块芯片内含有 8 位 CPU、定时/计数器、并行 I/O 口、RAM 和 ROM 等，主要用于工业领域。

(2) 第二阶段(1978—1982 年)为高性能单片机阶段。此类单片机带有串行 I/O 口，8 位数据线、16 位地址线(可以寻址的范围达到 64 KB)、控制总线、较丰富的指令系统等。这类单片机的应用范围较广，并在不断的改进和发展。

(3) 第三阶段(1982—1990 年)为 16 位单片机阶段。16 位单片机除 CPU 为 16 位外，片内 RAM 和 ROM 容量进一步增大，实时处理能力更强，体现了微控制器的特征。

(4) 第四阶段(1990 年至今)为微控制器的全面发展阶段。各公司的产品在尽量兼容的同时，向高速、强运算能力、寻址范围大以及小型廉价方面发展。

现代人类日常生活中几乎每件电子和机械产品中都会集成有单片机。如手机、电话、计算器、家用电器、电子玩具、掌上电脑以及鼠标等电脑配件中都配有 1～2 部单片机。汽车上一般配备 40 多部单片机，复杂的工业控制系统上甚至可能有数百部单片机在同时工作。事实上，单片机是世界上数量最多的处理器，数量远超过 PC 机和其他计算机的总和。

1.1.4 微型计算机的未来发展

摩尔定律指出，电脑芯片每 18 个月晶体管数量提升 1 倍，而价格降 1 倍。纵观摩尔定律的发展历程，事实也在不断证明其正确性，未来电脑硬件的将会继续遵循摩尔定律，发展趋势大致如下。

(1) CPU/显卡合二为一。

未来没有 CPU 和显卡的概念，CPU 和显卡融为一体且被集成在一个芯片上，集中处理电脑所有运算。

(2) 主板概念模糊化。

随着硬件各自整合程度的提高，未来主板将变成数据传输通道。

(3) 极速内存取代 DDR 内存。

DDR 系列内存的发展已经不能满足需要，更快的新型内存将问世。

(4) 硬盘容量无限大。

一种无容量限制的硬盘将取代现有硬盘，类似于云技术，所有数据将存储在网络服务器中。

(5) 全息 3D 显示器终将问世。

未来显示器彻底抛弃了现有显示的外观设计，无边框并且可显示 3D 立体画面。

(6) 电源核动力电池供能。

核动力电池保证电脑永久供电，能提供足够功率，且电池寿命无限长。

1.2　微型计算机中的数制和数

1.2.1　数制

数制即"计数制"，是利用一组固定的符号和统一的规则表示数值的方法。不同数制有不同符号，任何数制均包含基和权两个基本要素。计算机中常用的数制为十进制、二进制和十六进制。

1. 十进制

十进制的基为 10，后缀用 D 表示，可缺省，其数码为 0，1，2，3，4，5，6，7，8，9，共 10 个。任意十进制数均可由十进制数码按位组合而成，各位的权是以 10 为底的幂，小数点左边位权幂次从 0 开始依次加 1，小数点右边位权幂次从−1 开始依次减 1。如十进制数 $350.12 = 3 \times 10^2 + 5 \times 10^1 + 0 \times 10^0 + 1 \times 10^{-1} + 2 \times 10^{-2}$。

2. 二进制

二进制的基为 2，后缀用 B 表示，不可缺省，其数码为 0、1，共 2 个。任意二进制数均可由二进制数码按位组合而成，各位的权是以 2 为底的幂，小数点左边的位权幂次从 0 开始依次加 1，小数点右边位权幂次从−1 开始依次减 1。如二进制数 $1101.101\text{B} = 1 \times 2^3 + 1 \times 2^2 + 0 \times 2^1 + 1 \times 2^0 + 1 \times 2^{-1} + 0 \times 2^{-2} + 1 \times 2^{-3} = 13.625$

3. 十六进制

十六进制的基为 16，后缀用 H 表示，不可缺省，其数码为 0，1，2，3，4，5，6，7，8，9，A，B，C，D，E，F，共 16 个。任意十六进制数均可由十六进制数码按位组合而成，各位的权是以 16 为底的幂，小数点左边的位权幂次从 0 开始依次加 1，小数点右边位权幂次从−1 开始依次减 1。如十六进制数 $35.11\text{H} = 3 \times 16^1 + 5 \times 16^0 + 1 \times 16^{-1} + 1 \times 16^{-2} = 53.066$。

1.2.2　数制转换方法

人们在日常研究问题或解题的过程中，习惯用十进制数考虑问题和书写记录。但是计算机只能处理二进制数，因此需要将十进制数转换成二进制数。在计算机运算完毕得到二进制数的结果时，习惯用十进制分析运算结果，因此需要将二进制数转换成十进制数。在计算机程序设计时，为了简化书写，一般将二进制数转换为十六进制数表示，因此十进制、二进制和十六进制之间相互转换尤为必要。

1. 十进制数转换成二进制数

(1) 十进制整数转换成二进制整数。

十进制整数转换成二进制整数的方法是将十进制整数除 2 直到商为 0 为止，反向取其余数即可得到该十进制整数的对应二进制整数，简称"除 2 反向取余法"。

【例 1-1】　将十进制整数 53 转换为二进制整数。

其转换过程如下：

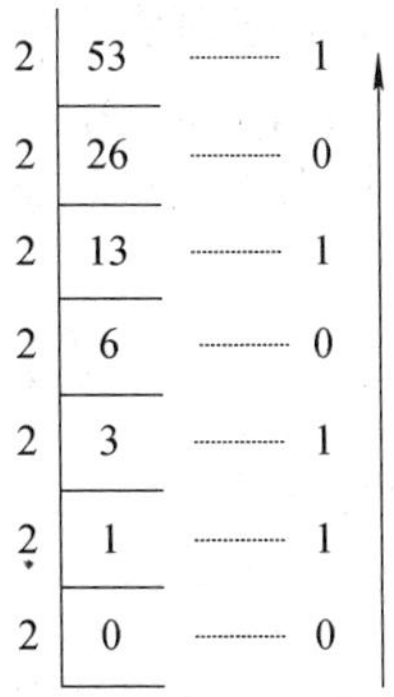

```
2 | 53  ········ 1   ↑
  ----
2 | 26  ········ 0
  ----
2 | 13  ········ 1
  ----
2 | 6   ········ 0
  ----
2 | 3   ········ 1
  ----
2 | 1   ········ 1
  ----
2 | 0   ········ 0
  ----
```

反向取余数即可得十进制整数 53 的 8 位二进制整数为 00110101 B。

(2) 十进制小数要转换成二进制小数。

十进制小数转换成二进制小数的方法是“乘 2 取整法”(乘以 2 正序取整)。一个大于或等于 0.5 的十进制小数乘以 2 之后整数位取 1，小于 0.5 的十进制小数乘以 2 之后整数位取 0，整数位的正序排列即为该十进制小数的二进制小数形式。

【例 1-2】 将十进制小数 0.625 转换为二进制小数。

其转换过程如下：

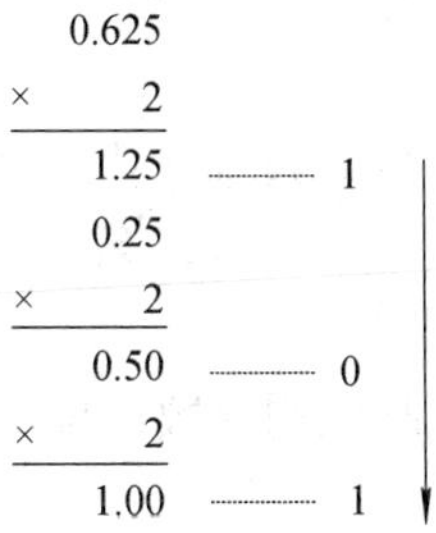

```
   0.625
×      2
--------
    1.25  ········ 1   │
    0.25               │
×      2               │
--------               │
    0.50  ········ 0   │
×      2               │
--------               │
    1.00  ········ 1   ↓
```

正序取整后可得十进制小数 0.625 对应的二进制小数为 0.1010。需要指出的是，十进制小数转换为二进制小数时，若取整后小数位不是 0，则须继续乘下去，直至小数位变为 0 为止。但是很有可能小数位永远不会为 0，也就是说，一个十进制小数在转换为二进制小数时有可能无法准确地转换，即在规定二进制位数的情况下，用二进制小数表示十进制小数时可能会有一定的误差。例如十进制小数 0.1 转换为二进制小数时出现 0.0001100110…B 现象，小数位永远写不完。

2. 二进制数转换成十进制数

二进制数转换成十进制数的方法是由二进制数各位的权乘以各位的数码(0 或 1)连加求和。

【例 1-3】 求二进制数 101011 B 对应的十进制数。

$101011\ \text{B} = 1 \times 2^5 + 0 \times 2^4 + 1 \times 2^3 + 0 \times 2^2 + 1 \times 2^1 + 1 \times 2^0 = 43\ \text{D}$

【例 1-4】 求二进制数 0.101 B 对应的十进制数。

$0.101\ \text{B} = 1 \times 2^{-1} + 0 \times 2^{-2} + 1 \times 2^{-3} = 0.625\ \text{D}$

3. 十进制数转换成十六进制数

十进制整数转换成十六进制整数用十进制整数除 16 直到商为 0 为止，反向取其余数即可得到该十进制整数的十六进制整数，简称“除 16 反向取余法”。

【例 1-5】 将十进制整数 53 转换为十六进制整数。

其转换过程如下：

除数	被除数/商		余数	
16	53	······	5	↑
16	3	······	3	│
16	0	······	0	│

反向取余后可得十进制整数 53 的两位十六进制整数表示为 35H。与例 1-1 二进制整数形式比较可知，1 位十六进制数实际上是 4 位二进制数的组合，即 35H = 0011 0101B。

十进制小数转换成十六进制小数与十进制小数转换成二进制小数过程类似，不再赘述。

1.2.3 微型计算机中数的表示

1. 机器数和真值

机器数是指用二进制表示的计算机能够直接识别的数，机器数表示数的范围取决于计算机的位数。真值是指该机器数所代表的实际数值，习惯上用带正负号的十进制数表示。

2. 机器数的分类

机器数可分为无符号数和有符号数，无符号数即自然数的机器数，有符号数即有理数的机器数。

(1) 无符号数。

无符号数的特点是数的所有二进制位均为数值位，无符号整数主要用来表示计算机中的地址值、索引值、指针值等。

(2) 有符号数。

有符号数的特点是用二进制数码 0、1 表示符号，计算机科学中规定二进制数 0 代表正符号，二进制数 1 代表负符号。

3. 有符号数的定点与浮点表示

计算机中有符号数的表示形式可分为定点表示和浮点表示两种。用定点表示有符号数的计算机称为定点计算机(例如 MCS-51 系列单片机)，用浮点表示有符号数的计算机称为浮点计算机(例如 PC 机)。

(1) 有符号数的定点表示。

定点表示是指在机器数中小数点的位置是固定的。定点有符号数有两种形式：纯整数形式和纯小数形式。定点计算机中通常采用纯整数形式，以 8 位机为例，用 8 位二进制数表示一个纯整数，其格式如下：

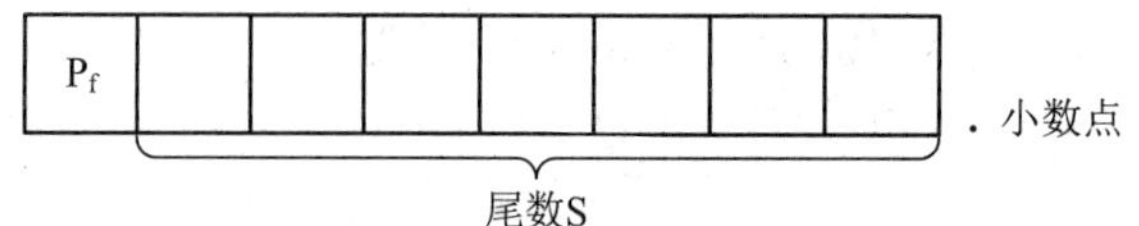

其中，P_f表示数的正负，0 表示正数，1 表示负数。

【例 1-6】 假设计算机位数为 8，定点表示下列整数。

[42]=

0	0	1	0	1	0	1	0

[−48]=

1	0	1	1	0	0	0	0

(2) 有符号数的浮点表示。

与十进制科学记数法同理，对于任意一个有符号数 N 总可以表示为 $N = S \times 2^P$，其中 S 是数 N 的尾数，P 是数 N 的阶码，阶码 P 可以根据小数点的位置取不同的数值，因此在计算机中可将任意有符号数进行规格化处理，即通过阶码 P 的改变将其尾数限定为 $1/2 \leqslant |S| < 1$(即保证尾数的小数点后面的一位必须为 1)之内的数，其机器数表示格式如下：

P_f	阶码P	S_f	尾数S

其中，P_f表示阶码 P 的正负，S_f表示尾数 S 的正负。

可见，包含尾数和阶码的机器数通过改变阶码实现了有符号数小数点的位置浮动，因此称之为浮点数。例如二进制数 $N = 0.0011010\ B \times 2^{00B}$，将其小数点后移 2 位，可得有符号数的规格化形式，即 $N = 0.11010\ B \times 2^{-10B}$。以 8 位机为例且阶码和尾数各分 4 位，则二进制数 N 的浮点表示形式如下：

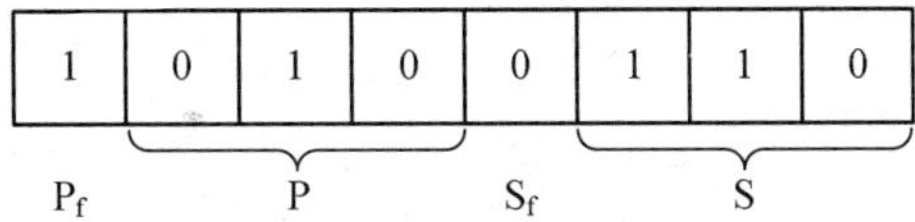

显然易见，由于计算机位数有限，尾数超出三位小数的部分自动舍去，影响了数的表示精度，因此，若用浮点法表示有符号数，则有可能产生误差。在确定位数的计算机中，阶码位数长，则尾数位数短，数的表示范围宽，但数的表示精度降低；反之若阶码位数短，则尾数位数长，数的表示精度提高，但数的表示范围变窄。

4. 机器数的编码形式

计算机科学中，机器数常采用三种编码形式，即原码、反码和补码。

(1) 原码。

原码是最简单的机器数编码形式，无符号数原码为十进制自然数直接转换后的二进制序列，8 位无符号数原码可表示 256(2^8)个自然数，范围是 0～255，16 位无符号数原码可表示 65536(2^{16})个自然数，范围是 0～65535。例如 8 位无符号数 1001 0011B = 93H = 147，8 位无符号数 0001 0101B = 15H = 21，16 位无符号数 0010 0110 1001 1100B = 269CH = 9884，16 位无符号数 1010 0100 1101 1110B = A4DEH = 42206。

有符号数原码为十进制有理数转换后的二进制序列，其最高位表示符号位，其他位存放该数的绝对值。8 位定点有符号数的原码可表示 256(2^8)个有理数，范围是−127～+127，16 位定点有符号数原码可表示 65536(2^{16})个有理数，范围是−32767～+32767。需要指出的是，定点有符号数原码包含+0 和−0，+0 的 8 位原码为 0000 0000B，−0 的 8 位原码为 1000 0000B。原码表示简单直观，与真值转换容易，但是不便直接应用于二进制加减运算，如果要想得到正确结果，则需对运算过程和运算结果进行处理。

【例 1-7】 写出 8+7、5+(−5)、5 − (−5)、(−8)+(−5)、5−8、(−8) − (−5) 8 位定点有符号数的原码运算过程。

$[+8]_{原}$= 0000 1000 B
+) $[+7]_{原}$= 0000 0111 B
────────────
0000 1111 B ──→ +15的原码

$[+5]_{原}$= 0000 0101 B
+) $[-5]_{原}$= 1000 0101 B
────────────
1000 1010 B ──→ −10的原码

$[+5]_{原}$= 0000 0101 B
−) $[-5]_{原}$= 1000 0101 B
────────────
1000 0000 B ──→ −0的原码

$[-8]_{原}$= 1000 1000 B
+) $[-5]_{原}$= 1000 0101 B
────────────
0000 1101 B ──→ +13的原码

$[+5]_{原}$= 0000 0101 B
−) $[+8]_{原}$= 0000 1000 B
────────────
1111 1101 B ──→ −125的原码

$[-8]_{原}$= 1000 1000 B
−) $[-5]_{原}$= 1000 0101 B
────────────
0000 0011 B ──→ +3的原码

分析运算结果可知，正数原码的加法通常是不会出错的，而正数原码的减法，或负数原码与负数原码相加减，就会出现错误的结果。可见原码表示的有符号数不便于实现加减运算。

(2) 反码。

有符号数原码最大的问题在于一个数加上它的相反数不等于 0，反码的设计思想基于此问题而提出。计算机科学中，规定正数的反码等于原码，负数的反码是它的原码除符号位外，其他位按位取反。8 位定点有符号数的反码可表示 256(2^8)个数，范围是−127～+127，16 位定点有符号数反码可表示 65536(2^{16})个数，范围是−32767～+32767。需要指出的是，定点有符号数反码包含+0 和−0，+0 的 8 位反码为 0000 0000B，−0 的 8 位反码为 1111 1111B。

【例 1-8】 写出 5+(−5)、(−5) − 5、5 − (−5)、(−8)+(−5)、5 − 8、(−8) − (−5) 8 位定点有符号数的反码运算过程。

$[+5]_{反}$= 0000 0101 B
+) $[-5]_{反}$= 1111 1010 B
────────────
1111 1111 B ──→ −0的反码

$[-5]_{反}$= 1111 1010 B
−) $[+5]_{反}$= 0000 0101 B
────────────
1111 0101 B ──→ −10的反码

$[+5]_{反}$= 0000 0101 B
−) $[-5]_{反}$= 1111 1010 B
────────────
0000 1011 B ──→ 11的反码

$[-8]_{反}$= 1111 0111 B
+) $[-5]_{反}$= 1111 1010 B
────────────
1111 0001 B ──→ −14的反码

$[+5]_{反}$= 0000 0101 B
−) $[+8]_{反}$= 0000 1000 B
────────────
1111 1101 B ──→ −2的反码

$[-8]_{反}$= 1111 0111 B
−) $[-5]_{反}$= 1111 1010 B
────────────
1111 1101 B ──→ −2的反码

分析运算结果可知，采用反码运算可解决部分原码运算的问题，但并不能全部解决原码运算问题。

(3) 补码。

补码的思想来自生活中的同余数思想，诸如生活中的时钟、地球经纬度等。如果时钟当前时刻为 12 时，要让时钟指向 3 时，可以顺时针拨 3 小时，也可以逆时针拨 9 小时，则 3 和 9 在时钟运算中互为同余数，也就是在时钟上 12+3=15(%12)=3 与 12－9=3 是等效的，它们都可以使时钟指向 3 时，即在时钟运算中，减去一个数就相当于加上 12(时钟模)与这个数之差再对 12 模运算。因此，对于像计算机这样遵循由于二进制位数限制而产生自动溢出(即模运算)的运算规则，且要求运算电路设计尽量简化的情况，正好可以利用该思想将加减运算统一为加法运算。

计算机科学中采用同余数思想引入机器数的补码形式，无符号数和有符号正数的补码等于它的原码，负数的补码等于反码加 1。8 位定点有符号数的补码可表示 256(2^8)个数，范围是-128～+127，16 位定点有符号数补码表可表示 65536(2^{16})个数，范围是-32768～+32767。特别指出，规定 10000000B 为-128 的补码，1000 0000 0000 0000 B 为-32768 的补码。8 位表示时-128 没有原码，16 位表示时-32768 没有原码。+0 和-0 的补码 8 位补码均为 00000000B，16 位补码均为 0000 0000 0000 0000B。研究表明，采用补码形式表示有符号数，原码运算和反码运算存在的问题可以全部得到解决。

【例 1-9】　写出 5+(−5)、5－(−5)、(−5)－5、(−8)+(−5)、5－8、(−8)－(−5) 8 位定点有符号数的补码运算过程。

```
    [+5]补= 0000 0101 B                 [+5]补= 0000 0101 B
+)  [-5]补= 1111 1011 B             -)  [-5]补= 1111 1011 B
-----------------------             -----------------------
            0000 0000 B  ──► 0的补码            0000 1010 B  ──► 10的补码

    [-5]补= 1111 1011 B                 [-8]补= 1111 1000 B
-)  [+5]补= 0000 0101 B             +)  [-5]补= 1111 1011 B
-----------------------             -----------------------
            1111 0110 B  ──► -10的补码          1111 0011 B  ──► -13的补码

    [+5]补= 0000 0101 B                 [-8]补= 1111 1000 B
-)  [+8]补= 0000 1000 B             -)  [-5]补= 1111 1011 B
-----------------------             -----------------------
            1111 1101 B  ──► -3的补码           1111 1101 B  ──► -3的补码
```

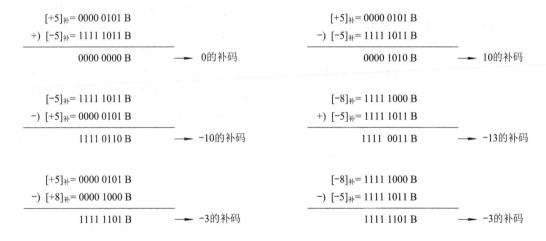

分析运算结果可知，采用补码形式表示有符号数，运算结果完全正确。

1.3　微型计算机运算电路及补码运算规则

1.3.1　微型计算机中的运算电路

微型计算机中的运算电路是由加法器构成的，图 1-12 所示的全加器电路可以完成二进制位 A_i、B_i 及进位 C_i 的加法操作，即有 $S_i = A_i + B_i + C_i$，并同时得到 C_{i+1}，其真值表如表 1-1 所示。

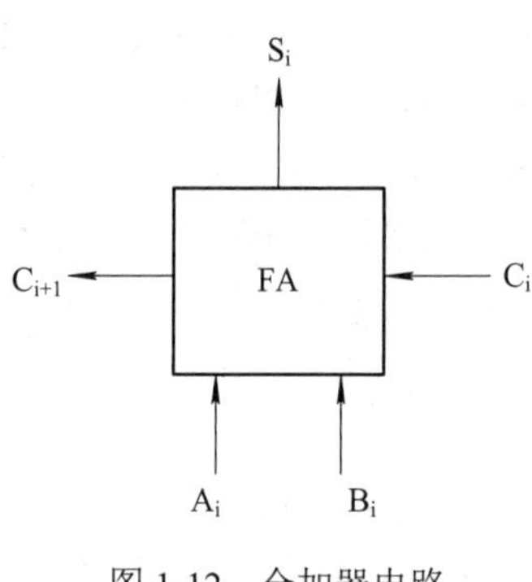

图 1-12　全加器电路

表 1-1　全加器真值表

A_i	B_i	C_i	S_i	C_{i+1}
0	0	0	0	0
0	0	1	1	0
0	1	0	1	0
0	1	1	0	1
1	0	0	1	0
1	0	1	0	1
1	1	0	0	1
1	1	1	1	1

8 位二进制数运算电路如图 1-13 所示，该运算电路由 8 个全加器、10 个异或门串并联组成。$A_0A_1A_2A_3A_4A_5A_6A_7$ 为被加数/被减数，$B_0B_1B_2B_3B_4B_5B_6B_7$ 为加数/减数，$S_0S_1S_2S_3S_4S_5S_6S_7$ 为和或差，$C_1C_2C_3C_4C_5C_6C_7C_8$ 为加法运算中低位全加器向高位全加器的进位，SUB 为加减控制信号。当执行加法运算指令时，控制信号 SUB = 0，图中各异或逻辑门均为同相逻辑门，即有 $S_i = A_i + B_i + C_i$；当执行减法指令时，控制信号 SUB = 1，图中各异或逻辑门均为反相逻辑门，即有 $S_i = A_i - B_i + C_i = A_i + \overline{B_i} + C_i$，需要指出的是，此时 FA_0 的 C_0 = SUB = 1。分析上述过程可知，计算机作加法运算时，两个加数直接相加即可得运算结果；而计算机作减法运算时，减数须先进行按位(包括符号位)求反且末位加 1 操作后再与被减数相加得到运算结果。计算机科学中将二进数按位求反末位加 1 的操作称为求补运算，所以计算机的减法操作实际是利用求补运算操作转换为加法来完成的。

图 1-13 中的 Cy 是运算过程中的进位(或借位)状态标志位，$Cy = SUB \oplus C_8$。执行加法运算指令时 SUB = 0，若运算过程中最高位有进位(C_8=1)，则 Cy = 1，反之 Cy = 0；执行减法运算指令时 SUB = 1，若运算过程中最高位无进位(C_8=0)，则 Cy = 1，反之 Cy = 0。

图 1-13 中 OV 是运算过程中的溢出标志位，$OV = C_8 \oplus C_7$。当运算结果超出 8 位有符号数的补码范围-128～+127 时，则 OV = 1，反之 OV = 0。

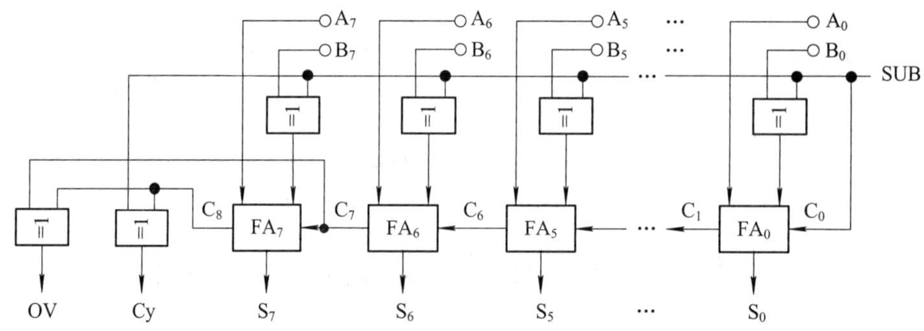

图 1-13　8 位二进制数运算电路

1.3.2　微型计算机中的补码运算规则

由于采用补码表示的机器数运算过程中无须特殊考虑符号位，因此在微型计算机中的有符号数一律采用补码形式表示，并且满足如下运算规则：

(1) 当两个有符号数加法运算时，相加后的结果仍然为补码，即$[X]_{补}+[Y]_{补}=[X+Y]_{补}$；

(2) 当两个有符号数减法运算时，相减后的结果仍然为补码，即$[X]_{补}-[Y]_{补}=[X-Y]_{补}$；

(3) 当两个有符号数减法运算时，差的补码等于被减数补码与减数补码之和，即$[X-Y]_{补}=[X]_{补}+[-Y]_{补}$。

分析规则(2)和规则(3)可知，只要把−Y 的补码求出来，就能将减法问题转化为加法问题，$[-Y]_{补}$的补码实际上是$[Y]_{补}$求补运算的结果，即$[Y]_{补}$按位取反末位加 1，微型计算机的运算电路正好可以完成此过程，并且该运算过程和运算结果完全可用于将参加运算的有符号数看成对应无符号数时的运算过程和运算结果解析。

1.3.3　机器数补码运算规则实例解析

【例 1-10】　计算 23H + 2AH。

运算电路执行加法指令，SUB = 0，其运算过程如下：

C_7=0
C_8=0
23H= 0010 0011 B
+) 2AH= 0010 1010 B
0100 1101 B =4DH

当看作有符号数时：$23H+2AH=[35]_{补}+[42]_{补}=[77]_{补}=4DH$，满足$[X]_{补}+[Y]_{补}=[X+Y]_{补}$规则，$Cy=C_8\oplus SUB=0\oplus 0=0$，$OV=C_8\oplus C_7=0\oplus 0=0$，真值为 77；

当看作无符号数时：$23H+2AH=[35]_{原}+[42]_{原}=[35]_{补}+[42]_{补}=[77]_{补}=4DH$，$Cy=C_8\oplus SUB=0\oplus 0=0$，$OV=C_8\oplus C_7=0\oplus 0=0$，真值为 77。

【例 1-11】　计算 23H − D6H。

运算电路执行减法指令，SUB = 1，其运算过程如下：

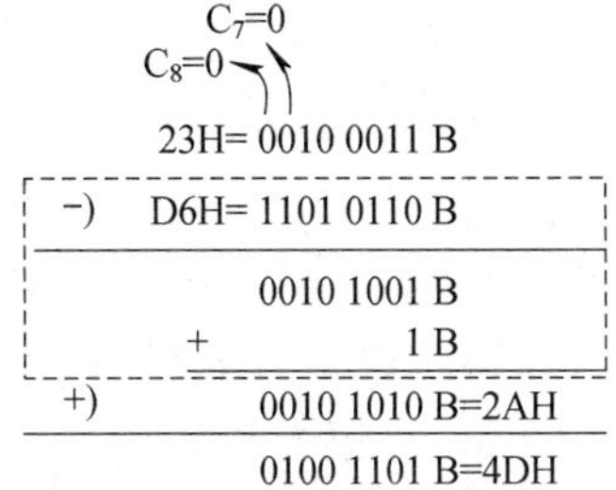

当看作有符号数时：$23H-D6H=[35]_{补}-[-42]_{补}=[35]_{补}+[42]_{补}=[77]_{补}=4DH$，同时满足$[X]_{补}-[Y]_{补}=[X-Y]_{补}$和$[X-Y]_{补}=[X]_{补}+[-Y]_{补}$规则，$Cy=C_8\oplus SUB=0\oplus 1=1$，$OV=C_8\oplus C_7=0\oplus 0=0$，真值为 77。

当看作无符号数时：$23H-D6H=[35]_{原}-[214]_{原}=[35]_{补}+[42]_{补}=[77]_{补}=4DH$，$Cy=C_8\oplus SUB=0\oplus 1=1$，$OV=C_8\oplus C_7=0\oplus 0=0$，运算结果对应无符号数 77，显然真值不合理(Cy = 1)，此时可对运算结果进行调整，其真值应为 77 − 256 = −179。

分析以上两题，虽然运算过程最终都是执行$[35]_{补}+[42]_{补}$，但是由于一个是加法操作，一个是减法操作(计算机中由加减指令实现)，对标志位 Cy 会产生不同影响。当作加法操作时，23H(=35) + 2AH(=42) = 4DH(=77)，此时 Cy = 0，即运算结果小于 256，真值 77

可直接求得；而当作减法操作时，23H(=35) − D6H(=214) = 77，此时 Cy = 1，即运算过程出现了借位，但运算结果并未能正确体现，真值应该由 77 − 256=−179 求得。综上，在计算机中进行减法操作运算结果真值分析时，当看作有符号数时不用理会 Cy 值，而当看作无符号数时，若 Cy=1 则须对真值进行合理性调整(运算结果为−256)。

【例 1-12】　计算 23H − 2AH。

运算电路执行减法指令，SUB = 1，其运算过程如下：

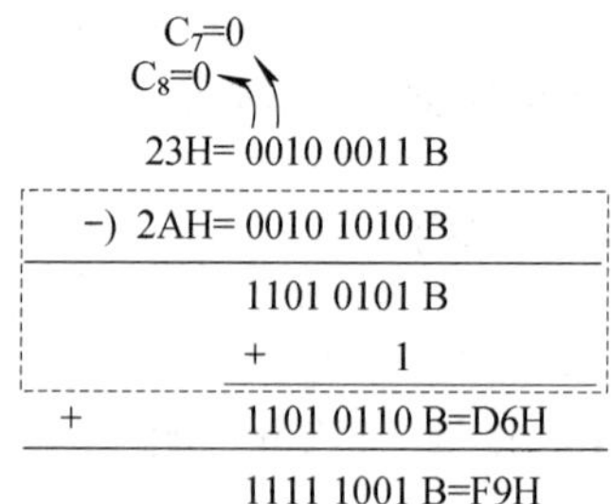

当看作有符号数时：23H − 2AH = $[35]_补 - [42]_补 = [35]_补 + [-42]_补 = [-7]_补$ = F9H，同时满足 $[X]_补 - [Y]_补 = [X-Y]_补$ 和 $[X-Y]_补 = [X]_补 + [-Y]_补$ 规则，$Cy = C_8 \oplus SUB = 0 \oplus 1 = 1$，$OV = C_8 \oplus C_7 = 0 \oplus 0 = 0$，真值为−7；

当看作无符号数时：23H − 2AH = $[35]_原 - [42]_原 = [35]_补 + [-42]_补 = [-7]_补$ = F9H，$Cy = C_8 \oplus SUB = 0 \oplus 1 = 1$，$OV = C_8 \oplus C_7 = 0 \oplus 0 = 0$，运算结果对应无符号数 249，显然真值不合理(Cy = 1)，应用减法操作真值分析规则，可对运算结果进行调整，即真值应为 249 − 256=−7。

【例 1-13】　计算 23H + D6H。

运算电路执行加法指令，SUB = 0，其运算过程如下：

```
   C7=0
  C8=0
   23H= 0010 0011 B
 + D6H= 1101 0110 B
 ----------------------
        1111 1001 B=F9H
```

当看作有符号数时：23H + D6H = $[35]_补 + [-42]_补 = [-7]_补$ = F9H，满足 $[X]_补 + [Y]_补 = [X+Y]_补$ 规则，$Cy = C_8 \oplus SUB = 0 \oplus 0 = 0$，$OV = C_8 \oplus C_7 = 0 \oplus 0 = 0$，真值为−7。

当看作无符号数时：23H+D6H = $[35]_原 + [214]_原 = [35]_补 + [-42]_补 = [-7]_补$ = F9H，$Cy = C_8 \oplus SUB = 0 \oplus 0 = 0$，$OV = C_8 \oplus C_7 = 0 \oplus 0 = 0$，真值为 249。

【例 1-14】　计算 55H − 4EH。

运算电路执行减法指令，SUB = 1，其运算过程如下：

```
   C7=1
  C8=1
    55H= 0101 0101 B
 −) 4EH= 0100 1110 B
 ----------------------
         1011 0001 B
       +         1
 ----------------------
 +       1011 0010 B=B2H
 ----------------------
       [1] 0000 0111 B =07H
 自动丢失
```

当看作有符号数时：55H－4EH＝$[85]_{补}-[78]_{补}=[85]_{补}+[-78]_{补}=[7]_{补}$＝07H，同时满足$[X]_{补}-[Y]_{补}=[X-Y]_{补}$和$[X-Y]_{补}=[X]_{补}+[-Y]_{补}$规则，$Cy=C_8\oplus SUB=1\oplus1=0$，$OV=C_8\oplus C_7=1\oplus1=0$，真值为 7。

当看作无符号数时：55H－4EH＝$[85]_{原}-[78]_{原}=[85]_{补}+[-78]_{补}=[7]_{补}$＝07H，$Cy=C_8\oplus SUB=1\oplus1=0$，$OV=C_8\oplus C_7=1\oplus1=0$，真值为 7。需要指出的是，运算过程中虽然最高位向更高位有运算进位，但是由于 SUB＝1 使得标志 Cy＝0，此时最高位产生的运算进位会自动丢失且不影响最终结果。

【例 1-15】　计算 55H＋B2H。

运算电路执行加法指令，SUB＝0，其运算过程如下：

```
        C7=1
      C8=1
     55H= 0101 0101 B
+    B2H= 1011 0010 B
-------------------------
       [1] 0000 0111 B =07H
自动丢失
```

当看作有符号数时：55H＋B2H＝$[85]_{补}+[-78]_{补}=[7]_{补}$＝07H，满足$[X]_{补}+[Y]_{补}=[X+Y]_{补}$规则，$Cy=C_8\oplus SUB=1\oplus0=1$，$OV=C_8\oplus C_7=1\oplus1=0$，真值为 7。

当看作无符号数时：55H＋B2H＝$[85]_{原}+[178]_{原}=[85]_{补}+[-78]_{补}=[7]_{补}$＝07H，$Cy=C_8\oplus SUB=1\oplus0=1$，$OV=C_8\oplus C_7=1\oplus1=0$，运算结果对应无符号数 7，显然真值不合理，此时可对运算结果进行调整，由 Cy＝1 可知无符号数 55H 加无符号数 B2H 超出 256，则该真值应为 256＋7=263。需要指出的是，本例运算过程中最高位向更高一位的运算进位不出现在运算结果中，但是由于进位标志 Cy＝1，说明运算结果溢出 256，求真值时补回来即可。

分析以上两题，虽然运算过程最终都是执行$[85]_{补}+[-78]_{补}$，但是由于一个是加法操作，一个是减法操作(计算机中由加减指令实现)，对标志位 Cy 产生不同影响。当作加法操作时，55H(=85)＋B2H(=178)＝07H，此时 Cy＝1。当看作有符号数进行结果真值分析时不用理会 Cy 值，而当看作无符号数进行结果真值分析时，此时 Cy=1，但运算结果未能正确体现，真值应该由 256+7=263 求得。而当作减法操作时，55H(＝85)−4EH(=78)＝07H，此时 Cy=0 即不应该有借位，真值直接由运算结果求得即可。综上，在计算机中进行加法操作运算结果真值分析时，当看作有符号数时不用理会 Cy 值，而当看作无符号数时，若 Cy=1，则须对真值进行合理性调整(运算结果为+256)。

【例 1-16】　计算 55H＋4EH。

运算电路执行加法指令，SUB＝0，其运算过程如下：

```
        C7=1
      C8=0
     55H= 0101 0101 B
+)   4EH= 0100 1110 B
-------------------------
         1010 0011 B=A3H
```

当看作有符号数时：55H＋4EH＝A3H，$Cy=C_8\oplus SUB=0\oplus0=0$，$OV=C_8\oplus C_7=0\oplus1=1$，正数相加出现了负数结果，不再满足$[X]_{补}+[Y]_{补}=[X+Y]_{补}$规则，此时 OV＝1，即运算结果超出了正常有符号数的补码表示范围，做溢出提示即可。

当看作无符号数时：55H+4EH＝$[85]_{原}+[78]_{原}=[163]_{原}$＝A3H，$Cy=C_8\oplus SUB=0\oplus0=0$，

$OV = C_8 \oplus C_7 = 0 \oplus 1 = 1$，真值为 163。

上述示例说明计算机执行加减指令时，机器数在运算电路中进行加法运算，有符号数采用补码形式且运算过程和运算结果在 OV = 0 情况下均满足补码运算规则；无符号数相加时，运算过程和运算结果与其对应有符号数的运算过程一致，利用 Cy 状态确定真值，若 Cy = 0，运算结果就是真值，若 Cy = 1，则真值为运算结果加 256(8 位计算机)；无符号数相减时，则采用求补运算规则转换为加法并用 Cy 状态确定真值，若 Cy = 0，运算结果就是真值，若 Cy = 1，则真值为运算结果减去 256(8 位计算机)。

综上可知，计算机中运算电路的运算过程和运算结果有如下规律。

(1) 运算电路的运算过程不区分符号位和数值位，符号位和数值位一起参加运算。

(2) 运算电路在进行运算时，只会根据加减指令设定加减控制信号 SUB 状态。若执行加法指令(即 X + Y)，则 SUB = 0，此时 Y 不变，运算过程是直接将 X 和 Y 相加即可得运算结果；若执行减法指令(即 X − Y)，则 SUB = 1，运算过程是 X 与 Y 求补运算后的结果相加。

(3) 运算电路在进行运算时，会自动设置进/借位标志位 Cy 和溢出标志位 OV 的值及其他有关的标志位。

(4) 对运算结果进行分析时，若编程人员将 X 和 Y 看作无符号数，则通过判断 Cy 位的状态，确定运算过程中是否有进/借位产生，进而进行真值合理性调整；若编程人员将 X 和 Y 看作有符号数，则通过判断 OV 位的状态，确定运算结果是否发生溢出，进而判断结果是否有效。

1.4　微型计算机中的常用编码

1.4.1　微型计算机编码的基本概念

计算机只能识别、存储和处理二进制数码，对于一些数据、字符、汉字等信息，在计算机中都是用规定好的二进制组合代码来表示的，称之为计算机符号编码。计算机符号编码既可被直接操作又符合使用习惯。

1.4.2　ASCII 码编码规则

ASCII 码是美国标准信息交换码的简称，广泛应用在计算机和通信等领域，有两种版本。一种版本为 7 位二进制数表示字符的 ASCII 码，可表示 128 个字符。其中包含 10 个十进制数字字符('0'～'9')的 ASCII 码(30H～39H)、26 个大写英文字母('A'～'Z')的 ASCII 码(41H～5AH)、26 个小写英文字母('a'～'z')的 ASCII 码(61H～7AH)和 32 个控制字符(回车符、换行符、退格符、设备控制符和信息分隔符等)的 ASCII 码(见附表 A)。另一种版本为 8 位二进制数表示字符的 ASCII 码，最高位为扩展位。最高位若为 0，则为基本 ASCII 码；最高位若为 1，则为扩展的 ASCII 码，一般用来表示键盘上不可显示的功能键编码(见附录 A)。

1.4.3　8421 BCD 码编码规则

8421 BCD 码是将十进制数字 0～9 进行二进制编码，从而让计算机可以直接识别十进制数。在 8421 BCD 码中，每 1 位十进制数字均可用 4 位二进制组合来表示，8、4、2、1 分别是各位的权值，在此基础上可按位对任意十进制数进行编码。4 位二进制可有 16 种组合(0000B～1111B)，计算机科学中规定 0000B～1001B 对应表示十进制数字 0～9 的 BCD 码，亦可写为 0H～9H，而将 1010B～1111B(即 AH～FH)称为非 BCD 码(也称作冗余码或非法码)。

1. BCD 码形式

在实际应用中，BCD 码有两种形式，即压缩型 BCD 码和非压缩型 BCD 码。

(1) 压缩型 BCD 码。

压缩型 BCD 码是指用 4 位二进制数表示 1 位十进制数，也是最常用的 BCD 码。例如十进制数 86 的压缩 BCD 码为 1000 0110B，可简写为 86H。

(2) 非压缩型 BCD 码。

非压缩型BCD码是用8位二进制数表示1位十进制数。高4位总是0000，低4位用0000B～1001B 中来表示 0～9。表 1-2 给出了 8421 BCD 码的部分编码。

表 1-2　8421 BCD 码编码表

十进制数	压缩型 BCD 码	非压缩型 BCD 码
1	0001B	00000001B
2	0010B	00000010B
3	0011B	00000011B
⋮	⋮	⋮
9	1001B	00001001B
10	00010000B	00000001 00000000B
11	00010001B	00000001 00000001B
⋮	⋮	⋮

需要说明的是，虽然 BCD 码可以简化人机联系，但它比纯二进制编码效率低，对同一个给定的十进制数，用 BCD 码表示时需要的位数比用纯二进制码多，而且用 BCD 码进行运算所花的时间也要更多，计算过程复杂，因为 BCD 码是将每个十进制数用一组 4 位二进制数来表示的，若将这种 BCD 码送入微机中进行运算，由于微机总是将数当作二进制数来运算，所以结果可能出错，因此需要对结果进行必要的修正，才能使结果成为正确的 BCD 码形式。

2. BCD 码加减运算

BCD 码表示的是十进制数，作加法运算时须按十进制计算原则进行运算，才能使其运算结果为正确 BCD 码。但计算机运算电路在进行运算时，对二进制位不作任何区分只会按照二进制规则进行相加运算，在相邻 BCD 码字之间(即两位十进制数字之间)只能“逢十六进位”而非“逢十进位”，进位差别会导致运算结果出现非BCD码或不合理的结果，因此需要对结果进行调整，做到“逢十进位”。

【例 1-17】　写出 38+49、88+79、65+47、37+25 的 BCD 码加法运算过程。

其运算过程如下：

```
    [38]BCD= 0011 1000 B
+)  [49]BCD= 0100 1001 B
--------------------------
         1000 0001 B  →  81的BCD码
+)       0000 0110 B  →  低位BCD码加6修正
--------------------------
         1000 0111 B  →  87的BCD码
```

```
    [88]BCD= 1000 1000 B
+)  [79]BCD= 0111 1001 B
--------------------------
       1 0000 0001 B  →  101的BCD码
+)       0110 0110 B  →  高低位BCD码均应加6修正
--------------------------
       1 0110 0111 B  →  167的BCD码
```

```
    [65]BCD= 0110 0101 B
+)  [47]BCD= 0100 0111 B
--------------------------
         1010 1100 B  →  高低位均为非BCD码
+)       0110 0110 B  →  高低位BCD码均应加6修正
--------------------------
       1 0001 0010 B  →  112的BCD码
```

```
    [37]BCD= 0011 0111 B
+)  [25]BCD= 0010 0101 B
--------------------------
         0101 1100 B  →  低位为非BCD码
+)       0000 0110 B  →  低位BCD码应加6修正
--------------------------
         0110 0010 B  →  62的BCD码
```

BCD 码相加时，加法运算的调整原则如下。

(1) 如果两个对应 BCD 码字相加的结果向高位无进位，且结果是 BCD 码，则该位不需要修正；若得到的结果是非 BCD 码，则该位需要加 6 修正。

(2) 如果两个对应 BCD 码字相加的结果向高位有进位(结果大于或等于 16)，则该位需要进行加 6 修正。

计算机中两个 BCD 数进行运算时，首先按二进制数进行运算，然后必须用相应的调整指令调整，从而得到正确的运算结果。

BCD 码的减法运算与加法运算同理，减法运算的调整原则如下。

(1) 如果两个对应 BCD 码字相减的结果低位向高位无借位，且结果是 BCD 码，则该位不需要修正；若得到的结果是非 BCD 码，则该位需要减 6 修正。

(2) 如果两个对应 BCD 码字相减的结果低位向高位有借位，则该位需要进行减 6 修正。

【例 1-18】　写出 BCD 码减法运算过程。

其运算过程如下：

```
    [35]BCD= 0011 0101 B
-)  [27]BCD= 0010 0111 B
--------------------------
         0000 1110 B  →  低位为非BCD码
-)       0000 0110 B  →  低位BCD码应减6修正
--------------------------
         0000 1000 B  →  8的BCD码
```

需要指出的是，运算过程只会做加法运算，因此，在实际程序设计时可按照补码思想将 BCD 码减法转换为 BCD 码加法来处理。

上例 BCD 减法转换为 BCD 码加法，运算过程可重写如下：

```
    [35]BCD= 0011 0101 B
-)  [27]BCD= 0010 0111 B
--------------------------
    [35]BCD= 0011 0101 B
 +  [73]BCD= 0111 0011 B
--------------------------
         1010 1000 B  →  高4位出现非BCD码，应作加6调整
         0110 1000 B
--------------------------
       1 0000 1000 B  →  108的BCD码
```

运算结果虽然是 108H，但是使用者只会看到需要的 08H，显然正确合理。

1.5　微型计算机系统

1.5.1　微型计算机系统组成

微型计算机系统主要由硬件系统和软件系统两大部分组成，如图 1-14 所示。硬件系统包括主机和外部设备；软件系统包括系统软件和应用软件。

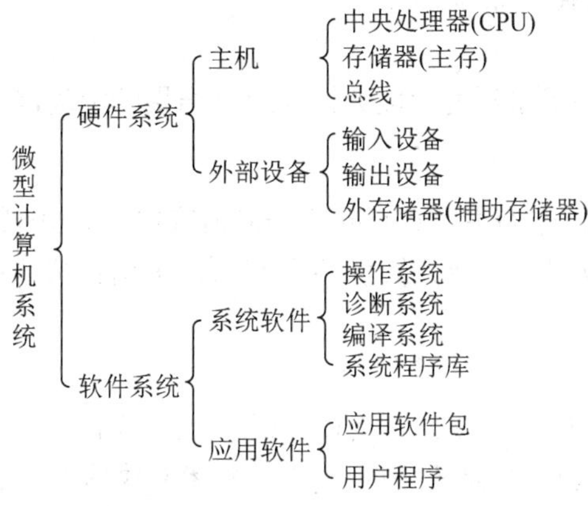

图 1-14　微型计算机系统

1.5.2　微型计算机主机组成

微型计算机系统除输入/输出设备外，其余部件组成主机。主机包括中央处理器(CPU)、存储器、输入/输出接口(I/O 接口)、总线及地址译码电路。微型计算机主机可用图 1-15 所示模块化结构来表示，图中展示的系统采用的是总线结构，系统中共有 3 组总线，即 DB、AB、CB，各部件均“挂”在总线上，其结构简单，易于扩充，需要什么就“挂”什么，体现了其灵活方便的结构特点。

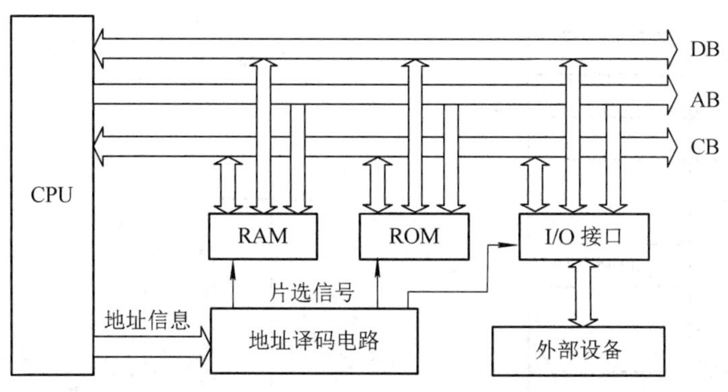

图 1-15　微型计算机系统的主机结构

1. 中央处理器(CPU)

中央处理器(CPU)是微型计算机的核心部件，将其嵌入系统加上外围电路可构成微处理器(MPU)，一般由运算器、控制器和寄存器 3 部分组成。

(1) 运算器。

运算器也称为算术逻辑单元(ALU)，其核心就是由全加器和异或门等器件组成的运算电路。运算器的功能是完成数据的算术运算和逻辑运算。

(2) 控制器。

控制器是微机的指挥控制中心，由指令寄存器、指令译码器和控制电路组成。它负责把指令逐条从存储器中取出，经译码分析后，根据指令的要求，对微型计算机各部件发出相应的控制信息(取数、执行、存数等)，使它们协调工作，以保证正确完成程序所要求的功能，从而完成对整个微机系统的控制。

(3) 寄存器。

寄存器是CPU内部用来暂时存放数据和运算结果的空间，CPU对寄存器读写方便快捷。

2. 存储器

存储器(Memory)又称为主存(Main Storage)或内存，是微型计算机的存储和记忆部件，用以存放程序和数据。微型计算机的内存通常采用集成度高、容量大、体积小、功耗低的半导体存储器。

(1) 存储单元。

存储器中存放的是程序和数据，均以二进制数形式存储。计算机科学中将8位二进制数定义为1个字节(Byte)，存储器中能存储1个字节数据的存储空间被定义为1个存储单元，即1个存储单元能存储8位二进制数，其中每1位用1 bit表示。

(2) 存储器地址。

为了便于CPU对存储器进行访问，存储器通常被划分为若干个存储单元，且每一个存储单元都对应有自己的编号。存储器的编号称为存储器地址，CPU是通过其地址来识别不同内存单元的，为了书写简洁，计算机科学中存储单元地址用十六进制数表示。例如在图1-16中，第6个存储单元的存储单元地址是00006H，其内容是1100 1111B(CFH)，可计为(00006H) = CFH。在后续课程学习和实际应用中存储单元地址和存储内容一般都用十六进制数表示，注意不要混淆。

地址	内容
00000H	
00001H	
00002H	
	⋮
00006H	1100 1111B
	⋮
FFFFFH	

图1-16　存储单元的地址和内容

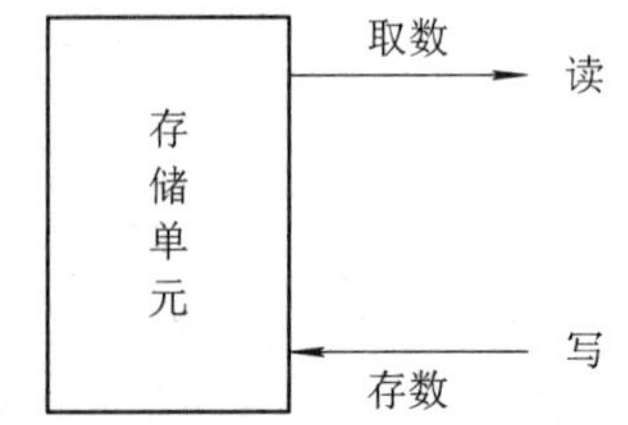

图1-17　存储器的“读”“写”操作

(3) 存储单元读写。

CPU对内存的操作只有“读”或“写”两种。CPU执行访问存储器的数据，实际上就是按指定的存储单元地址对相应的存储单元进行“读”“写”操作。“读”操作是 CPU 将存储单元的内容读入 CPU 内部寄存器，因此“读”也可称为输入；“写”操作是 CPU 将其内部寄存器信息传送到存储单元保存起来，因此“写”又可称为输出。显然，“写”操作的结果改变了被写存储单元的内容，是破坏性的，而“读”操作是非破坏性的，即该存储单元的内容在信息被“读走”之后仍保持原信息，存储器的“读”“写”操作过程如图 1-17 所示。

3. 总线

总线是用来传送信息的公共导线，根据所传送信息的内容与功能可将总线分为数据总线 DB(Data Bus)、地址总线 AB(Address Bus)和控制总线 CB(Control Bus)3 类。

(1) 数据总线 DB。

数据总线 DB 用于双向传输数据信息，其宽度(根数)与 CPU 提供的数据线的引脚数有关，数据线宽度越宽，传输数据的能力越强。

(2) 控制总线 CB。

控制总线 CB 用于传送各种控制信号和状态信号，对于每一根单线来说，数据都是单向传送的。控制信号由 CPU 指向被控设备，例如对被控设备的“读”“写”操作，就是控制信号，状态信号是由被监控设备提供给 CPU 的状态和应答信号，例如设备的“忙”“闲”等就是状态信号。

(3) 地址总线 AB。

CPU 执行指令时，AB 用于单向传送地址信息。地址信息包括指令代码在程序存储器中的地址信息和操作数在数据存储器中的地址信息。CPU 执行一条指令时，首先从程序存储器中将欲执行指令的代码取入 CPU 中的指令寄存器(IR)，经指令译码器(ID)译码后，产生相应的操作时序，再根据指令提供的操作数地址信息，对操作数进行“读”“写”操作。地址总线的宽度决定了计算机系统的最大寻址能力(寻址空间)。计算机系统的最大寻址空间可用 2^N 表示，其中 N 为 AB 的宽度。例如：MCS-51 单片机的 N = 16，则最大寻址空间 2^{16} = 65536 B = 64 KB，8086/8088CPU 的 N = 20，则最大寻址空间 2^{20} = 1 MB。

4. 地址译码电路

凡是“挂”在总线上的部件都被系统分配 1 个地址域，CPU 访问某部件时，由指令提供被访问部件的地址信息，该地址信息部分或全部经地址译码电路译码后产生 1 个唯一选通信号(也称片选信号)，将被选中部件的“门”打开，使得数据得以传输。

5. 接口

接口是主机与外围设备连接的必经通道，即“桥梁”。复杂的设备有复杂的接口，简单的设备有简单的接口。即使 1 个灯、1 个开关或按钮与计算机连接也必须通过接口。每个接口可包含若干个端口，每个端口对应 1 个端口地址，可由指令按地址访问端口。接口的主要功能为数据类型转换、电平转换与放大、锁存与缓冲、数据隔离等。

1.5.3 微型计算机的主要性能指标

1. 字和字长

字是计算机 1 次能并行处理的 1 个基本信息单位，字长是字的二进制位数，与 CPU 内部数据线和寄存器宽度一致。例如：MCS-51 单片机内部寄存器长度为 8 位，执行 1 条指令，最多能处理8位二进制数，故字长为8(即8位机)；8086/8088CPU内部寄存器为16位，执行一条指令最多能处理16位二进制数，故字长为16位(即16位机)；依次类推，80386、80486、80586(Pentium)字长均为32位，故称为32位机；2001年新推出的安腾(Itaninum)为64位机。字长是计算机的主要性能指标之一，字长越长，计算机的运算速度越快，数的表示范围越宽，数据的运算精度越高，机器的整体功能越强。一般情况下，CPU的内、外数据总线宽度是一致的。但有的CPU为了改进运算性能，加宽了CPU的内部总线宽度，致使内部字长和对外数据总线宽度不一致。如Intel 8088/80188的内部数据总线宽度为16位，外部为8位，这类芯片称为准××位CPU，Intel 8088/80188被称为准16位CPU。

2. 存储器容量

存储器容量是衡量微型计算机存储二进制信息量大小的一个重要指标。存储二进制信息基本单位是位(bit)。微机中通常以字节(B)为单位表示存储容量，1024 B＝1 KB(千字节)，1024 KB＝1 MB(兆字节)，1024 MB＝1 GB(吉字节)，1024 GB＝1 TB(太字节)。

存储器容量包括内存容量和外存容量。内存容量又分最大容量和实际装机容量。最大容量由CPU的地址总线位数决定，如CPU的地址总线为16位，其最大内存容量为64 KB；Pentium处理器的地址总线为32位，其最大内存容量为4 GB。而装机容量则由所用软件环境决定，如现行PC系列机，若采用Windows环境，则内存必须在4 MB以上；若采用Windows 95，则内存必须在8 MB以上；若采用Windows 98，则内存必须在32 MB以上。外存容量是指硬盘、光盘、云盘等的容量，通常主要指硬盘容量，其大小应根据实际应用的需要来配置。

3. 运算速度

微机的运算速度一般用每秒钟所能执行的指令条数来表示。由于不同类型的指令所需时间长度不同，因而运算速度的计算方法也不同。常用计算方法如下。

(1) 根据不同类型的指令出现的频度，乘上不同的系数，求得统计平均值，得到平均运算速度。常用百万条指令/秒(Millions of Instruction Per Second，MIPS)作单位。

(2) 以执行时间最短的指令(如加法指令)为标准来估算运算速度。

(3) 以CPU主频和每条指令执行所需的时钟周期表示。

4. 系统总线

系统总线是连接微型计算机系统各功能部件的公共数据通道，其性能直接关系到微型计算机系统的整体性能。系统总线的性能主要表现为它所支持的数据传送位数和总线工作时钟的频率。若数据传送位数越多，总线工作时钟频率越高，则系统总线的信息吞吐率就越高，微型计算机系统的性能就越强。

5. 外设扩展能力

外设扩展能力是指微型计算机系统配接各外部设备的可能性、灵活性和适应性。一台微型计算机允许配接多少外部设备，对于系统接口和软件研制都有重大影响。在微型计算机系统中，打印机型号、显示屏幕分辨率、外存储器容量等都是外设配置中需要考虑的问题。

6. 软件配置情况

软件是微型计算机系统必不可少的重要组成部分，它的配置是否齐全、功能强弱，是否支持多任务、多用户操作等，都是微型计算机硬件系统性能能否得到充分发挥的重要因素。

1.6　微型计算机仿真软件 Proteus

1.6.1　Proteus 简介

单片机应用系统设计会同时涉及硬件和软件技术，英国 Labcenter 公司推出的 Proteus 软件采用虚拟仿真技术，很好地解决了单片机及其外围电路的设计和协同仿真问题，可以在没有单片机实际硬件的条件下，利用个人计算机实现单片机软件和硬件的同步仿真，仿真结果可以直接应用于真实设计，极大地提高了单片机应用系统的设计效率，同时也使单片机的学习和应用开发过程变得容易和简单。Proteus 软件包提供的丰富的元器件库，针对各种单片机应用系统，可以直接在基于原理图的虚拟模型上进行软件编程和虚拟仿真调试，配合虚拟示波器、逻辑分析仪等，用户能看到单片机系统运行后的输入/输出效果。Proteus 8 professional 的下载以及有关安装和环境变量配置方法等，读者可通过网络资源自行查找。

1.6.2　Proteus 简易教程

1. Proteus 8 professional 的启动

Proteus 8 professional 安装完成后，双击图标，进入如图 1-18 所示的主页面。

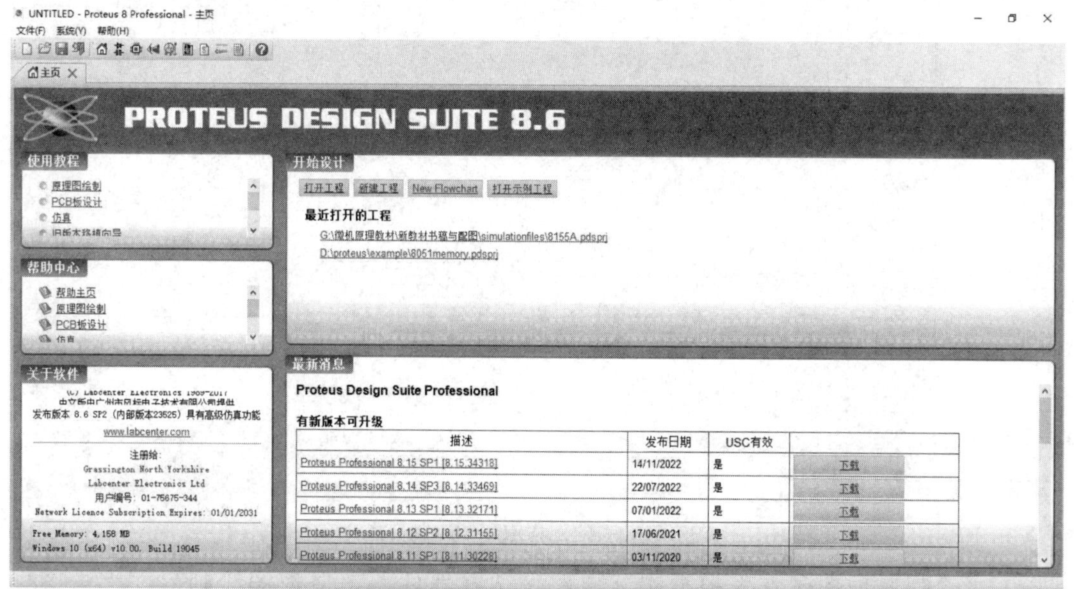

图 1-18　Proteus 8 professional 主页面

2. Proteus 原理图绘制

(1) 点击 Proteus 8 professional 主页面开始设计栏中的新建工程选项，进入新建工程向导，如图 1-19 所示。选择合适的保存路径和工程名(注意保存路径和工程名必须采用全英文且工程扩展名应设为.pdsprj)后，选择默认设置并连续单击“下一步”按钮即可，最后单击“完成”按钮后出现原理图绘制界面，如图 1-20 所示。

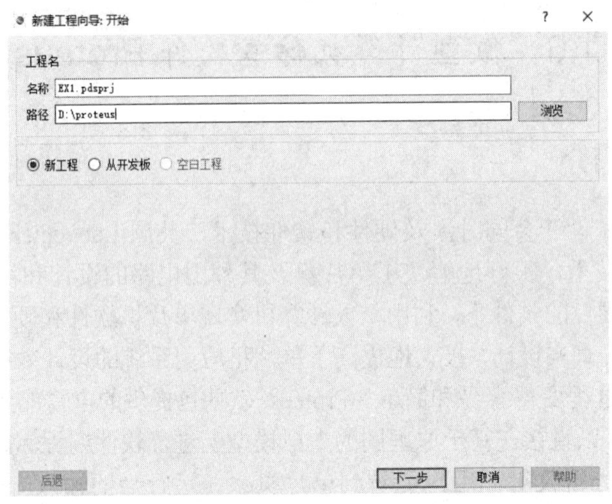

图 1-19　新建工程向导

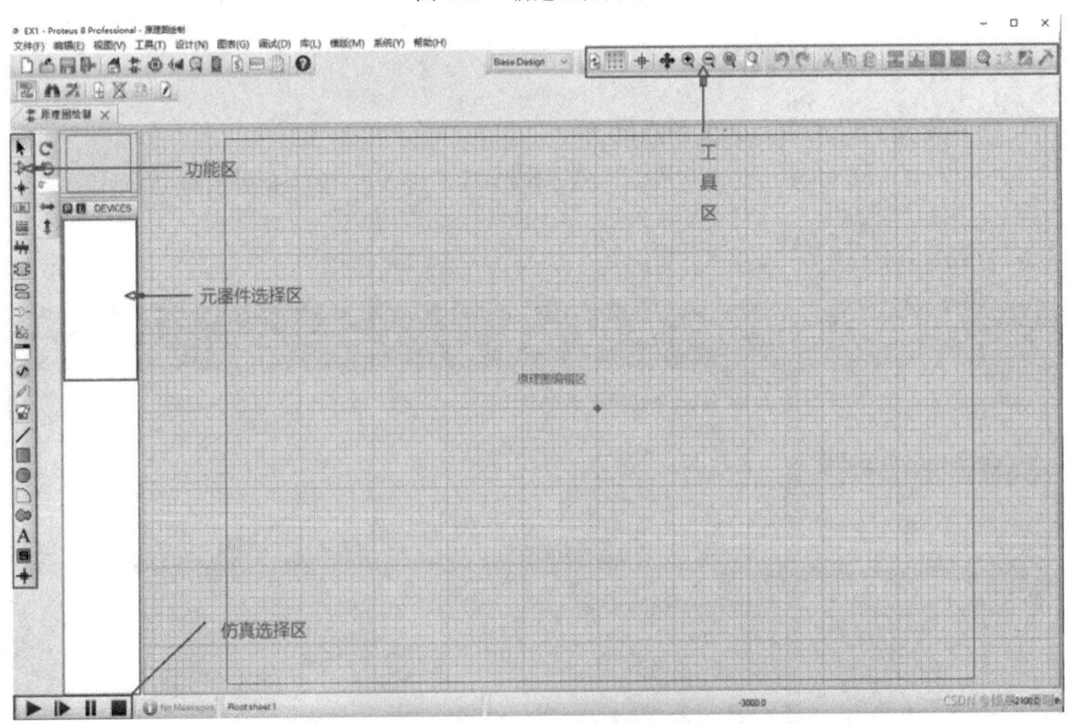

图 1-20　新建工程原理图绘制界面

(2) 绘制原理图时首先根据实际电路图选择器件，在原理图绘制界面点击图标 P L DEVICES 中的 P 或者用鼠标右键单击界面空白区域，在弹出菜单中选择

放置　元件　From Libraries，弹出如图 1-21 所示选择元器件窗口。

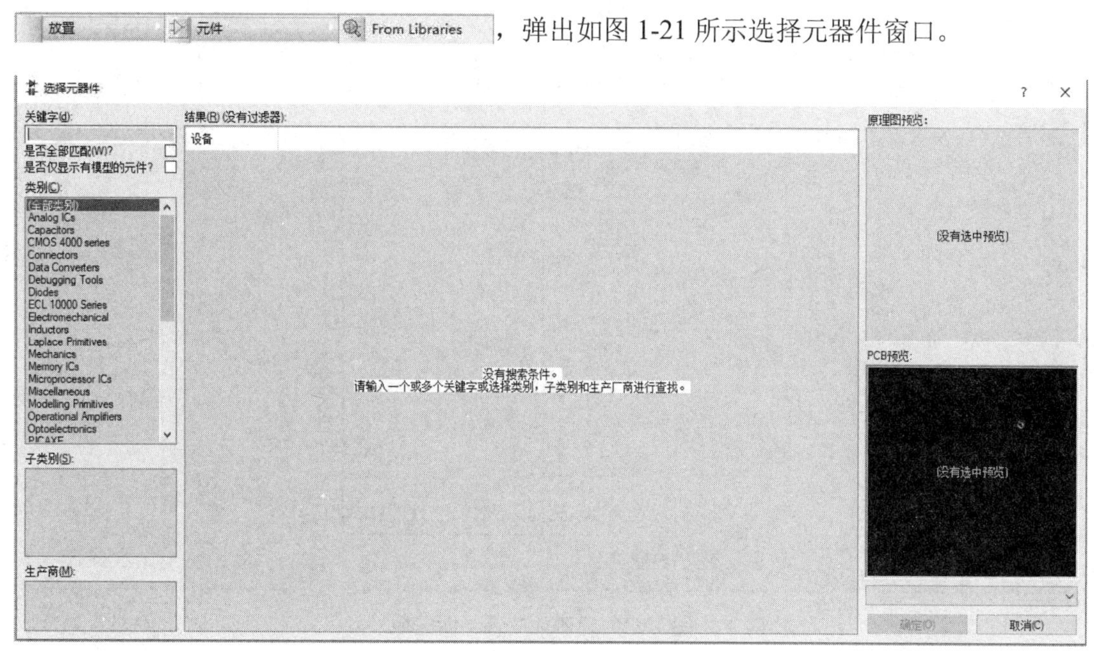

图 1-21　选择元器件窗口

(3) 在图 1-21 的选择元器件窗口的关键字(d)中输入要选择的器件名称并确定，如输入 80C51，则可得如图 1-22 所示的元器件搜索结果界面，单击“确定”按钮即可将 80C51 单片机放置在绘图区域，如图 1-23 所示。

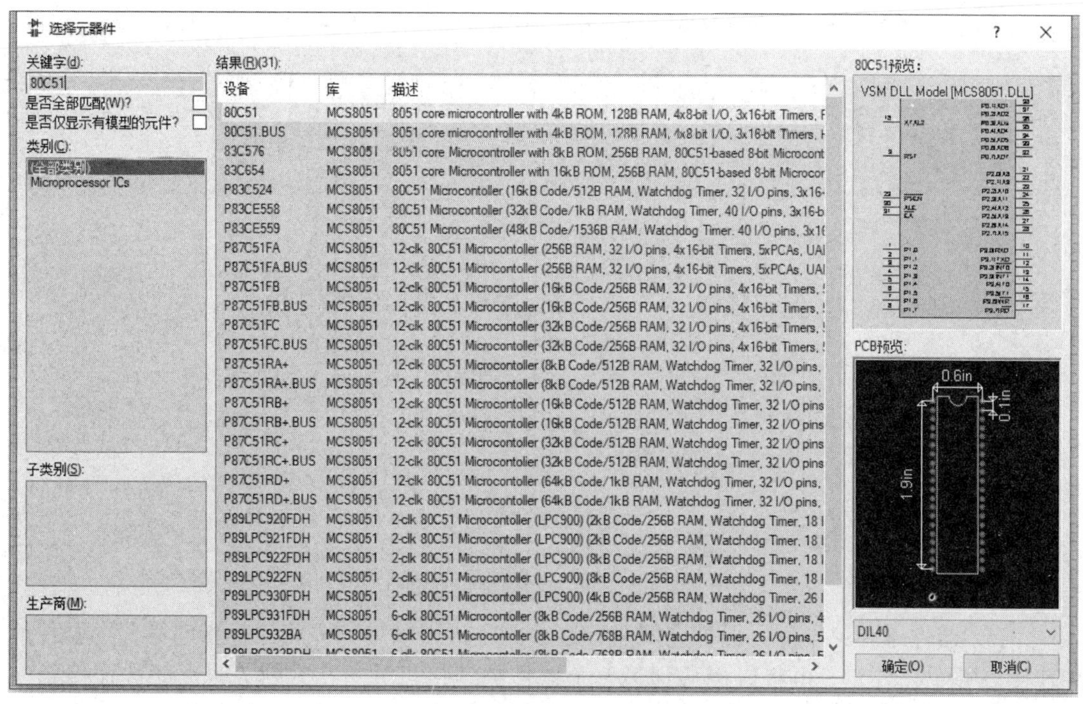

图 1-22　元器件搜索结果界面

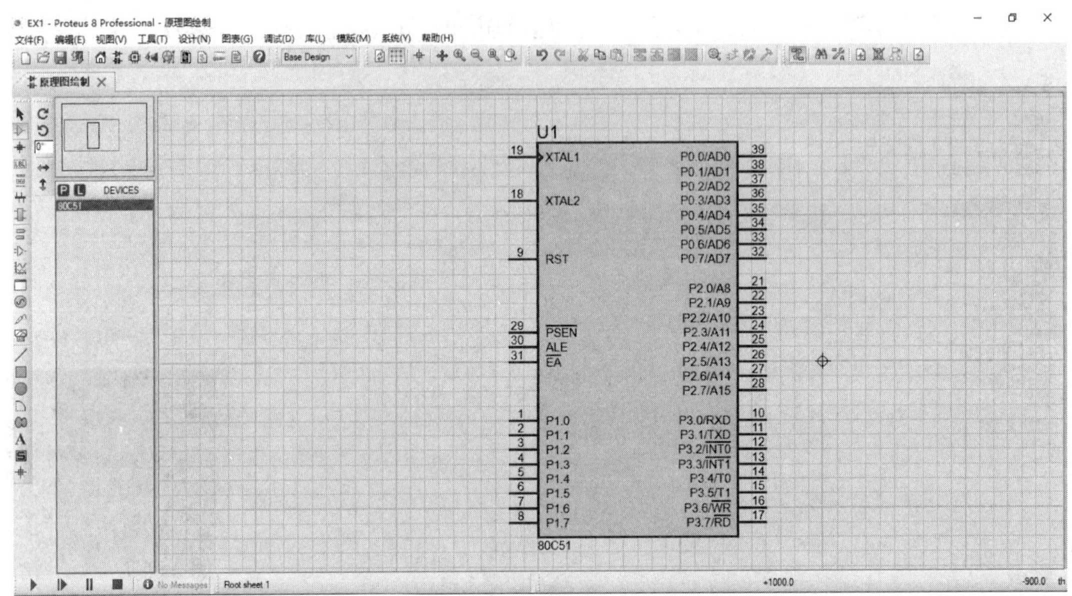

图 1-23　元器件放置绘图区域

(4) 将其他器件按上述过程依次选择放置绘图区域，具体放置情况读者可根据实际情况尝试放置，需要特别指出的是：放置电源和地线端时，需要点击图标，弹出电源和地址选择窗口，如图 1-24 所示。然后在弹出窗口中选择电源和地址即可，电源电压可根据需要设置，在仿真环境下，单片机芯片电源和接地引脚已默认接入，所以原理图中不显示引脚。

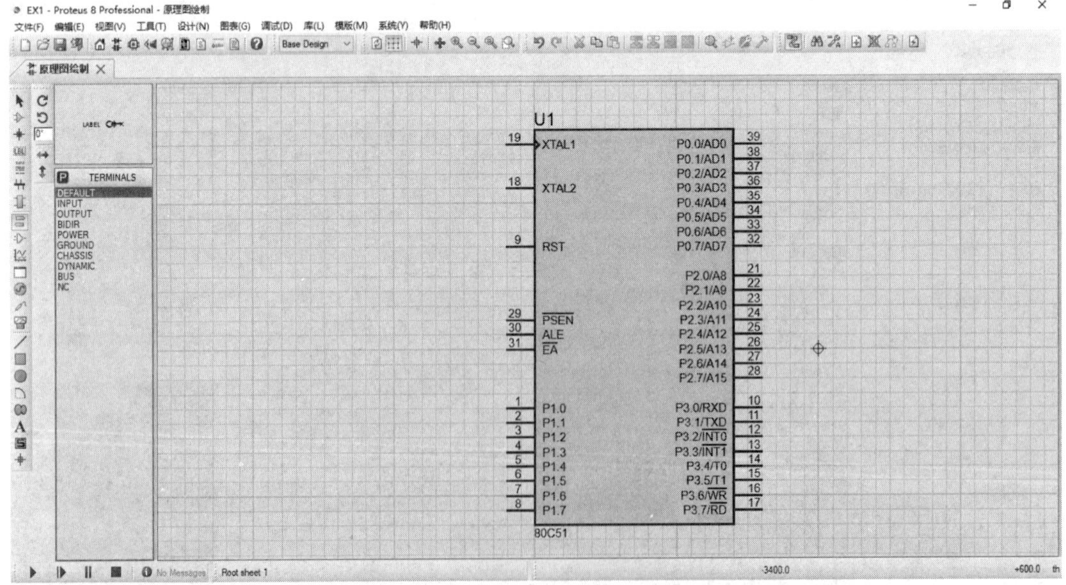

图 1-24　电源和地址选择窗口

(5) 器件选择完毕后，器件之间进行连线的方式很简单，先将鼠标指向第一个器件的连接点并单击左键，再将鼠标移到另一个器件的连接点并单击左键，两点就被连接到一起了。若连接点相隔较远，不方便直接连线的器件，可以用总线或加标号的方式进行连接，注意在使用总线连接时有电气连接的点必须用同一标号，具体连线方法读者可参考网络资源进行自学。

3. 添加应用程序

原理图绘制完成后，下一步需要给单片机编写添加应用程序，若只是进行程序调试，原理图中可只放一个单片机，就可以进行虚拟仿真调试。先用鼠标右键选中 80C51 单片机，再单击左键(或双击单片机)，弹出如图 1-25 所示的单片机编辑元件窗口。

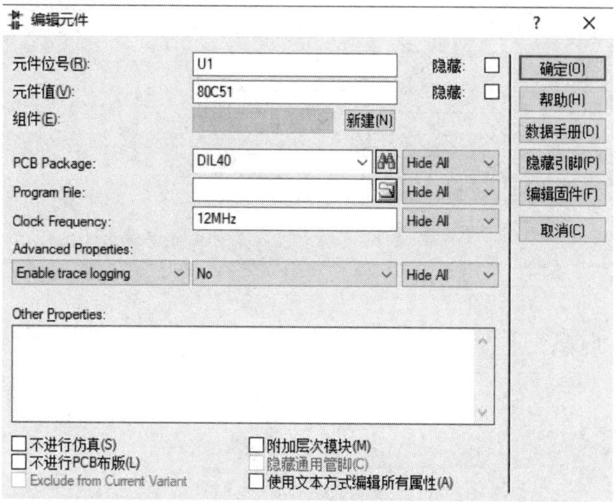

图 1-25　单片机 80C51 编辑元件窗口

在器件编辑窗口的“Program File”栏中单击文件夹浏览按钮，找到需要仿真的**.Hex 文件，单击“确定”按钮完成添加文件，在“Clock Frequency”文本框中将频率进行合理设置，单击“确定”退出。这时单击仿真工具栏中的全速运行按钮即可开始进行虚拟仿真。为了直观地看到仿真过程，还可以单击功能区的在原理图中添加一些虚拟仪表，可用的虚拟仪表有电压表、电流表、虚拟示波器、逻辑分析仪、计数/定时器、虚拟终端、虚拟信号发生器、序列发生器、I^2C 调试器，SPI 调试器等。

4. 创建源代码和仿真文件

Proteus 虚拟仿真系统将源代码的编辑与编译整合在同一设计环境中，使用户可以在设计中直接编辑源程序和生成仿真代码，并且很容易查看源程序经过修改之后对仿真结果的影响。Proteus 软件包自带多种汇编语言工具，生成汇编语言源程序仿真代码十分方便。右键单击原理图绘制界面中的单片机(以 80C51 为例)，在弹出的菜单中选择“编辑源代码”选项，如图 1-26 所示。

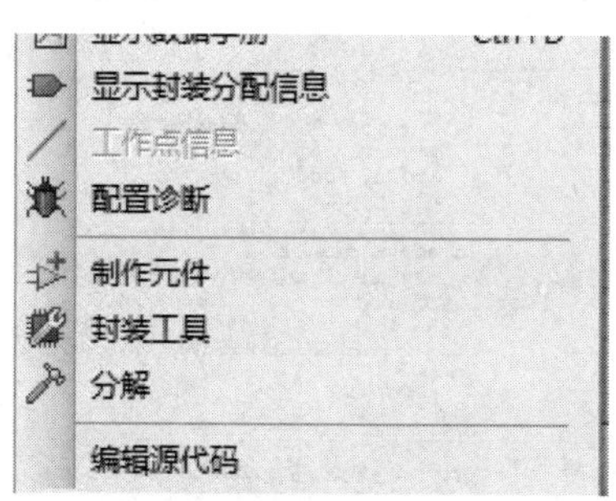

图 1-26　编辑源代码菜单

单击 编辑源代码 选项，弹出如图 1-27 所示的 Source Code × 源代码创建界面，在用户代码区编写源程序代码即可进行仿真。

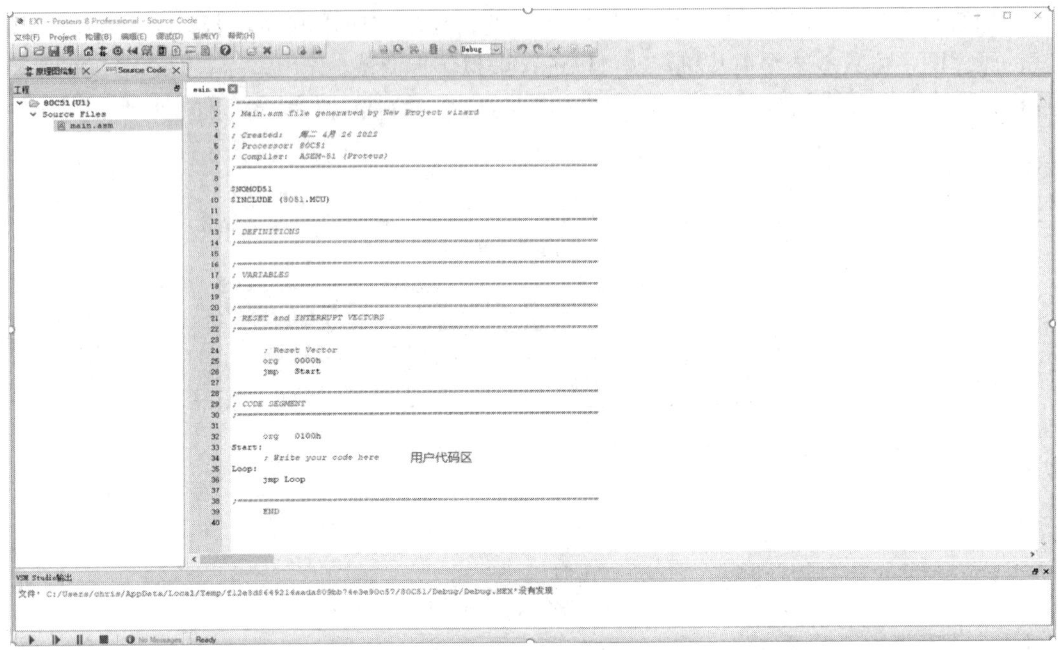

图 1-27　Source Code 源代码创建界面

5. 在原理图中进行源代码仿真调试

(1) 源程序输入完毕且完成编译后，将生成的 Hex 文件添加到原理电路图的 80C51 单片机中，即可进行源代码仿真调试。单击仿真工具中的运行按钮 ▶，启动程序全速运行，可以查看单片机系统运行结果。也可以先单击仿真工具中的暂停按钮 ‖，再单击 调试(D) 下拉菜单中的“8051 CPU”选项，弹出如图 1-28 所示源代码调试窗口。

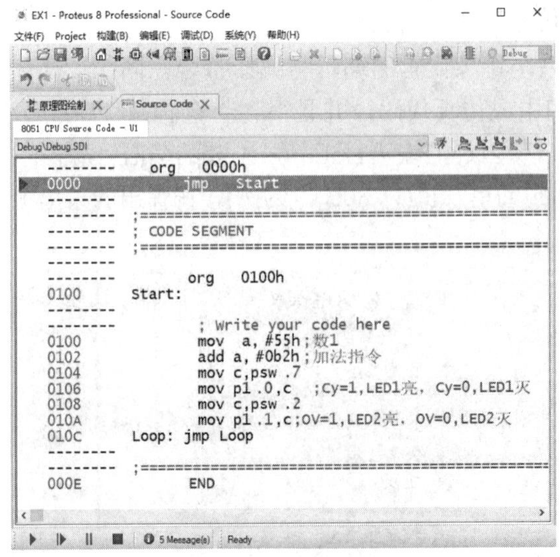

图 1-28　源代码调试窗口

在源代码调试窗口右上角，有如下一些调试按钮。

Run(全速运行)：启动程序全速运行。

Step Over(单步运行)：执行子程序调用指令时，将整个子程序一次执行完。

Step Into(跟踪运行)：遇到子程序调用指令时，跟踪进入子程序内部运行。

Step Out(跳出运行)：将整个子程序运行完成，并返回到主程序。

Run To(运行到光标处)：从当前指令运行到光标所在位置。

Toggle Breakpoint(设置断点)：在光标所在位置设置一个断点。

(2) 将鼠标指向源代码调试窗口并单击右键，弹出如图 1-29 所示的右键快捷菜单，提供如下功能选项。

Goto Line：单击该选项，在弹出的对话框中输入源程序代码的行号，光标立即跳转到指定行。

Goto Address：单击该选项，在弹出的对话框中输入源程序代码的地址，光标立即跳转到指定地址处。

Find：单击该选项，在弹出的对话框中输入需要查找的文本字符，在源代码调试窗口中将从当前光标所在位置开始查找指定字符。

Find Again：将重复上次查找内容。

Toggle(Set/Clear)Breakpoint：在光标所在处设置或删除断点。

Enable All Breakpoints：允许所有断点。

Disable All Breakpoints：禁止所有断点。

Clear All Breakpoints：清除所有断点。

Fix-up Breakpoints On Load：装入时修复断点。

Display Line Numbers：显示行号。

Display Addresses：显示地址。

Display Opcode：显示操作码。

Set Font：单击该选项，在弹出的对话框中设置源代码调试窗口中显示字符的字体。

Set Colours：单击该选项，在弹出的对话框中设置弹出窗口的颜色。

(3) 在 Proteus 中进行源代码调试时，“调试”下拉菜单提供了多种弹出式窗口，给调试过程带来了许多方便。单击“调试”下拉菜单中的“CPU Internal(IDATA) Memory”选项，弹出如图 1-30 所示的 8051 单片机片内存储器窗口，其中显示当前片内 RAM 存储器的内容。

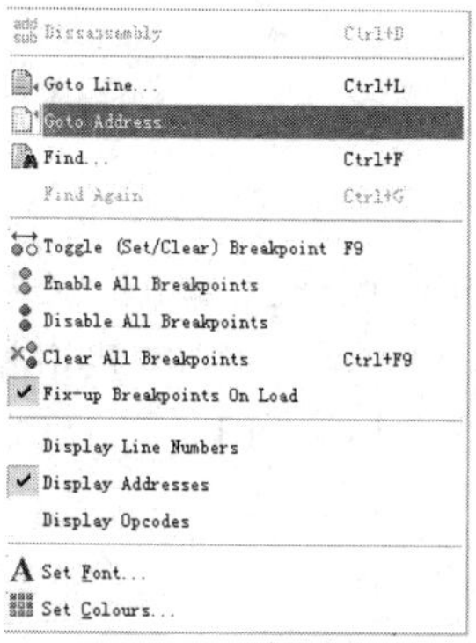

图 1-29　源代码调试窗口的右键菜单

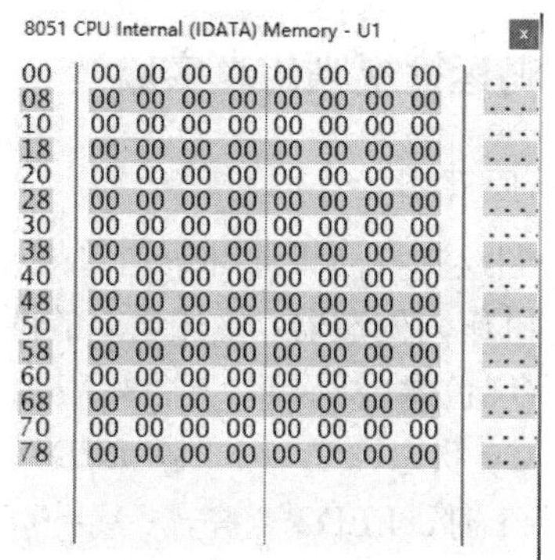

图 1-30　8051 单片机片内存储器窗口

单击“调试”下拉菜单中的“8051 CPU SFR Memory”选项，弹出如图 1-31 所示的 8051 单片机特殊功能寄存器窗口，其中显示当前特殊功能寄存器的内容。

单击“调试”下拉菜单中的“8051 CPU Register”选项，弹出如图 1-32 所示的 8051 单片机片内寄存器和当前指令窗口，其中显示当前各个寄存器的值。

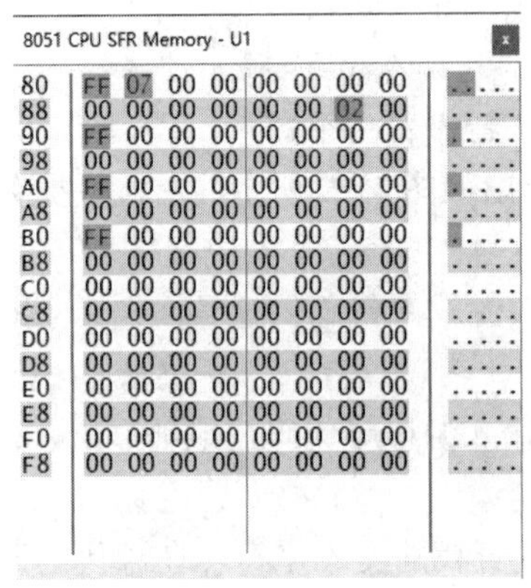

图 1-31　特殊功能寄存器窗口

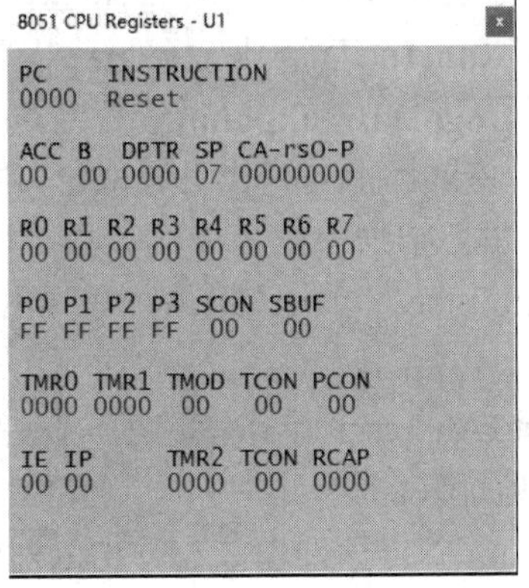

图 1-32　片内寄存器和当前执行指令窗口

上述各个窗口的内容随着调试过程自动发生变化，在单步运行时，发生改变的值会高亮显示，显示格式可以通过相应窗口提供的右键菜单选项进行调整。在全速运行时，上述各窗口将自动隐藏。

单击“调试”下拉菜单中的“Watch Window”选项，弹出如图 1-33 所示实时观测窗口，观测窗口即使在全速运行期间也将保持实时显示，因此，可以在观测窗口中添加一些以便于程序调试期间进行查看的项目。

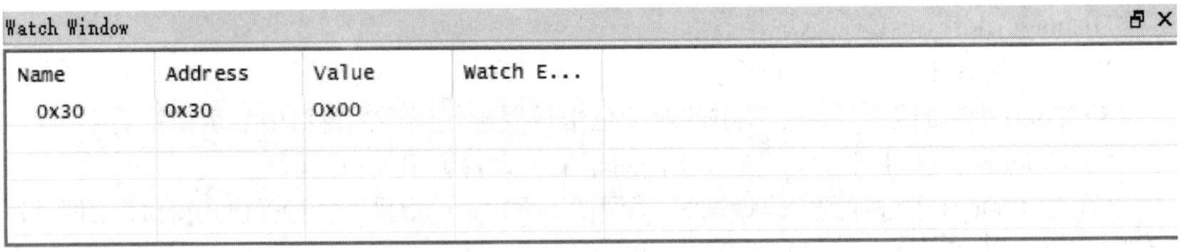

Watch Window

Name	Address	Value	Watch E...
0x30	0x30	0x00	

图 1-33　实时观测窗口

1.6.3　补码运算规则仿真实验

1. 实验原理图

在原理图绘制界面设计补码运算规则实例解析仿真实验原理图，如图 1-34 所示。选用 80C51 单片机作为处理器，参加运算的两个数分别用 80C51 单片机的 P0 接口和 P2 接口电平状态指示(红色■表示 1，蓝色■表示 0)，用 P1 接口的 P1.0 和 P1.1 表示 Cy 和 OV。用 LED1 指示 Cy 状态，Cy = 1 时，LED1 点亮，Cy = 0 时，LED1 熄灭；用 LED2 指示 OV 状态，OV = 1 时，LED2 点亮，OV = 0 时，LED2 熄灭。

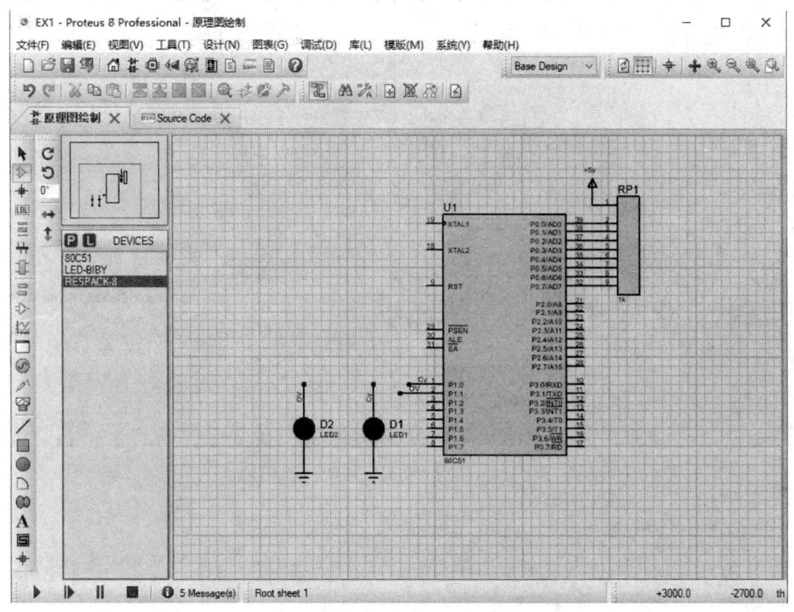

图 1-34　补码运算规则实例解析仿真实验原理图

2. 仿真实验程序源代码及仿真结果

打开源代码程序界面编写加法实验程序源代码(以 23H + 2AH 为例)，如图 1-35 所示。程序代码中指令 Add 为加法指令，MOV 为数据传送指令，ONE 表示 23H，TWO 表示 2AH，SUM 为运算结果。加法程序运行后，可得加法实验仿真结果，如图 1-36 所示。分析 P0、P2、P3 状态和 Cy、OV 状态，并利用实时观测窗口观测运算结果。

同理，可编写减法实验程序源代码(以 23H－2AH 为例)，如图 1-37 所示，程序代码中指令 Sub 为减法指令，CLR 为位清零指令，ONE 表示 23H，TWO 表示 2AH，DIF 为运算结果。减法程序运行后，可得减法实验仿真结果，如图 1-38 所示。读者可验证前文所有运算实例解析，以更好地掌握和理解计算机的补码运算规则。

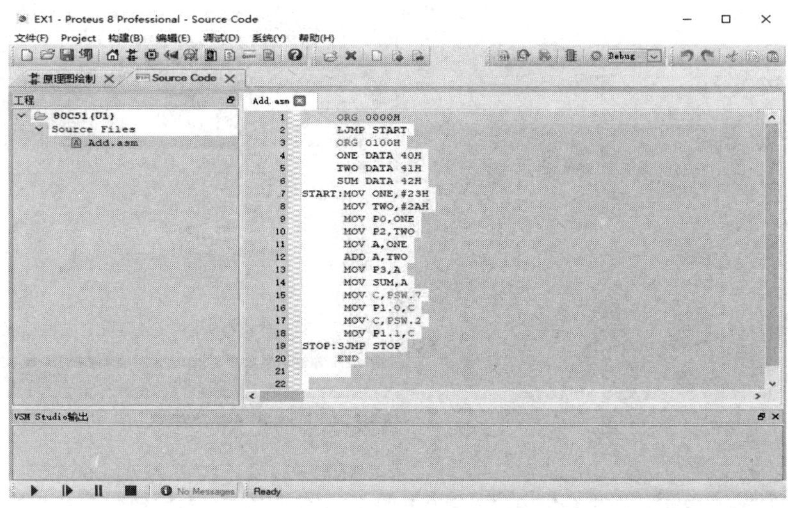

图 1-35　加法实验程序源代码

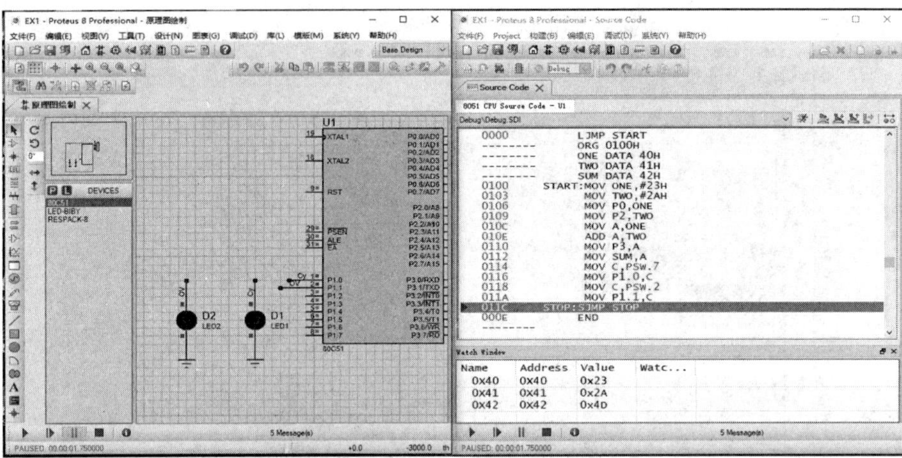

图 1-36　加法实验仿真结果

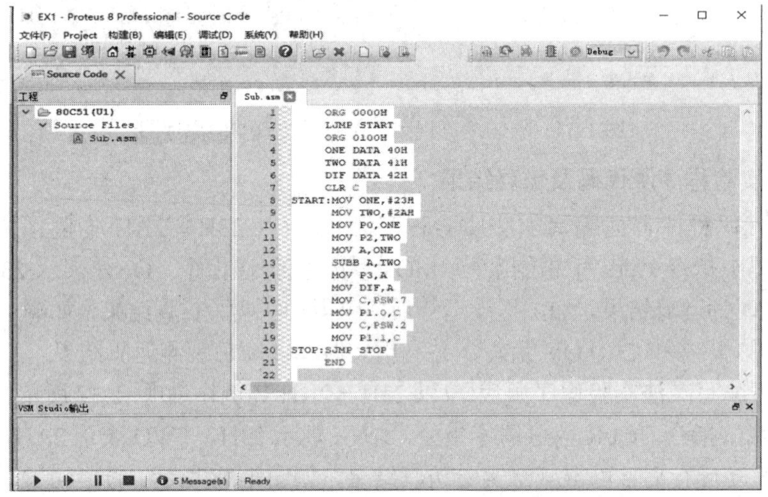

图 1-37　减法实验程序源代码

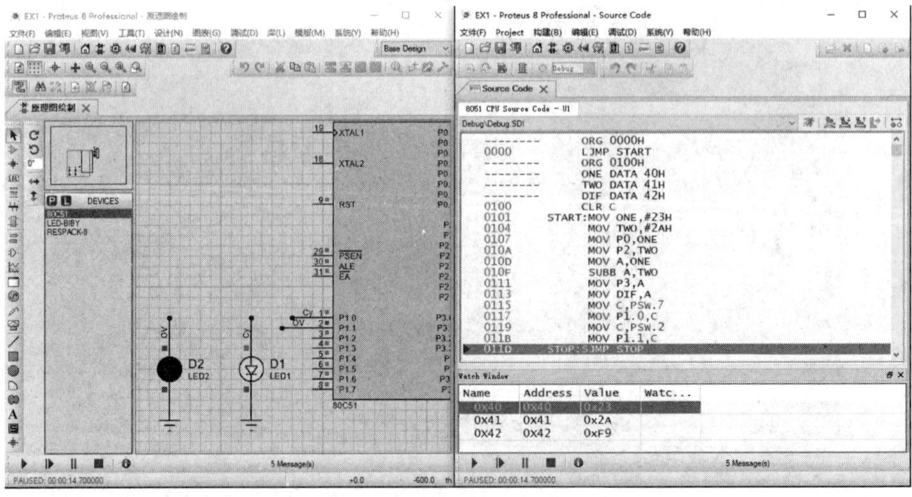

图 1-38　减法实验仿真结果

习　　题

1-1　冯·诺依曼计算机体系的基本内容是什么？

1-2　计算机的发展经历了几个时代？各具有什么特点？

1-3　微型计算机发展经历了几个时代？各具有什么特点？

1-4　单片机发展经历了几个时代？各具有什么特点？

1-5　未来微型计算机发展是怎样的？

1-6　十进制数、二进制数和十六进制数各具有什么特点？它们之间是如何实现互换的？

1-7　将下列十进制数转换为二进制数和十六进制数形式。

① 14　② 113　③ 68　④ 128

⑤ 2022

1-8　将下列二进制数转换为十六进制数形式。

① 100100 B　② 1000001 B　③ 11101 B　④ 1010 B

⑤ 00100010 B

1-9　将下列十六进制数转换为二进制数形式。

① 2B9H　② F44H　③ 912H　④ 2BH

⑤ FFFFH

1-10　机器数和真值各表示什么？有符号数和无符号数是如何定义的？

1-11　定点数和浮点数是如何定义的？各具有什么特点？

1-12　将十进制数 85 和−112 用 8 位定点机器数表示；将 58.37 和−0.4858 用 8 位浮点机器数表示(阶码和尾数各占 4 位)。

1-13　简述机器数原码、反码和补码的特点？为什么有符号数都用补码表示？

1-14　微型计算机中的运算电路是如何构成的？简述其工作原理。

1-15　什么是求补运算？为什么要进行求补运算？

1-16　微型计算机的补码运算规则是什么？

1-17　分析下列机器数的运算过程并分析其运算真值。

① 28H + 11H　② 55H + C1H　③ 48H − 32H　④ 1CH − D4H

1-18　简述 ASCII 码的定义和作用，基本 ASCII 码和扩展 ASCII 码有什么区别？

1-19　简述 BCD 的定义和分类，BCD 码的运算结果是如何调整的？

1-20　写出下列十进制数的 BCD 码运算过程。

① 45 + 32　② 98 + 74　③ 70 − 58　④ 62 − 37

1-21　微型计算机系统由哪几部分组成？各部分的功能是什么？

1-22　微型计算机主机包括几部分？简述各部分的功能和特点。

1-23　微型计算机的主要性能指标有哪些？

1-24　通过学习 Proteus 仿真软件设计实验电路，实现计算机补码运算规则实例解析。

第2章　微型计算机内部存储器及扩展技术

2.1　微型计算机存储器体系结构

微型计算机系统对存储器的基本要求是信息存取正确可靠，同时，也对存储器提出了容量大、速度快和成本低的要求。现在广泛使用的半导体存储器几经变化，正向大容量、高速度和低成本方向发展。另外，人们还改进存储器的体系结构，即产生了分级的存储器体系结构。其实在计算机发展初期人们就意识到，只靠单一结构的存储器来扩大存储器容量是不现实的，至少需要两种存储器，即主存储器和辅助存储器(简称主存与辅存)。通常将存储容量有限而速度较快的存储器称为主存储器(内存)，而将容量很大但速度较慢的存储器称为辅助存储器(外存)。显然，主存-辅存的体系结构解决了存储器的大容量和低成本之间的矛盾。

由于在性能较好的微型计算机系统中要求存储速度更高，因此在主存与CPU之间增加了高速缓冲存储器(Cache)。高速缓冲存储器虽然容量较小，但存取速度与CPU工作速度相当。这样，在CPU运行时，机器自动将要执行的程序和数据从内存送入高速缓冲存储器，只有当所需的信息不在高速缓冲存储器时CPU才去访问内存。不断地用新的信息段更新高速缓冲存储器的内容，就可以使CPU大部分时间是在访问高速缓冲存储器，从而减少了对慢速主存的访问，大大提高了CPU的效率。Cache-主存的办法解决了存储器速度与成本之间的矛盾。微型计算机构成了Cache-主存-辅存三级存储器体系结构，如图2-1所示。

由图2-1可以看出，CPU内部的寄存器是最高层次的存储部件，它数量有限、速度快，对寄存器的访问无须地址，直接按寄存器名访问即可，这是寄存器与其他存储器的重要区别。寄存器往下是高速缓冲存储器(Cache)、主(内)存储器、辅助存储器(外存)。外存是最低层的存储器，通常由磁盘、磁带、光盘等构成，其特点是容量大、速度慢、成本低。显然，自上到下存储器价格依次降低、容量依次增加、访问时间依次增加、CPU访问的频度依次减少。这种存储体系特点是存储速度接近于最上层、容量和成本接近最下层，从而大大提高了微型计算机的性能价格比。

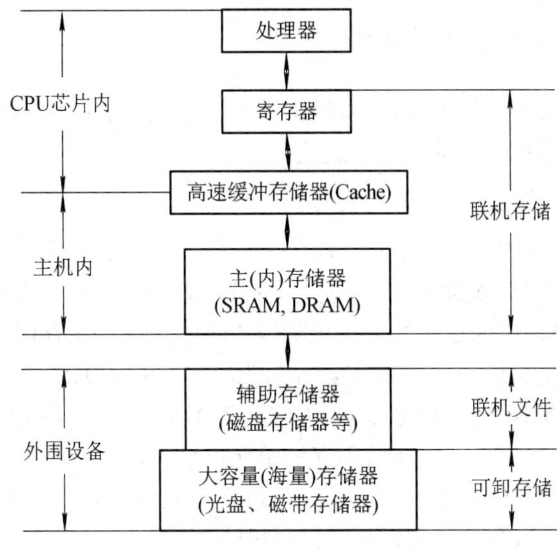

图 2-1　存储系统的体系结构

2.2　微型计算机内存储器结构和分类

2.2.1　内存分类

微型计算机内存由半导体存储器构成，内存按功能可分为只读存储器(Read Only Memory，ROM)和随机存取存储器(Random Access Memory，RAM)，半导体存储器分类如图 2-2 所示。

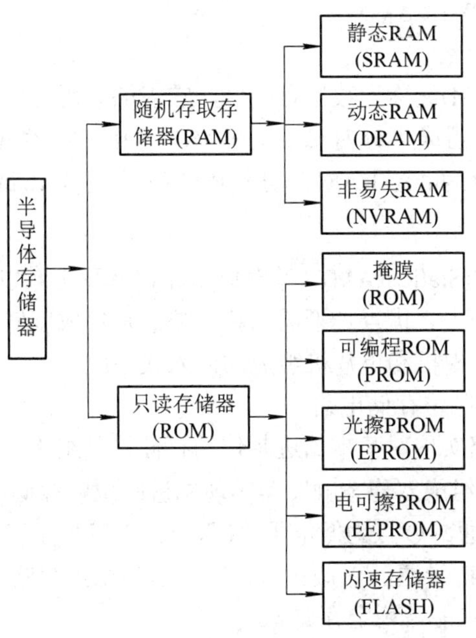

图 2-2　半导体存储器分类

2.2.2　内存储器的主要性能指标

衡量内存的指标很多，如可靠性、功耗、价格、电源种类等，但从接口电路来看，最重要的指标是存储器芯片的容量和存取速度。

1. 容量

容量是内存的主要指标，是指每个存储器芯片所能存储的二进制总位数。例如，1024 位/片指芯片内能存储 1024 位二进制位。计算机科学中，常以存储单元为基本单位来表示存储容量，1 个基本的存储单元可以存储 8 位二进制即 1 个字节。如某存储器容量为 256 B，则表示该存储器具有 256 个存储单元，其实际容量为 256 × 8 = 2048 位。但随着计算机字长的不断增加，也出现了将 16 位、32 位、64 位定义为 1 个存储单元的情况，因此在标定存储器芯片容量时，须同时标出存储单元数和存储单元位数，即存储器容量 = 存储单元数 × 存储单元位数。例如芯片容量 Intel 2114 为 1 K × 4 位/片，6264 为 8 K × 8 位/片。在本书中，内存仍以 1 个字节作为基本存储单元，对于计算机的字长达到 16 位、32 位甚至 64 位的微型计算机，采用一次同时对 2、4、8 个单元进行访问。

2. 存取速度

存储器芯片的存取速度是用存取时间来衡量的，它是指从 CPU 给出有效的存储器地址信息到完成有效数据存取所需要的时间。存取时间越短，则速度越快。超高速存储器的存取时间小于 20 ns，中速存储器在 100～200 ns 之间，低速存储器的存取时间在 300 ns 以上。现在 80586 CPU 时钟已达 100 MHz 以上，这说明存储器的存取速度已非常高。随着半导体技术的进步，存储器的容量越来越大，速度越来越高，而体积却越来越小。

2.2.3　随机存取存储器(RAM)

随机存取存储器(RAM)又称为数据存储器，它能够利用程序实现数据和信息的随时写入和读出。按其电路器件组成可分为双极型和 MOS 型两种，微型计算机中主要使用后者；按其存储电路组成又可分为静态 RAM、动态 RAM、非易失 RAM 和多端口 RAM 等。

1. 静态 RAM

静态 RAM 即 SRAM(Static RAM)，其存储电路以双稳态触发器为基础，状态稳定，只要不掉电，信息就不会丢失。优点是不需刷新，缺点是集成度低，适用于不需要大存储容量的微型计算机，例如单板机和单片机组成的嵌入式系统。

(1) SRAM 基本二进制位存储电路。

SRAM 由双稳态电路实现对基本二进制位的存储，其结构组成图 2-3 所示。

MOS 开关管 T_1～T_4 组成双稳态触发器实现二进制位的存储。当 T_1 管截止时，Q 点为高电平“1”，此时 T_2 导通，$\overline{Q}$ 点为低电平“0”，使 T_1 管处于稳定截止，从而达到稳定存储“1”的状态；反之当 T_1 导通，T_2 截止时，则可达到稳定存储“0”的状态。显然，只要不掉电，“0”或“1”肯定能被稳定存储。

MOS 开关管 T_5～T_7 和门电路组成读写控制逻辑电路实现对该位的读写操作。当向该位写信息时，CPU 通过地址信息选中该位所处的存储单元，地址译码信号 $\overline{CE}$ 有效，写信号 $\overline{WR}$ 有效，输入三态门 S_2 打开，该位的行列选择线同为高电平“1”，T_5、T_6、T_7 均导通，则该位数据信息 D_i 可通过 I/O 线直达 Q，并根据“0”或“1”改变 Q 的状态，从而实现数据位存储，且当写入信号 $\overline{WR}$ 和地址译码信号 $\overline{CE}$ 消失后，T_5、T_6、T_7 截止，该状态仍能保持。同理当从该位读出信息时，地址译码信号 $\overline{CE}$ 有效，写信号 $\overline{RD}$ 有效，输入三态门 S_1 打开，该位的行列选择线同为高电平“1”，T_5、T_6、T_7 均导通，则该存储位 Q 的状态通过 I/O 线直达数据信息 D_i 从而实现数据信息的读取。需要指出的是，存储的信息被读取不会改变 Q 状态。

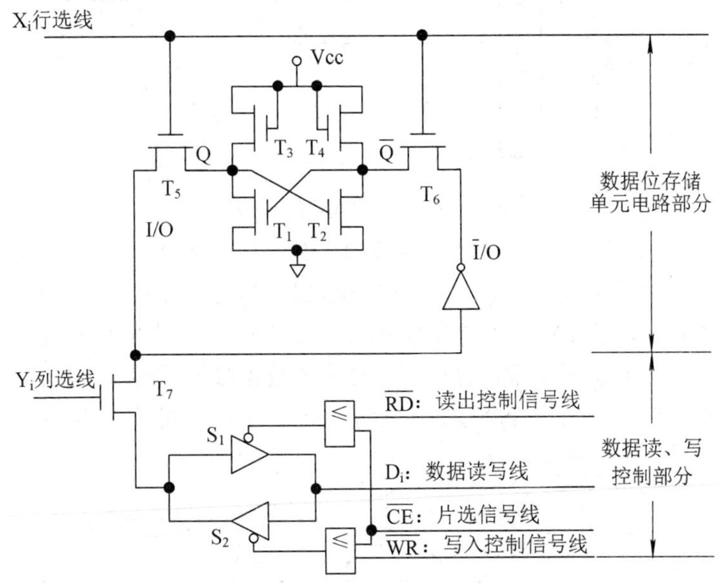

图 2-3　SRAM 基本二进制位存储电路

(2) SRAM 的数据位存储阵列。

图 2-3 电路可存储 1 位二进制信息，SRAM 数据位存储阵列是由若干基本二进制位电路阵列构成的。图 2-4 所示是 256 位的 SRAM 数据位存储阵列(16 × 16)。该存储阵列中的每个方框代表 1 个 SRAM 基本二进制位存储电路，将所有 SRAM 基本二进制位数据线 D_i、地址译码信号 $\overline{CE}$、读信号 $\overline{RD}$、写信号 $\overline{WR}$ 并接，而每位 SRAM 基本二进制位存储电路的行列定位信息分别由行 X 译码器和 Y 列译码器输出提供，行列定位信息则由 SRAM 存储器地址线引脚接收到的系统地址信息提供，采用行列译码器的设计思想可以减少对存储器地址线引脚数目的需求。图 2-4 中 A_0～A_3 地址线引脚提供 X 行译码电路输入，A_4～A_7 地址线引脚提供行 Y 列译码电路输入。任何时刻当 CPU 访问该存储器时，在地址信息作用下，选中某行某列的某个数据位进行读、写操作，被选中的数据位通过公用数据线 $D_{X,Y}$，再经过数据读写控制电路与数据总线(DB)中的某一根 D_i 连接，实现数据位的写入或读出。

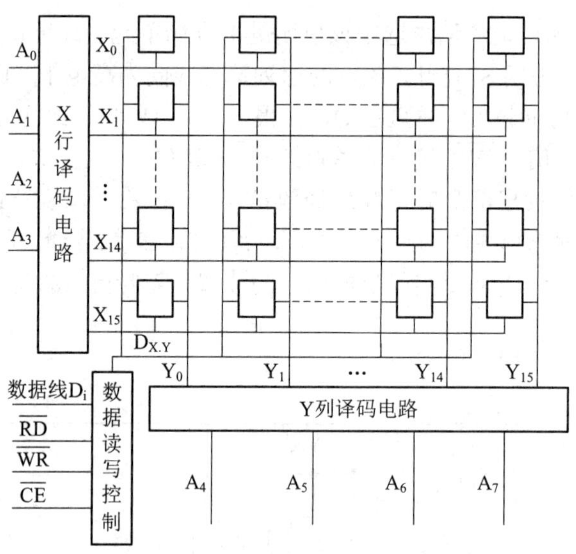

图 2-4　16 × 16 SRAM 位存储阵列

CPU 对存储器的读写操作需要以存储单元(即字节)为单位进行，这就要求存储器的存储阵列构成以字节为单位。图 2-5 是 256B SRAM 的存储器结构图，该图中每个方框都代表一片 256 位的 SRAM 存储器数据位存储阵列，各片地址信息、读写控制和片选信号并接在一起，数据位按高低排列接入系统数据线对应位，组合后当某片中的某数据位被选中时，8 片相同位置的数据位将同时被选中，即可实现存储器字节的写入或读出。

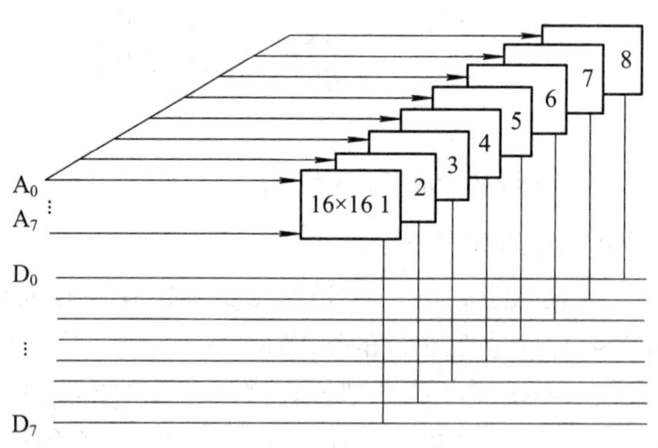

图 2-5　256B SRAM 结构图

(3) 片内地址线和片内地址。

图 2-5 中 256B SRAM 存储阵列包含 8 根地址引脚线(A_7～A_0)，计算机科学中将其称之为片内地址线。片内地址线传递的 256 个地址信息分别对应于 256B SRAM 的 256 个存储单元，计算机科学中称之为存储器片内地址。片内地址的特点是：首地址为全 0 状态，即 256B SRAM 第一个单元地址 A_7～A_0 为 8 个 0(即 00H)；末单元地址为全 1 状态，即 256B SRAM 最后一个单元地址 A_7～A_0 为 8 个 1(即 FFH)；其他存储单元地址在 00H～FFH 之间依次排列。显然片内地址线的根数与存储器的存储容量直接相关，若存储器片内地址线为 N，

则存储器的容量为 2^N B。

(4) 典型 SRAM 芯片。

典型 SRAM 芯片有 6116(2 KB)、6264(8 KB)、628128(16 KB)、62256(32 KB)等。它们的结构与图 2-5 类似，仅仅是片内地址线根数不同，限于篇幅，具体结构本书不再赘述，读者可参阅相关存储器手册。

2. 动态 RAM

动态 RAM 即 DRAM(Dynamic RAM)，其存储电路为单管电路，适合大容量集成，PC 机内存条多采用 DRAM 系列芯片。单管动态存储电路如图 2-6 所示，DRAM 存放信息靠的是电容 C，电容电荷充满时为逻辑“1”，电容电荷放电完毕时为逻辑“0”。任何电容都存在漏电现象，这个现象导致存储信息不稳，有效的解决办法是定时刷新，即每隔一定时间(一般为 2 ms)刷新一次，使处于逻辑“1”的电容的电荷及时得到补充，而处于逻辑“0”的电容电荷及时清零。

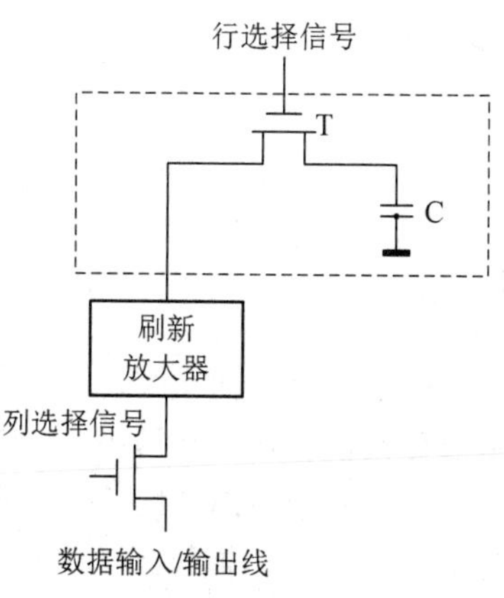

图 2-6　单管动态存储电路

读操作时，根据行地址译码，选中行为高电平，T 导通，再通过列译码选中列的刷新放大器读取对应的存储电容电压值。刷新放大器将此电压值转换为对应的逻辑电平“0”或“1”，又重写到存储电容上，而列地址译码产生列选择信号，所选中那一列的基本存储电路受到驱动，从而可读取信息。

写操作时，行选择信号为“1”，T 管处于导通状态，此时列选择信号也为“1”，则此基本存储电路被选中，于是由外接数据线送来的信息通过刷新放大器和 T 管送到电容 C 上。刷新是逐行进行的，当某行选择信号为“1”时，选中了该行，电容上信息送到刷新放大器上，刷新放大器对电容立即进行重写。由于刷新时列选择信号总是为“0”，因此电容上信息不可能被送到数据总线上。

3. 非易失 RAM

非易失 RAM 即 NVRAM(Non Volatile RAM)，又称掉电自保护 RAM。NVRAM 是由 SRAM 和 E^2PROM 共同构成的存储器，正常运行时和 SRAM 一样，而在掉电或电源有故障的瞬间，它把 SRAM 的信息保持在 E^2PROM 中，从而使信息不会丢失。NVPRAM 多用于存储非常重要的信息和掉电保护。

4. 多端口 RAM

为了适应多处理机应用系统中相互通信，需要利用新的存储形式来简化系统的设计和提高数据通信的速率，多端口 RAM 就是为了满足这一要求而设计的。根据不同的用途，多端口 RAM 一般可分为以下四种。

(1) 双端口 RAM。双端口 RAM 是用于高速共享数据缓冲器系统中两个端口都可以独立读/写的静态存储器，它实际上是作为双 CPU 系统的公共全局存储器来使用的，例如可用于多机系统通信缓冲器、DSP 系统、高速磁盘控制器等。

(2) VRAM。VRAM 是用于图形图像显示中大容量双端口的读写存储器，是专门为加速视频图像处理而设计的一种双端口 DRAM。

(3) FIFO。FIFO 是用于高速通信系统、图像处理、DSP 和数据采集系统以及准周期性突发性信息缓冲系统的先进先出存储器，它有输入和输出两个相对独立的端口。当存储器为非满载状态时，输入端允许将高速突发信息经输入缓冲器存入存储器，直至存满为止，只要存储器有数据，就允许最先写入的内容依次通过缓冲器输出。

(4) MPRAM。MPRAM 是用于特定场合的多端口存储器，例如三口 RAM、四口 RAM 等，用于多 CPU 系统的共享存储器。

2.2.4 只读存储器(ROM)

只读存储器(ROM)是一种非易失性的半导体存储器，其中的信息在使用时是不能被改变的，掉电后信息也不丢失，用来存放程序代码和数据表。在一般工作状态和条件下，ROM 中的信息只能读出，不能写入。对于可编程 ROM 芯片，可通过程序下载器将信息写入，俗称为“程序烧写”。ROM 种类很多，分为掩模式 ROM、可编程式 ROM(PROM)、光可擦除可编程 ROM(EPROM)、电可擦除可编程 ROM(E^2PROM)等，下面介绍几种目前常用的可重复烧写的 ROM。

1. 光可擦除可编程 ROM

光可擦除可编程 ROM，简称 EPROM(Erasable Programmable ROM)，该存储器利用编程器写入信息后，信息可长久保持。当其内容需要变更时，可利用擦抹器(由专用紫外线灯照射)将内容擦除，各单元内容复原(FFH)，再根据需要利用 EPROM 编程器编程。EPROM 芯片有多种型号，如 2716(2 KB)、2732(4 KB)、2764(8 KB)、27128(16 KB)、27256(32 KB)等。

2. 电可擦除可编程 ROM

电可擦除可编程 ROM，简称 E^2PROM(Electrically Erasable Programmable ROM)，能以字节为单位擦除和改写，而且无须把芯片拔下插入编程器编程，在用户系统即可进行。随着技术的进步，E^2PROM 的擦写速度不断加快，可作为不易失的 RAM 使用。目前使用的 E^2PROM 有并行和串行两种类型。

(1) 并行 E^2PROM。

Intel 公司推出的 E^2PROM 典型产品性能如表 2-1 所示。

表 2-1　Intel 公司 E^2PROM 典型产品性能

型　号	2816	2816A	2817	2817A	2864A	28256A
读取时间/ns	250	200/250	250	200/250	250	250
读电压 V_{PP}/V	5	5	5	5	5	5
写/擦电压 V_{PP}/V	21	5	21	5	5	5
字节擦除时间/ms	10	9～15	10	10	10	10
写入时间/ms	10	9～15	10	10	10	10
容量/(K × bit)	2 × 8	2 × 8	2 × 8	2 × 8	8 × 8	32 × 8
封装形式	DIP 24	DIP 24	DIP 28	DIP 28	DIP 28	DIP 28

2816 是容量 2 KB × 8 的 E^2PROM，其逻辑符号如图 2-7 所示。芯片的管脚排列与 2716 一致，只是在管脚的定义上，数据线管脚对 2816 来说是双向的，以适应读写工作模式。

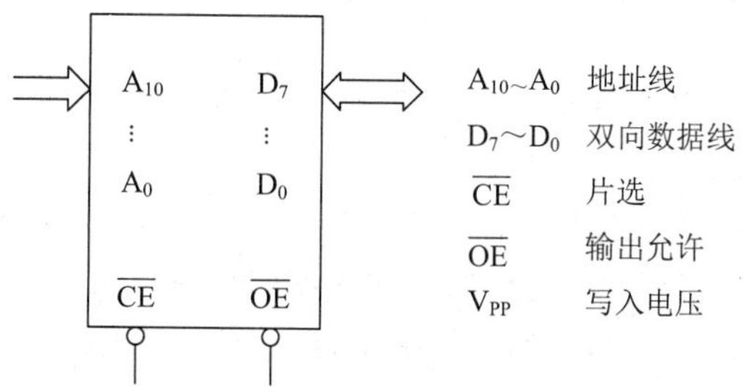

图 2-7　2816 的逻辑符号

2816 的读取时间为 250 ns，可满足多数微处理器对读取速度的要求。2816 最突出的特点是可以以字节为单位进行擦除和重写，用 $\overline{CE}$ 和 $\overline{OE}$ 信号加以控制，一个字节的擦写时间为 10 ms，整片擦除时间也为 10 ms。无论字节擦除还是整片擦除均可在机内进行。

2816 有 6 种工作方式，各工作方式下的控制信号所需电压如表 2-2 所示。从表中可见，除整片擦除外，$\overline{CE}$ 和 $\overline{OE}$ 均为 TTL 电平，而整片擦除时为 9～15 V，V_{PP} 在擦或写方式时均为 21 V 的脉冲，而其他工作方式为 4～6 V。

表 2-2　2816 的工作方式

方式	管　脚			
	$\overline{CE}$	$\overline{OE}$	V_{PP}(V)	数据线功能
读方式	低	低	4～6	输出
备用方式	高	×	4～6	高阻
字节擦除	低	高	21	输入为高电平
字节写	低	高	21	输入
片擦除	低	9～15 V	21	输入为高电平
擦写禁止	高	×	21	高阻

① 读方式。在读方式时，允许 CPU 读取 2816 的数据。当 CPU 发出地址信号以及相

关的控制信号后，与此相对应，2816 的地址信号和 $\overline{CE}$、$\overline{OE}$ 信号有效，经一定延时，2816 即可提供有效数据。

② 写方式。2816 具有以字节为单位的擦写功能，擦除和写入是同一种操作，即都是写，只不过擦除是固定写“1”而已。因此在擦除时，数据输入是 TTL 高电平。在以字节为单位进行擦除和写入时，$\overline{CE}$ 为低电平，$\overline{OE}$ 为高电平，从 V_{PP} 端输入编程脉冲，宽度最小为 9 ms，最大为 70 ms，幅度为 21 V。为保证存储单元能长时期可靠地工作，编程脉冲要求以指数形式上升到 21 V。

③ 片擦除方式。在 2816 需整片擦除时，当然也可按字节擦除方式将整片 2 KB 逐个进行，但最简便的方法是依照表 2-2，将 $\overline{CE}$ 和 V_{PP} 按片擦除方式连接，将数据输入引脚置为 TTL 高电平，而使 $\overline{OE}$ 引脚电压达到 9～15 V，约 10 ms 后整片内容全部被擦除，即 2 KB 的内容全为 FFH。

④ 备用方式。当 2816 的 $\overline{CE}$ 端加上 TTL 高电平时，芯片处于备用状态，$\overline{OE}$ 控制无效，输出呈高阻态。在备用状态下其功耗可降到 55%。

(2) 串行 E^2PROM。

串行 E^2PROM 芯片有 PHILIPS 公司的 24C01/02/04、NS 公司的 93C46/56/66 等。下面以 E^2PROM 24C01/02/04 为例进行说明。

24C01/02/04 是一种采用 CMOS 工艺制成的、容量为 128/256/512 × 8 位的 8 个引脚的 E^2PROM，其引脚如图 2-8 所示。SDA 为双向数据信号线，而 SCL 为时钟信号线，都采用 I^2C 总线时序实现数据的读写。WP 为写保护引脚，当该引脚接 V_{CC} 时，芯片就具有数据保护功能，不再允许写入，读操作不受影响。A_0，A_1，A_2 为片选地址输入，实现芯片的选择。

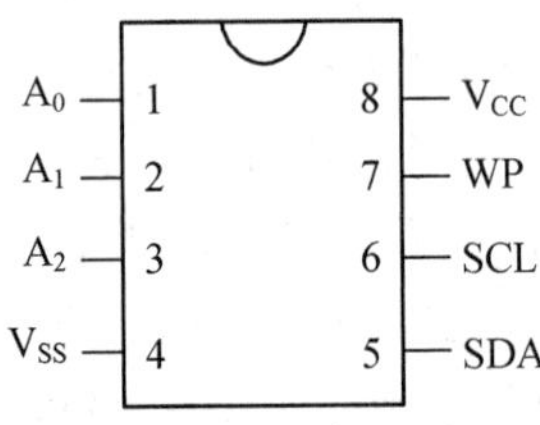

图 2-8　24C01/02/04 引脚

2.2.5　新一代可编程只读存储器 FLASH

FLASH 即闪速存储器(Flash Memory)，也称“闪存”，是一类非易失性存储器(NVM)，由 Intel 公司首先开发，采用非挥发性存储技术，能够在线擦除重写，写入速度达 ns 级，类似于 RAM，掉电后信息可保持 10 年。与 EPROM 相比较，FLASH 具有明显的优势，即在系统中电可擦除且可重复编程，而不需要特殊的高电压；与 E^2PROM 相比较，闪速存储器具有成本低、密度大的特点。因为闪存的独特优点，PentiumⅡ以后的主板都采用了这种存储器存放 BIOS 程序，取代了 EPROM，可以使 BIOS 程序及时升级，而且与相同容量的 EPROM 引脚完全兼容。目前大部分单片机内部已嵌入不同容量的闪存，例如 AT89C51/52、Cygnal、Stm32、Nxp 系列单片机等。典型闪存芯片有 29C256(32 KB)、29C512(64 KB)、29C101(128 KB)、29C020(256 KB)、29C040(512 KB)、29C080(1024 KB)等。

2.3　微型计算机内部存储器扩展技术

2.3.1　内部存储器扩展方式

由于单片存储器的容量是有限的，要构成大容量的内存，需要组合多片存储器，以构成较大容量的存储器模块，称为存储器扩展。根据微型计算机系统实际需求，存储器的扩展包括字扩展、位扩展和字位全扩展三种方式。

(1) 字扩展方式。

字扩展方式是一种存储单元数的扩展方式，实现对存储系统的寻址空间扩展，单个存储单元数据宽度仍以字节为单位。图 2-9 是由 2 片 ROM 2732(4 KB)采用字扩展方式构造的 8 KB ROM。分析可知，存储器字扩展时，要求各存储芯片数据线、片内地址线、控制信号线并接系统总线，而片选信号则需译码电路分别提供。

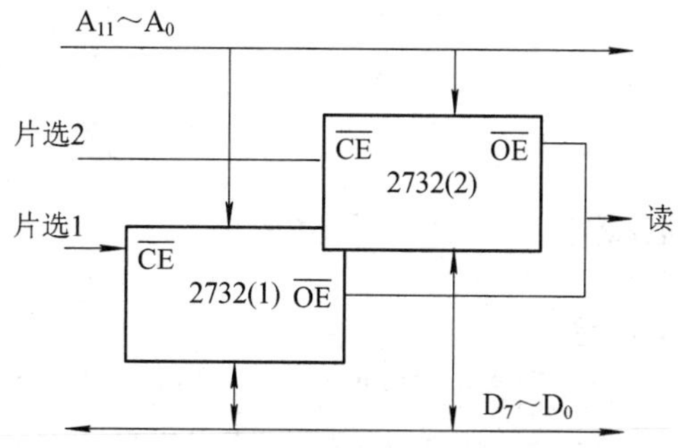

图 2-9　存储器字扩展方式示例图

(2) 位扩展方式。

位扩展方式是一种存储单元个数不变，而单个存储单元数据位数增加的扩展方式。经位扩展构成的存储器，每个单元内容被存储在不同的存储芯片上。图 2-10 是 2 片 SRAM 6116 (2 KB)采用位扩展方式构造的 2 K × 16RAM。分析可知，存储器位扩展时，要求各存储芯片的控制信号线、片内地址线、片选线并接系统总线，而各芯片的数据线则需按高低次序分别对应连接到系统数据总线。

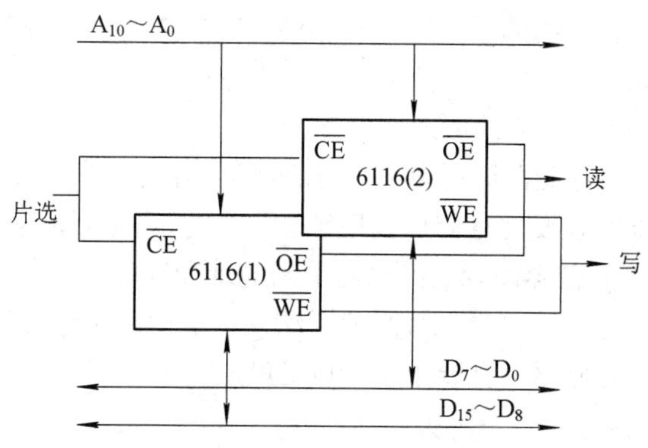

图 2-10　存储器位扩展方式示例图

(3) 字位全扩展方式。

字位全扩展方式是由字扩展方式和位扩展方式组合起来的存储器扩展方式，既扩展存储单元数，又扩展单个存储单元的数据位数。图 2-13 是 4 片 SRAM 6116(2 KB)扩展成的 4 K × 16 RAM。分析图 2-11 可知：6116(1)与 6116(2)采用位扩展方式组成 2 K × 16 RAM；6116(3)与 6116(4)采用位扩展方式组成 2 K × 16 RAM；最后两组 2 K × 16 的存储器采用字扩展方式构成 4 K × 16 RAM。

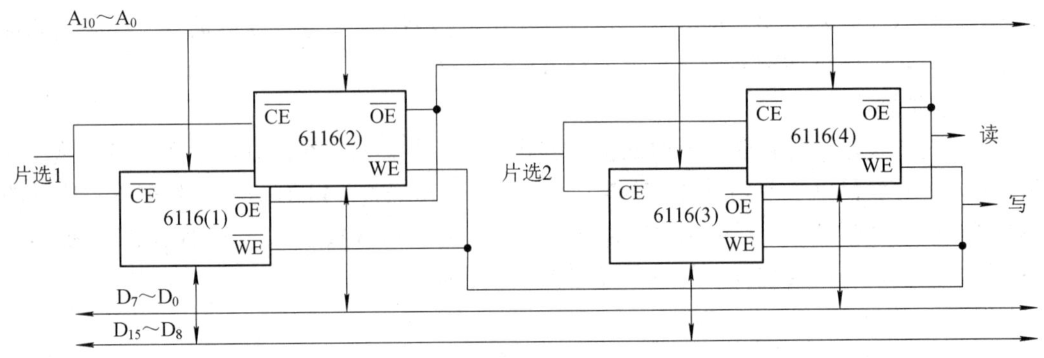

图 2-11　存储器字位全扩展方式示例图

2.3.2　内部存储器扩展技术

1. 存储器与系统总线的连接

在微型计算机系统中，CPU 读写存储器操作时，读写指令通过系统地址总线送出读写存储单元的地址信息，通过控制总线发出读写控制信息，最终通过数据总线实现选定存储单元数据信息的读写。当微型计算机系统中扩展存储器时，需要将存储器的相应管脚“挂”在系统总线上。因此，存储器接入总线时必须考虑系统总线带负载能力、CPU 时序与存储器存取速度之间的配合、地址总线的连接等问题。

(1) 系统总线带负载能力。

CPU 总线的设计带负载能力一般为 1 个 TTL 器件或 20 个 MOS 器件，存储器基本上都是 MOS 器件构成的，简单系统中可直接连接 CPU。而在挂接器件较多的较大微机系统中，CPU 总线应加驱动器后再与存储器等器件相连。例如 74LS244、74LS373、Intel8282/8283 等常用于地址总线和控制总线的单向锁存和驱动，72LS245、Intel8286/8287 等常用于双向数据总线的缓冲和驱动。

(2) CPU 时序与存储器存取速度之间的配合。

CPU 取指令周期和对存储器读写操作有固定时序，由此对存储器存取速度提出要求。具体来讲，CPU 读存储器时，发出存储单元地址和读信号后，存储器必须在限定时间内给出有效数据。而当 CPU 写存储器时，发出存储单元地址和写信号后，存储器必须在写信号有效期间内将数据写入指定存储单元，否则就无法保证迅速准确地传送数据。因此，在系统设计时应尽量考虑快速存储器，并要求设计以 CPU 工作时序为基准的读写时序匹配电路。

(3) 地址总线的连接。

微型计算机系统地址总线根数决定于采用的处理器，例如 8086CPU 组成微机系统地址总线为 20 根，其存储单元地址为 20 位(A_{19}～A_0)，8051 单片机组成的微机系统，地址总线为 16 根，其外部存储单元地址为 16 位(A_{15}～A_0)。微机系统中扩展存储器时，存储器片内地址线只需要连接部分地址总线，负责传递片内地址信息，未被存储器芯片连接的剩余地址线称为该存储器芯片的片外地址线，计算机科学中将片外地址线传递的地址信息称为存储单元的片外地址。鉴于片外地址具有恒定唯一性特征，所以片外地址线常用作地址译码电路输入线产生片选信号选定存储芯片。

(4) 读/写控制信号线的连接。

CPU 读/写控制信号线分别与存储器芯片对应的读/写信号输入引脚相连。但是一般存储芯片无论是 RAM 还是 ROM 均没有直接读输入端，CPU 读信号一般与存储芯片输出允许引脚连接，以便读信号有效时完成存储器数据读取。对于 ROM 芯片，由于不允许数据写操作，因此不存在写信号的连接问题。

(5) 数据线的连接。

数据线的连接方式由存储器的读/写宽度决定，存储器的最大读/写宽度一般由 CPU 的数据线宽度决定。若选用 CPU 的字长等于所要扩展存储器的读/写宽度，则直接将它的数据线与 CPU 的数据线相连，按字扩展方式完成存储器扩展；若选用 CPU 的字长大于所要扩展存储器的读/写宽度，则按位扩展方式完成存储器扩展。

2. 存储器地址分配和片选信号

(1) 存储器地址分配。

凡是挂接在系统总线上的存储器芯片，都会被系统分配相应的地址空间(也称地址范围)，以实现 CPU 对各存储器芯片相应存储单元的读写操作。一个完整的存储单元地址分为片外地址和片内地址两部分，片内地址提供存储单元的存储阵列的行列信息，片外地址提供存储单元所在存储芯片的片选信息。因此，只要确定了存储芯片的各存储单元的片内地址和片外地址，就实现了存储器的地址分配，即确定了存储器的地址范围。例如在 AB = 16 的微机系统中，若某片 RAM 6264 的首地址为 0000H，则其末地址可确定为 1FFFH，该芯片的地址范围即为 0000H～1FFFH。

(2) 存储芯片的片选信号。

存储器地址分配完成后，需要根据存储器地址范围设计译码电路用于产生选择存储器芯片的片选信号，常用译码电路设计方法有线选法和译码器法。

① 线选法。线选法是利用片外地址线或其他有效信号直接与存储器片选引脚线连接产生片选信号。该方法简单且不需附加专门译码电路，适用于存储芯片较少且片外地址线充足的微机系统。在线选方式下，若片外地址线有空闲，则状态可“0”可“1”，在地址分配时会出现一个存储单元有多个地址与之对应的现象，计算机科学中称之为地址重叠现象。需要强调指出在线选方式下若有多条片外地址线作为片选线使用时，在 CPU 访问存储器某芯片时只能有 1 条片选线处于有效状态，一般不允许出现多条片选线同时有效的现象。

② 译码器法。译码器法是采用译码器芯片产生片选信号的方法，译码器的输入和使能信号由片外地址线提供，译码器输出提供选定存储芯片的片选信号。若片外地址线全部作为译码器的输入或使能用，称之为全译码法，反之则称其为部分译码法。在全译码方式下，不存在地址重叠现象，而在部分译码方式下，会出现地址重叠现象。

③ 地址译码器 74LS138。地址译码器的功能是根据输入的片外地址码译码输出选通一个存储芯片或 I/O 设备，再结合片内地址码共同指向某一单元。任何时刻译码器的输出是唯一的，即系统中只能有 1 个设备被选中。在中规模集成电路中译码器有多种型号，使用最广的通常是 74LS138 译码器，74LS138 译码器是一个 3 输入 8 输出的译码器，图 2-12 为 74LS138 译码器的引脚和逻辑框图，其中 A、B、C 为译码器的三线输入信号，$\overline{Y_0}$～$\overline{Y_7}$ 为输出信号。74LS138 译码器逻辑功能如表 2-3 所示，输出为低电平有效时，要求使能端 G_1 为高电平，$\overline{G_{2A}}$、$\overline{G_{2B}}$ 为低电平。

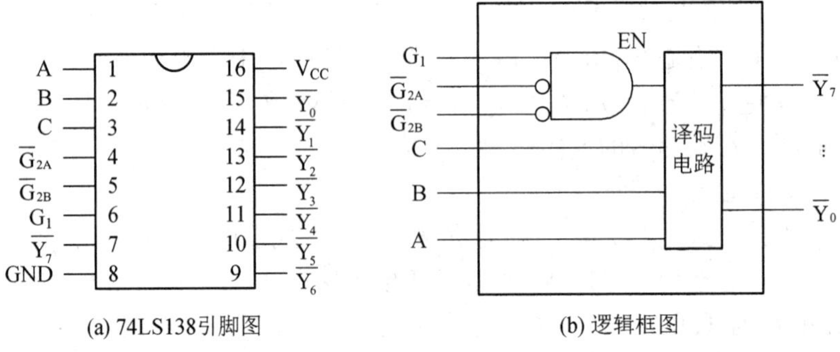

图 2-12 74LS138 引脚和逻辑框图

表 2-3 74LS138 译码器逻辑功能表

输入						输出							
使能端			选择端										
G_1	$\overline{G_{2A}}$	$\overline{G_{2B}}$	C	B	A	$\overline{Y_0}$	$\overline{Y_1}$	$\overline{Y_2}$	$\overline{Y_3}$	$\overline{Y_4}$	$\overline{Y_5}$	$\overline{Y_6}$	$\overline{Y_7}$
1	0	0	0	0	0	0	1	1	1	1	1	1	1
1	0	0	0	0	1	1	0	1	1	1	1	1	1
1	0	0	0	1	0	1	1	0	1	1	1	1	1
1	0	0	0	1	1	1	1	1	0	1	1	1	1
1	0	0	1	0	0	1	1	1	1	0	1	1	1
1	0	0	1	0	1	1	1	1	1	1	0	1	1
1	0	0	1	1	0	1	1	1	1	1	1	0	1
1	0	0	1	1	1	1	1	1	1	1	1	1	0
×	1	1	1	1	1	1	1	1	1	1	1	1	1
1	×	1	1	1	1	1	1	1	1	1	1	1	1

3. 存储器扩展举例

存储器扩展，一般有以下 3 个步骤。

(1) 构造微机总线系统(AB、DB、CB)；

(2) 存储器芯片地址分析；

(3) 连接存储器芯片设计地址译码电路。

构造 8 位数据线(D_0～D_7)，16 位地址线(A_0～A_{15})，2 位控制线为 $\overline{WR}$、$\overline{RD}$ 的微机总线系统，简称 8DB16AB2CB 微机总线系统，如图 2-13 所示。下面以不同译码方式下的 8DB16AB2CB 微机总线系统中存储器字扩展为例，介绍存储器扩展技术。

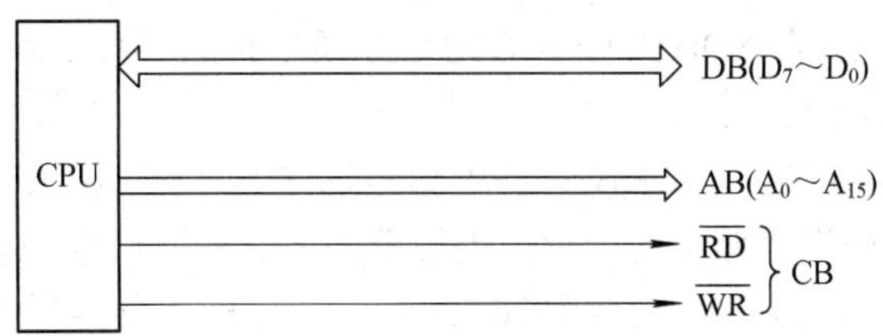

图 2-13　8DB16AB2CB 总线系统

【例 2-1】　线选法。在 8DB16AB2CB 总线系统中扩展 1 片存储器 6264，如图 2-14 所示，试分析 6264 的地址范围。

问题分析：6264 存储容量为 8 KB，片内地址线 13 根，占 16 位地址的 A_{12}～A_0。片内地址线从全 0 变到全 1 即得存储单元的片内地址范围，片外地址线 A_{13} 与 6264 的 $\overline{CE}$ 引脚连接，因此 6264 的每个存储单元片外地址 A_{13} 都应为低电平，剩余片外地址线 A_{14}、A_{15} 悬空，可选任意状态，6264 地址范围分析见表 2-4。

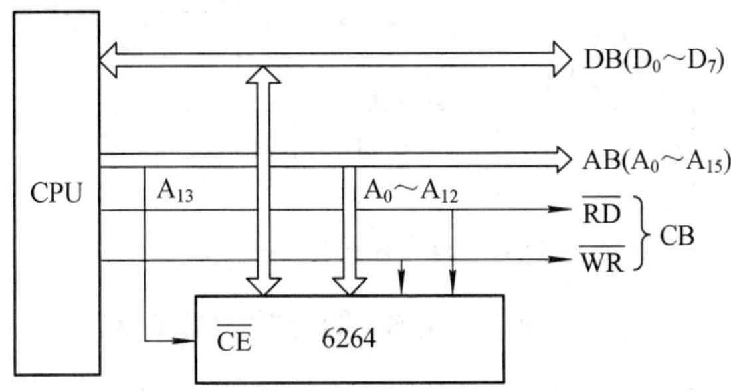

图 2-14　8DB16AB2CB 与 6264 的连接

由表 2-4 可知，若 $A_{15}A_{14}$ 取“00”时，地址范围为 0000H～1FFFH；若 $A_{15}A_{14}$ 取“01”时，地址范围为 4000H～5FFFH；若 $A_{15}A_{14}$ 取“10”时，地址范围为 8000H～9FFFH；若 $A_{15}A_{14}$ 取“11”时，地址范围为 C000H～DFFFH。即 6264 的每个存储单元有 4 个地址与之对应，即出现地址重叠现象。因此本例中 6264 的地址范围可为 0000H～1FFFH、4000H～5FFFH、8000H～9FFFH、C000H～DFFFH 四组中的任一组。

表 2-4　例 2-1 6264 地址范围分析表

片外地址线			片内地址线												
A_{15}	A_{14}	A_{13}	A_{12}	A_{11}	A_{10}	A_9	A_8	A_7	A_6	A_5	A_4	A_3	A_2	A_1	A_0
0	0	0	0	0	0	0	0	0	0	0	0	0	0	0	0
:	:	:	:	:	:	:	:	:	:	:	:	:	:	:	:
0	0	0	1	1	1	1	1	1	1	1	1	1	1	1	1
0	1	0	0	0	0	0	0	0	0	0	0	0	0	0	0
:	:	:	:	:	:	:	:	:	:	:	:	:	:	:	:
0	1	0	1	1	1	1	1	1	1	1	1	1	1	1	1
1	0	0	0	0	0	0	0	0	0	0	0	0	0	0	0
:	:	:	:	:	:	:	:	:	:	:	:	:	:	:	:
1	0	0	1	1	1	1	1	1	1	1	1	1	1	1	1
1	1	0	0	0	0	0	0	0	0	0	0	0	0	0	0
:	:	:	:	:	:	:	:	:	:	:	:	:	:	:	:
1	1	0	1	1	1	1	1	1	1	1	1	1	1	1	1

【例 2-2】 线选法。在 8DB16AB2CB 总线系统中扩展 3 片 6264，如图 2-15 所示，试分析 3 片 6264 各自的地址范围。

问题分析：6264 存储容量为 8 KB，片内地址线 13 根，占 16AB 的 A_{12}～A_0。片内地址线从全 0 变到全 1 即得存储单元的片内地址范围，片外地址线 A_{13}、A_{14}、A_{15} 分别与 6264(1)、6264(2)、6264(3)的 $\overline{CE}$ 引脚连接，6264 地址范围分析见表 2-5。由表 2-5 可知 6264(1)地址范围为 C000H～DFFFH，6264(2)地址范围为 A000H～BFFFH，6264(3)地址范围为 6000H～7DFFFH。由于片外地址线没有剩余，故在本例中各 6264 芯片的地址范围是唯一的，不会出现地址重叠。

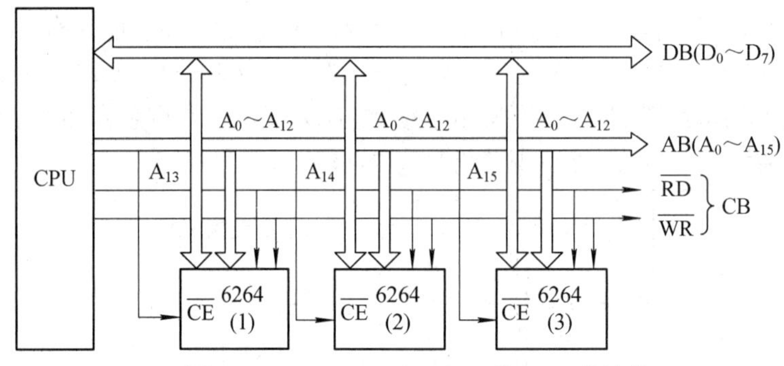

图 2-15　8DB16AB2CB 与 3 片 6264 的连接

表 2-5　例 2-2 6264 地址范围分析表

	片外地址线			片内地址线												
	A_{15}	A_{14}	A_{13}	A_{12}	A_{11}	A_{10}	A_9	A_8	A_7	A_6	A_5	A_4	A_3	A_2	A_1	A_0
6264(1)	1	1	0	0	0	0	0	0	0	0	0	0	0	0	0	0
	:	:	:	:	:	:	:	:	:	:	:	:	:	:	:	:
	1	1	0	1	1	1	1	1	1	1	1	1	1	1	1	1
6264(2)	1	0	1	0	0	0	0	0	0	0	0	0	0	0	0	0
	:	:	:	:	:	:	:	:	:	:	:	:	:	:	:	:
	1	0	1	1	1	1	1	1	1	1	1	1	1	1	1	1
6264(3)	0	1	1	0	0	0	0	0	0	0	0	0	0	0	0	0
	:	:	:	:	:	:	:	:	:	:	:	:	:	:	:	:
	0	1	1	1	1	1	1	1	1	1	1	1	1	1	1	1

【例 2-3】 部分译码法。利用 74LS138 译码器在 8DB16AB2CB 总线系统中扩展 2 片 2716，如图 2-16 所示。试分析 2716 的地址范围。

问题分析：2716 存储容量为 2 KB，片内地址线 11 根，占 16AB 的 A_{10}～A_0。片外地址线中 A_{15}、A_{14}、A_{13} 作为 74LS138 译码器的输入。由于 A_{12} 和 A_{11} 未参加译码，状态任意(一般为 0)，即存在地址重叠现象，2716 地址范围分析见表 2-6，A_{10}～A_0 为片内地址线，取值范围为全 0 到全 1。A_{15}～A_{11} 为片外地址线，选择 A_{15}、A_{14}、A_{13} 作为 74LS138 译码器的输入，相应地输出选 $\overline{Y}_0$ 连接 2716(1)的片选引脚，$\overline{Y}_1$ 连接 2716(2)的片选引脚。A_{12}、A_{11} 未参加译码，可取任意值，一般取 0。对于 2716(1)，$A_{15}A_{14}A_{13}$ 应取“000”。若 $A_{12}A_{11}$ 取“00”时，地址范围为 0000H～07FFH；若 $A_{12}A_{11}$ 取“01”时，地址范围为 0800H～0FFFH；若 $A_{12}A_{11}$ 取“10”时，地址范围为 1000H～17FFH；若 $A_{12}A_{11}$ 取“11”时，地址范围为 1800H～

1FFFH。2716(1)的地址范围为 0000H～07FFH、0800H～0FFFH、1000H～17FFH、1800H～1FFFH 四组中的任一组。2716(2)的地址范围为 2000H～27FFH、2800H～0FFFH、3000H～37FFH、3800H～3FFFH 四组中的任一组。

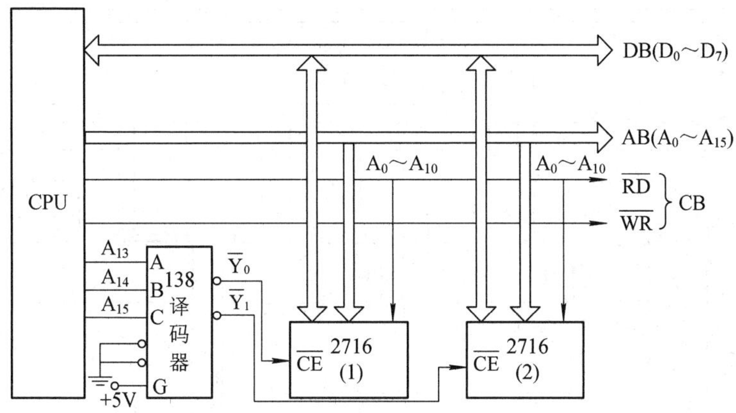

图 2-16　8DB16AB2CB 与 2716 的连接

表 2-6　例 2-3 2716 地址范围分析表

	片外地址线					片内地址线										
	A_{15}	A_{14}	A_{13}	A_{12}	A_{11}	A_{10}	A_9	A_8	A_7	A_6	A_5	A_4	A_3	A_2	A_1	A_0
2716(1)	0	0	0	0	0	0	0	0	0	0	0	0	0	0	0	0
	:	:	:	:	:	:	:	:	:	:	:	:	:	:	:	:
	0	0	0	0	0	1	1	1	1	1	1	1	1	1	1	1
	0	0	0	0	1	0	0	0	0	0	0	0	0	0	0	0
	:	:	:	:	:	:	:	:	:	:	:	:	:	:	:	:
	0	0	0	0	1	1	1	1	1	1	1	1	1	1	1	1
	0	0	0	1	0	0	0	0	0	0	0	0	0	0	0	0
	:	:	:	:	:	:	:	:	:	:	:	:	:	:	:	:
	0	0	0	1	0	1	1	1	1	1	1	1	1	1	1	1
	0	0	0	1	1	0	0	0	0	0	0	0	0	0	0	0
	:	:	:	:	:	:	:	:	:	:	:	:	:	:	:	:
	0	0	0	1	1	1	1	1	1	1	1	1	1	1	1	1
2716(2)	0	0	1	0	0	0	0	0	0	0	0	0	0	0	0	0
	:	:	:	:	:	:	:	:	:	:	:	:	:	:	:	:
	0	0	1	0	0	1	1	1	1	1	1	1	1	1	1	1
	0	0	1	0	1	0	0	0	0	0	0	0	0	0	0	0
	:	:	:	:	:	:	:	:	:	:	:	:	:	:	:	:
	0	0	1	0	1	1	1	1	1	1	1	1	1	1	1	1
	0	0	1	1	0	0	0	0	0	0	0	0	0	0	0	0
	:	:	:	:	:	:	:	:	:	:	:	:	:	:	:	:
	0	0	1	1	0	1	1	1	1	1	1	1	1	1	1	1
	0	0	1	1	1	0	0	0	0	0	0	0	0	0	0	0
	:	:	:	:	:	:	:	:	:	:	:	:	:	:	:	:
	0	0	1	1	1	1	1	1	1	1	1	1	1	1	1	1

【例 2-4】 全译码法。利用 138 译码器在 8DB16AB2CB 总线系统中扩展 2 片 6264 和 1 片 2764，如图 2-17 所示。试分析各芯片的地址范围。

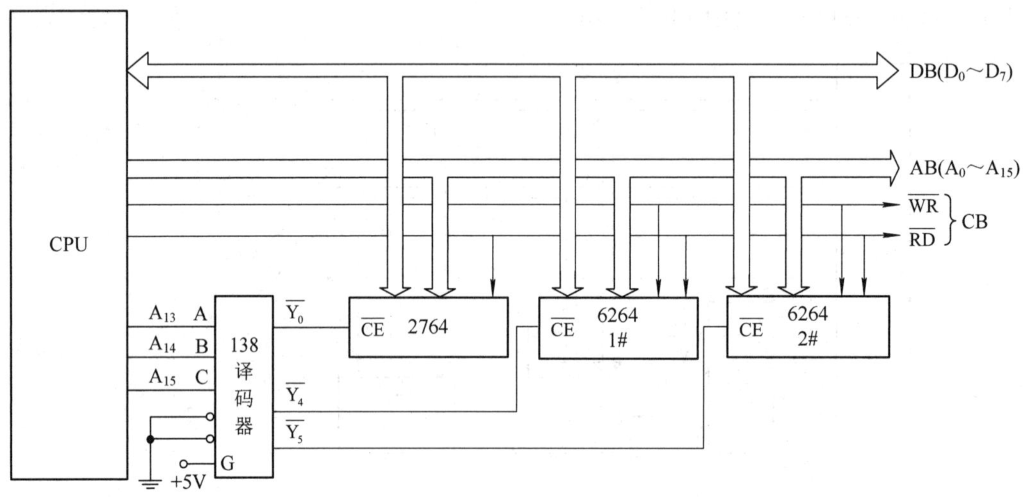

图 2-17　用 74LS138 译码器实现全译码电路(一)

问题分析： 6264 和 2764 容量均为 8 KB，片内地址线 13 根，占 16 位地址的 A_{12}～A_0。剩余的 3 根片外地址线用作 74LS138 译码器输入。由于所有的片外地址线均参加译码，没有空闲，各存储芯片的选通信号由译码器输出唯一确定，不会产生地址重叠。各芯片地址范围分析见表 2-7。由表 2-7 可知 2764 的地址范围为 0000H～1FFFH，6264(1)的地址范围为 8000H～9FFFH，6264(2)的地址范围为 A000H～BFFFH。

表 2-7　例 2-4 2764 和 6264 地址范围分析表

	片外地址线			片内地址线												
	A_{15}	A_{14}	A_{13}	A_{12}	A_{11}	A_{10}	A_9	A_8	A_7	A_6	A_5	A_4	A_3	A_2	A_1	A_0
2764	0	0	0	0	0	0	0	0	0	0	0	0	0	0	0	0
	:	:	:	:	:	:	:	:	:	:	:	:	:	:	:	:
	0	0	0	1	1	1	1	1	1	1	1	1	1	1	1	1
6264(1)	1	0	0	0	0	0	0	0	0	0	0	0	0	0	0	0
	:	:	:	:	:	:	:	:	:	:	:	:	:	:	:	:
	1	0	0	1	1	1	1	1	1	1	1	1	1	1	1	1
6264(2)	1	0	1	0	0	0	0	0	0	0	0	0	0	0	0	0
	:	:	:	:	:	:	:	:	:	:	:	:	:	:	:	:
	1	0	1	1	1	1	1	1	1	1	1	1	1	1	1	1

【例 2-5】 全译码法。利用 74LS138 译码器在 8DB16AB2CB 总线系统中扩展 2 片 2716，如图 2-18 所示。试分析 2716 的地址范围。

问题分析： 2716 存储容量为 2 KB，片内地址线 11 根，占 16 位地址的 A_{10}～A_0。A_{15}、A_{14}、A_{13} 作为 74LS138 译码器的输入。而 A_{12} 和 A_{11} 虽然未直接作为 74LS138 译码器的输入，但它们的状态是确定的(只能为“00”)，不存在地址重叠现象，原因是 A_{12} 和 A_{11} 连接了 74LS138 译码器的低电平使能端。2716 地址范围分析见表 2-8，A_0～A_{10} 为片内地址线，取值范围为全 0 到全 1，A_{15}～A_{11} 为片外地址线，选择 A_{15}、A_{14}、A_{13} 作为 74LS138 译码器的输入，相应地输出 $\overline{Y}_0$ 连接 2716(1)的片选引脚，$\overline{Y}_1$ 连接 2716(2)的片选引脚。$A_{12}A_{11}$ 只能取“00”。对于 2716(1)$A_{15}A_{14}A_{13}$ 应取“000”，地址范围为 0000H～07FFH，同理 2716(2)的地址范围为 2000H～27FFH。在全译码方式下，片外地址线没有剩余，即地址线没有任意状态，只能是唯一的状态，各存储芯片的地址范围是唯一的，不存在地址重叠现象。

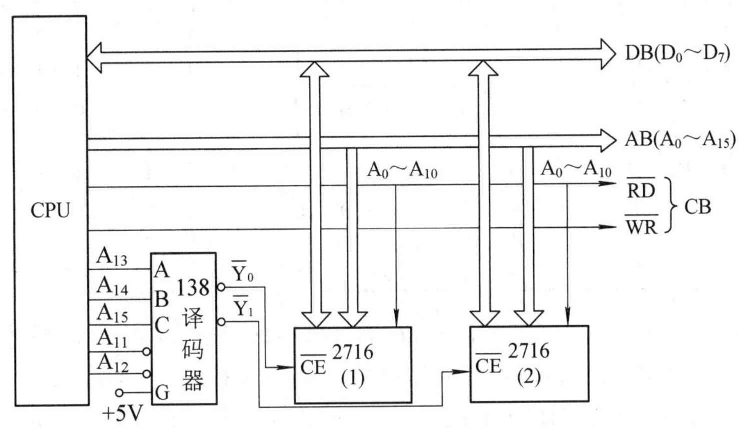

图 2-18　用 74LS138 译码器实现全译码电路(二)

表 2-8　例 2-5 2716 地址范围分析表

	片外地址线					片内地址线										
	A_{15}	A_{14}	A_{13}	A_{12}	A_{11}	A_{10}	A_9	A_8	A_7	A_6	A_5	A_4	A_3	A_2	A_1	A_0
2716(1)	0	0	0	0	0	0	0	0	0	0	0	0	0	0	0	0
	:	:	:	:	:	:	:	:	:	:	:	:	:	:	:	:
	0	0	0	0	0	1	1	1	1	1	1	1	1	1	1	1
2716(2)	0	0	1	0	0	0	0	0	0	0	0	0	0	0	0	0
	:	:	:	:	:	:	:	:	:	:	:	:	:	:	:	:
	0	0	1	0	0	1	1	1	1	1	1	1	1	1	1	1

【例 2-6】　存储器系统设计。利用 74LS138 译码器在 8DB16AB2CB 总线系统中扩展 2 片 6116 和 1 片 2732。6116(1)从 0000H 开始编址，6116(2)与 6116(1)地址连续，2732 从 2000H 开始编址，设计该存储系统。

问题分析：6116 存储容量为 2 KB，片内地址线 11 根，占 16 位地址的 A_{10}～A_0，2732 存储容量为 4 KB，片内地址线 12 根，占 16 位地址的 A_{11}～A_0，地址范围分析见表 2-9。对于 6116，A_{10}～A_0 为片内地址线，取值范围为全 0 到全 1，A_{15}～A_{11} 为片外地址线，由题意可知对于 6116(1)其状态应为“00000”，对于 6116(2)其状态应为“00001”；而对于 2732，A_{11}～A_0 为片内地址线，取值范围也应为全 0 到全 1，A_{15}～A_{12} 为片外地址线，由题意可知其状态应为“0010”，从而可知 6116(1)地址范围为 0000H～07FFH，6116(2)的地址范围为 0800H～0FFFH，2732 的地址范围为 2000H～2FFFH。

表 2-9 例 2-6 6116 和 2732 地址范围分析表

	2732片外地址线				2732片内地址线											
	6116片外地址线					6116片内地址线										
	A_{15}	A_{14}	A_{13}	A_{12}	A_{11}	A_{10}	A_9	A_8	A_7	A_6	A_5	A_4	A_3	A_2	A_1	A_0
6116(1)	0	0	0	0	0	0	0	0	0	0	0	0	0	0	0	0
	:	:	:	:	:	:	:	:	:	:	:	:	:	:	:	:
	0	0	0	0	0	1	1	1	1	1	1	1	1	1	1	1
6116(2)	0	0	0	0	1	0	0	0	0	0	0	0	0	0	0	0
	:	:	:	:	:	:	:	:	:	:	:	:	:	:	:	:
	0	0	0	0	1	1	1	1	1	1	1	1	1	1	1	1
2732	0	0	1	0	0	0	0	0	0	0	0	0	0	0	0	0
	:	:	:	:	:	:	:	:	:	:	:	:	:	:	:	:
	0	0	1	0	1	1	1	1	1	1	1	1	1	1	1	1

例 2-6 中由于容量的不同，2732 和 6116 的片外地址线根数不统一，在选择译码信号线时，应选择公共的片外地址线作为译码器的输入。本例选择 A_{15}、A_{14}、A_{13} 作为 74LS138 译码器的输入，并将 A_{12} 接入 74LS138 的低电平使能信号，则 6116 的片选引脚应选择连接 74LS138 译码器的输出 $\overline{Y_0}$，2732 的片选引脚应选择连接 74LS138 译码器 $\overline{Y_1}$。但是不难发现，单单依靠 74LS138 译码器的输出 $\overline{Y_0}$ 和 $\overline{Y_1}$ 仅能区分 6116 和 2732，不能区分 6116(1)和 6116(2)，因此译码电路需要进一步设计。观察表 2-9 可知，6116 还有一根片外地址线 A_{11}，对于 6116(1)状态为“0”，对于 6116(2)状态为“1”，因此可利用 $\overline{Y_0}$ 和 A_{11} 形成新的逻辑以区分两片 6116。经过以上分析可设计如图 2-19 所示的存储系统，图中或逻辑门与反相逻辑门形成了 6116 的片选信号。当 $\overline{Y_0}$ 和 A_{11} 为“00”时选中 6116(1)，当 $\overline{Y_0}$ 和 A_{11} 为“01”时选中 6116(2)。

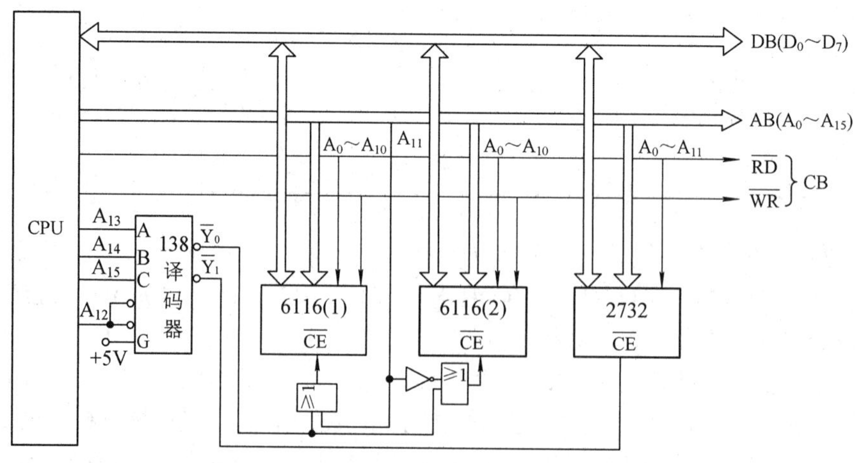

图 2-19 6116(1)、6116(2)、2732 与 CPU 的连接

2.3.3 存储器扩展 Proteus 仿真

1. 基于 80C51 单片机构造 8DB16AB2CB 总线系统

在原理图绘制界面基于 80C51 单片机构造 8DB16AB2CB 总线系统电路，如图 2-20 所示。

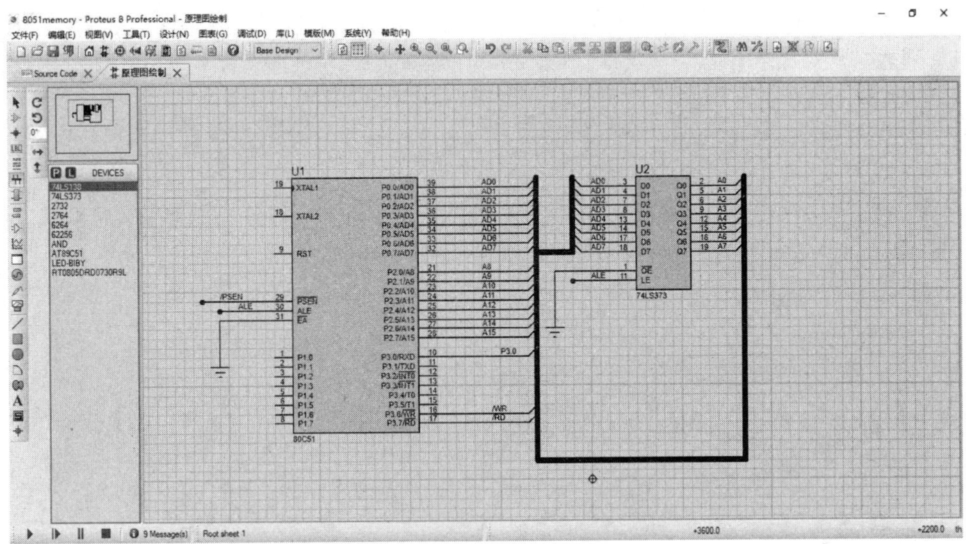

图 2-20　基于 80C51 单片机的 8DB16AB2CB 总线系统

图中 16AB 总线标号为 A_0～A_{15}，8DB 总线标号为 AD_0～AD_7，2CB 总线标号为 $\overline{WR}$，$\overline{RD}$。U2 为锁存器 74LS373，用来实现 80C51 单片机 P0 口的低 8 位地址和 8 位数据的分时复用。

2. 例 2-1 Proteus 仿真

在基于 80C51 单片机的 8DB16AB2CB 总线系统中设计电路完成例 2-1 线选法扩展 1 片 6264 的仿真实验，验证其地址分析的合理性，其原理如图 2-21 所示。实验方法是将数据 55H 利用地址范围 0000H～1FFFH 写入 6264 的任意单元，然后分别对 6264 地址范围 4000H～5FFFH、8000H～9FFFH、C000H～DFFFH 内的对应单元数值进行读取，若读取到的数值为 55H，则点亮对应 LED1、LED2、LED3。图 2-22 为写入 6264 第一个单元的实验源代码，源代码中涉及的相关指令后续章节会学到，这里只需关注修改相应地址即可。图 2-23 是访问 6264 第一个单元的仿真结果，LED1、LED2、LED3 均被点亮，说明 6264 的第一个单元地址可以为 0000H、4000H、8000H、C000H 中的一个，即产生地址重叠现象。

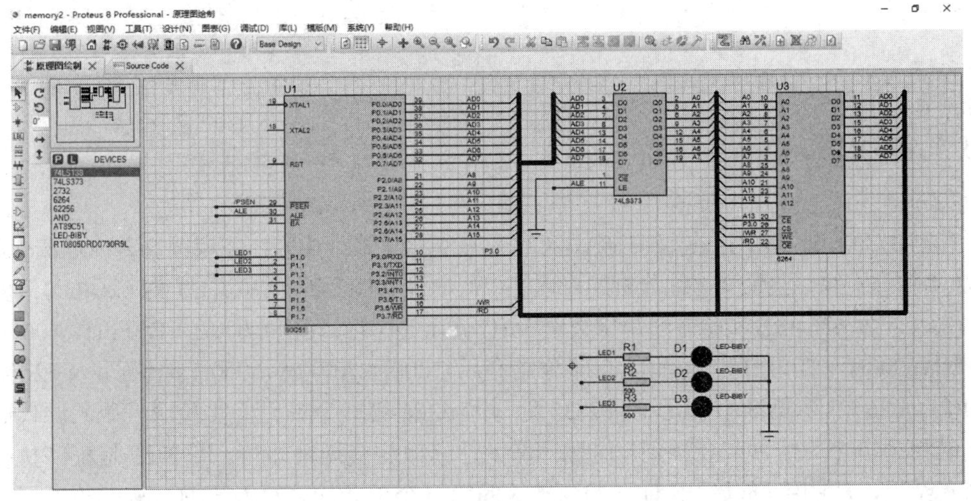

图 2-21　例 2-1 线选法扩展 1 片 6264 实验仿真原理图

2-28 - Proteus 8 Professional - Source Code

```
        LJMP START
        ORG 0100H
START:MOV P1,#00H
        MOV DPTR,#0000H
        MOV A,#55H
        MOVX @DPTR,A
        MOV DPTR,#4000H
        MOVX A,@DPTR
        SUBB A,#55H
        JZ LED1
S1:MOV DPTR,#8000H
        MOVX A,@DPTR
        SUBB A,#55H
        JZ LED2
S2:MOV DPTR,#0C000H
        MOVX A,@DPTR
        SUBB A,#55H
        JZ LED3
        SJMP $
LED1:SETB P1.0
      SJMP S1
LED2:SETB P1.1
      SJMP S2
LED3:SETB P1.2
      SJMP $
        END
```

```
            no errors
ASEMDDX.EXE  Debug.lst
Processed 69 lines.
编译成功。
```

图 2-22　例 2-1 线选法扩展 1 片 6264 实验源代码

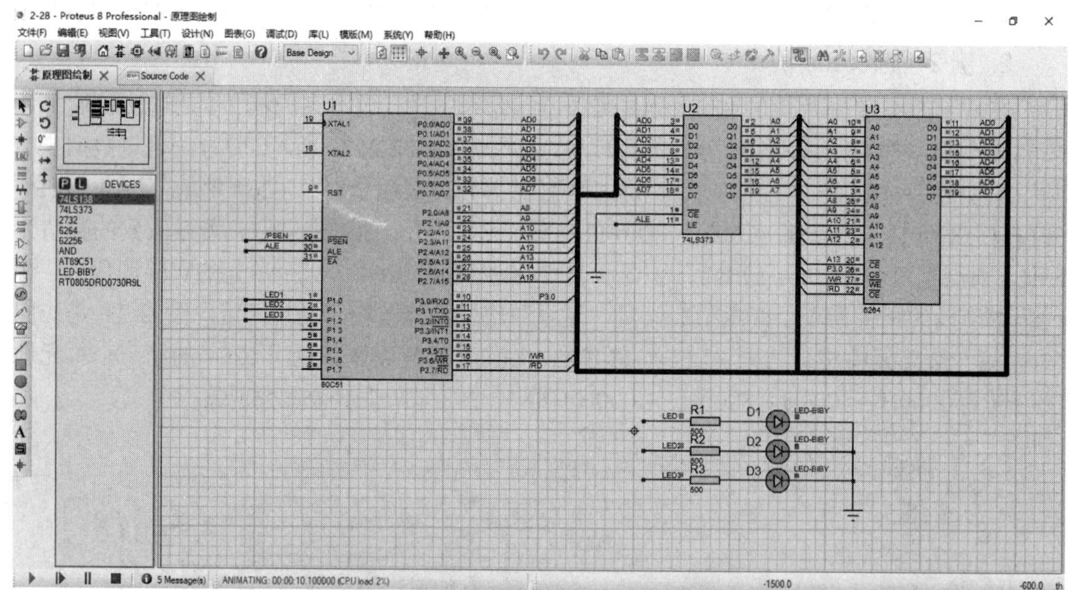

图 2-23　例 2-1 线选法扩展 1 片 6264 仿真结果

在基于 80C51 单片机的 8DB16AB2CB 总线系统中设计电路，完成例 2-2 线选法扩展 3 片 6264 仿真实验，验证其地址分析的合理性，其原理如图 2-24 所示。U3 为 6264(1)，U4 为 6264(2)，U5 为 6264(3)。实验方法是将数据 55H 分别利用地址范围 C000H～DFFFH、A000H～BFFFH、6000H～7FFFH 中的首地址(即分别利用 C000H、A000H、6000H 地址)写入 6264(1)、6264(2)、6264(3)的第一个单元。图 2-25 为写入 6264 第一个单元的实验源代码，源代码中涉及的相关指令后续章节会学到，这里只需关注修改相应地址即可。图 2-26 是程序执行后的仿真结果，从图中可以看出 U3、U4、U5 的第一个单元均被写入 55H，从而验证了地址分析的正确性，其他的存储器扩展实例请读者验证。

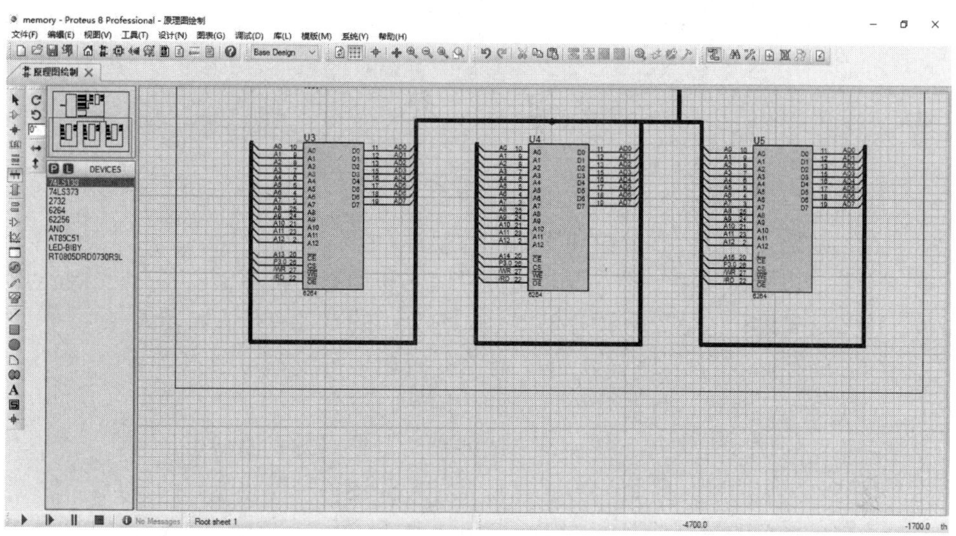

图 2-24　例 2-2 线选法扩展 3 片 6264 实验仿真原理图

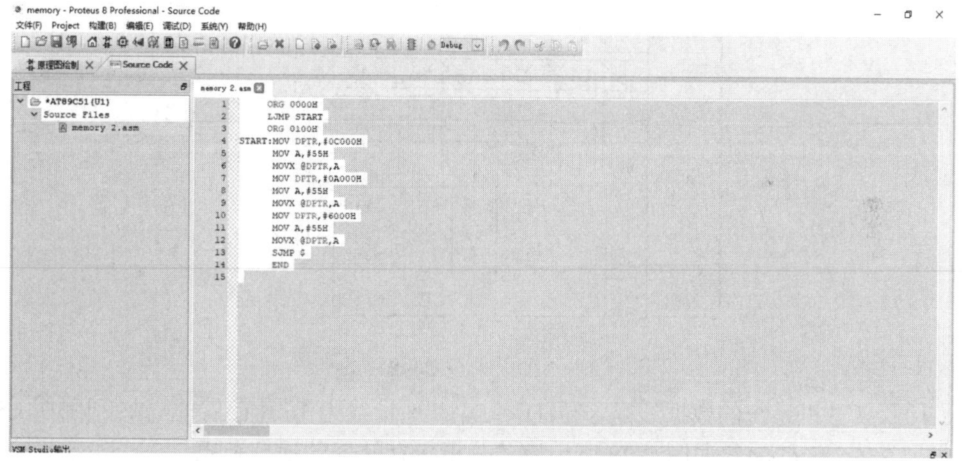

图 2-25　例 2-2 线选法扩展 3 片 6264 实验源代码

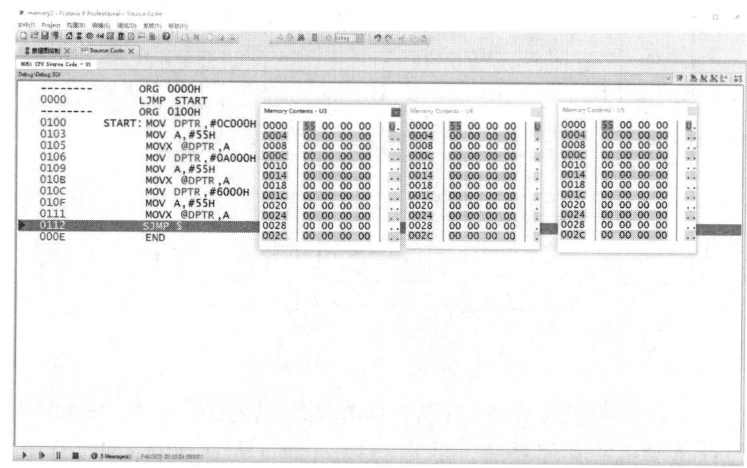

图 2-26　例 2-2 线选法扩展 3 片 6264 仿真结果

习　　题

2-1　简述微型计算机存储器体系结构。

2-2　简述微型计算机内存分类和主要性能指标。

2-3　什么是随机存取存储器？静态随机存储器和动态随机存储器各有什么特点？

2-4　什么是只读存储器？只读存储器是如何分类的？各有什么特点？

2-5　内存的存储阵列是如何构成的？什么是片内地址线？

2-6　简述存储器片内地址与片外地址的作用和特点。

2-7　存储器的扩展方式有哪几种？简述各存储器扩展方式的特点。

2-8　存储器扩展时的地址译码方式有哪几种？简述各种译码方式的特点。

2-9　某微机系统的数据线是 8 位(D_7～D_0)，地址线为 16 位(A_{15}～A_0)，CPU 外部扩展 EPROM 27128 和 2764，如图 2-27 所示，请分析各存储器的地址范围。

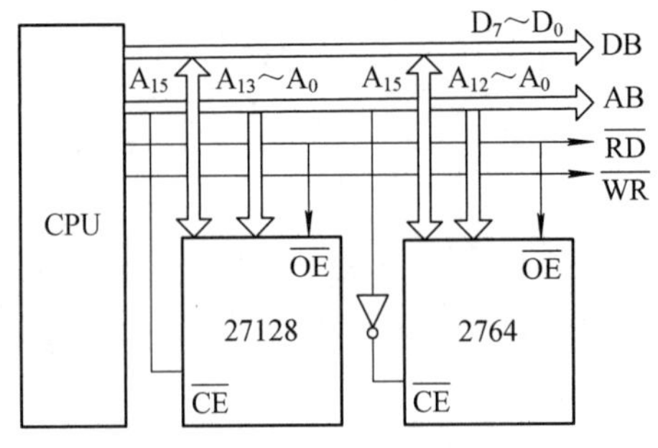

图 2-27　习题 2-9 图

2-10　某微机系统的数据线是 8 位(D_7～D_0)，地址线为 16 位(A_{15}～A_0)，利用 74LS138 同时扩展 2764 和 6264，如图 2-28 所示，请分析各存储器的地址范围。

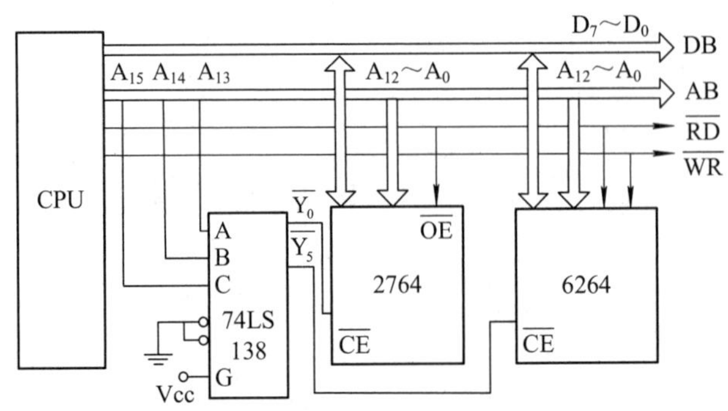

图 2-28　习题 2-10 图

2-11　某微机系统的数据线是 8 位(D_7～D_0)，地址线为 16 位(A_{15}～A_0)，现有 1 片 2732，2 片 6116，请设计该微机的存储系统，要求 2732 首地址为 0000H，6116(1)首地址为 0000H 且 2 片 6116 地址连续，并采用 74LS138 译码器作为译码电路。

2-12　某微机系统的数据线是 16 位(D_{15}～D_0)，地址线为 16 位(A_{15}～A_0)，现有 4 片 6116，请设计该微机的存储系统，要求将这 4 片 6116 分为两组，每组 2 片，每组中的两片为位扩展，然后将这两组实现字扩展，并且设存储系统的首地址为2000H，采用 74LS138 译码器。

第 3 章　微型计算机中断技术

3.1　中断的基本概念

3.1.1　中断的定义

当 CPU 正在执行某段程序时，突然发生的某一外部事件(如一个电平的变化，一个脉冲沿的发生或定时器的计数溢出等)请求 CPU 去执行另外一段程序，此时若 CPU 条件允许，就会停止当前正在执行的程序，转去执行该请求的指定程序，CPU 处理完该事件以后，须回到原来被终止的地方(计算机科学中称之为断点)继续执行被中断前的程序，计算机中将这样一个完整的程序转移过程称为中断。显然，中断应包含 4 个过程，如图 3-1 所示，中断源向 CPU 提出处理请求，称为中断请求或中断申请；CPU 暂时终止自身的事务，将断点地址压入堆栈，并形成中断入口地址，称为中断响应；对事件的处理过程即执行处理事件的程序，称为中断处理或中断服务；事件处理完毕后，将断点地址从堆栈中弹出送回至指令指针寄存器，使程序返回到断点处，称为中断返回。

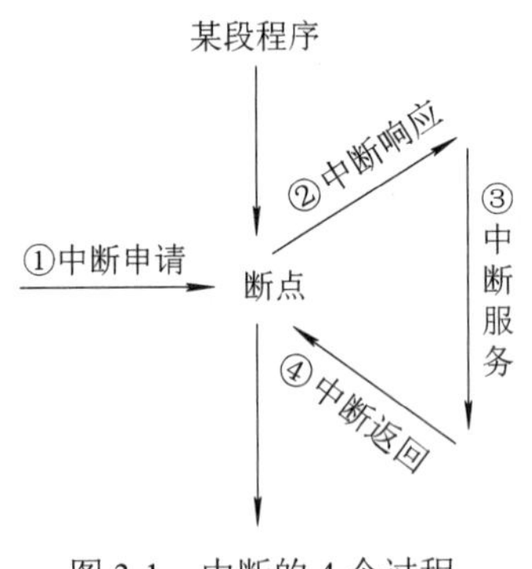

图 3-1　中断的 4 个过程

3.1.2　中断的意义

由于计算机有了中断功能，CPU 既可以处理突发事件，又不需要经常查询外围接口状态，因此可空出时间实现多任务操作，从而提高 CPU 利用率。比如采用中断方式控制的打印机，CPU 打开文档选择打印内容并启动打印操作后，需打印的数据将被传送至打印机缓存，而后打印机进入打印过程，此时 CPU 就可以去运行其他应用程序，而不必等待打印过程的结束，只有在打印机出现缺纸、缺墨、卡纸等状况时，才需要向 CPU 发请求进行相应的处理操作。

3.1.3　中断源

中断源是指向 CPU 发出中断申请的来源，可分为硬件中断源、故障中断源和软件中断源。

1. 硬件中断源

硬件中断源是指来自微机系统硬件设备的中断请求，如按键、定时/计数器、打印机、串口、A/D 采样、电路故障等。

(1) 外部硬件中断源。

外部硬件中断源是由 CPU 外部扩展设备产生的中断请求。如图 3-2 所示的微机控制的温度监测系统，CPU 启动 A/D 转换器完成温度传感器输出的电压信号转换，转换后的结束信号 EOC 就是一个外部硬件中断源。

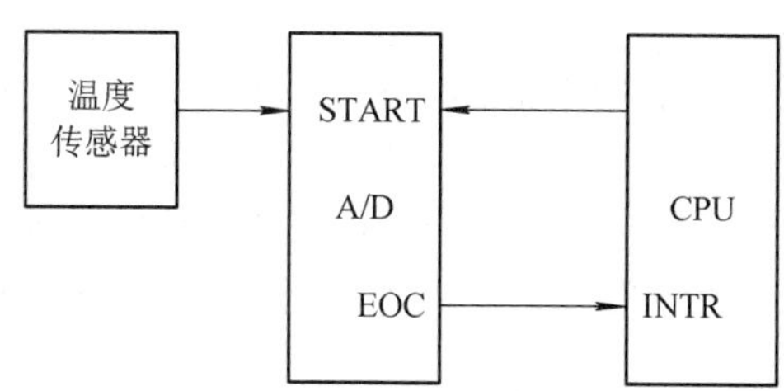

图 3-2　微机控制的温度监测系统

(2) 内部硬件中断源。

内部硬件中断源是由 CPU 内部资源产生的中断请求，如单片机、ARM、DSP 等类型处理器内部的定时/计数器、串行口等内部集成的硬件资源产生的中断请求。

2. 故障中断源

计算机在工作过程中遇到故障时，可以通过中断请求，进行故障处理。例如在系统工作过程中，电源突然掉电(一般有几毫秒的时间)，就可以通过发出中断请求，由计算机迅速进行现场保护，以便恢复供电后，可以恢复断电时的现场，继续从断点处运行，避免断电前的工作全部作废。另外一种情况是用于运算结果产生溢出的处理，当运算结果溢出时，可使中断处理程序进行相应的处理，以保证不产生错误的运行结果。

3. 软件中断源

软件中断源一般是操作系统提供的一些特定功能调用引起的中断。为了区别于一般的用户子程序，调用操作系统的特定功能，例如键盘输入、屏幕显示子程序、系统时间设定等，利用专门的调用指令通过中断方式实现该功能。软件中断源与其他中断源不同之处在于其他中断源的中断服务程序是 CPU 被动执行的，而软件中断源的中断服务程序是 CPU 主动调用执行的，因此软件中断也称为 CPU 内部中断。

3.1.4　中断响应

1. 中断响应的条件

当中断源需要 CPU 为其服务时，向 CPU 发出中断请求，CPU 接收中断请求后，响应中断的条件如下。

(1) CPU 开放中断。要求 CPU 有中断功能且工作于中断方式，CPU 才能响应中断，否则禁止响应中断。

(2) 申请中断的中断源优先级别高。申请中断的事件必须比当前 CPU 正在执行的事件级别高，CPU 才能响应该中断。

(3) 当前没有发生复位(RESET)、保持(HOLD)等动作。在复位或保持状态时，CPU 不执行程序，不可能响应中断请求。

(4) 执行完当前指令后。中断请求同时满足条件(1)～(3)，CPU 也不会立即响应中断，必须等到 CPU 将当前指令运行结束后，才能响应中断。

(5) 若当前正在执行的指令是诸如开中断指令和中断返回指令等与中断控制相关的指令时，则需要执行完当前指令后再执行一条其他指令，CPU 才能响应中断请求。

2. 中断响应过程

若中断源发出的中断请求满足 CPU 响应条件，则进入中断响应阶段，响应过程中，CPU 将自动完成下面两项任务。

(1) 保存断点地址。CPU 响应中断时的原程序断点地址必须保存好，以确保中断服务结束后能正确返回到原程序断点处继续执行原来的程序，CPU 采用压栈的操作方式保存断点。

(2) 形成中断入口地址。CPU 响应中断后，根据判优逻辑提供的中断源标识，以某种方式获得中断服务程序的入口地址，准备进行中断处理。

3.1.5 中断源优先权

在微型计算机系统中，经常会遇到多个中断源同时向 CPU 发出中断请求的情况。CPU 必须确定优先响应哪一个中断请求并执行其中断服务程序，此问题即是中断源的优先权问题。对于中断源的优先权设定，主要有三种解决方法。

1. 软件设定优先权方案

软件设定中断源优先权的方法是在 CPU 响应中断请求后通过软件查询程序，确定请求中断的中断源的优先权。

如图 3-3 所示的硬件接口电路，将 A～H 中断源的中断请求进行逻辑“或”，任何一个中断源都可以向 CPU 发 INTR 信号。

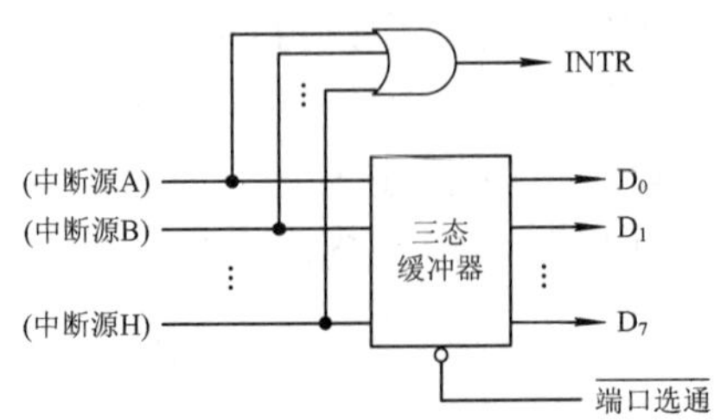

图 3-3　软件查询接口示意图

CPU 响应中断后，首先进入公用的中断源优先权处理程序。在该处理程序中，CPU 查询三态缓冲器数据端口 D_0～D_7 的状态，按照预先确定的优先权级别逐个检测各中断源的中断请求状态。若查询到的中断源有中断请求，则转到该中断源进行相应的中断处理。假设中断源 A 级别最高，中断源 H 级别最低，则对应的中断优先权处理程序流程如图 3-4 所示。

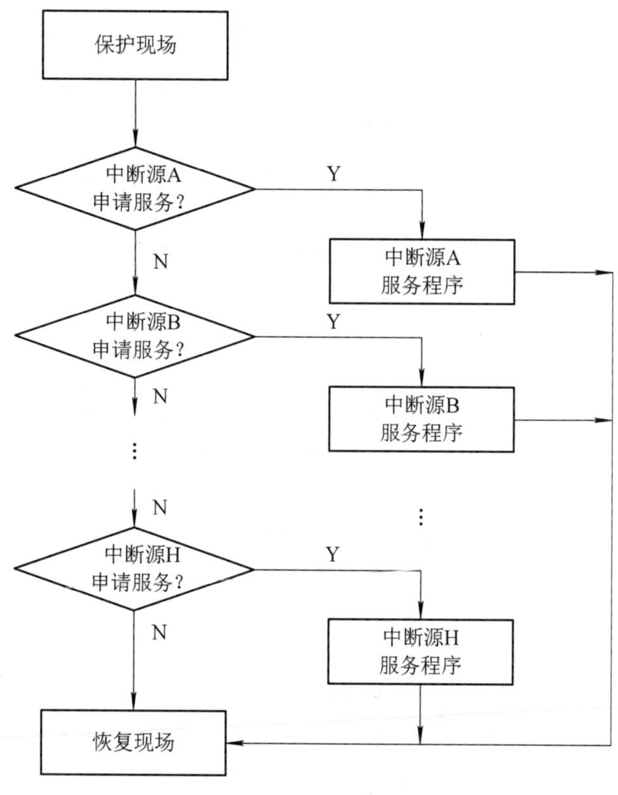

图 3-4　中断优先权处理程序流程图

显然软件方案管理中断优先权由查询顺序决定，先查询的中断源具有高的优先权。使用此方法需将每个申请中断的请求信号保存下来，以便查询并通过软件修改来改变中断优先权。软件设定优先权的优点是可通过改变查询中断源顺序来改变中断的优先权；缺点是响应中断慢，服务效率低，优先权最低的设备申请服务必须将优先权高的设备查询一遍，若设备较多，则有可能优先权低的设备很难得到及时的服务。

2. 硬件设定优先权方案

硬件设定优先权方案实现中断源的优先权管理，主要是通过硬件电路的设计有目的的将某个中断源设定为高级别或低级别。链形电路和编码电路是常见的硬件设定优先权方案。

(1) 链形电路。

链形电路是利用外设在系统中的物理位置来决定其中断优先权的，如图 3-5 所示。图中若 1 号设备发出中断请求(设“1”为有效中断信号)且 CPU 响应(设“1”为有效响应信号)时，1 号设备的申请被接收，其第 1 级输出 IEO(= 0)同时封锁 2 号、3 号设备的中断请求，也就是说，即使 2 号产生中断请求，也不会发送给 CPU。当 1 号设备无中断请求，2 号设备有中断请求时，CPU“响应”信号通过第一级 IEO(=1)传递给 2 号中断申请的“与”门，使 2 号中断申请被接收，同时封锁 3 号中断请求。若在响应 2 号中断并为其服务期间，1 号设备发出中断申请，则 CPU 会挂起 2 号的服务转去接收优先权高的 1 号设备的申请并为其服务。1 号服务完毕，再继续为 2 号设备服务。显然，链式优先权排队电路使优先权级别高的设备的中断不被优先级低的设备打断，但可随时中断优先级低的服务。

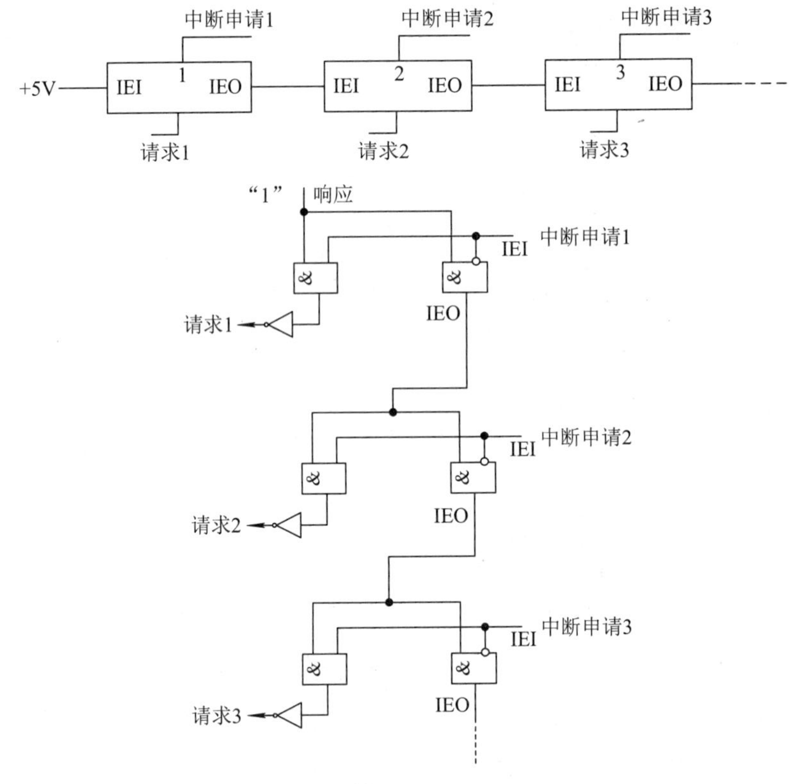

图 3-5　链式电路

(2) 编码电路。

74LS148 是一个优先权编码器，它是一个 16 管脚双列直插式 TTL 器件，其管脚图及功能真值表如图 3-6 所示。

		74LS148		
I_4	1		16	V_{CC}
I_5	2		15	E_0
I_6	3		14	G_S
I_7	4		13	I_1
E_1	5		12	I_2
A_2	6		11	I_1
A_1	7		10	I_0
GND	8		9	A_0

输入									输出				
E_1	I_0	I_1	I_2	I_3	I_4	I_5	I_6	I_7	A_2	A_1	A_0	G_S	E_0
1	×	×	×	×	×	×	×	×	1	1	1	1	1
0	1	1	1	1	1	1	1	1	1	1	1	1	0
0	×	×	×	×	×	×	×	0	0	0	0	0	1
0	×	×	×	×	×	×	0	1	0	0	1	0	1
0	×	×	×	×	×	0	1	1	0	1	0	0	1
0	×	×	×	×	0	1	1	1	0	1	1	0	1
0	×	×	×	0	1	1	1	1	1	0	0	0	1
0	×	×	0	1	1	1	1	1	1	0	1	0	1
0	×	0	1	1	1	1	1	1	1	1	0	0	1
0	0	1	1	1	1	1	1	1	1	1	1	0	1

图 3-6　74LS148 编码器管脚图及真值表

注：表中 I_0～I_7 = 0 表示有中断请求，I_0～I_7 = 1 表示无中断请求，I_0～I_7 = X 表示不确定有无中断请求。

74LS148 编码器有 I_0～I_7 共 8 个输入管脚，可接收来自外设的 8 个中断申请信号(低电平有效)，E_1 为片选输入信号(低电平有效)，E_0 为使能输出信号(高电平有效)，G_S 为优先编码输出端，可向 CPU 提出中断申请。从真值表中可知，I_7 输入管脚上的中断请求具有最高优先权，因为无论其他管脚上有无中断申请，即“X”态，只要 I_7 输入管脚上为“0”，则输出管脚 A_2、A_1 和 A_0 的组合就为“000”，I_6 管脚上的中断具有次高优先权，因为只有最高优先权的管脚上为“1”，即无中断申请时，I_6 管脚上的申请才接收，且 $A_2A_1A_0$ 输出为“001”，其他以此类推，I_0 号输入管脚上的中断具有最低优先权。

硬件设定优先权方案管理中断的优先级，逻辑简单且中断响应迅速，但是硬件电路设定优先级一旦固定将很难改变。

3. 软硬件结合优先权管理方案

中断优先级的理想管理方案应结合软件优先权管理灵活和硬件中断响应迅速的优点，通过可编程中断控制器对中断优先级管理。例如 8259A 是典型的软硬件结合的中断优先级管理芯片，该芯片既有硬件方案的逻辑简单、响应中断快速等优点，又可以通过软件控制命令字和操作命令字对中断优先级进行灵活设置，因此被广泛应用于微型计算机中断系统。

3.1.6 中断嵌套

当 CPU 正在执行某个中断服务程序时，若 CPU 处于开中断状态且有级别更高的中断源请求中断时，CPU 可以把正在执行的中断服务程序暂停下来而响应和处理中断优先权更高中断源的中断请求，等到该中断处理完后，再返回原来中断服务程序的断点处继续执行原来的中断服务程序，此现象称为中断嵌套，如图 3-7 所示是一个二级中断嵌套。

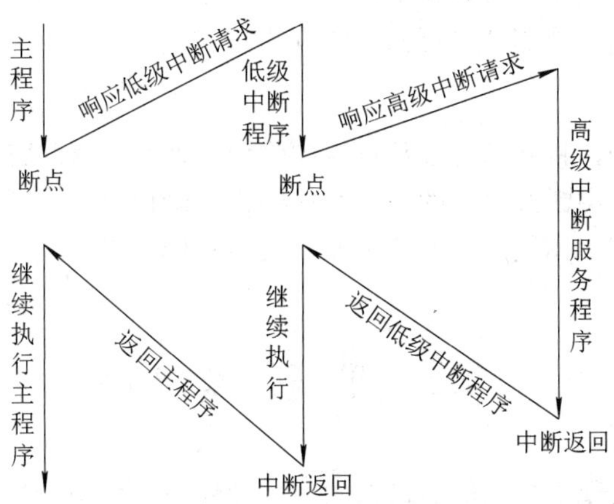

图 3-7　中断嵌套

中断系统的中断嵌套原则是高级别中断可以嵌套低级别的中断，低级别的中断不能嵌套高级别的中断，同级别的中断不能互相嵌套。

3.1.7 中断服务程序

中断源发出的中断请求一旦得到 CPU 响应，CPU 将根据中断入口地址转入中断服务程序，中断服务程序包括保护现场、中断处理、恢复现场、中断返回 4 个部分，中断处理是中断服务程序的核心，中断服务程序的一般流程如图 3-8 所示。

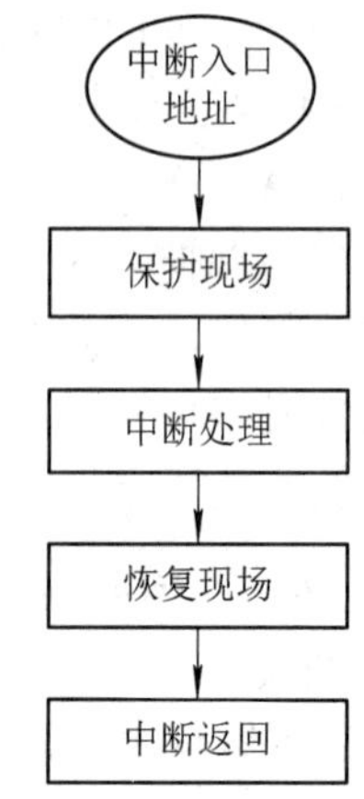

图 3-8　中断服务程序流程图

1. 保护现场

CPU 响应中断时自动完成断点及标志寄存器等保护，其他寄存器是否保护需要用户根据实际情况而定。由于微机中寄存器、存储单元等资源都是公用的，中断服务程序中有可能用到这些资源，若不保护这些资源中断前的内容，则中断服务程序很可能会将其修改。若此时从中断服务程序返回主程序后，则主程序就有可能无法正确执行下去。因此需要设计保护这些公用资源的程序段，计算机科学中称之为保护现场。CPU 保护现场的一般方法是指将需要保护的内容压入堆栈空间。

2. 中断处理

中断服务程序的核心就是对某些情况进行处理，如传输数据、处理掉电紧急保护和各种报警状态等具体任务，中断处理是中断请求的目的所在。

3. 恢复现场

CPU 恢复现场的一般方法是指将进入中断服务程序时压入堆栈的内容出栈，由于堆栈是先进后出的数据结构，因此恢复现场的顺序应与保护现场的顺序相反且须将用户保护的内容从堆栈中全部弹出，将堆栈恢复至进入中断程序之前的状态，以便执行最后一步中断返回时能确保返回到断点处继续执行原来的程序。

4. 中断返回

执行中断返回指令，将断点地址从堆栈中弹出，使 CPU 继续执行原来的程序。

需要指出，在有些中断源较多的微机系统中为了确保每个中断请求的可靠服务，有时需要在中断处理的过程中加入适当的开中断、关中断操作。

3.2 中断系统

中断系统是指为实现中断功能而设置的各种硬件与软件中断机构，包括中断控制逻辑及相应管理中断的指令。不同类型的 CPU 组成不同类型的微机中断系统，主要包括矢量中断系统和绝对地址中断系统。

1. 矢量中断系统

矢量中断是 CPU 识别中断源的快速方法，在现代微机系统中，大多采用矢量中断系统。

矢量中断包含中断矢量、中断矢量表和中断矢量号三个要素。中断矢量就是中断服务程序的入口地址，可以是内存的任何可用地址，根据程序任务随机设定。中断矢量表是指由中断矢量为元素构成的表格，存放在内存中的某一特定区域。当发生中断时，根据中断源的不同，从中断矢量表中取出对应的中断矢量送给程序指针，从而实现对中断处理程序的执行。为了便于查找中断矢量表中的中断矢量，微机系统为每一个中断矢量对应设定一个编号，称为中断矢量号 N，硬件中断可称其为设备号，软件中断可称其为中断类型号。例如 8086CPU 微机中断系统就是典型的矢量中断系统，该微机系统在内存 00000H～003FFH 的 1 KB 空间内存放其 256 个中断源的中断矢量表，如图 3-9 所示，每个中断矢量占 4 个字节，中断矢量号 N 为 0～255。当 8086CPU 响应中断时，将请求中断的中断源的矢量号 N 乘以 4 得到对应中断矢量的表首地址，从该地址开始连续取 4 个字节，分别送入 IP 和 CS 寄存器，形成真正的中断入口地址，进而执行中断服务程序。

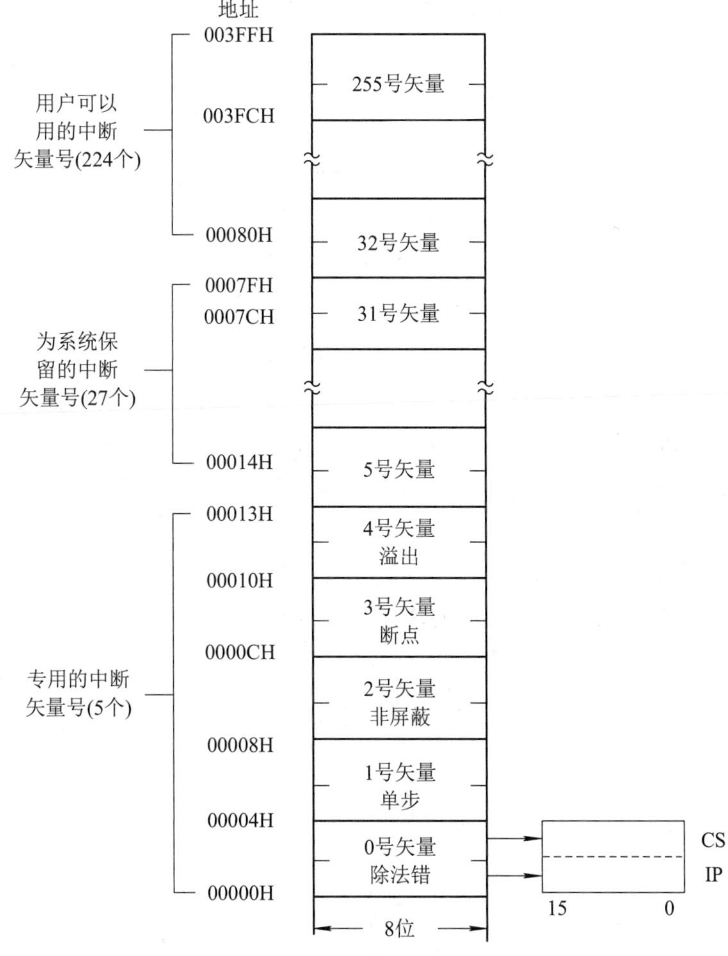

图 3-9　8086CPU 中断矢量表

2. 绝对地址中断系统

绝对地址中断系统是指每个中断源的中断服务程序的入口地址是固定的。例如 MCS-51 系列单片机的中断系统采用的就是绝对地址中断系统，如 8051 单片机将 ROM 的

0003H～002AH 存储空间平均分配为 5(N = 0～4)个中断源的中断服务区，入口地址唯一且固定，可通过(8*N + 3)获得，如图 3-10 所示。由于每个中断源只分配到 8 个字节，所以只能存放执行简单操作的中断服务程序，对于较复杂的中断任务，则需利用跳转指令转移到其他可用空间完成具体中断处理任务，此时中断响应过程类似于矢量中断系统。

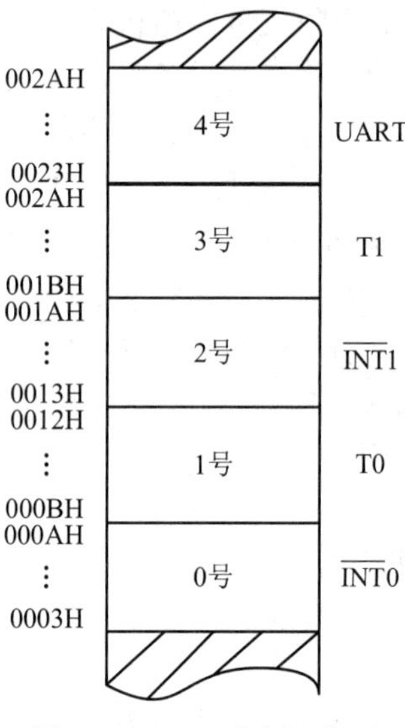

图 3-10　8051 中断服务区

习　　题

3-1　什么是中断？一个完整的中断包括几个过程？中断的意义是什么？

3-2　中断源分为几类？各具有什么特点？

3-3　中断响应的条件是什么？

3-4　什么是中断源优先权？中断源的优先权是如何管理的？

3-5　什么是中断嵌套？中断嵌套的原则是什么？

3-6　简述中断服务程序的功能。

3-7　简述矢量中断系统和绝对地址中断系统的特点。

第 4 章 微型计算机接口技术

4.1 接口的基本概念

输入/输出设备(即 I/O 设备)统称为外部设备，它是计算机系统的重要组成部分。程序、原始数据和各种现场采集到的信息，都要通过输入设备及其接口电路送入计算机。程序运行结果、计算结果或各种控制信号需要通过输出设备及其接口电路输出到输出设备，以便显示、打印和实现各种控制动作。外部设备将数据送到 CPU 称为输入，CPU 将数据送到外部设备称为输出，简称 I/O 操作。I/O 接口是位于 CPU 与外部设备之间用来协助完成数据传送和控制任务的逻辑电路。本章主要介绍 I/O 接口的基本概念、I/O 接口的内部结构和外部特征、可编程并行接口芯片 8255A、定时/计数技术及可编程定时/计数芯片 8253A、串行通信及可编程串行通信芯片 8251A、D/A、A/D 转换技术及可编程接口芯片等，便于后续学习微机系统扩展及应用。

4.1.1 I/O 接口传递的信息

I/O 接口传递的信息包括数据信息、状态信息和控制信息。

1. 数据信息

数据信息是 I/O 接口传递的最基本信息，包括数字量(二进制表示的数据)、模拟量(随时间连续变化的物理量，如电压、电流、温度、湿度、压力、流量等)和开关量(0、1 状态量)。

2. 状态信息

状态信息是 CPU 通过 I/O 接口与外部设备之间传递的、反映外部设备工作状态的信息，如输入设备的输入数据是否准备就绪(READY)、输出设备是否能接收数据(BUSY)、I/O 接口电路状态寄存器的信息等。外部设备的状态(如打印机的缺纸、卡纸、缺墨、打印忙等二值状态)均可用 1 位二进制数 0 或者 1 表示。计算机科学中将多位二进制数按一定规则组合成一个字节表示外设的状态，称为状态字。CPU 读入状态字后，再逐位进行测试，就可以获取设备的当前状态。只有在外设各种状态都处于“准备好”的情况下，才能够可靠地传送数据信息。

3. 控制信息

控制信息是 CPU 向外部设备发出的控制信号(如外部设备的启动或停止)或 CPU 写给可编程接口芯片的控制命令等。控制信息是 CPU 发给 I/O 接口的命令，将控制信息组合成一个或多个字节，由 CPU 传送至可编程接口，实现对外部设备的控制。

4.1.2　I/O 接口的端口

1. 端口的定义

I/O 接口通过其对应的通道传递信息，数据信息有数据通道、状态信息有状态通道、控制信息有控制通道，将 I/O 接口内的信息通道称为端口。

端口是构成 I/O 接口的基本单元，端口有自己的地址(称为端口地址)，CPU 用地址对每个端口进行读写操作。

2. 端口的分类

根据传递的信息内容不同，端口可分为数据端口、状态端口和控制端口。

1) 数据端口

数据端口是 CPU 与 I/O 设备传送数据信息的中转站。数据端口是接口中最重要的部分，1 个接口至少有 1 个数据端口，其他端口往往是为了配合数据端口更好地工作而设置的。从 CPU 输出的数据到数据端口锁存，I/O 设备再从数据端口获得数据；输入时，I/O 设备先将数据送入数据端口，此时数据端口接计算机总线的一侧是高阻态(即三态缓冲门)。CPU 读该数据端口时，三态门打开，接收 I/O 设备的数据。数据端口根据 I/O 设备的需要，往往同时具有锁存和缓冲功能。

2) 状态端口

CPU 通过读状态端口了解 I/O 设备的工作状态，从而决定是否进行数据传送。状态信息多数是一些开关信号。硬件上可以将多个开关类型的状态信号组织成字节(即状态字)，分配一个共同的端口地址，构成状态端口。状态端口是只读端口，一般包含三态缓冲器。

3) 控制端口

对 I/O 设备的控制命令通过写控制端口发出，写到控制端口控制字的每一位都可以表示一个开关控制信号。控制端口是只写端口，一般都具有锁存功能。

执行输入指令时，无论对数据端口还是对状态端口，读入的内容都送到数据总线 DB 上，进而到达 CPU；执行输出指令时，无论是对数据端口还是对控制端口，写出的内容也都经过数据总线 DB 输出。所以对 I/O 指令而言，3 类端口仅地址不同而已，其内容全都可以看成是“数据”在数据总线上的传输。

接口从简单到复杂，差别很大，并非所有的接口都有数据、状态、控制 3 类端口。例如，无条件 I/O 接口只有数据端口，而具有中断功能的接口可能需要多个中断控制端口。有时状态端口和控制端口又合用 1 个地址；输入指令读入的接口只能是状态端口，而用同一个地址输出的，也只能写到控制端口。

4.1.3　I/O 接口的主要功能

I/O 接口是 CPU 与外部设备之间进行数据传输的桥梁，主要有以下 3 个功能。

1. 数据缓冲、隔离和锁存

接入微机系统的外部设备数据传输速度相对于 CPU 要慢得多，由于 CPU 和总线一般比较繁忙，因此在输出接口中需要安排锁存环节(如锁存器)，以便锁存输出数据，使较慢的外部设备有足够的时间进行处理，此时 CPU 和总线可以去处理其他工作。在输入接口中，需要安排缓冲隔离环节(如三态门)，只有当 CPU 选通时，才允许某个选定的输入设备将数据送到系统总线，其他的输入设备此时与数据线隔离。

2. 对信号的形式和数据的格式进行变换

计算机直接处理的信号为一定范围内的数字量、开关量和脉冲量，它与外部设备所使用的信号可能完全不同。因此在进行信号输入/输出时，必须将它们转变为适合对方的形式，如电平转换、弱电信号与强电信号转换、数字信号与模拟信号转换、并行数据与串行数据转换等。

3. 对 I/O 端口进行寻址

在微型计算机系统中，通常会有若干个 I/O 设备；而在 I/O 设备的接口电路中，又会有若干个不同的端口。I/O 接口可实现对各端口的区分和选通。

4.1.4　I/O 接口编址

微型计算机系统中 CPU 对外部设备的访问实际上是对端口的读写操作，接口的每一个端口与存储单元一样，都应有自己的地址。也就是说，在一个微型计算机系统中既有存储单元地址，又有 I/O 端口地址。根据存储单元地址和 I/O 端口地址的不同编排，I/O 端口编址方式可分为统一编址和独立编址两种。

1. 统一编址方式

统一编址方式是指把 I/O 端口和存储单元统一编址，从存储器地址中分出一部分给 I/O 端口使用，每个 I/O 端口被看成一个存储器单元，可用访问存储器的方法来访问 I/O 端口，该编址方式又称为 I/O 的存储器映像编址。

(1) 统一编址的优点。无须专用的 I/O 指令及专用的 I/O 控制信号就能完成 I/O 操作；且由于 CPU 对存储器数据的处理指令非常丰富，使 I/O 功能更加灵活。

(2) 统一编址的缺点。I/O 端口地址占用了内存编址，使内存可以使用的地址范围缩小。

统一编址适用于没有独立访问 I/O 端口指令的 CPU 或单片机，如 MCS-51 单片机。

2. 独立编址方式

独立编址方式是指把 I/O 端口和存储单元各自编址，即使地址编号相同也无妨。

(1) 独立编址的优点。I/O 端口和存储器分别编址，各自都有完整的地址空间；I/O 地址一般都小于存储器地址，所以 I/O 指令可以比存储器访问指令更短小、执行起来更快，并且专用的 I/O 指令在程序清单中，使 I/O 操作非常明晰。

(2) 独立编址的缺点。要求 CPU 使用专门的 I/O 指令及控制信号进行 I/O 操作。

4.1.5　I/O 接口控制方式

在微型计算机系统中，CPU 与外部设备之间传送数据的方式通常有三种，即程序控制方式、中断控制方式、直接存储器存取方式(DMA 方式)。

1. 程序控制方式

程序控制方式是指用程序控制 CPU 与外部设备之间的数据传送，可分为无条件传送方式和有条件传送方式。

(1) 无条件传送方式。

无条件传送方式又称同步传送方式。在传送数据时总是假定外部设备已准备就绪，因而不必查询外部设备的状态而直接进行数据传送。无条件传送方式只适用于简单的外部设备，在此方式下控制过程的各种动作时间是固定且已知的。

当外部设备作为输入设备时，输入数据保持时间要比 CPU 的处理速度慢得多，所以可直接使用三态缓冲存储器与数据总线相连，如图 4-1 所示。CPU 执行输入指令时，读信号 $\overline{RD}$ 有效，选通信号 $M/\overline{IO}=0$，因而三态缓冲存储器被选通，已准备好的输入数据便可进入数据总线。

当外部设备作为输出设备时，一般都需要锁存器，是因为 CPU 送出的数据需要在接口电路的输出端保持一段时间。在图 4-1 中，当 CPU 执行输出指令时，$M/\overline{IO}=0$ 及 $\overline{WR}=0$，于是接口中的输出锁存器被选中，CPU 输出的信息经过数据总线送入输出锁存器。

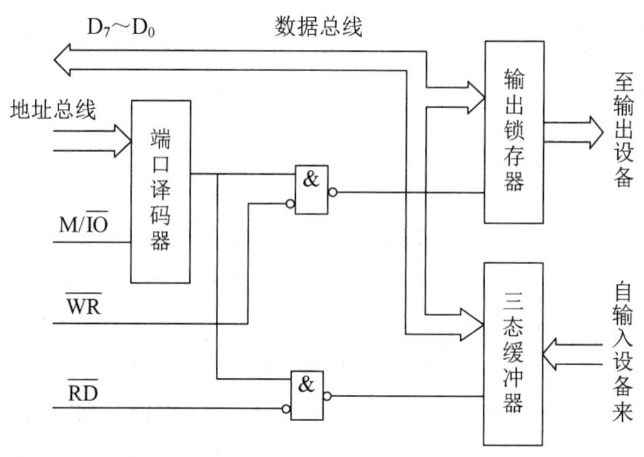

图 4-1　无条件传送输入/输出接口电路

(2) 有条件传送方式。

有条件传送方式又称为异步传送方式。由于外部设备与 CPU 工作不同步，因此在 CPU 执行输入/输出操作时很难保证外部设备已处于就绪状态。为了保证数据可靠传送，CPU 通过执行查询程序不断读取并测试外部设备状态，如果输入设备处于已准备好发送状态或输出设备为空闲状态，则 CPU 执行传送数据指令。由于有条件传送方式需要 CPU 不断查询外部设备的当前状态，因此也称为查询式数据传送方式。

图 4-2 所示为查询式数据传送方式输入接口电路。输入设备在数据准备好后便往接口发出一个选通信号。此选通信号有两个作用：一是将外部设备的数据送到接口的锁存器中；二是使 D 触发器置“1”，此时三态缓冲器的 READY = 1，表明输入设备数据准备就绪，CPU 可以读取。在查询输入过程中，CPU 先从外部设备状态端口读取状态字，检查

"准备好"标志位是否为"1"。若准备好，则 CPU 执行输入传送指令将数据缓冲器中的数据读入，并且把"准备好"标志位清"0"，再次进入状态查询，执行新的数据传送过程。查询式数据传送方式输入数据流程如图 4-3 所示。

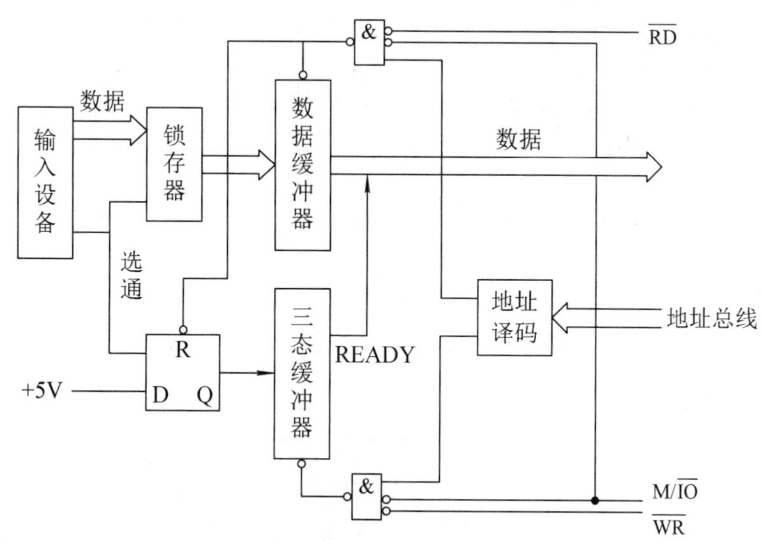

图 4-2　查询式数据传送方式输入接口电路

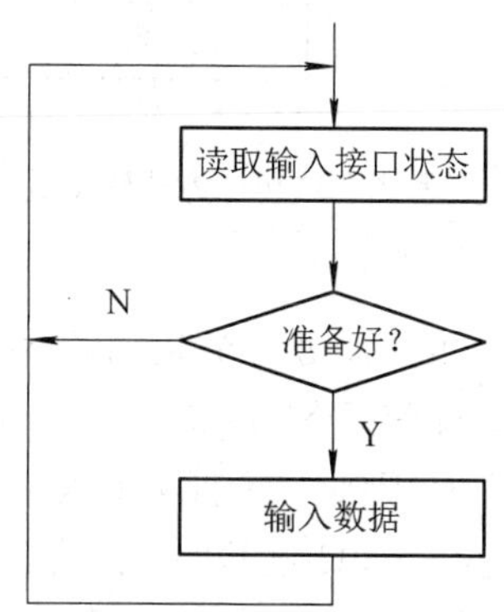

图 4-3　查询式数据传送方式输入数据流程图

图 4-4 所示为查询式数据传送方式输出接口电路。CPU 执行输出指令时，由控制信号 $M/\overline{IO}$ 及 $\overline{WR}$ 共同产生的选通信号将数据送入数据锁存器，同时使 D 触发器输出"1"。此信号一方面通知外部设备数据锁存器已有数据，另一方面 D 触发器的输出信号使状态寄存器的对应标志位置"1"，通知 CPU 当前外部设备处于"忙"状态，不要再输出新的数据。当输出设备从接口数据锁存器中取走数据后，会送出一个应答信号 $\overline{ACK}$，$\overline{ACK}$ 使接口中的 D 触发器置"0"，使状态寄存器中的对应标志位置"0"，CPU 查询到该状态时，便可开始进行下一个数据的输出过程。查询式数据传送方式输出数据流程如图 4-5 所示。

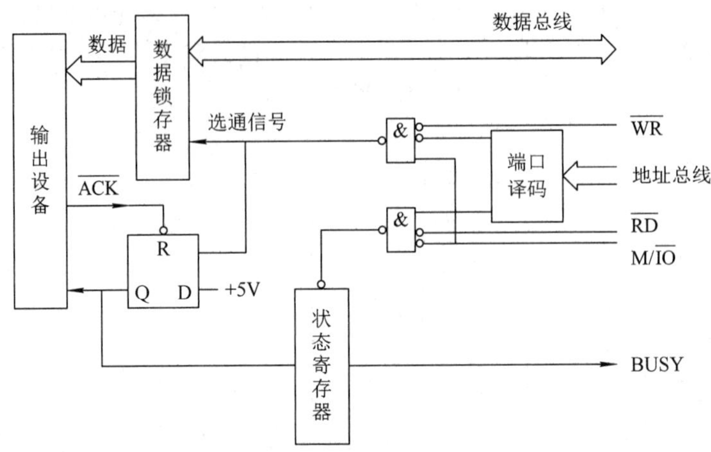

图 4-4　查询式数据传送方式输出接口电路

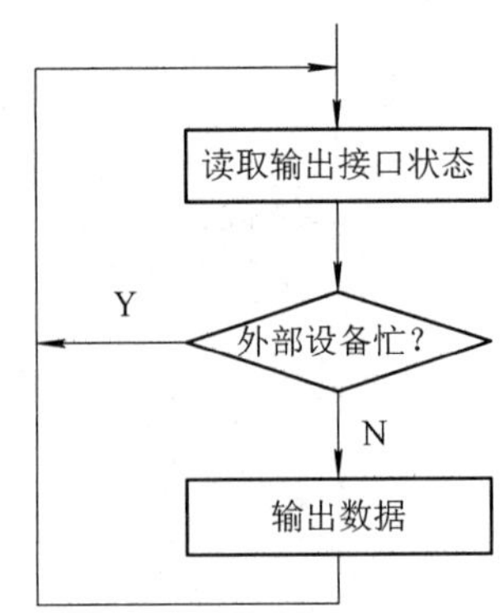

图 4-5　查询式数据传送方式输出数据流程图

2. 中断控制方式

在查询式数据传送方式中，CPU 需要不断地查询外部设备状态，当外部设备没有准备好时，CPU 需要等待，而多数外部设备(如键盘、打印机等)的工作速度比 CPU 要慢得多，CPU 等待将浪费掉大量的时间。因此，为提高 CPU 利用率，可采用中断控制方式。中断控制方式一般用于低速外部设备与 CPU 之间的信息交换。当外部设备没有准备好时，CPU 可以执行其他程序，而当外部设备需要与 CPU 进行数据交换时，由接口向 CPU 发出一个中断请求信号，CPU 响应此中断请求，在中断服务程序中完成数据交换。中断控制方式在一定程度上实现了 CPU 与外部设备的并行工作，若某一时刻有多台外部设备同时发出中断请求信号，CPU 可根据预先安排好的优先顺序，分轻重缓急处理多台外部设备的数据传送，即可以实现多台外部设备的并行工作。中断控制方式每操作一次，CPU 就需要打断原来执行的程序去执行中断服务程序，对速度较高的外部设备会产生信息丢失或牺牲系统的实时性，因此不宜采用。图 4-6 所示为中断控制方式的示意图，图中 CPU 将数据通过 I/O 接口传送至打印机数据缓冲区，BUSY 信号连接 I/O 接口的 $\overline{STB}$ 控制端，I/O 接口的 INT 端连接 CPU 的中断请求端 INTR。打印机打印过程中其 BUSY 信号有效，I/O 接口的 INT 端为无效信号，此时 CPU 执行其他程序。当打印机将数据缓冲区中的数据打印完毕后，BUSY 信号无效，CPU 的 INTR 接收到 I/O 接口 INT 端发出的有效中断请求信号。CPU 响应 INTR

上的中断请求，进入打印机数据输出中断服务程序，在中断服务程序中完成下一个打印数据的输出传送。

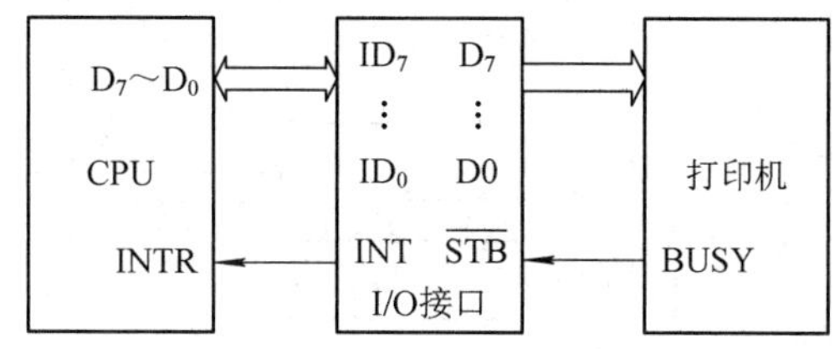

图 4-6　中断控制方式示意图

3. DMA 方式

无论是程序控制方式还是中断控制方式，数据传送过程都必须经过 CPU 进行数据中转，在进行批量数据传送时(例如硬盘与内存之间的数据交换)，大大限制了数据的传送速度。为此提出在外部设备和内存之间直接进行数据传送的方式，即 DMA 方式，这种方式适用于传送数据块等批量数据。DMA 方式需要借助 DMA 控制器完成数据传送。当接 DMA 控制器的外部设备需要输入/输出批量数据时，向 DMA 控制器发出请求，由 DMA 控制器向 CPU 发出总线请求，若 CPU 响应 DMA 的总线请求，就会把系统总线使用权赋给 DMA 控制器，此后数据传送不再经过 CPU，而直接在 DMA 控制器控制下完成数据的输入/输出。当数据传送完毕后，DMA 控制器向 CPU 发出“结束请求”，CPU 则收回会总线使用权。因此，DMA 方式可以大大提高数据的传送速度。另外需要指出，DMA 控制方式下进行数据传送时，由于 CPU 交出了总线控制权，此时的任何其他外部设备都无法向 CPU 提出操作需求。

4.1.6　I/O 接口的驱动程序

对于 I/O 接口的驱动程序而言，CPU 执行 I/O 指令仅仅作用于端口而已。由于 I/O 接口的引入，I/O 接口的驱动程序从面向设备变成了面向端口，I/O 端口与 I/O 设备之间通过电路信号完成传送。I/O 接口的驱动程序实质上是 CPU 通过状态端口读取的外部设备状态信息(可缺省)，分析状态信息后，满足条件的通过控制端口发出设定的控制信息(命令字等)，最后利用数据端口实现数据信息的传送，所以 I/O 技术是软件、硬件紧密结合的技术。

4.2　I/O 接口结构及芯片分类

1. I/O 接口的内部结构

I/O 接口的内部结构同它所具备的功能和传送信息的种类有关，如图 4-7 所示。其内部一般有数据、状态和控制 3 类寄存器(也称端口)，用来保存和交换不同的信息，CPU 通过端口地址实现数据、状态和控制寄存器的访问。对于数据寄存器，在输入时，保存外部设备发给 CPU 的数据(输入寄存器)；在输出时，保存 CPU 发往外部设备的数据(输出寄存器)。有些接口中的数据寄存器同时支持输入和输出，但实际上其内部具有两个寄存器，只不过这两个寄存器共用一个端口地址，由读写控制加以区分。I/O 接口中的状态和控制寄存器，分别用来保存状态和命令；通过系统数据总线，CPU 可以从状态端口中读取当前的接口状态，也可向控制端口发出控制命令。

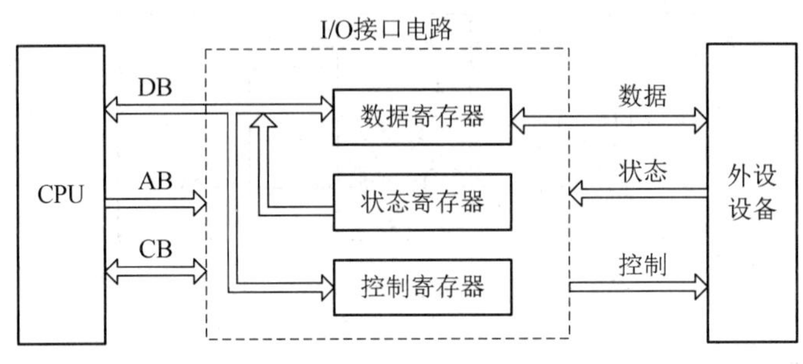

图 4-7　I/O 接口的一般结构

2. I/O 接口的外部特性

I/O 接口的外部特性由引出信号体现。接口信号分为面向主机或 CPU 侧的信号和面向外部设备一侧的信号。面向 CPU 一侧的信号包括数据总线、地址总线和控制总线。在多数 CPU 系统中，连接 I/O 接口的数据总线与地址总线的方法是类似的，而控制总线却因 CPU 类型的不同在时序上有很大差异。面向外部设备一侧的信号情况比较复杂，因为外部设备型号不一，提供的信号多样，所以功能定义、时序及有效电平等差异较大。

3. I/O 接口芯片分类

I/O 接口电路可以简单到由一小块中小规模集成电路芯片或一块大规模通用集成电路芯片组成，也可复杂到系统的主机板(如网络接口卡)，其类型多种多样，但其核心部分往往是一块或数块大规模集成电路芯片，这类芯片统称为接口芯片。接口芯片按功能可分为以下几种。

(1) 通用接口芯片。

通用接口芯片支持通用的输入/输出及控制接口芯片，适用于大部分外部设备，在某些专用的接口电路中也会用到。例如，并行接口芯片 8255A、串行接口芯片 8251A 等。

(2) 面向微型计算机系统的专用接口芯片。

面向微型计算机系统的专用接口芯片与 CPU 配套使用，以增强其整体性能。例如：用来扩展系统中断功能的中断控制器 8259A，用来支持 DMA 数据高速传送的 DMA 控制器 8237，用来为系统提供定时和计数功能的定时/计数器 8253A 等。

(3) 面向外部设备的专用接口芯片。

面向外部设备的专用接口芯片仅用于某些特定的外部设备接口。例如，键盘/显示器接口芯片 8279 可支持简易键盘和数码显示器。

4. I/O 接口芯片编程控制

许多接口芯片都具有可编程的特点，将它们称为可编程接口芯片。可编程的意思是指接口芯片的功能和工作方式可以通过指令来进行设定(控制字或命令字)。可编程接口芯片往往具有多种功能和工作方式，可以通过程序来选定其中的一种，有的芯片还可选定引脚信号的形式。为设定芯片的工作方式而编写的程序段一般被称为初始化程序段。可编程芯片具有多种工作方式和内部资源，可以通过程序加以设置和选用，并且还可以在系统运行过程中随时加以改变，这样不仅简化了接口的设计，还为灵活运用接口开辟了很大的空间。

4.3　可编程并行接口芯片 8255A

Intel 8255A 是一个通用的可编程并行接口芯片，为 CPU 与外部设备之间提供三个并行输入/输出通道。可通过软件编程灵活设置其工作方式，价格低廉、使用方便，在中小微型计算机系统中有着广泛的应用。

4.3.1　8255A 内部结构及引脚功能

1. 内部结构

8255A 内部结构如图 4-8 所示，各部件的具体组成和功能如下。

1) 与外部设备的接口

8255A 提供 3 个 8 位并行 I/O 通道(PA、PB、PC)与外设连接。PA、PB 和 PC 各有特点，使用者可以根据需要设定其工作方式，以完成数据的输入或输出。

(1) PA 口。PA 口(PA_7～PA_0)具有 8 位输出锁存器/缓冲器和 8 位输入锁存器，用于 8255A 向外部设备输入/输出 8 位并行数据。

(2) PB 口。PB 口(PB_7～PB_0)具有 8 位输入锁存器/缓冲器和 8 位输出锁存器，用于 8255A 向外部设备输入/输出 8 位并行数据。

(3) PC 口。PC 口(PC_7～PC_0)具有 8 位输出锁存器/缓冲器和 8 位输入缓冲器，可单独用于 8255A 向外部设备输入/输出 8 位并行数据。另外，PC 口在 8255A 设定工作方式下被分成 2 个 4 位的端口，为 PA 口、PB 口提供控制信号输出或状态信号输入通道。

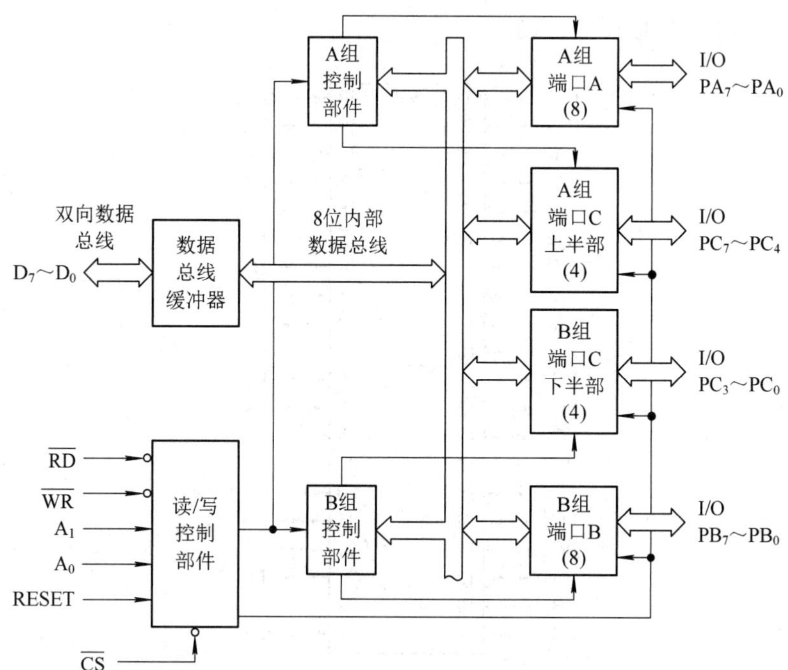

图 4-8　8255A 内部结构框图

2) 内部控制逻辑电路

内部控制逻辑电路设有专门的控制寄存器，可根据 CPU 送来的命令选定 8255A 的工作方式或对 PC 口的指定位进行置位/复位操作。在实际应用中，PA 口和 PC 口高 5 位(PC_7～PC_3)构成 A 组控制部件，PB 口与 PC 口的低 3 位(PC_2～PC_0)构成 B 组控制部件，PC 口高 5 位和低 3 位分别为 PA 口和 PB 口工作于特定方式时提供控制信号和状态信号(联络信号)。

3) 与 CPU 接口

8255A 与 CPU 连接的部件包含数据总线缓冲器和读/写控制逻辑部件两部分。

(1) 数据总线缓冲器。

数据总线缓冲器是一个 8 位三态双向数据传送通道，与 CPU 的数据总线连接，是 8255A 与 CPU 之间的数据交换通道。CPU 执行输出指令时，可将控制字或数据通过数据总线缓冲器传送给 8255A；CPU 执行输入指令时，8255A 可将状态信息或数据通过总线缓冲器向 CPU 输入。

(2) 读/写控制逻辑部件。

CPU 通过读/写控制逻辑部件向 8255A 传送控制信息，进而管理 8255A 的数据传输过程。控制信号包括片选信号 $\overline{CS}$，读写信号 $\overline{RD}$ 、 $\overline{WR}$ ，复位信号 RESET，还有来自系统地址线的端口选择信号 A_1 和 A_0。

2. 引脚功能

8255A 是 1 个 40 引脚双列直插封装的芯片，8255A 引脚分配图如图 4-9 所示。

1) 面向 CPU 的引脚及功能

(1) D_7～D_0。8 位三态数据线，双向，连接系统数据线。

(2) RESET。复位信号，输入，高电平有效。RESET 有效时，清除 8255A 中所有控制寄存器，并将各端口置成输入方式。

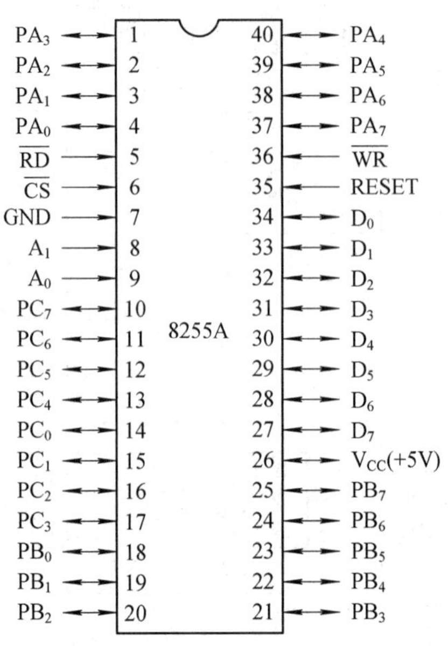

图 4-9　8255A 引脚分配图

(3) $\overline{CS}$。片选信号，输入，低电平有效。$\overline{CS}$有效，表示 8255A 被选中。

(4) $\overline{RD}/\overline{WR}$。读、写控制信号，输入，低电平有效。若$\overline{RD}$有效，表示 CPU 读 8255A，即 8255A 向 CPU 传送数据或状态信息；若$\overline{WR}$有效，表示 CPU 写 8255A，即 CPU 将控制字或数据写入 8255A。

(5) A_1、A_0。端口选择信号，输入。8255A 内部包含 4 个端口 PA 端口、PB 端口、PC 端口和控制端口(控制字寄存器)。CPU 通过 A_1、A_0信号实现对 8255A 某一个端口的具体操作。CPU 与各端口之间的操作方式关系如表 4-1 所示。

表 4-1　8255A 读写控制信号功能表

A_1	A_0	$\overline{RD}$	$\overline{WR}$	$\overline{CS}$	操　作
0	0	0	1	0	PA 口→CPU
0	1	0	1	0	PB 口→CPU
1	0	0	1	0	PC 口→CPU
0	0	1	0	0	CPU→PA 口
0	1	1	0	0	CPU→PB 口
1	0	1	0	0	CPU→PC 口
1	1	1	0	0	CPU→控制字寄存器
1	1	0	1	0	非法操作
×	×	1	1	0	数据总线浮空
×	×	×	×	1	未选该 8255A，数据总线浮空

2) 面向外部设备的引脚及功能

(1) PA_7～PA_0。PA 数据口，双向，用来连接外部设备。

(2) PB_7～PB_0。PB 数据口，双向，用来连接外部设备。

(3) PC_7～PC_0。PC 数据口，双向，用来连接外部设备数据口或其控制及状态信号。

4.3.2　8255A 控制字

8255A 有两类控制字：一类用于定义各 I/O 口的工作方式，称为工作方式控制字；另一类专门用于对 PC 口的某一位进行置位或复位操作，称为 PC 口置位/复位控制字。这两类控制字共用一个端口地址，都必须写入控制口。

1. 工作方式控制字

工作方式控制字用来设定各 I/O 口的工作方式及数据的传送方向，它的格式如图 4-10 所示。通过定义工作方式控制字可将 3 个 I/O 口分别定义为不同的工作方式。当 PA 口被设置为方式 1 或方式 2、PB 口被设置为方式 1 时，PC 口的某些位为 PA 口和 PB 口提供联络信号。

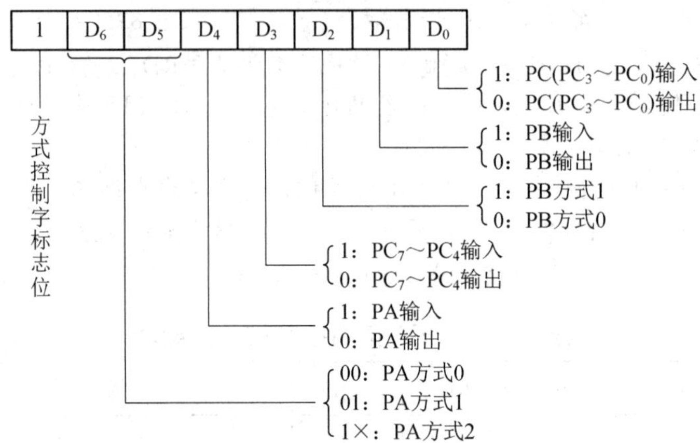

图 4-10　8255A 工作方式控制字格式

2. PC 口置位/复位控制字

PC 口置位/复位控制字格式如图 4-11 所示。利用该控制字可以对 PC 口的某一根 I/O 线实施单独输出控制，即位控制方式，可用于设置电机启停、继电器开关、指示灯亮灭等外部设备的状态，也可用于设置 PA 口和 PB 口工作于方式 1 时的中断允许位。

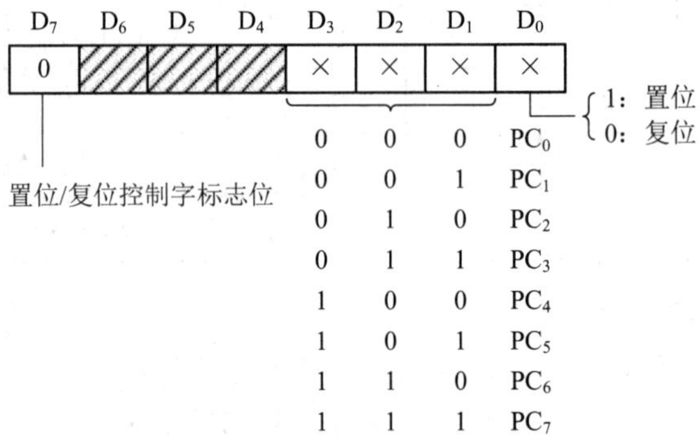

图 4-11　8255A PC 口置位/复位控制字格式

3. 两类控制字的差别

工作方式控制字特征是最高位为 1，放在程序的开始部分；PC 口的置位/复位控制字特征是最高位为 0，可放在初始化程序以后的任何地方。

4.3.3　8255A 工作方式

8255A 有 3 种工作方式，用户可通过设置方式控制字来设置。

1. 方式 0：基本输入/输出方式

PA口、PB口及PC口均可以工作在方式0，CPU可从指定端口输入信息，也可向指定端口输出信息。8255A各I/O口工作在方式0时，PC口被分成两个4位I/O口，可分别被定义为输入或输出口，CPU与3个I/O口之间交换数据可直接由CPU执行输入/输出指令来完成，而不提供任何联络信号，适用于无条件数据传送或查询式数据传送。

2. 方式 1：选通输入/输出方式

PA、PB 口可工作在方式 1，可单独连接外部设备，通过控制字可将它们分别设置为输入口或输出口，方式 1 需要 PC 口提供联络信号与外部设备连接。PC 口的高 5 位为 PA 口提供联络信号线，低 3 位为 PB 口提联络信号线，8255A 的 PC 口联络信号线分配如表 4-2 所示。

表 4-2　8255A 的 PC 口联络信号线分配

PC 口各位	方式 1		方式 2
	输入方式	输出方式	双向(输入/输出)方式
PC_7	I/O	$\overline{OBF}_A$	$\overline{OBF}_A$
PC_6	I/O	$\overline{ACK}_A$	$\overline{ACK}_A$
PC_5	IBF_A	I/O	IBF_A
PC_4	$\overline{STB}_A$	I/O	$\overline{STB}_A$
PC_3	$INTR_A$	$INTR_A$	$INTR_A$
PC_2	$\overline{STB}_B$	$\overline{ACK}_B$	由 PB 口方式决定
PC_1	IBF_B	$\overline{OBF}_B$	由 PB 口方式决定
PC_0	$INTR_B$	$INTR_B$	由 PB 口方式决定

从表 4-2 中可知，在方式 1 时，PC 口除作联络信号线外，仍有剩余的 I/O 线，这些剩余的 I/O 线可用作基本输入/输出或位控制线。

1) *方式 1 输入*

方式 1 输入的主要控制信号如图 4-12 所示，具体含义如下：

(1) $\overline{STB}$。选通信号，输入，低电平有效。$\overline{STB}$ 有效时，将外部输入的数据锁存到所选端口的输入锁存器中。对 A 组来说，指定 PC_4 接收外部设备 $\overline{STB}$ 信号；对 B 组来说，指定 PC_2 接收外部设备 $\overline{STB}$ 信号。

(2) IBF。输入缓冲存储器满信号，输出，高电平有效。IBF 有效时，表示由输入设备输入的数据已占用该端口的输入锁存器，它实际上是对 $\overline{STB}$ 信号的回答信号。对 A 组来说，指定 PC_5 发送 IBF 信号；对 B 组来说，指定 PC_1 发送 IBF 信号。

(3) INTR。中断请求信号，输出，高电平有效。在 A 组和 B 组控制电路中分别设置一个内部中断触发器 $INTE_A$ 和 $INTE_B$，前者由 $\overline{STB}_A$ (PC_4)控制置位，后者由 $\overline{STB}_B$ (PC_2)控制置位。

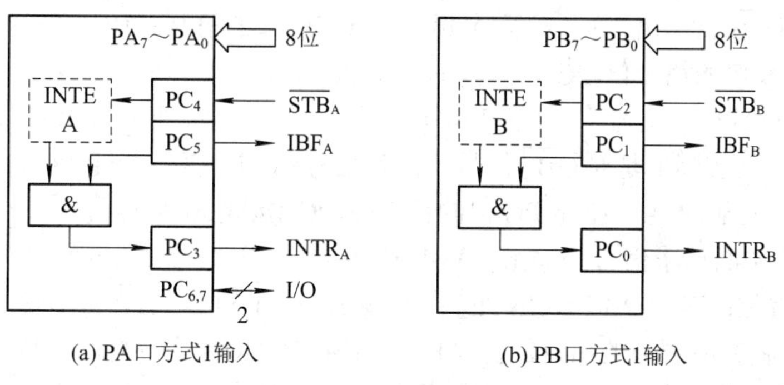

(a) PA口方式1输入　(b) PB口方式1输入

图 4-12　方式 1 输入组态

从图 4-12 中可看出，当 PA 口和 PB 口同时被定义为工作方式 1 完成输入操作时，PC 口的 PC_5～PC_0 被用作控制信号，PC_7 和 PC_6 位可以实现数据基本输入或输出。

以 PA 口为例，方式 1 的输入时序如图 4-13 所示，工作过程如下。

(1) 当输入设备送出一个数据到 PA 端口时，同时产生一个选通信号 $\overline{STB_A}$，由该信号的下降沿将数据锁存在 PA 口的输入数据缓冲/锁存器中，并使得 IBF_A 信号有效，通知输入设备 PA 口已接收到数据。

(2) $\overline{STB_A}$ 经过约 0.5 μs 的延时后自动变高，此时若 PA 口的中断允许触发器 $INTE_A = 1$ (允许 8255 PA 口发中断申请，可使用置位方式设置 $PC_4 = 1$)，则 PA 口将产生 1 个中断请求信号，即 $INTR_A = 1$；同时使 8255A 的状态寄存器相应位置“1” ($INTR_A = 1$)，可供 CPU 查询。

(3) CPU 响应中断后，可以在中断服务程序中用输入指令将 PA 口中的数据取入 CPU 内部寄存器中，$\overline{RD}$ 信号的下降沿将使 $INTR_A$ 复位，其上升沿使 IBF_A 复位，以准备接收下一个来自输入设备的数据。

(4) PA 口方式 1 作输入时，中断允许触发器 $INTE_A$ 的状态是由 PC_4 的置位操作指令设置的。当置 $PC_4 = 1$，则 $INTE_A = 1$，允许中断申请。

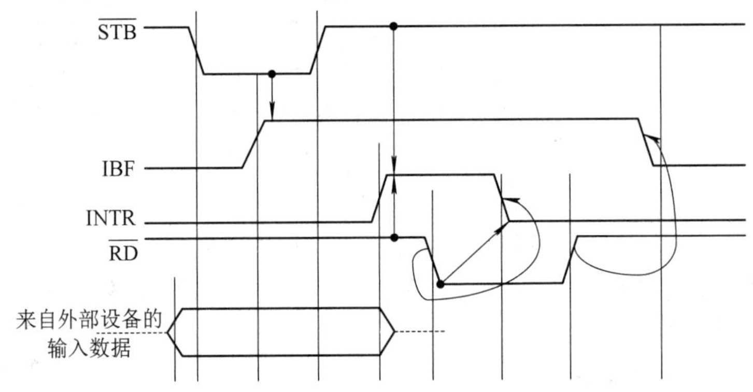

图 4-13　8255A 工作方式 1 的输入时序

2) 方式 1 输出

方式 1 输出的主要控制信号如图 4-14 所示，具体含义如下。

(1) $\overline{OBF}$。输出缓冲存储器满信号，输出，低电平有效。$\overline{OBF}$ 有效时，表示 CPU 已将数据写入该端口等待输出。当 $\overline{WR}$ 有效时，表示将数据锁存到数据输出缓冲存储器，由 $\overline{WR}$ 的上升沿将 $\overline{OBF}$ 置为有效。对于 A 组，指定 PC 口的第 7 位(PC_7)发送 $\overline{OBF}$ 信号；对于 B 组，指定 PC 口的第 1 位(PC_1)发送 $\overline{OBF}$ 信号。

(2) $\overline{ACK}$。外部应答信号，输入，低电平有效。$\overline{ACK}$ 有效，表示外部设备已收到 8255A 输出的 8 位数据，它实际上是对 $\overline{OBF}$ 信号的回答信号。对于 A 组，指定 PC 口的第 6 位(PC_6)接收 $\overline{ACK}$ 信号；对于 B 组，指定 PC 口的第 2 位(PC_2)接收 $\overline{ACK}$ 信号。

(3) INTR。中断请求信号，输出，高电平有效。对于 PA 口，内部中断触发器 $INTE_A$ 由 $PC_6(\overline{ACK_A})$置位；对于 PB 口，$INTE_B$ 由 $PC_2(\overline{ACK_B})$置位。当 $\overline{ACK}$ 有效时，$\overline{OBF}$ 被复位为高电平，并将相应端口的 INTE 置“1”，于是 INTR 输出高电平，向 CPU 发出中断请求，待 CPU 响应该中断请求，可在中断服务程序中安排输出指令继续输出后续字节。对于 A 组，指定 PC 口的第 3 位(PC_3)发送 $INTR_A$ 信号；对于 B 组，指定 PC 口的第 0 位(PC_0)发送 $INTR_B$ 信号。

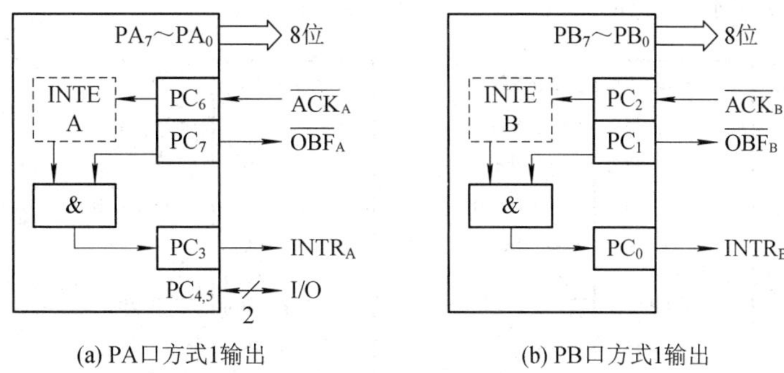

图 4-14　方式 1 输出组态

从图 4-14 中可看出，当 PA 口和 PB 口同时被定义为工作方式 1 完成输出操作时，PC 口的 PC_6、PC_7 和 PC_3～PC_0 被用作控制信号，PC_4 和 PC_5 位可用作数据基本输入或输出。

以 PB 口为例，方式 1 的输出时序如图 4-15 所示，工作过程如下。

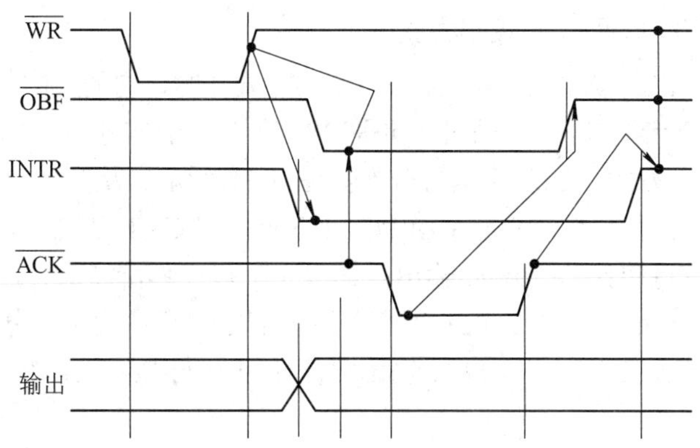

图 4-15　8255A 工作方式 1 的输出时序

(1) CPU 将数据送到 PB 口的输出数据锁存器，产生的 $\overline{WR}$ 信号的上升沿将数据“保持”在 PB 口线上，并使 $\overline{OBF}_B$ 有效；$\overline{OBF}_B$ 的下降沿将 PB 口线上的数据锁存在输出设备的寄存器中，并负责启动输出设备。此时，PB 口的 $INTR_B$ 信号被拉低，准备产生中断请求。

(2) 输出设备收到 $\overline{OBF}_B$ 的有效信号后，将产生一个约 300 ns 的回答信号 $\overline{ACK}_B$，以通知 8255A 已收到数据，并对数据做输出处理。

(3) $\overline{ACK}_B$ 的下降沿将使 $\overline{OBF}_B$ 信号恢复为高电平，此时若 PB 口的中断允许触发器 $INTE_B = 1$(允许 8255PA 口发中断申请，可使用置位方式设置 $PC_2 = 1$)、$\overline{OBF}_B = 1$、$\overline{ACK}_B = 1$，则将产生一个中断申请信号，使引脚 $INTR_B = 1$，同时，将使 8255A 的状态寄存器相应位置“1”($INTR_B = 1$)，可供 CPU 查询。

(4) CPU 响应中断请求后，可在中断服务程序中输出下一个数据，开始下一个数据的输出过程。PB 口方式 1 做输出时，中断允许触发器 $INTE_B$ 的状态由 PC_2 的位操作指令设置。

PA 口和 PB 口工作于方式 1 还有两种组态：一是 PA 口输入、PB 口输出、PC_7、PC_6 输入/输出；二是 PA 口输出、PB 口输入、PC_4、PC_5 输入/输出。其联络信号分布如图 4-16 所示，具体联络过程不再赘述。

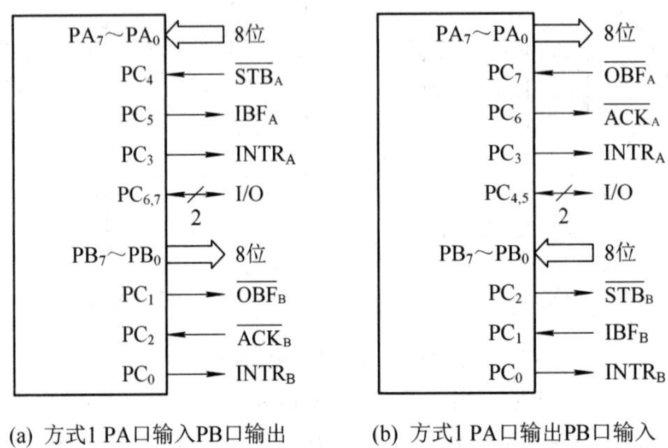

图 4-16　8255A 工作方式 1 输入/输出组态

3. 方式 2：双向选通输入/输出方式

只有 PA 口可工作于方式 2。当 PA 口设定为方式 2 时，它的控制信号由 PC 口提供，并可向 CPU 发出中断请求信号；同时，允许 PB 口工作于方式 0 或方式 1 完成输入/输出功能。PA 口工作于方式 2 的联络信号分布如图 4-17 所示。从图 4-17 可看出，PA 口工作于方式 2 所需要的 5 个联络信号分别由 PC 口的 PC_7～PC_3 来提供。如果 PB 口工作于方式 0，那么 PC_2～PC_0 可用作数据输入/输出；如果 PB 口工作于方式 1，那么 PC_2～PC_0 用作 PB 口的联络信号。PA 口工作于方式 2 所需控制信号的具体含义，分别与 PA 口工作于方式 1 所对应的信号含义一样，其输入/输出时序也分别与 PA 口工作于方式 1 的输入/输出时序相同。

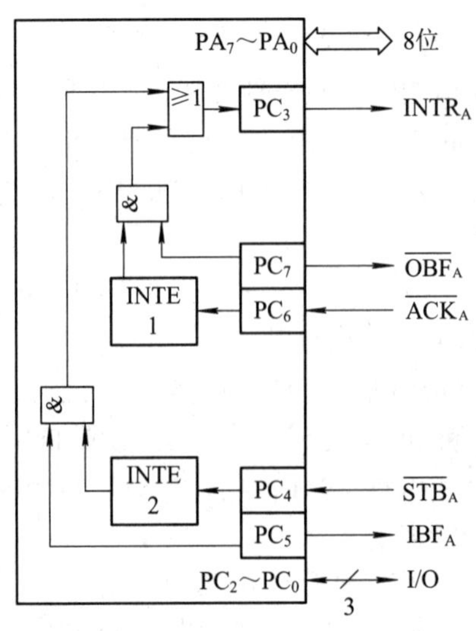

图 4-17　8255A 工作方式 2 输入/输出组态

当 PA 口工作于方式 2 时，PB 口可以工作于方式 0 或方式 1，所需要的联络信号分配如图 4-18 所示。

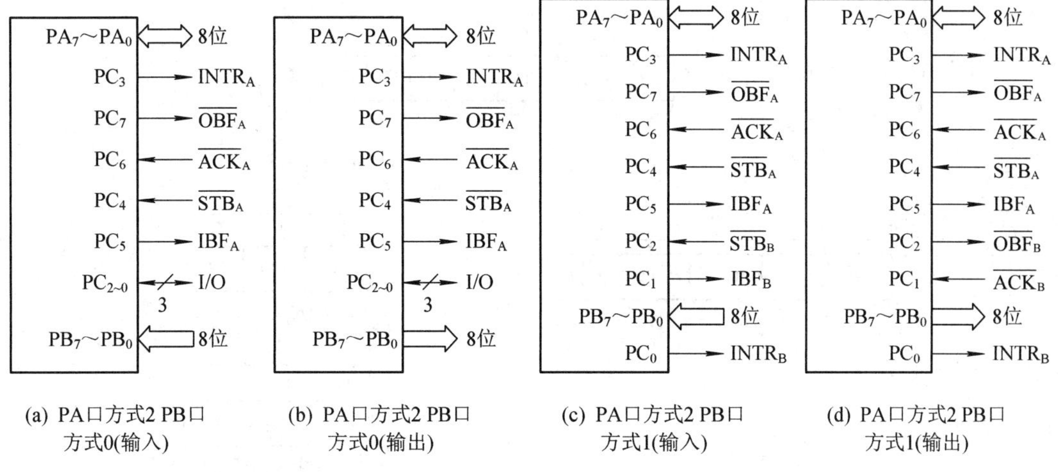

图 4-18　PA 口工作于方式 2、PB 口工作于方式 0 或方式 1 时的联络信号分配

4.3.4　8255A 的状态字

若 8255A 中 PA 口的工作方式设定为方式 1 或方式 2、PB 口的工作方式设定为方式 1，读取 PC 口可分别得到相应端口的状态字，以便了解 8255A 的工作状态，供 CPU 查询。

PA 口和 PB 口工作于方式 1 时，其状态字格式如图 4-19 所示。在这个状态字中，$INTE_A$ 和 $INTE_B$ 分别为 A 组和 B 组的中断允许触发器的状态，其余各位均为相应引脚上的电平信号。

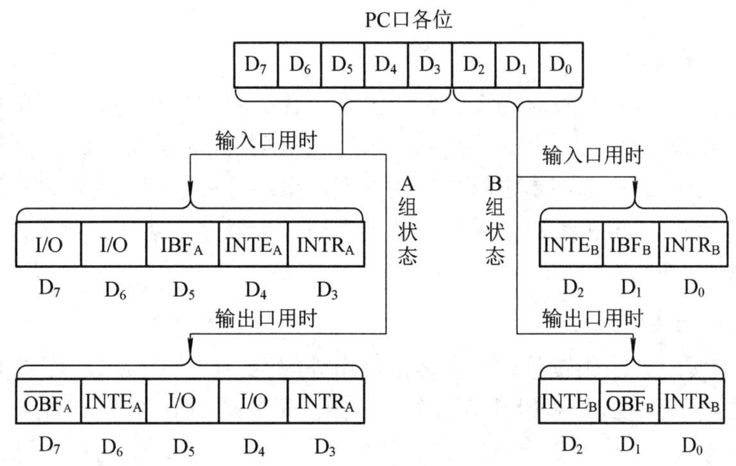

图 4-19　方式 1 下的状态字格式

当 PA 口工作于方式 2、PB 口工作于方式 1 或方式 0 时，其状态字格式如图 4-20 所示。

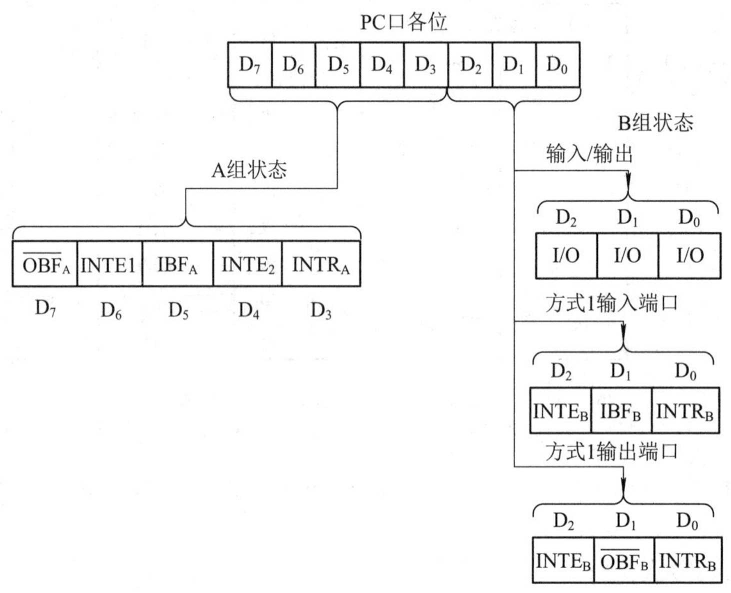

图 4-20　方式 2 下的状态字格式

4.4　定时/计数技术及其控制芯片 8253A

4.4.1　定时/计数技术

1. 定时/计数概念

在微机系统、工业控制领域乃至日常生活中，计数和定时都是最常见的问题之一。上下课的定时铃声、交通红绿灯的定时控制、动态存储器的定时刷新、微机系统的日历时钟、数据采集系统的定时采样等都是定时功能的典型应用；各种生产线的产品计数、出租车的计价器、银行点钞机、电机编码器采样、智能手环计步器、心率计、电子投票等都是计数功能的具体体现。

2. 计数功能的实现方法

计数功能的实现方法比较单一，大多是利用外部设备产生计数器的计数脉冲完成计数功能。如图 4-21 所示为红外对射计数装置示意图。无障碍物是“0”，有障碍物是“1”，该装置产生的高电平、低电平、上升沿、下降沿信号可作为计数器的计数脉冲，实现计数功能。

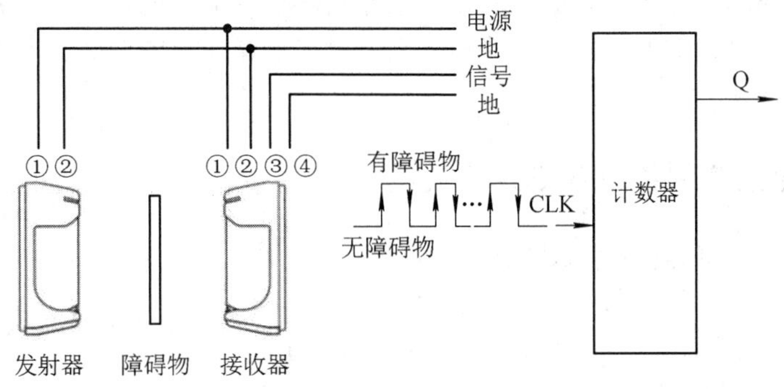

图 4-21　红外对射计数装置示意图

3. 定时功能的实现方法

定时功能的实现方法比较多，微机系统中常用的定时功能包括软件定时、硬件定时和可编程硬件定时等。

1) 软件定时

软件定时实质上是利用 CPU 执行指令消耗 CPU 时间来达到定时的目的，经常把这些指令写成子程序的形式，称为延迟子程序。延迟程序包含一定的指令，要求设计者对这些指令的执行时间进行严密的计算或者精确的测试，以便确立延迟时间是否符合要求，时间较长时经常采用循环程序来实现。软件定时的优点是不需要添加硬件设备，只需要编制相关的延时程序即可；缺点是占用 CPU，增加 CPU 的开销，时间越长，开销越大。

2) 硬件定时

硬件定时是指利用单稳态延时电路或计数电路来实现延时或定时。例如微机系统主时钟晶振电路、RC 定时电路、NE555 集成芯片组成定时器等均可产生定时。硬件定时的优点是不占用 CPU 资源，定时过程与 CPU 并行，相互独立。但硬件定时缺点是定时时长一旦设定，就相对固定了，存在定时时间设置不灵活、定时时长修改范围受限、元器件容易老化等问题。

3) 可编程硬件定时

在微机系统中的定时器一般是将软件控制的灵活和硬件定时的独立相结合，将它们做成一个通用的器件，即可编程硬件定时器。可编程硬件定时器定时时长可利用 CPU 对其进行初始化，一旦设置完毕，启动定时后，与 CPU 并行工作，定时结束时可通过产生溢出信号等方式提供结束标志，供 CPU 查询或向 CPU 提出中断请求以完成具体的任务。

4. 微机系统中的定时/计数器

微机系统中的定时/计数器都是可编程的，计数功能和定时功能本质上都是由数字计数器来完成的。可编程定时/计数器具有两种功能，一是作为计数器，设置好计数初值后，计数器被启动，便开始加 1(或减 1)计数，当加(减)至计数最大(小)值时，输出一个有效信号；二是作为定时器，设置好计数初值后，计数器被启动，便开始加 1(或减 1)计数，定时时间到输出一个有效信号。两者区别仅在于计数脉冲特征不同：计数时，计数脉冲时间间隔不固定；定时时，计数时间间隔固定。用作定时器的计数脉冲一般由系统时钟分频提供，其脉冲周期是标准时间长度。例如，以毫秒(ms)为单位来计数，计数 1000 次即为 1 s，计数

60 000 次则为 1 min。而用作计数器的计数脉冲则没有标准时长限制，大多来自外部设备产生的随机脉冲信号，例如，检查上课的迟到人数，上课铃响后进来 1 人计 1 个，时间间隔不固定，完全是随机的。

4.4.2　定时/计数控制芯片 8253A

8253A 是典型的可编程定时/计数器，其功能特点如下。

(1) 具有 3 个独立的 16 位减“1”计数器通道。

(2) 每个计数器通道都可以单独进行二进制或十进制计数。

(3) 每个计数器的最高计数速率可达 2 MHz。

(4) 每个计数通道都可由程序选择 6 种工作方式。

(5) 所有输入输出电平都与 TTL 兼容。

8253A 的读/写操作对系统时钟、输入输出方式、中断方式和构成方式等均无特殊要求，因而 8253A 具有较好的通用性和使用灵活性，几乎适用于任何一种微处理器组成的微机系统。8253A 常用作可编程的速率发生器、异步事件计数器、二进制速率乘法器、实时时钟、数字式单拍脉冲发生器、复合电机控制器等。

1. 内部结构

8253A 内部结构如图 4-22 所示，各部件的具体组成和功能如下。

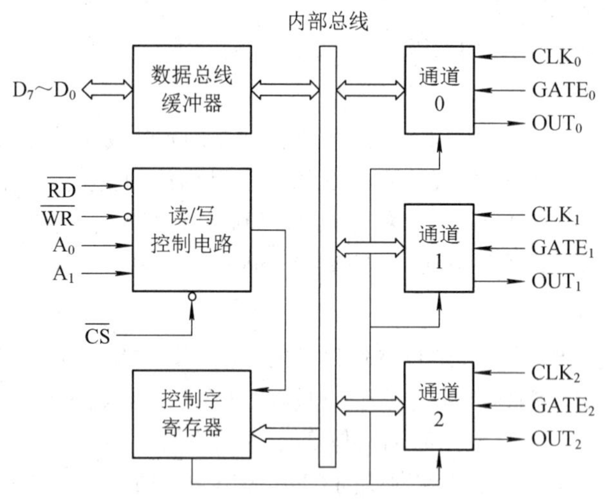

图 4-22　8253A 内部结构框图

1) 与外部设备的接口

8253A 内部包含三个功能完全相同的通道，每个通道内部设有一个 16 位计数器，可进行二进制或十进制(BCD 码)计数，每个通道内均设有一个 16 位计数值锁存器，必要时可用来锁存计数值。

当某通道用作计数器时，应将要求计数的次数预置到该通道的计数器中，被计数的事件应以脉冲方式从 CLK_i 端输入，每输入一个计数脉冲，计数器内容减“1”，待计数值计到“0”，OUT_i 端将输出有效信号，表示计数次数到。

当某通道用作定时器时，由 CLK_i 输入一定频率的时钟脉冲。根据定时时间的长短确定所需的计数值，并预置到计数器中，每输入一个计数脉冲，计数器内容减“1”，待计数值减到“0”，OUT_i 将输出有效信号，表示定时时间到。

8253A 用于计数器或定时器，其内部操作完全相同，区别仅在于前者是由随机的计数脉冲进行减“1”计数的，而后者是由固定周期的计数脉冲进行减“1”计数的。用于计数器时，计数的次数可直接作为计数器的初值预置到减“1”计数器中。用于定时器时，计数器的定时初值应根据定时时间进行运算才能得到，其公式为

$$\text{定时初值}=\frac{\text{定时时间}}{\text{定时脉冲周期}}$$

在计数过程中，计数器受门控信号 GATE 的控制。计数器的输入与输出以及门控信号之间的关系，取决于工作方式。

2) 与 CPU 的接口

(1) 数据总线缓冲器。数据总线缓冲器是一个三态双向 8 位数据传送通道，是 8253A 与 CPU 之间的数据接口。CPU 通过数据总线缓冲器向 8253A 写入数据和命令，或从 8253A 中读取数据或状态信息。

(2) 读/写控制电路。读写控制电路实际上是 8253A 内部的控制器，接收 CPU 送来的读写控制信号，完成芯片内部各功能部件的控制功能。

2. 引脚功能

8253A 具有 24 个引脚，其双列直插封装的引脚分配如图 4-23 所示。

1) 面向 CPU 的引脚及功能

(1) D_7～D_0。8 位三态数据线，双向，用来与系统数据线连接。

(2) $\overline{CS}$。片选信号，输入，低电平有效。$\overline{CS}$ 有效，表示该 8253A 被选中。

(3) A_1、A_0。端口选择信号，输入。8253A 内部有 3 个独立的计数通道和 1 个控制字寄存器，它们构成了 8253A 芯片的 4 个端口。A_1、A_0 可提供 4 个不同端口地址，从而实现 CPU 对 8253A 的对应端口的读/写操作。

(4) $\overline{RD}/\overline{WR}$。读/写控制信号，输入，低电平有效。$\overline{RD}$ 有效时，CPU 读取由 A_1A_0 所选定的通道内计数器的内容。$\overline{WR}$ 有效时，CPU 将计数值写入各个通道的计数器中，或者将控制字写入控制字寄存器中。CPU 对 8253A 的读/写操作见表 4-3。

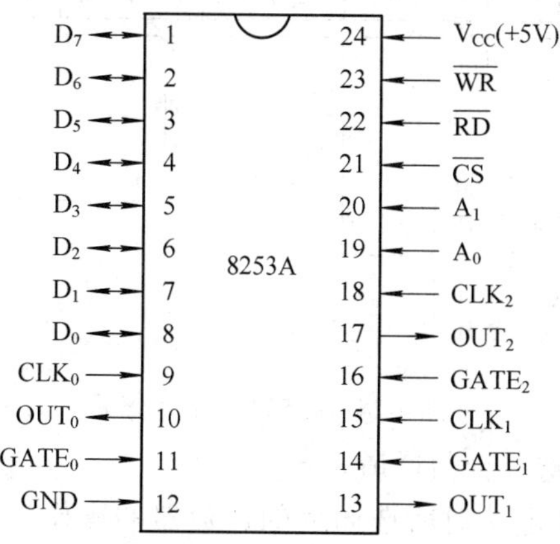

图 4-23　8253A 引脚分配图

表 4-3　CPU 对 8253A 的读/写操作

$\overline{CS}$	$\overline{RD}$	$\overline{WR}$	A_1	A_0	操作说明
0	1	0	0	0	初值装入通道 0 计数器
0	1	0	0	1	初值装入通道 1 计数器
0	1	0	1	0	初值装入通道 2 计数器
0	1	0	1	1	写方式控制字
0	0	1	0	0	读通道 0 计数器
0	0	1	0	1	读通道 1 计数器
0	0	1	1	0	读通道 2 计数器
0	0	1	1	1	无操作
1	×	×	×	×	禁止使用
0	1	1	×	×	无操作

2) 面向外部设备的引脚及功能

(1) CLK_i(i＝0，1，2)。计数脉冲输入端，输入。计数脉冲上升沿检测门控信号 $GATE_i$，计数脉冲下降沿实现计数器减“1”计数，8253A 计数脉冲最高频率不能超过 2 MHz。

(2) $GATE_i$(i＝0，1，2)。门控信号，输入。8253A 计数过程需要检测门控信号，门控信号可以使能和禁止计数。门控信号可以是高电平，也可以是上升沿。

(3) OUT_i(i＝0，1，2)。计数结束的输出信号，输出。8253A 计数结束时 OUT_i 输出一个结束信号表示本次计数过程结束，结束输出信号形式由其对应工作方式确定。

4.4.3　8253A 控制字及工作方式

8253A 控制字用于选择计数通道和计数通道的工作方式及计数格式，控制字由 CPU 通过输出指令写入 8253A 内部的控制寄存器，其控制字格式如图 4-24 所示。

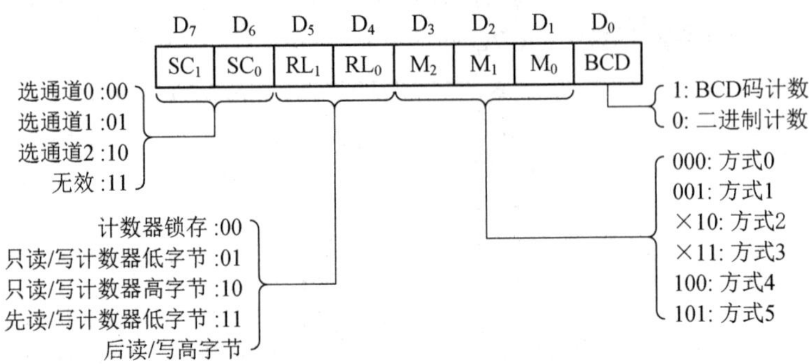

图 4-24　8253A 控制字格式

(1) SC_1、SC_0 位用来选择计数通道。

(2) RL_1、RL_0 位用来定义对所选通道的计数器的操作。RL_1RL_0＝00 时，将该通道计数器的当前值锁存到输出锁存器中，为 CPU 读取当前计数值作准备；RL_1RL_0＝01

时，表示只读/写计数器低 8 位，计数器高 8 位为 00H；$RL_1RL_0 = 10$ 时，表示只读/写计数器高 8 位，计数器低 8 位为 00H；$RL_1RL_0 = 11$ 时，表示先读/写计数器低字节，后读/写计数器高字节。

(3) BCD 位用来定义是采用二进制计数规则还是十进制计数规则。二进制计数时，写入的计数初值范围为 0000H～FFFFH，其中 0000H 也可表示最大值 65536；十进制计数时，写入的计数初值范围为 0000H～9999H，其中 0000H 也可表示最大值 10000。

(4) M_2、M_1、M_0 位用来定义所选通道的 6 种工作方式。

4.4.4　8253A 初始化编程及锁存命令

1. 8253A 的初始化编程

8253A 的初始化编程包括以下两点。

(1) 设置控制字。由 CPU 向 8253A 的控制寄存器输出一个控制字，用来选择计数器、设定工作方式和计数格式。

(2) 设置计数初值。计数器初值就是计数的初始值，其初始值可以是 8 位，也可以是 16 位。若是 16 位则需要用两次输出指令完成计数初值设定，先写低字节，再写高字节。计数器的初值必须在开始计数之前，由 CPU 用输出指令写入相应计数通道。

2. 8253A 的锁存命令

锁存命令是为配合 CPU 读计数器当前值而设置的。8253A 初始化完成后进入工作状态，在读取计数值时，必须先用锁存命令，将当前计数值在输出锁存器中锁定，方可由 CPU 读取，否则计数器的数值有可能正在改变过程中，可能读取一个不确定的结果。锁存命令一旦写入 8253A，减法计数器当前值被锁定，该值被送入输出锁存器。当 CPU 读取锁定值时，锁存器自动失锁，又跟随减法计数器工作。在锁存和读取计数值的过程中，不影响计数进行。

4.4.5　8253A 的工作方式

8253A 中各计数通道有 6 种可供选择的工作方式，以完成定时、计数或脉冲发生等多种功能。这 6 种工作方式都遵从 3 个基本原则：① 控制字写入 8253A 后，控制逻辑复位，OUT_i 进入初始状态；② 装入计数初值后，要经过一个时钟周期，计数器才开始工作，时钟下降沿使计数器减 1 计数；③ CLK 上升沿，采样门控信号。

1. 方式 0

方式 0 被称作计数结束中断方式，其波形如图 4-25 所示。当计数通道工作于方式 0 时，OUT_i 初态输出为低电平；若门控信号 $GATE_i$ 为高电平，CPU 向计数通道写入计数值时，OUT_i 仍保持低电平，$\overline{WR}$ 上升沿后的第一个 CLK_i 下跳沿计数初值被装入减 1 计数器，之后 CLK_i 每出现一个下跳沿计数器开始减“1”计数，直到计数值为“0”，此刻 OUT_i 输出由低电平向高电平跳变，可用它向 CPU 发出中断请求，OUT_i 端输出高电平一直维持到下次再写入计数初值为止。

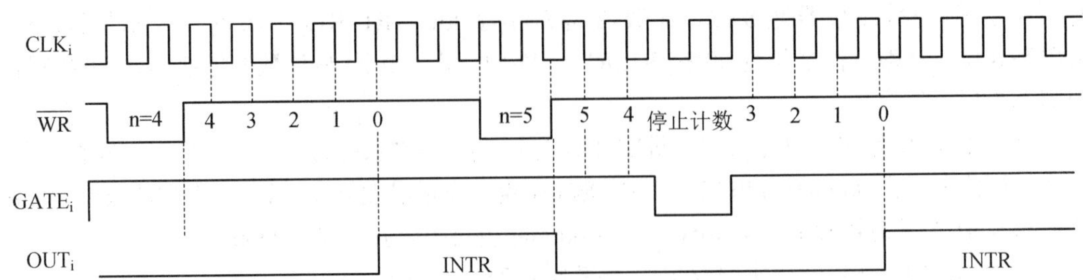

图 4-25　8253A 工作于方式 0 的波形

在方式 0 下，门控信号 $GATE_i$ 用来控制减“1”计数操作是否进行。当 $GATE_i=1$ 时，允许减“1”计数；$GATE_i=0$ 时，禁止减“1”计数且计数值将保持 $GATE_i$ 有效时的数值不变，待 $GATE_i$ 重新有效后，减“1”计数继续进行。

计数通道工作于方式 0，计数器初值仅 1 次有效，完成 1 次计数或定时后，若需要继续完成计数或定时功能，必须重新写入计数器的初值。在计数过程中，随时可以写入新计数初值且被立即启用重新计数。

2. 方式 1

方式 1 被称作可编程单脉冲发生器，其波形如图 4-26 所示。当计数通道工作于方式 1 时，CPU 装入计数初值后 OUT_i 输出高电平；不管此时 $GATE_i$ 输入是高电平还是低电平，都不开始减“1”计数，必须等到 $GATE_i$ 由低电平向高电平跳变，即形成一个上升沿后，计数过程才会开始。与此同时，OUT_i 输出由高电平向低电平跳变，形成输出单脉冲的前沿，待计数值计到“0”，OUT_i 输出由低电平向高电平跳变，形成输出单脉冲的后沿，因此，OUT_i 输出的单脉冲的宽度为 CLK_i 周期的 n 倍。

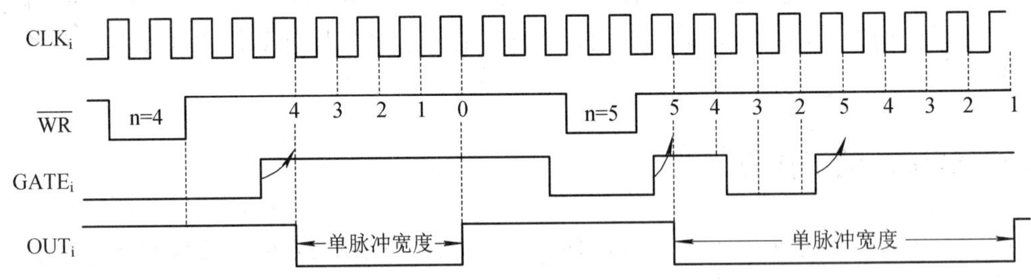

图 4-26　8253A 工作于方式 1 的波形

在方式 1 减“1”计数过程中，$GATE_i$ 由高电平跳变为低电平，不影响计数过程，仍继续计数；但若重新遇到 $GATE_i$ 的上升沿，则从计数初值开始重新计数，其效果会使输出的单脉冲加宽(见图 4-26 中的第 2 个单脉冲)。

在方式 1 下，计数初值也仅 1 次有效，每输入 1 次计数初值，只产生 1 个负极性单脉冲。在计数过程中，若写入新的计数初值，并不立即影响当前计数过程，要等到下一个 $GATE_i$ 信号启动，计数器才采用新的初值计数。

3. 方式 2

方式 2 被称作脉冲发生器，其波形如图 4-27 所示。当计数通道工作于方式 2 时，OUT_i 输出高电平，装入计数初值后，如果 $GATE_i$ 输入是高电平，则立即开始计数，OUT_i 保持为高电平不变；待计数值减到“1”和“0”之间，OUT_i 将输出宽度为 1 个 CLK_i 周期的负脉冲；计数值为“0”时，自动重新装入计数初值，实现循环计数，OUT_i 将输出一定频率的负脉冲序列，其脉冲宽度固定为 1 个 CLK_i 周期，重复周期为 CLK_i 周期乘以计数初值。

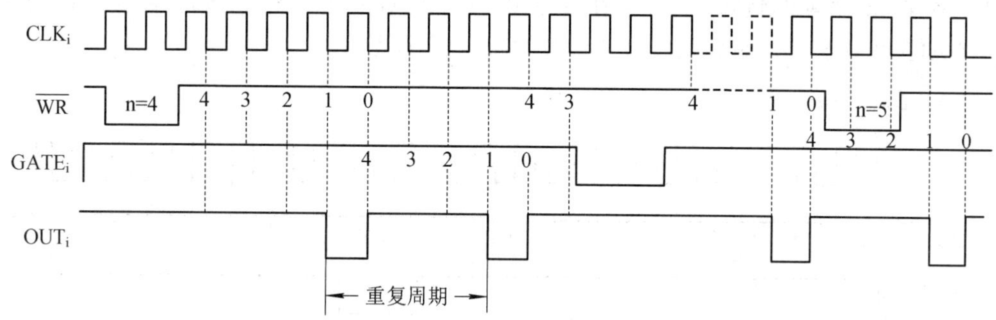

图 4-27　8253A 工作于方式 2 的波形

如果在减“1”计数过程中，$GATE_i$ 变为无效(低电平)，则暂停减“1”计数，待 $GATE_i$ 恢复有效后，8253A 从计数初值重新开始计数，输出脉冲的速率也会随之改变。

如果在操作过程中，要求改变计数器的初值，CPU 可在任何时候重新写入新的计数值，但它不会影响正在进行的减“1”计数过程，而是从下一个周期开始使用新的计数初值。

4. 方式 3

方式 3 被称作方波发生器，其波形如图 4-28 所示。计数通道工作于方式 3 时，OUT_i 输出低电平，装入计数初值 n 后，OUT_i 立即跳变为高电平。如果此时 $GATE_i$ 为高电平，则立即开始减“1”计数，OUT_i 保持为高电平。若 n 为偶数，则当计数值减到 n/2 时，OUT_i 跳变为低电平，一直保持到计数值为“0”，系统才自动重新置入计数初值 n，实现循环计数，这时 OUT_i 端输出占空比为 1∶2 的方波，其周期为 $n \times CLK_i$ 周期。若 n 为奇数，则 OUT_i 端也输出 1 个周期为 $n \times CLK_i$ 的方波，但占空比为 $(n+1)$∶2n。

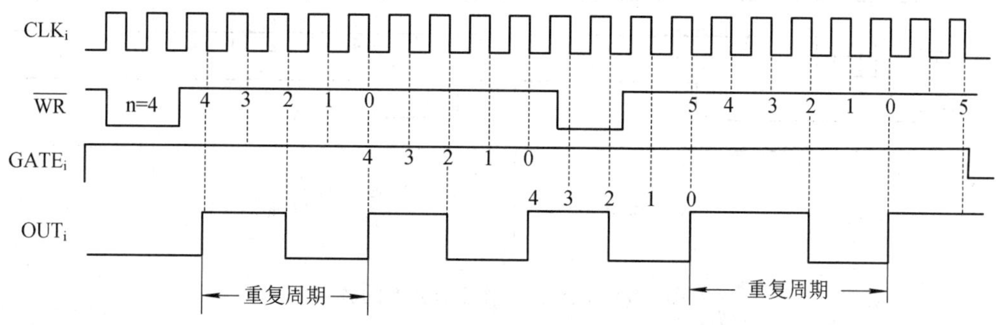

图 4-28　8253A 工作于方式 3 的波形

若计数过程中，$GATE_i$ 变为无效，则暂停减“1”计数，直到 $GATE_i$ 再次有效，重新从计数初值开始减“1”计数。若改变输出方波的速率，则可在任何时候重新写入新的计数初值，并从下一个周期开始使用新的计数初值。

5. 方式 4

方式 4 被称软件触发方式，每次启动计数，都需要写入新的计数初值，称为软件启动，其波形如图 4-29 所示。任一计数通道工作于方式 4 时，OUT_i 输出高电平，装入计数初值后，若 $GATE_i$ 为高电平，则开始减“1”计数，直到计数值减到“0”为止，OUT_i 输出宽度为一个 CLK_i 周期的负脉冲。如果在操作过程中，$GATE_i$ 变为无效，则暂停减“1”计数，直到 $GATE_i$ 再次有效，重新从计数初值开始减“1”计数。

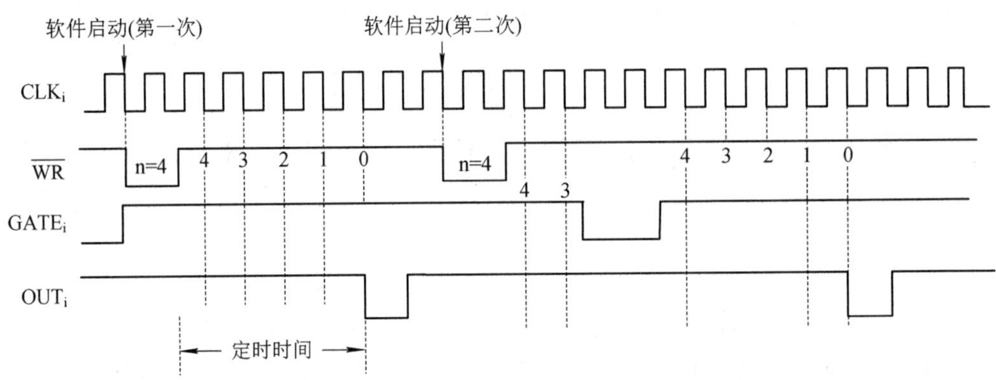

图 4-29　8253A 工作于方式 4 的波形

由软件装入的计数值只 1 次有效，如果要继续操作，必须重新置入计数初值。写入新的计数初值后，立即用这个新的计数初值重新启动计数。

6. 方式 5

方式 5 被称为硬件触发方式，其波形如图 4-30 所示。任一计数通道工作于方式 5 时，OUT_i 输出高电平，$GATE_i$ 初始状态为 0，装入计数初值后，计数器并不工作，一定要等到硬件触发信号从 $GATE_i$ 端引入 1 个正阶跃信号，减“1”计数才会开始。待计数值计到“0”，OUT_i 将输出负脉冲，其宽度固定为 1 个 CLK_i 周期，表示定时时间或计数次数到。

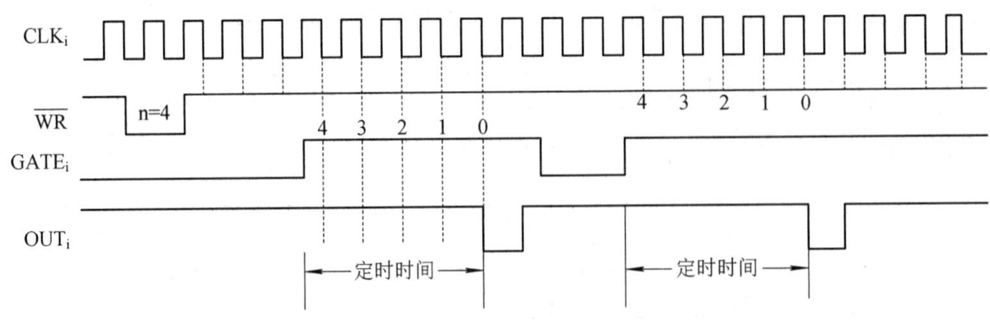

图 4-30　8253A 工作于方式 5 的波形

此工作方式下，当计数值计到“0”后，系统将自动重新装入计数值 n，但并不开始计数，一定要等到 $GATE_i$ 端引入的正跳变，才会开始减“1”计数。$GATE_i$ 可由外部电路或控制现场产生，故称为硬件触发方式。

如果要改变计数初值，可在任何时候装入新的计数初值，它将不影响正在进行的操作过程，而是到下一个周期开始使用新的计数初值。

4.5　串行通信及其接口芯片 8251A

4.5.1　串行通信基础知识

1. 基本概念

串行通信是指二进制数据一位一位依次进行传输的通信方式。在传输过程中，每一位数据占用一个固定的时间长度，只用收发两根数据线就可以在系统之间进行信息交换。与并行通信相比，串行通信可实现较远距离(从几十米到几千米)的通信，节省传输介质。全球互联网就是串行通信方式最典型的应用。

2. 传输方式分类

1) 按通信的方向和时间分类

串行通信是系统 A 和系统 B 进行数据交换的过程，该过程按系统间通信的方向和时间的关系，可分为单工、半双工和全双工。

(1) 单工串行通信方式。单工串行通信方式仅允许数据按一个固定不变的方向传递，若规定系统 A 为发送端，则系统 B 只可以工作在接收方式，如图 4-31 所示。

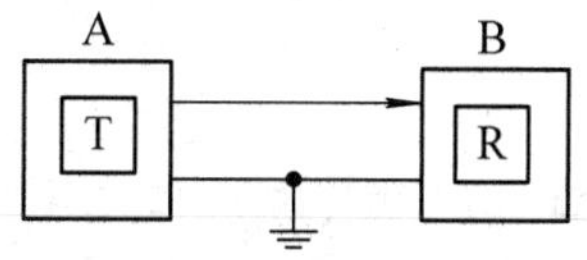

图 4-31　单工串行通信方式

(2) 半双工串行通信方式。半双工串行通信方式允许系统 A 发送数据给系统 B，也允许系统 B 发送数据给系统 A。系统 A 和系统 B 之间只有一根数据传输线，因此系统 A 和系统 B 仅能分时执行发送数据和接收数据，如图 4-32 所示。

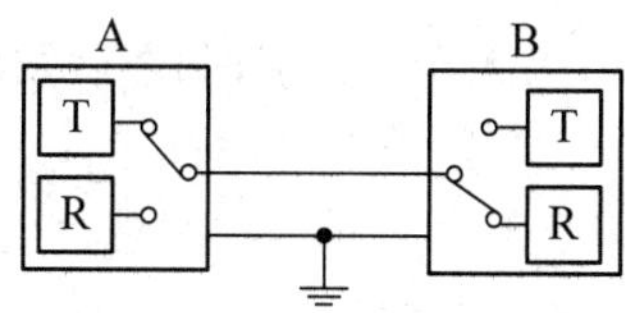

图 4-32　半双工串行通信方式

(3) 全双工串行通信方式。全双工串行通信方式中，系统 A 和系统 B 之间有两根数据传输线，因此系统 A 在发送数据给系统 B 的同时，又可以接收系统 B 发送的数据，如图 4-33 所示。全双工串行通信方式要求系统 A 和系统 B 均有各自独立的接收和发送通道。

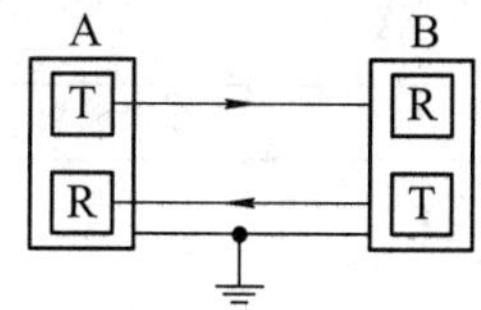

图 4-33　全双工串行通信方式

2) 按数据格式分类

串行通信按照通信的数据格式不同，可分为异步串行通信和同步串行通信。无论异步还是同步传输，通信双方都必须规定数据格式、通信速率、校验方式等作为双方的通信协议。

(1) 异步串行通信。异步串行通信规定了字符数据的传输格式，即每个数据以相同的帧格式传送，如图 4-34 所示。每一帧信息由起始位、数据位、奇偶校验位和停止位组成。所谓的异步实际上是指帧与帧之间(字符与字符)的关系，而每帧信号中的位与位之间是同步的。通信双方必须在相同的时钟频率的控制下，按照图 4-34 的数据格式接收/发送每帧数据。

① 起始位：通信线上没有数据传送时处于逻辑“1”状态。当发送设备要发送一个字符数据时，首先发出一个逻辑“0”信号，这个信号就是起始位。起始位通过通信线传向接收设备，当接收设备检测到起始信号后，就开始准备接收数据位。因此，起始位所起的作用就是表示通信过程开始，从而实现通信双方的同步。

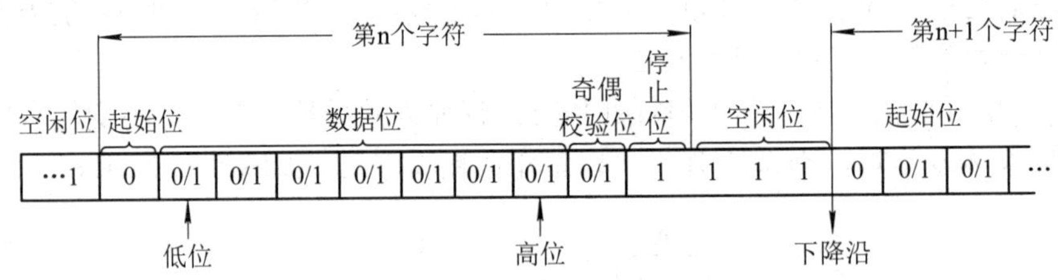

图 4-34　异步串行通信的数据传输格式

② 数据位：当接收设备收到起始位后，紧接着就是数据位。数据位数可以选择 5、6、7 或 8 位。在字符数据传送过程中，数据位从最低位开始传送。

③ 奇偶校验位：数据位发送完之后，发送奇偶校验位。奇偶校验用于差错检测，通常分为奇校验和偶校验两种方式，通信双方在通信时须约定一致的奇偶校验方式。该位可以发送也可以不发送。

④ 停止位：奇偶位或数据位(当无奇偶校验时)之后发送的是停止位。停止位可以是 1 位、1.5 位或 2 位。停止位是一个字符数据的结束标志。

⑤ 空闲位：在发送间隙，即空闲时，通信线路总是处于逻辑高电平“1”状态，每个字符数据的传送均以逻辑低电平“0”开始。

(2) 同步串行通信。在异步串行通信中，每一个字符都要用起始位和停止位作为字符开始和结束的标志，以致耗费大量时间。因此，在大量数据传送时，为了提高通信速度，常去掉这些标志，而采用同步传送。同步串行通信是在每个数据块传送开始时加入同步字符使收发双方同步，其通信格式如图 4-35 所示。

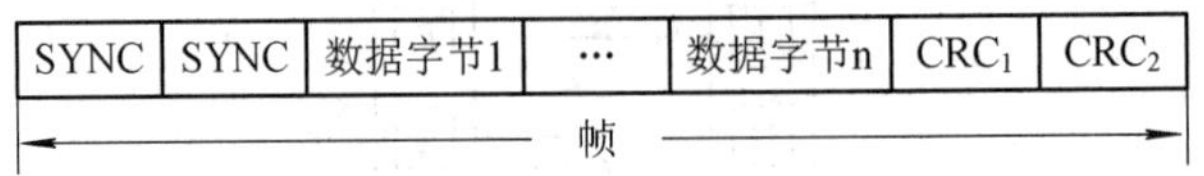

图 4-35　同步串行通信的数据传送格式

异步串行通信中，当收发双方的时钟频率误差在规定范围内时，可通过帧信号的起始位和停止位对每帧数据进行同步。同步串行通信中，由于每个字节数据没有附加起始位和停止位，此时若收发双方的时钟频率存在误差，在经过一定时间的积累后，将导致数据传输的错误，因此为保证同步传输收发双方的数据和数据、位与位之间的严格同步，发送双方在发送数据的同时，还要为接收方提供与发送时钟频率完全相同的时钟信号，即需要一根传输时钟信号的传输线。注意，同步传输在发送的数据流中不能有空隙，一旦发送方不能提供数据连续发送，必须在数据流的空隙处插入同步字符，以保证同步传输不间断，同步传输的数据块结束标志是由 16 位二进制数组成的 CRC 循环冗余校验码，用于检验数据块在传输过程中是否有错误。

应用中，异步通信常用于传输信息量不大、传输速度比较低的场合，例如双机之间、局域网等速度为 50～115 200 b/s。在信息量很大，传输速度要求较高的场合，常采用同步通信，速度可达 800 kb/s，比如全球互联网 Internet 就采用同步通信。

3. 串行通信时钟和波特率

(1) 发送时钟和接收时钟。

二进制数据位在串行传送过程中以数字信号波形的形式出现。无论是接收还是发送，都必须由时钟信号对传送的数据进行定位。接收/发送时钟可以控制通信设备接收/发送数据的速度和数据位的移入/移出，该时钟信号通常由外部时钟电路产生。

发送数据时，发送器用发送时钟的下降沿将移位寄存器的数据串行移位输出，并且对准数据位的前沿；接收数据时，接收器用接收时钟的上升沿将数据位移入移位寄存器，对准数据位的中间位置，以保障可靠地接收数据。发送/接收时钟时序如图 4-36 所示。

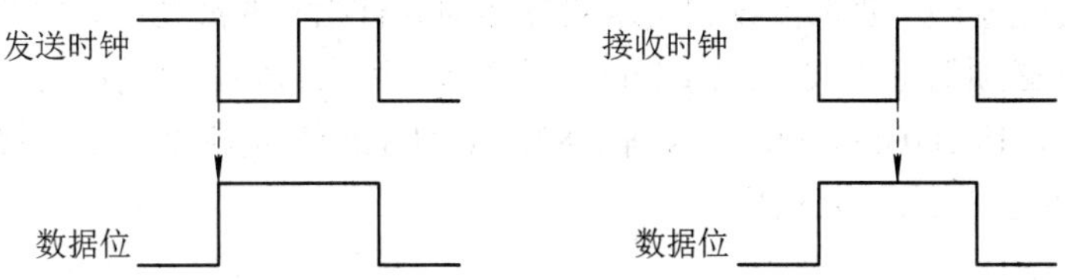

图 4-36　发送/接收时钟时序图

例如数据 35H，其发送/接收过程如图 4-37 所示。

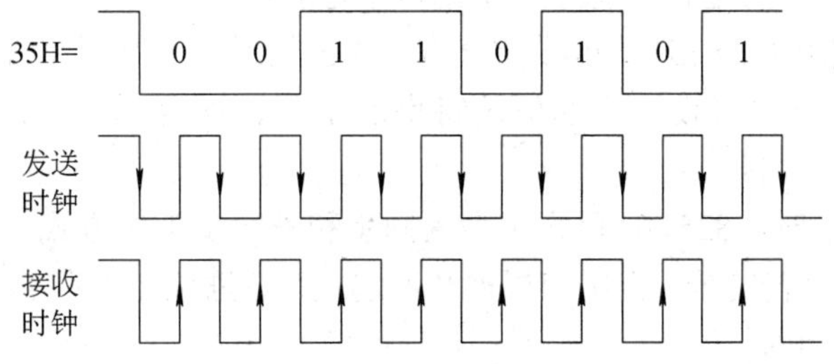

图 4-37　数据 35H 发送/接收过程

(2) 检测时钟。

串行通信接收方需对发送方发来的数据位进行检测，以决定是“0”还是“1”。通常检测时钟是发送/接收时钟的 16 或 64 倍(常选 16 倍)。以异步串行通信为例来说明串行信息位的检测过程，如图 4-38 所示，检测时钟(RxC)的上升沿采样 RxD 线，在一个字符的结束或若干个空闲位之后，每当连续采样到 RxD 线上 8 个低电平(起始位之半)后，便确认对方发送的是起始位，下一位送来的则应是数据位，此后每隔 16 个检测时钟连续采样 RxD 线三次，按三中取二的原则确定采到的数据位是 0 还是 1，并把采样到的数据位由移位脉冲移入接收移位寄存器。

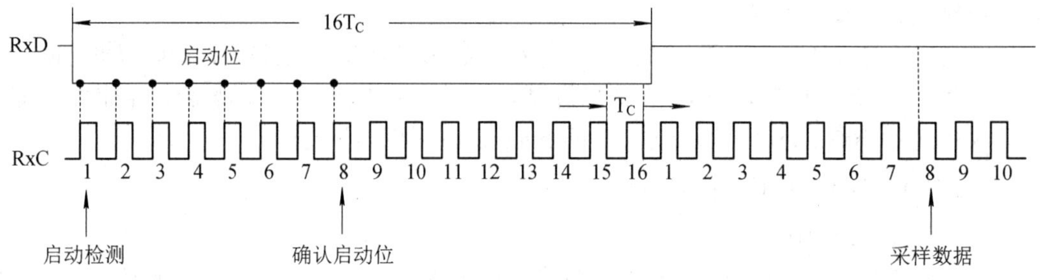

图 4-38　串行通信信息位检测过程

(3) 波特率。

波特率是衡量数据传输通道频宽的指标，表示数据的传输速率。并行通信中波特率表示每秒钟传送的数据字节数(即 B/s)，串行通信中波特率表示每秒钟传输的二进制位数(b/s)。若串行数据传输速率为 120 字符/s，而每一个字符由规定的 10 位二进制(起始位、停止位和 8 个数据位)组成，此时串行数据传输的波特率应则为 1200 b/s，每个数据位传输时间为 0.833 ms。

在串行通信过程中，要求接收和发送双方必须具有相同的波特率，每个字符在传输过程中二进制的位数必须保持一致，这样才能实现数据的可靠传输。目前串行通信中常用的波特率有 115 200 b/s、19 200 b/s、9600 b/s 等。8251A 和 8250A 是典型的串行接口芯片，本书主要介绍 8251A 的工作原理及应用。

4.5.2　8251A 内部结构及引脚功能

8251A 是一种高性能串行通信接口芯片，可以跟多种处理器连接，其主要特点如下。

(1) 可用于异步串行通信，也可用于同步串行通信。

(2) 在异步通信时，8251A 可设定 1 位、1.5 位或 2 位停止位。数据位可以在 5～8 位之间选择，时钟频率可设定为通信波特率的 1 倍、16 倍或 64 倍，通信波特率为 0～9600 b/s。

(3) 在同步通信时，8251A 可设定为内同步和外同步工作方式，同步字符的个数有单同步字符和双同步字符之分，由用户根据情况选定。数据位可以在 5～8 位之间选择，通信波特率为 0～56 000 b/s。

(4) 8251A 有奇偶校验、帧校验和溢出校验等 3 种字符数据的校验方式，校验位的插入、检出和出错标志的建立均可由芯片自动完成。

(5) 8251A 能提供和 MODEM 直接相连接的联络线，接收和发送数据均可存放在各自的缓冲器内，以便实现全双工通信。

1. 内部结构

8251A 内部结构如图 4-39 所示，各部件的具体组成和功能如下：

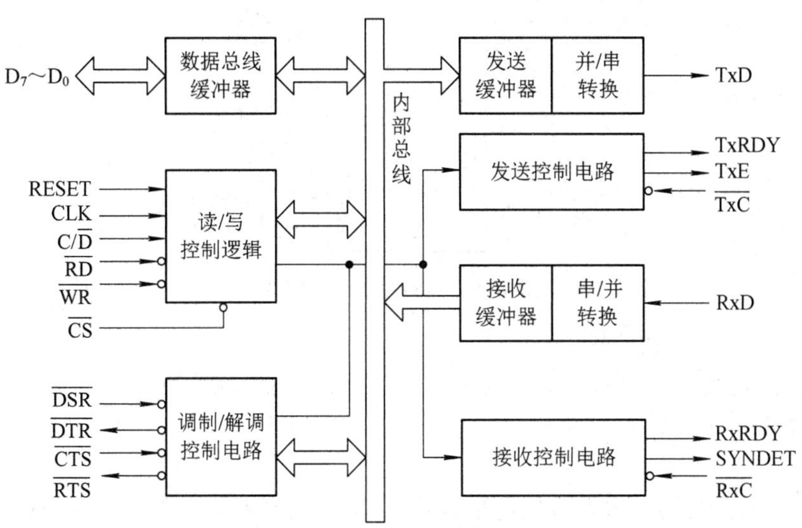

图 4-39　8251A 内部结构框图

1) 与外部设备的接口

8251A 与外部设备的接口由两部分组成：一部分用于发送数据，包含发送缓冲器和发送控制电路，将内部并行数据转换为串行数据在发送脉冲控制下向外部设备发送数据；另一部分用于接收数据，包含接收缓冲器和接收控制电路，将接收脉冲控制下接收到的串行数据转换为并行数据并传送至内部总线。

2) 调制解调控制电路

当进行远程通信时，需要使用调制解调器。8251A 的调制解调电路提供一组通用的控制信号，使 8251A 可以直接与调制解调器相连，完成远程通信。

3) 与 CPU 接口

(1) 数据总线缓冲器。数据总线缓冲器是一个三态双向 8 位数据传送通道，它使 8251A 与系统总线连接起来。将来自 CPU 的控制命令和发送的数据经过数据总线缓冲器送入 8251A 指定位置，8251A 的状态信息和接收到的数据经数据总线缓冲器送到系统总线。

(2) 读写控制逻辑电路。读写控制逻辑电路接收 CPU 的各种控制信息，从而确定本次操作的方式，它接收片选信号 $\overline{CS}$、读写信号 $\overline{RD}$ 和 $\overline{WR}$、复位信号 RESET，还有来自系统地址总线的端口选择信号 $C/\overline{D}$。

2. 引脚功能

8251A 有 28 个引脚，双列直插封装的 8251A 芯片引脚分配如图 4-40 所示。

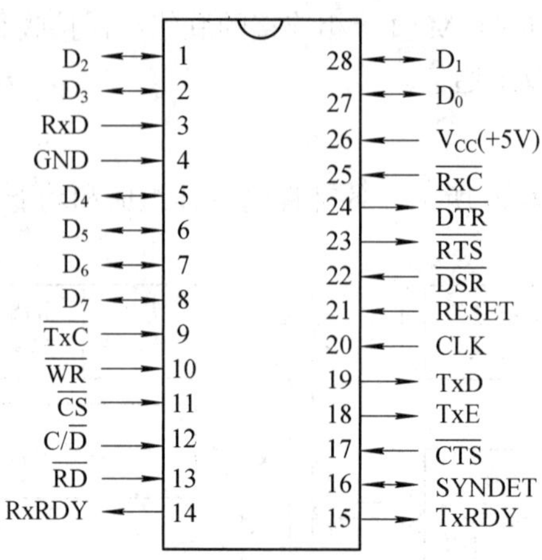

图 4-40　8251A 引脚分配图

1) 面向 CPU 的引脚及功能

(1) D_7～D_0。8 位三态数据线，双向，用来与系统数据线连接。

(2) RESET。复位信号，输入，高电平有效。RESET 有效时，清除 8251A 中所有寄存器内容。

(3) $\overline{CS}$。片选信号，输入，低电平有效。$\overline{CS}$ 有效，表示该 8251A 被选中。

(4) $\overline{RD}$ / $\overline{WR}$。读、写控制信号，输入，低电平有效。如 $\overline{WR}=0$ 表示 CPU 向 8251A 写入控制字和数据；$\overline{RD}=0$ 表示 CPU 读取 8251A 的数据和状态信息。

(5) C/$\overline{D}$。命令数据选择线，输入。与 CPU 地址总线中的 A_0 相连，若使 C/$\overline{D}$ = 0，则选中 8251A 的数据口；若使 C/$\overline{D}$ = 1，则选中 8251A 的命令和状态口。8251A 的读写操作如表 4-4 所示。

(6) CLK。时钟输入线，输入，用于产生 8251A 内部时序。在同步通信时，CLK 至少为发送或接收时钟的 30 倍；在异步通信时，CLK 至少为发送或接收时钟的 4.5 倍。

表 4-4　8251A 的读写操作表

$\overline{CS}$	C/$\overline{D}$	$\overline{WR}$	$\overline{RD}$	操作说明
0	0	1	0	CPU 从 8251A 读数据
0	1	1	0	CPU 从 8251A 读状态字
0	0	0	1	CPU 写数据到 8251A
0	1	0	1	CPU 写命令到 8251A
1	×	×	×	USART 总线浮空(无操作)

2) 面向外部设备的引脚及功能

(1) 接收和接收控制线。

① RxD。接收数据线，输入，用于接收串行数据。若 RxD = 0，表示所接收数据为空号(SPACE)；若 RxD = 1，则表示所接收数据为传号(MARK)。

② $\overline{RxC}$。接收时钟输入线，输入，用于控制接收数据的速率。在同步方式中，$\overline{RxC}$ 的

频率等于接收波特率；在异步方式中，$\overline{RxC}$的时钟频率应为波特率的 1 倍、16 倍和 64 倍(由工作方式选定)。

③ RxRDY。接收准备好信号，输出，用于向 CPU 指示 8251A 是否已接收到一个字符。当命令寄存器中 RxE = 1、RxD 线上已串行接收到一个字符并装入接收数据缓冲器时，RxRDY 线输出高电平。因此，RxRDY 线可供 CPU 查询或作为接收中断请求输入线。一旦 CPU 读出接收数据缓冲器数据，RxRDY 复位成低电平。

④ SYNDET。同步检测线，输入/输出，仅在同步通信方式下使用，RESET 后 SYNDET 复位。8251A 设定为内同步方式时，SYNDET 线用作输出，8251A 检测到 RxD 线上输入的同步字符时，SYNDET 线输出高电平(在双同步字符方式下，SYNDET 在 8251A 接收到第 2 个同步字符的最后 1 位中间时变高)，以表示 8251A 已捕捉到同步字符；8251A 设定为外同步方式时，SYNDET 线用作输入外同步脉冲。SYNDET 的上升沿可以指示 8251A 从下一个$\overline{RxC}$线的下降沿开始捕捉 RxD 线上的同步字符，故它的高电平至少应维持一个$\overline{RxC}$周期。

(2) 发送和发送控制线。

① TxD。发送数据线，输出，用于发送串行数据。若 TxD = 0，则表示所发送数据为空号(SPACE)；若 TxD = 1，则表示所发数据为传号(MARK)。

② $\overline{TxC}$。发送时钟输入线，输入，用于控制发送数据的速率。$\overline{TxC}$的频率应和$\overline{RxC}$的频率相同。

③ TxRDY。发送准备好信号，输出，用于向 CPU 指示 8251A 是否已准备好发送 1 个字符。只有在允许发送($\overline{CTS}$ = 0 和 TxEN = 1)和发送命令/数据缓冲器为空时，TxRDY 才会高电平有效。因此 TxRDY 可供 CPU 查询或作为 CPU 的发送中断请求线。8251A 从 CPU 接收到 1 个发送字符时，TxRDY 复位成低电平。

④ TxE。发送器空信号，输出，用于向 CPU 指示发送器是否已发送完 1 个字符。在异步通信时，TxE = 1 表示 8251A 已发送完 1 个字符；在同步通信时，TxE = 1 表示 8251A 要求从 CPU 输入 1 个发送字符，若 CPU 来不及传送 1 个发送字符，发送器会自动在 TxE 线上插入同步字符，以填补传送空隙。

(3) MODEM 控制线。

① $\overline{DTR}$。数据终端准备好信号，输出，低电平有效，用于向 MODEM(或 DCE)表示 DTE(数据终端)已准备好。$\overline{DTR}$由命令字中 D_1(DTR)置“1”而变为有效。

② $\overline{DSR}$。数据通信装置准备好信号，输入，低电平有效，用于向 8251A 表示 MODEM(或 DCE)已准备就绪。$\overline{DSR}$上状态由状态字中 D_7(DSR)指示。

③ $\overline{RTS}$。请求发送线，输出，低电平有效，用于向 MODEM(或 DCE)表示 DTE 已准备好。$\overline{RTS}$由命令字中 D_5(RTS)控制。

④ $\overline{CTS}$。允许发送输入线，输入，低电平有效，$\overline{CTS}$由 MODEM(或 DCE)发出，用于向 8251A 表示 MODEM(或 DCE)已准备就绪。

4.5.3　8251A 控制字及工作方式

8251A 控制字是其初始化和编程的基础，有方式控制字、命令控制字和状态字共 3 个。

1. 方式控制字

8251A 的方式控制字用于确定 8251A 的工作方式、校验方式、波特率和数据位数等，其格式如图 4-41 所示。

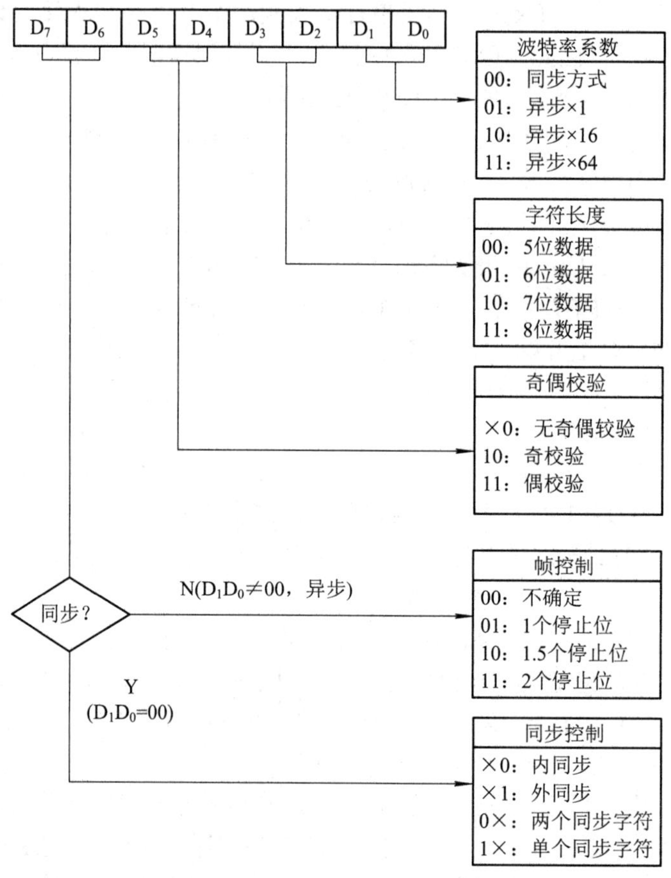

图 4-41　8251A 方式控制字格式

(1) D_1D_0。同步/异步波特率系数控制位。在 $D_1D_0 = 00$ 时，8251A 设定为同步通信方式；在 $D_1D_0 \neq 00$ 时，8251A 设定为异步通信方式。在异步通信方式下，时钟频率和通信波特率间的系数有×1、×16 和×64 三种组合可以选取。

(2) D_3D_2。数据位数选择位(见图 4-40)。

(3) D_5D_4。数据校验方式选择位(见图 4-40)。

(4) D_7D_6。同步/帧长控制位。在同步通信方式($D_1D_0 = 00$ 时)下，D_7D_6 用来规定内同步还是外同步、单同步字符还是双同步字符等；在异步通信方式($D_1D_0 \neq 00$ 时)下，D_7D_6 用于规定停止位个数。

2. 命令控制字

8251A 的命令控制字用于接收/发送控制字、中断控制、复位和出错复位等操作，由 CPU 通过程序在命令方式下送出，命令控制字格式如图 4-42 所示。

本命令控制字在异步通信方式时紧跟方式控制字之后送给 8251A，在同步通信方式时送完方式控制字后，先送 1 至 2 个同步字符，然后再送命令控制字。

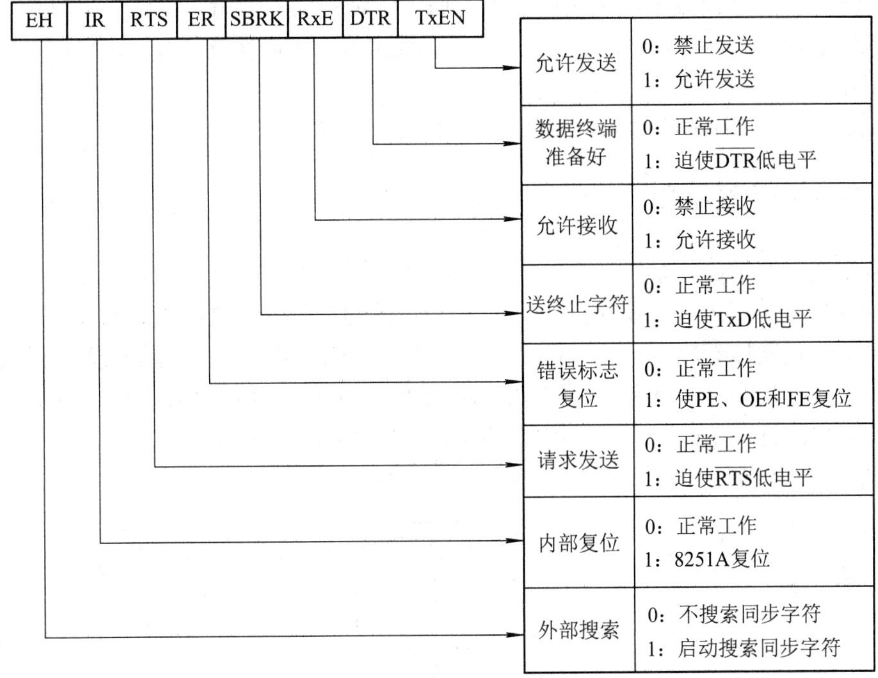

图 4-42　8251A 命令控制字格式

3. 状态字

8251A 的状态字能够反映 8251 的出错状态和有关控制引脚的电平状态，CPU 通过对控制/命令口读出操作可以获取状态字。8251A 状态字格式如图 4-43 所示。

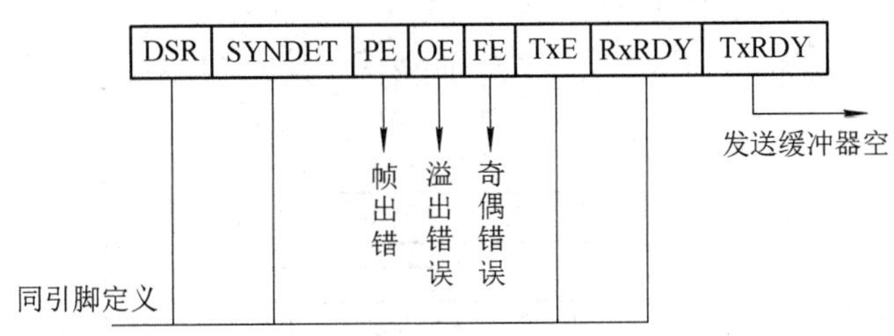

图 4-43　8251A 状态字格式

(1) TxRDY。发送数据缓冲器状态位，只要发送缓冲器一空，TxRDY 便可置位，它和 TxRDY 引脚状态不同。引脚 TxRDY 表示是否可以发送，需要以下条件同时满足时才能变为高电平：① 发送缓冲器空；② $\overline{CTS}=0$；③ TxEN = 1(见图 4-42)。

(2) PE。奇偶校验位，用于指示奇偶校验是否有错。若数据传输过程中出现奇偶校验错，则 PE = 1；若数据传输过程中未出现奇偶校验错，则 PE = 0。PE 由命令控制字 ER = 1 复位，PE 并不禁止 8251A 工作。

(3) OE。溢出标志错误位，用于指示串行通信中是否发生溢出错误。若新收到字符已经来到时 CPU 还来不及把接收缓冲器中原字符读走，因而造成原字符丢失，这时 OE 位置位。OE 由命令控制字中 ER = 1 复位，OE 并不禁止 8251A 工作，但发出 OE = 1 时上一字符已经丢失。

(4) FE。帧错误标志位，用于指示串行通信中是否发生帧错。当任一字符的结尾没有检测到规定的停止位时，FE 标志位置位。FE 也由命令控制字中 ER = 1 复位，也不禁止 8251A 工作。

(5) 其余各位的状态和同名引脚的电平相同。

4.5.4　8251A 的初始化

8251A 使用前均需初始化，其流程如图 4-44 所示。由图可见，8251A 初始化由复位状态开始，CPU 先输入方式控制字，以决定 8251A 的通信方式、数据位数和校验方式等。若为同步通信，则紧接着输入 1 个或两个同步字符；若为异步通信，则在输入方式控制字后可直接输入命令控制字。命令控制字送入后，8251A 便可发送或接收数据。由于 8251A 只有一个控制口($C/\overline{D}$ = 1 时)，但控制字有两个，8251A 依靠写入顺序加以区分。因此图 4-44 中的方式控制字和命令控制字的装入顺序不可颠倒。

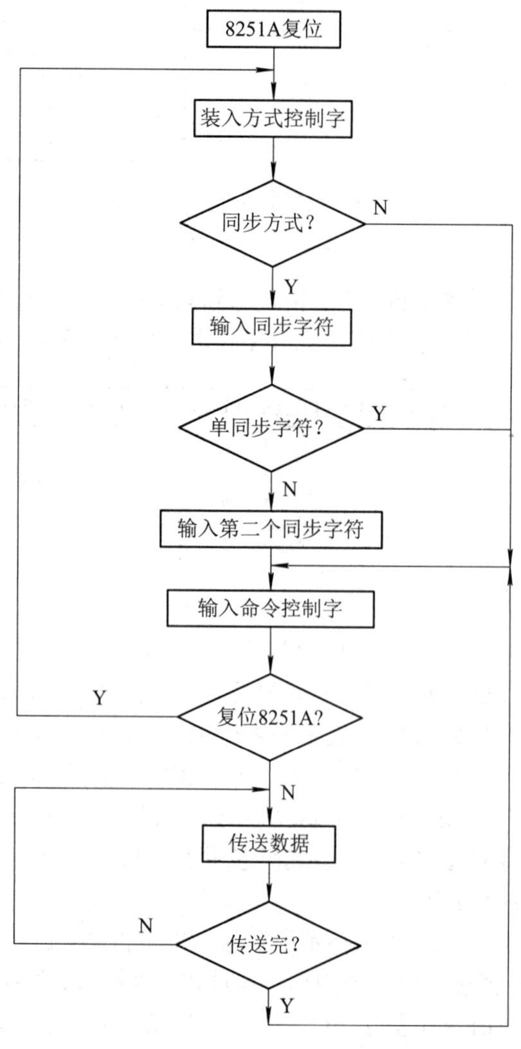

图 4-44　8251A 初始化流程图

4.6　D/A 与 A/D 转换技术及接口芯片

在许多工业生产过程和控制系统中，测量和控制的物理量往往是连续变化的模拟量，例如电流、电压、温度、压力、位移、流量等。为了利用计算机实现对工业生产过程和控制系统的状态检测和自动调节等，必须将随时间连续变化的模拟量转换成计算机所能接受的数字信号，需要设置模拟量输入通道。另外，为了实现对生产过程的控制，有时需要输出模拟信号，去驱动模拟调节执行机构工作，则需要通过模拟输出通道。因此，模拟量的输入、输出通道是微型计算机与控制对象之间的一种重要接口。

4.6.1　模拟信号的输入/输出通道

数据采集/控制系统典型结构如图 4-45 所示，图中虚线框 1 为模拟信号输入通道，虚线框 2 为模拟信号输出通道。

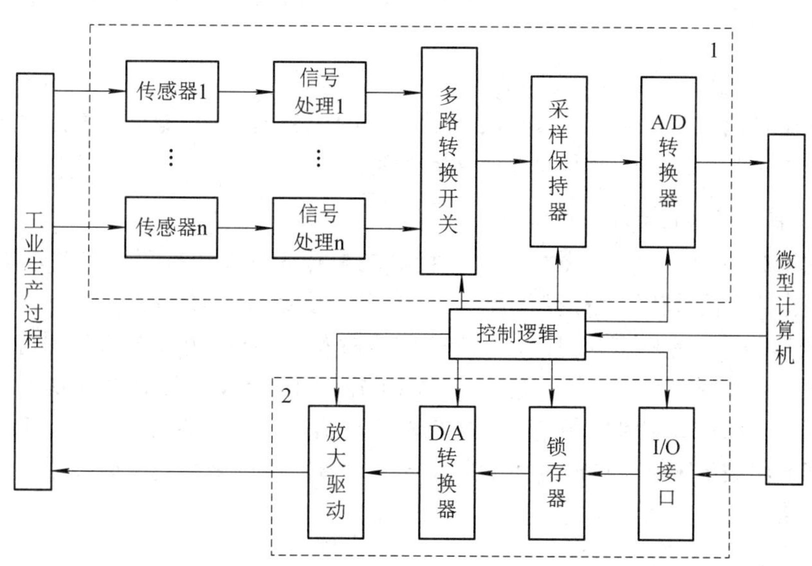

图 4-45　数据采集/控制系统典型结构图

1. 模拟信号输入通道

(1) 传感器。

传感器是指能够把生产过程的非物理量转换成电量(电流或电压)的器件。例如热电偶能够把温度物理量转换成几毫伏或几十毫伏的电信号，因此可作为温度传感器。有些传感器不是直接输出电量，而是把电阻值、电容值或电感值的变化作为输出量，反映相应的物理量的变化，例如热电阻也可作为温度传感器。

在工业过程控制中，为了避免微弱模拟信号给信号处理环节带来麻烦，变送器将传感器输出的微弱电信号或电阻值等非电量转换成 0～10 mA 或 4～20 mA 的电流信号或 0～5 V 的电压信号，如温度变送器、压力变送器、流量变送器等。

(2) 信号处理环节。

不同的传感器输出电信号各不相同，需经过信号处理环节将传感器输出信号放大或处理成与模/数(A/D)转换器所要求的输入相匹配的电压水平。另一方面，传感器与现场信号相连接，处于恶劣工作环境，其输出难免叠加有干扰信号，因此需要设计信号处理环节去除干扰信号(如低通或高通等)。

(3) 多路转换开关。

生产过程中，要检测或控制的模拟量往往不止一个，尤其是数据采集系统，需要采集的模拟量一般比较多。对于多个模拟信号的采集，可使用多路模拟开关，使多个模拟信号共用一个 A/D 转换器进行采样和转换。

(4) 采样保持器。

在 A/D 进行转换期间，保持输入信号不变的电路称为采样保持电路。由于输入模拟信号是连续变化的，而 A/D 转换器要完成一次转换需要时间(称为转换时间)，且不同类型的 A/D 转换芯片转换时间不同，对变化较快的模拟输入信号来说，如果不采取措施，将会引起转换误差。显然，A/D 转换器的转换时间越长，对同样频率的模拟信号转换精度的影响就越大。为了保证转换精度，可采用采样保持器，在 A/D 转换期间保持采样输入信号的大小不变。

(5) A/D 转换器。

A/D 转换是模拟信号输入通道的核心环节。A/D 转换器的功能是将模拟输入量转换成数字量，以便由微型计算机读取并进行分析处理。

2. 模拟信号输出通道

微型计算机输出的信号是数字信号，而有的执行元件要求提供模拟的电流或电压信号，故必须将数字信号转化为模拟信号。这个任务主要是由数/模(D/A)转换器来完成的。由于 D/A 转换器需要一定的转换时间，在转换期间输入待转换的数字量应该保持不变，而微型计算机输出的数据在数据总线上稳定的时间很短，因此在微型计算机与 D/A 转换器之间必须用锁存器来保持数字量的稳定。经过 D/A 转换器得到的模拟信号，一般要经过低通滤波器，使其输出波形平滑。同时为了能驱动受控设备，可以采用功率放大器作为模拟量输出的驱动电路。

4.6.2 D/A 转换技术

D/A 转换即将数字信号转换为模拟信号，主要由 D/A 转换器来完成。

1. D/A 转换器的工作原理

D/A 转换器的作用是将二进制的数字量转换为相应的模拟量。D/A 转换器的主要部件是电阻开关网络，其主要网络形式为权电阻网络和 R-2R T 型电阻网络，下面介绍 R-2R T 型电阻网络 D/A 转换的基本工作原理。

图 4-46 所示是简化的 4 位 R-2R T 型电阻网络。由集成运放输入端“虚短”特征，从图 4-46 中每个节点 G_i 向右看的对地等效电阻均为 R，由分压公式可知每个节点对地电压为

$$V_i = \frac{1}{2} V_{i+1}$$

则流入该支路的电流为

$$I_{Li}=\frac{V_i}{2R}$$

即有

$$I_{L3}=\frac{V_{REF}}{2^1R}=2^3\frac{V_{REF}}{2^4R}$$

$$I_{L2}=\frac{V_{REF}}{2^2R}=2^2\frac{V_{REF}}{2^4R}$$

$$I_{L1}=\frac{V_{REF}}{2^3R}=2^1\frac{V_{REF}}{2^4R}$$

$$I_{L0}=\frac{V_{REF}}{2^4R}=2^0\frac{V_{REF}}{2^4R}$$

各支路电流由开关(S_3～S_0)的状态控制的，当开关拨到“1”侧(即数据位 $b_i=1$)，该支路电流作用于输出；当开关拨到“0”侧(即数据输入为 0)，该支路电流不作用于输出。综上可得

$$I_{o1}=b_3I_{L3}+b_2I_{L2}+b_1I_{L1}+b_0I_{L0}=(b_32^3+b_22^2+b_12^1+b_02^0)\frac{V_{REF}}{2^4R} \tag{4-1}$$

式(4-1)中，若选取 $R_f=R$，并考虑集成运放“虚断”特征，则有 $I_{R_f}=-I_{o1}$，并设 $D=(b_32^3+b_22^2+b_12^1+b_02^0)$，可得

$$V_{out}=I_{Rf}\cdot R_f=-I_{o1}\cdot R_f=-D\frac{V_{REF}}{2^4R}R_f=-D\frac{V_{REF}}{2^4} \tag{4-2}$$

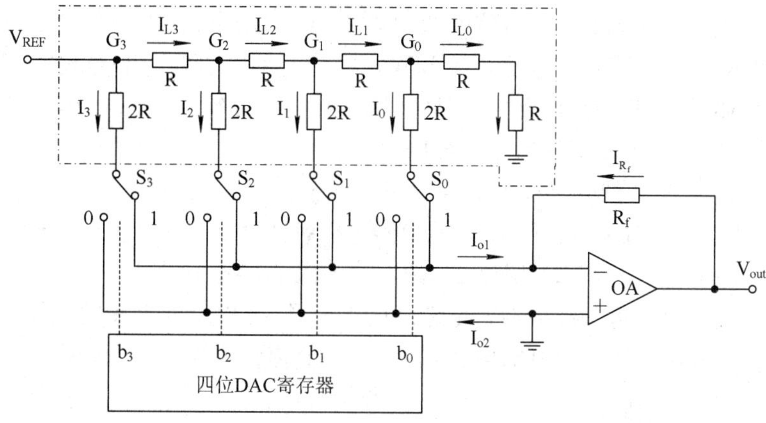

图 4-46 R-2R T 型电阻网络

若 D/A 转换器为 n 位，则得 T 型电阻网络构成的 n 位数字量转换为模拟量的关系式为

$$V_{out}=-D\frac{V_{REF}}{2^n} \tag{4-3}$$

式中，$\frac{V_{REF}}{2^n}$ 为一常数，显然输出电压 V_{out} 与数字量之间是一一对应的线性关系，即完成了数字量到模拟量的转换任务。T 型电阻网络只用两种阻值组成，集成工艺生产比较容易，

精度也容易保证，因此被广泛采用。

D/A 的输出模拟量形式可以是电压也可以是电流，如图 4-47 所示。电压输出型的 D/A 转换器相当于一个电压源，内电阻较小，选用这种芯片时，与它匹配的负载电阻应较大。电流输出的 D/A 转换器，相当于电流源，内阻较大，选用这种芯片时，负载电阻不可太大。

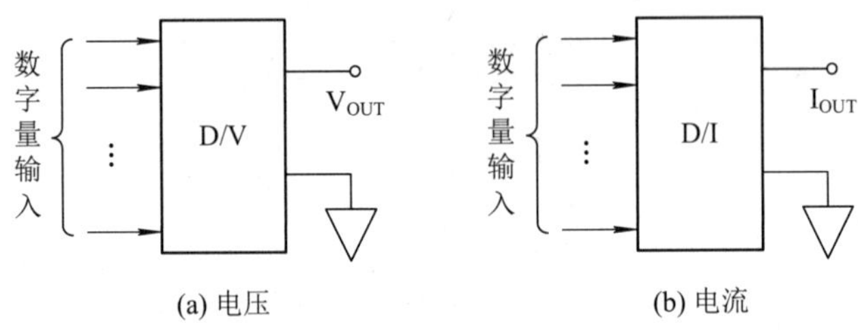

图 4-47　D/A 转换器输出的两种形式

2. D/A 转换器的主要技术指标

(1) 分辨率。描述 D/A 转换器对微小输入量变化的敏感程度，通常用数字量的位数来表示，如 8 位、10 位等。对一个分辨率为 n 位的转换器，能够分辨输入基准电压为 $\frac{V_{REF}}{2^n}$，例如，基准电压为 10 V 的 8 位 D/A 转换器分辨率为 $10 \times 2^{-8} = 39$ mV。分辨率也用 LSB 表示。

(2) 稳定时间。D/A 转换器满刻度的变化(如全“0”变为全“1”)时，其输出达到稳定所需的时间，一般为几十微秒到几微秒。

(3) 输出电平。不同型号的 D/A 转换器的输出电平相差较大。一般电压型的 D/A 转换器输出电压绝对值为 0～+5V 或 0～+10 V。电流型的 D/A 转换器，输出电流为几毫安至几安，例如应用于电子仪表中的 4～20 mA。

(4) 转换精度。对应于给定的满刻度数字量，D/A 实际输出与理论值之间的误差。该误差是由于 D/A 的增益误差、零点误差和噪声等引起的。例如，满量程时理论输出值为 10 V，实际输出值是在 9.99～10.01 V 之间，则其转换精度为±10 mV。通常 D/A 转换器转换精度不低于分辨率一半，即转换精度≤LSB/2。

(5) 相对精度。在满刻度已校准的情况下，在整个刻度范围内对应于任一数码的模拟量输出与理论值之差。对于线性的 D/A 转换器，相对精度是非线性度。一般有两种方法表示：① 将偏差用 LSB 表示；② 用该偏差相对满刻度的百分比表示。

(6) 线性误差。相邻两个数字输入量之间的差应是 1 LSB，即理想的转换特性应是线性的。在满刻度范围内，偏离理想的转换特性的最大值称为线性误差。如图 4-48 所示。

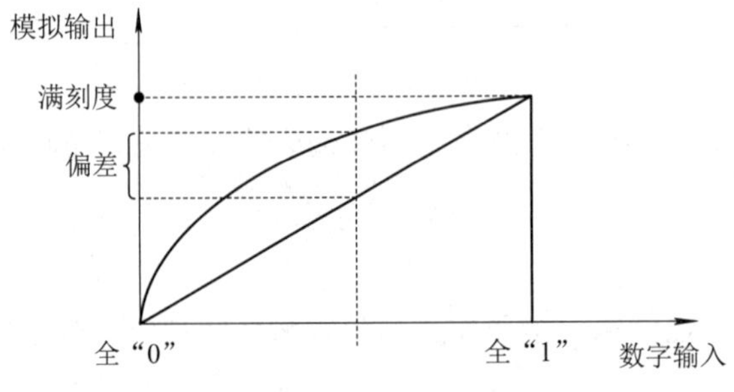

图 4-48　线性误差

(7) 温度系数。在规定的范围内，相应于每变化 1℃，增益、线性度、零点及偏移(对双极性 D/A)等参数的变化量。温度系数直接影响转换精度。

4.6.3　D/A 转换芯片 DAC0832

DAC0832 是 NS 公司生产的 8 位 D/A 转换器，其逻辑结构框图见图 4-49。由图可知，该芯片内部有两个数据缓冲寄存器：即 8 位输入寄存器和 8 位 DAC 寄存器。DAC0832 转换结果以一组差动电流 I_{OUT1} 和 I_{OUT2} 输出。DAC0832 的 8 位输入寄存器的 DI_7～DI_0 可直接与 CPU 的数据线相连。两个数据缓冲寄存器的状态分别受 $\overline{LE_1}$ 和 $\overline{LE_2}$ 控制。当 $\overline{LE_1}$ = "1" (高电平)时，8 位输入寄存器的输出 Q 端跟随输入 D 端而变化。当 $\overline{LE_1}$ 由高电平变为低电平，即 $\overline{LE_1}$ = "0" 时，输入数据 D 立即被锁存。同理，8 位 DAC 寄存器的工作状态受 $\overline{LE_2}$ 的控制。

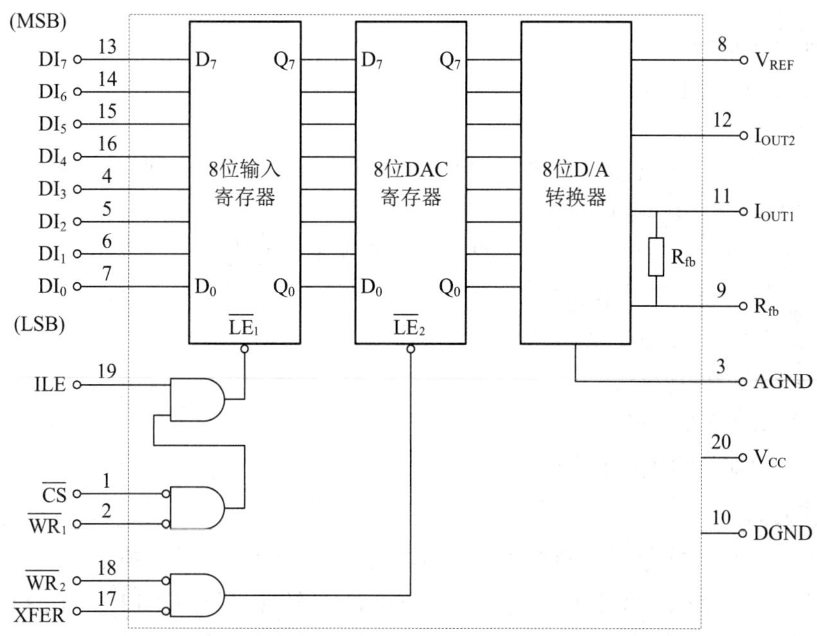

图 4-49　DAC0832 逻辑结构框图

1. 引脚功能

DAC0832 共有 20 个引脚，各引脚功能定义如下。

(1) DI_7～DI_0。D/A 转换器的数字量输入信号。其中 DI_0 为最低位，DI_7 为最高位。

(2) $\overline{CS}$。片选输入信号，低电平有效。

(3) $\overline{WR_1}$。D/A 转换器的数据写入信号，低电平有效。

(4) ILE。输入寄存器的允许信号，高电平有效。

(5) $\overline{CS}$、$\overline{WR_1}$。输入寄存器的选通信号，低电平有效。当 $\overline{CS}$、$\overline{WR_1}$ 均为低电平，且 ILE 为高电平时，$\overline{LE_1}$ = 1，输入被转换的数据立即被送至 8 位输入寄存器的输出端；当任一控制信号无效时，$\overline{LE_1}$ = "0"，输入寄存器将 D 端数据锁存至 Q 端；ILE = "0" 时，$\overline{LE_1}$ 则为 "0"，输出端 Q 便不再随 D 端而变化。

(6) $\overline{XFER}$ 、$\overline{WR_2}$ 。DAC 寄存器选通信号，低电平有效。当 $\overline{XFER}$ 和 $\overline{WR_2}$ 同时有效时，$\overline{LE_2}$ = “1”，输入寄存器的数据被装入 DAC 寄存器，并同时启动 D/A 转换器。

(7) V_{CC}。芯片电源，其值可在+5～+15 V 之间，典型值为+15 V。

(8) V_{REF}。基准电源，DAC 的最大输出电压，即数字量全“1”对应的转换电压值。

(9) AGND。模拟信号地。

(10) DGND。数字信号地。

(11) R_{fb}。内部反馈电阻引脚，用来外接 D/A 转换器输出增益调整电位器。

(12) I_{OUT1}。D/A 转换器输出电流 1，当输入数字量为全“1”时，其值约为 $\frac{255}{256}\frac{V_{REF}}{R_{fb}}$；全“0”时，其值为 0。

(13) I_{OUT2}。D/A 转换器输出电流 2，$I_{OUT1} + I_{OUT2} = \frac{255}{256}\frac{V_{REF}}{R_{fb}}$ 。

2. 主要技术性能

(1) 电流稳定时间：1 μs。

(2) 分辨率：8 位。

(3) 线性误差：0.2% FSR，即该芯片的线性误差为满量程的 0.2%。

(4) 非线性误差：0.4% FSR。

(5) 3 种输入方式：双缓冲、单缓冲和直接输入 3 种方式。

(6) 数字量输入与 TTL 兼容。

(7) 增益温度系数：0.002% FSR/℃。

(8) 低功耗：20 mW。

(9) 单电源：+5 V～+15 V。

(10) 参考电压：−10 V～+10 V。

3. 工作方式

DAC0832 工作方式包括直通方式、单缓冲方式和双缓冲方式 3 种。

(1) 直通方式。DAC0832 内部有两个数据缓冲寄存器，分别受 $\overline{LE_1}$ 和 $\overline{LE_2}$ 控制。如果使 $\overline{LE_1}$ 和 $\overline{LE_2}$ 皆为高电平，那么 DI_7～DI_0 上信号便可直通地到达“8 位 DAC 寄存器”，进行 D/A 转换。因此，把 $\overline{CS}$ 、$\overline{WR_1}$ 、$\overline{WR_2}$ 和 $\overline{XFER}$ 引脚都直接接数字地，ILE 引脚为高电平时 DAC0832 就可在直通方式下工作。直通方式的 DAC0832 常用于不带微机的控制系统，故很少采用。

(2) 单缓冲方式。单缓冲方式是指 DAC0832 内部的两个数据缓冲器有一个处于直通方式，另一个受 CPU 的控制，如图 4-50 所示。单极性电压输出方式中，当 V_{REF} 端接+5 V(或−5 V)时，输出电压范围是 0～−5 V(或 0～+5 V)。如果 V_{REF} 端接+10 V(或−10 V)时，输出电压范围是 0～−10 V(或 0～+10 V)。

由图 4-50 可知，$\overline{WR_2}$ 和 $\overline{XFER}$ 接地，故 DAC0832 的 8 位 DAC 寄存器工作于直通方式。8 位输入寄存器受 $\overline{CS}$ 和 $\overline{WR_1}$ 端信号控制，而且 $\overline{CS}$ 连接译码器输出端(XXH)。因此，8051 单片机执行输出指令，就可在 $\overline{CS}$ 和 $\overline{WR_1}$ 上产生低电平信号，使 DAC0832 接收 8051 单片机送来的数字量。

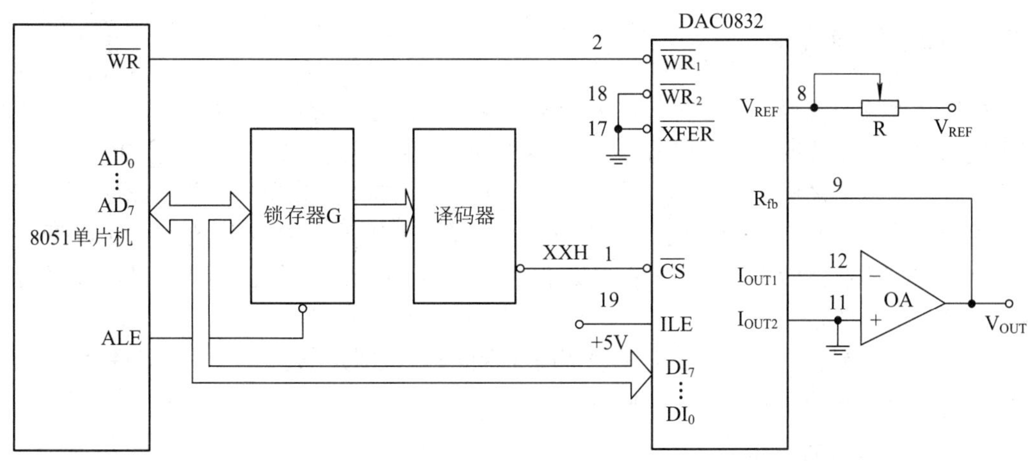

图 4-50　DAC0832 单缓冲方式

(3) 双缓冲方式。CPU 要对 DAC0832 进行两步写操作：首先将数据写入输入寄存器；其次将输入寄存器的内容写入 DAC 寄存器。其连接方式是把 ILE 固定为高电平，$\overline{WR_1}$、$\overline{WR_2}$ 均接到 CPU 的 $\overline{WR}$，而 $\overline{CS}$ 和 $\overline{XFER}$ 分别与两个端口的地址译码信号连接。该方式的优点：DAC0832 的数据接收和启动转换可异步进行；在 D/A 转换的同时，进行下一数据的接收，提高模拟输出通道的转换速率，可实现多个模拟输出通道同时进行 D/A 转换。

8051 单片机与 DAC0832 的双缓冲方式接口电路如图 4-51 所示。对于多路 D/A 转换器接口，要求同步进行 D/A 转换输出时，必须采用双缓冲器同步方式接法，DAC0832 采用这种接法时，数字量的输入锁存和 D/A 转换输出是分两步完成的，即 CPU 的数据总线分时地向各路 D/A 转换器输入要转换的数字量并锁存在各自的输入寄存器中，然后 CPU 对所有的 D/A 转换器同时发出控制信号(START)，使各自 D/A 转换器输入寄存器中的数据输入到 DAC 寄存器，实现同步转换输出。

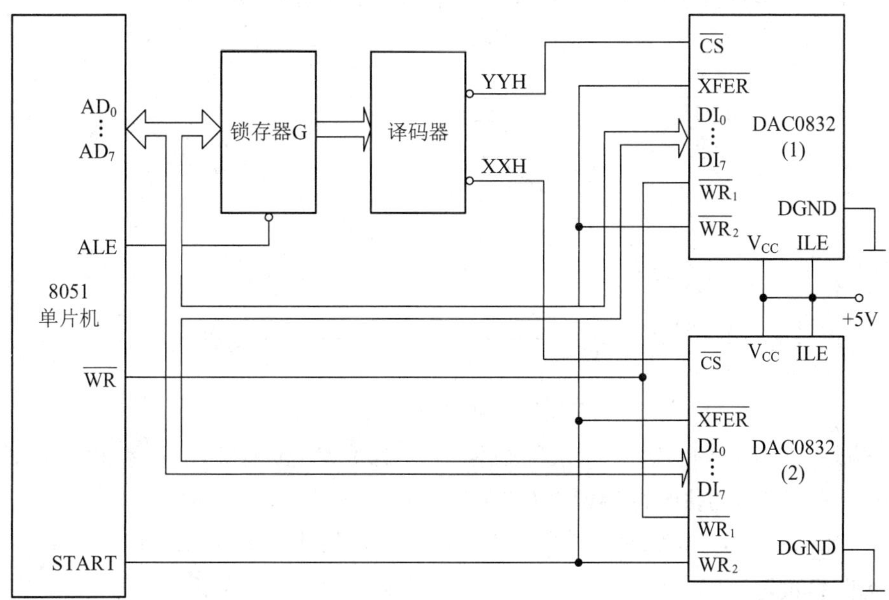

图 4-51　DAC0832 的双缓冲方式接口电路

4.6.4 A/D 转换技术

A/D 转换器是模拟信号源与计算机或其他数字系统之间联系的桥梁，它的任务是将连续变化的模拟信号转换为数字信号，以便计算机或数字系统进行处理、存储、控制和显示。在工业控制和数据采集及许多其他领域中，A/D 转换器是不可缺少的重要组成部分。

由于应用特点和要求的不同，需要采用不同工作原理的 A/D 转换器。A/D 转换器主要有逐位比较(逐次逼近)型、积分型以及计数型、并行比较型、电压-频率型(即 V/F 型)等类型。

在选用 A/D 转换器时，主要应根据使用场合的具体要求，按照转换速度、精度、价格、功能以及接口条件等因素而决定选择何种类型。

1. A/D 转换过程

模/数(A/D)转换的过程包括采样、量化和编码。

(1) 采样。模拟信号的大小随着时间不断地变化。为了通过转换得到确定的值，对连续变化的模拟量按一定的规律和周期取出其中的某一瞬时值进行转换，这个值称为采样值。

香农-奈奎斯特采样定理表明，采样频率一般应高于或至少等于输入信号最高频率的 2 倍，才能完全恢复和表征被采样的信号。在实际应用中，采样频率可以达到信号最高频率的 4～8 倍。对于变化较快的输入模拟信号，A/D 转换前可采用采样保持器，使得在转换期间保持固定的模拟信号值。

(2) 量化。量化是把采样值取整为最小单位的整数倍，这个最小单位称为量化单位 Δ。它等于输入信号的最大范围与数字量的最大范围的比值，对应于数字量 1。例如，把 0～4 V 的模拟电压转换成 3 位二进制数表示的数字信号，那么量化单位 $\Delta = 4\ \text{V}/2^3 = 0.5\ \text{V}$。模拟电压在 0～0.5 V 之间，取二进制数 000；在 0.5～1 V 之间取 001；在 1～1.5 V 之间取 010。图 4-52 描述了用这样的量化方法对模拟电压 V(t)采样和量化的结果。

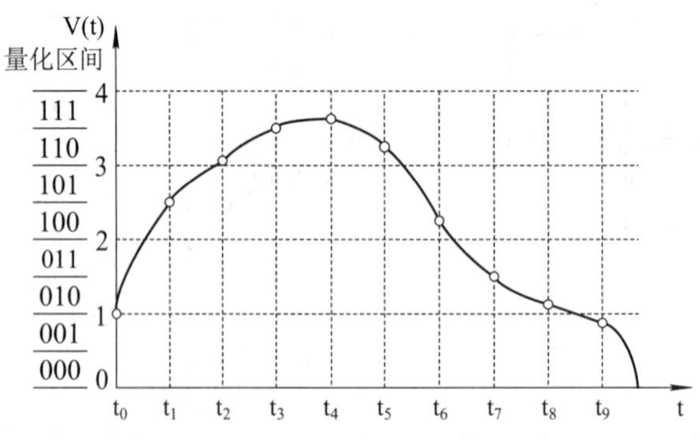

图 4-52　模拟电压 V(t)的量化

(3) 编码。量化得到的数值通常用二进制表示，对有正负极性(双极性)的模拟量一般采用偏移码表示，数值为负时符号位为 0，数值为正时符号位为 1。例如，8 位二进制偏移码 10000000 代表数值 0，00000000 代表负电压满量程，11111111 代表正电压满量程。

2. A/D 转换器

(1) 逐次逼近型的 A/D 转换器。逐次逼近型(也称逐位比较式)的 A/D 转换器，其原理框图如图 4-53 所示，主要由逐次逼近寄存器 SAR、D/A 转换器、比较器以及时序和控制逻辑等部分组成。它的实质是逐次把设定的 SAR 寄存器中的数字量经 D/A 转换器后得到电压 V_C，与待转换模拟电压 V_X 进行比较。比较时，先从 SAR 的最高位开始，逐次确定各位是“1”或“0”。

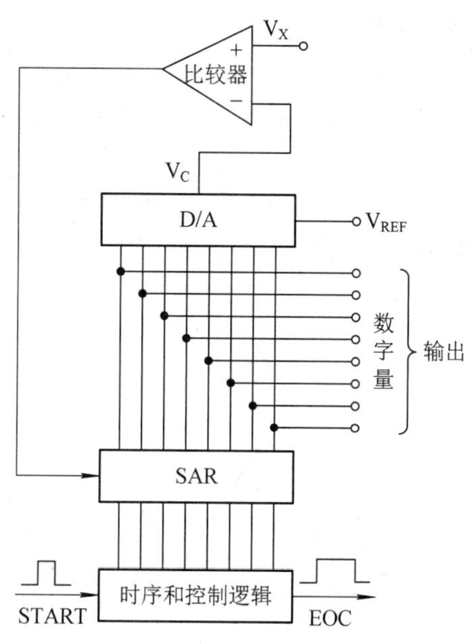

图 4-53　逐次逼近型 A/D 转换原理图

转换前，先将 SAR 寄存器各位清零。转换开始时，控制逻辑电路先设定 SAR 寄存器的最高位为“1”，其余位为“0”，该数字量经 D/A 转换成电压 V_C，然后将 V_C 与模拟输入电压 V_X 比较。如果 $V_X \geqslant V_C$，说明 SAR 最高位的“1”应予保留；如果 $V_X < V_C$，说明 SAR 最高位应予清零。然后再对 SAR 寄存器的次高位置“1”，依上述方法进行 D/A 转换和比较。如此重复上述过程，直至确定 SAR 寄存器的最低位状态为止。转换过程结束后，状态线 EOC 改变状态，表明已完成本次转换，此时逐次逼近寄存器 SAR 中的内容就是与输入模拟量 V_X 相对应的数字量。显然 A/D 转换器的位数 N 决定于 SAR 的位数和 D/A 的位数。A/D 转换器的位数越多，越能准确逼近模拟量，但转换所需的时间也越长。

逐次逼近式 A/D 转换器的主要特点如下：

① 转换速度快，在 1～100 μs 以内，分辨率可以达 18 位，特别适用于工业控制系统。

② 转换时间固定，不随输入信号的变化而变化。

③ 抗干扰能力相对积分型的差。

(2) 双积分型 A/D 转换器。双积分型 A/D 转换器由积分器、检零比较器、计数器、控制逻辑和时钟信号等组成。双积分型的 A/D 转换器有两个输入电压：一个是被测模拟量输入电压，一个是标准电压。

A/D转换器首先对未知的输入电压V_i进行固定时间T_i的积分，然后转换为标准电压进行反向积分，直至积分输出返回到初始值。对标准电压进行积分的时间T_i正比于输入模拟电压，输入电压越大，则反向积分时间越长，如图4-54所示。用高频率标准时钟脉冲来测量这个时间，反向积分过程中对脉冲的计数值就是对应于输入模拟电压的数字量。

双积分型的 A/D 转换器电路简单、抗干扰能力强、精度高。但转换速度比较慢，常用的 A/D 转换芯片的转换时间为毫秒级，因此适用于模拟信号变化缓慢、采样速率要求较低，而对精度较高或现场干扰较严重的场合，如数字电压表。

3. A/D 转换器的主要技术指标

(1) 分辨率。反映 A/D 转换器对输入微小模拟信号变化响应的能力，通常用数字量输出最低位(LSB)所对应的模拟输入的电平值表示。例如，8 位 A/D 转换器能对模拟输入信号满量程的 $1/2^8 = 1/256$ 的增量作出反应。n 位 A/D 能反映 $1/2^n$ 满量程的模拟输入信号电平。分辨率与转换器的位数有关，因此，可用数字量的位数来表示分辨率，即 n 位二进制数，最低位所具有的权值，就是其分辨率。位数越多，分辨率就越高，如表 4-5 所示。

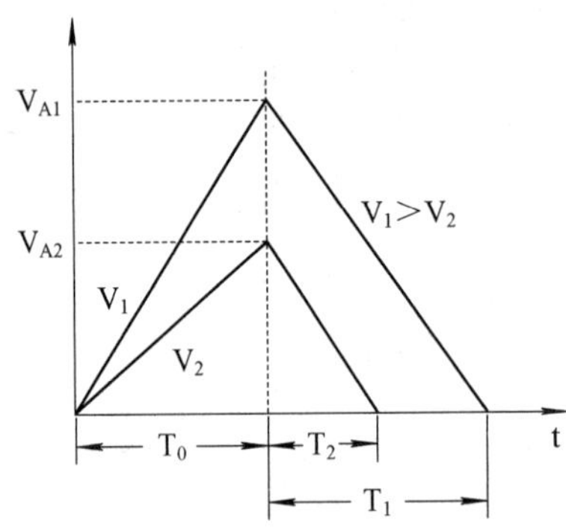

图 4-54　双积分型 A/D 的工作示意图

表 4-5　位数与分辨率的关系

位数	满量程	
	分辨率(分数)	%
4	$1/2^4 = 1/16$	6.25
8	$1/2^8 = 1/256$	0.39
10	$1/2^{10} = 1/1024$	0.098
12	$1/2^{12} = 1/4096$	0.024
16	$1/2^{16} = 1/65536$	0.0015

(2) 精度。精度有绝对精度和相对精度两种表示方法。

① 绝对精度。对应于 1 个给定的数字量的实际模拟量输入与理论模拟量输入之差。通常以数字量的最小有效位(LSB)的分数值表示绝对精度，如±1LSB、±LSB/2、±LSB/4 等。

② 相对精度。绝对误差与满量程之比，一般用百分比来表示。例如，满量程为 5 V 的 8 位 A/D 转换器芯片，若其绝对精度为±LSB/2，则其最小有效位的量化单位 $\Delta = 19.53$ mV，其绝对精度为 $\Delta/2 = 9.77$ mV，其相对精度为 9.77 mV/5 V = 0.195%。

(3) 转换时间。完成 1 次 A/D 转换所需的时间，即由发出启动转换命令信号到转换结束信号开始有效的时间间隔。转换时间的倒数称为转换速率。例如 ADC0809 的转换时间为 100 μs，其转换速率为 10 kHz。

(4) 电源灵敏度。A/D 转换芯片的供电电源的电压发生变化时，产生的转换误差。一般用电源电压变化 1%时相当的模拟量变化的百分数来表示。

(5) 量程。所能转换的模拟输入电压范围，分单极性、双极性两种类型。例如，单极性量程为 0～+5 V，0～+10 V，0～+20 V；双极性量程为−5～+5 V，−10～+10 V。

(6) 输出逻辑电平。多数 A/D 转换器的输出逻辑电平与 TTL 电平兼容。在考虑数字量输出与微处理器的数据总线接口时，应注意是否要三态逻辑输出、是否要对数据进行锁存等。

(7) 工作温度范围。由于温度会对比较器、运算放大器、电阻网络等产生影响，故 A/D 转换器只在一定的温度范围内才能保证额定精度指标。一般 A/D 转换器的工作温度范围为 0～70℃，军用品的工作温度范围为−55～+125℃。

4.6.5　A/D 转换芯片 ADC0809

ADC0809 是逐次逼近型 8 位单片 A/D 转换芯片。片内有 8 路模拟开关，可输入 8 个模拟量；单极性，量程为 0～5 V；典型的转换速度为 100 μs。片内带有三态输出缓冲器，可直接与 CPU 总线接口。其性能价格比有明显的优势，是目前比较广泛采用的芯片之一，可应用于对精度和采样速度要求不高的场合或一般的工业控制领域。

1. 逻辑结构及引脚

ADC0809 的逻辑结构如图 4-55 所示，引脚如图 4-56 所示，其逻辑结构分为以下 4 部分。

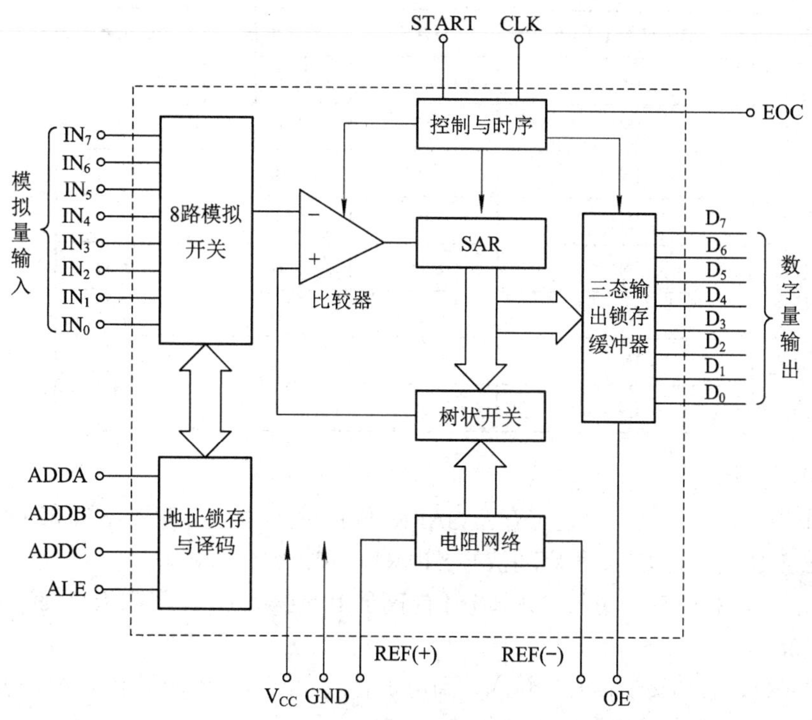

图 4-55　ADC0809 逻辑结构

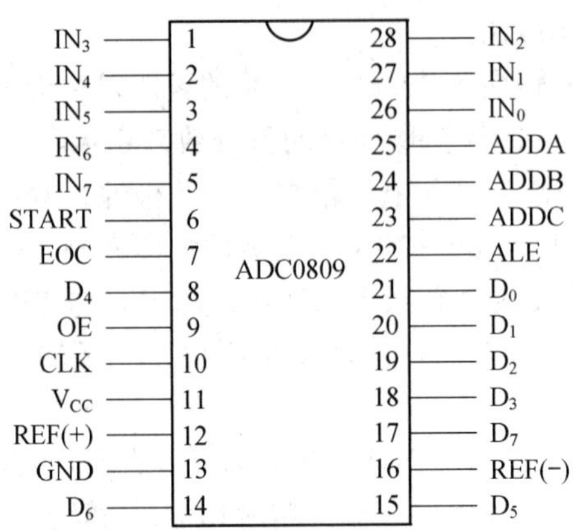

图 4-56　ADC0809 的引脚

1) 模拟输入部分

由 8 路单端输入的多路开关和地址锁存与译码逻辑组成。

(1) IN_7～IN_0。8 个通道模拟量输入引脚。

(2) ADDA、ADDB 和 ADDC。多路开关地址选择线，输入。ADDA 为最低位，ADDC 为最高位，通常分别接在地址线的低 3 位。其地址译码与输入选通的关系见表 4-6。

(3) ALE。地址锁存信号，输入，高电平有效。该信号的上升沿将 ADDA、ADDB 和 ADDC 选择线的状态锁存入多路开关地址寄存器中。

表 4-6　地址译码与输入选通的关系

选中模拟通道	ADDC	ADDB	ADDA
IN_0	0	0	0
IN_1	0	0	1
IN_2	0	1	0
IN_3	0	1	1
IN_4	1	0	0
IN_5	1	0	1
IN_6	1	1	0
IN_7	1	1	1

2) 变换器部分

主要由控制逻辑、逐次逼近寄存器 SAR(8 位)、比较器及电阻网络 4 部分组成。控制逻辑提供转换器的时钟 CLK 和启动信号 START。转换完成时，发出转换结束信号 EOC。

(1) CLK。转换时钟，输入。其频率不能高于 10～640 kHz。若 CLK 为 500 kHz 时，转换速度为 128 ms。

(2) START。启动转换信号，输入，高电平有效。该信号上升沿清除 ADC 的内部寄存器而在下降沿启动内部控制逻辑，开始 A/D 转换工作。

(3) EOC。转换完成信号，输出，高电平有效。当 EOC 为“1”时，表示转换已完成。

3) 三态输出缓冲器部分

三态输出缓冲器的作用是使 ADC0809 能直接与 CPU 接口。

(1) $D_7 \sim D_0$。8 位数字量的输出。

(2) OE。允许输出信号，高电平有效。当 OE 为“1”时，输出锁存器脱离三态，数据输出。

4) 基准电压部分

输入端 REF(+)和 REF(−)决定了输入模拟电压的最大值和最小值。通常把 REF(+)接到 V_{CC}(+5 V)电源引脚上，REF(−)接到地端 GND。

2. ADC0809 的时序

ADC0809 的时序如图 4-57 所示。

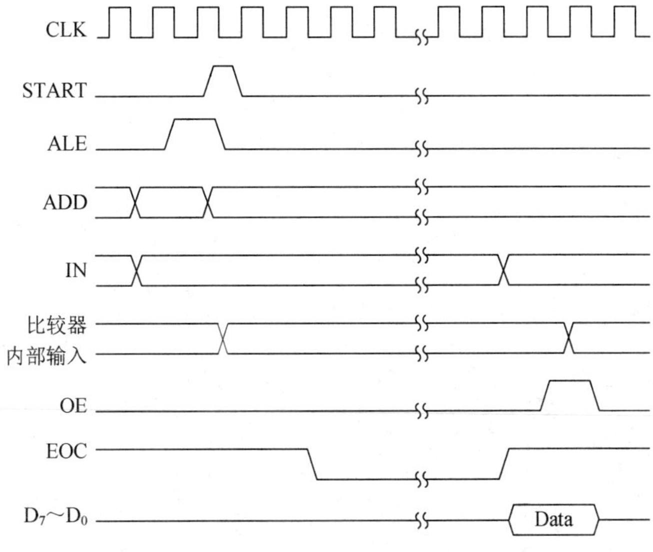

图 4-57　ADC0809 时序

当模拟量送至某一输入通道后，由三位地址信号译码选择，地址信号由 ALE 锁存，脉冲信号 START 启动 A/D 转换。当转换完成后，转换结束信号 EOC 由低电平变为高电平，并使能输出允许信号 OE 打开输出三态缓冲器，把转换结果送到数据总线上。实际应用中 EOC 信号可用作 CPU 中断申请，也可供 CPU 查询。

习　　题

4-1　I/O 接口的信号有哪几种？各有什么特点？

4-2　什么是接口？接口的主要功能是什么？

4-3　I/O 端口编址方式有几种？它们各有什么特点？

4-4　I/O 接口的控制方式有几种？简述各方式的特点。

4-5　I/O 接口的驱动程序主要功能是什么？

4-6　简述可编程并行 I/O 接口 8255A 功能和控制方式。

4-7　简述可编程计数/定时接口 8253 功能和控制方式。

4-8　串行通信有什么特点？异步串行通信和同步串行通信各有什么特点？

4-9　简述可编程串行接口 8251A 功能和控制方式。

4-10　什么是 D/A 转换？简述 T 型电阻网络 D/A 转换器的工作原理。

4-11　D/A 转换器的主要技术指标有哪些？常用的技术指标是什么？

4-12　典型 D/A 转换芯片有哪些？各有什么特点？

4-13　DAC0832 的工作方式有哪三种？各适合在什么场合下使用？

4-14　什么是 A/D 转换？简述双积分式和逐次逼近式 A/D 转换器工作原理和优缺点。

4-15　什么是采样保持？A/D 采样为什么需要采样-保持电路？

4-16　简述 ADC0809 的工作原理和控制方式。

第 5 章　微型计算机总线技术

5.1　总线技术概述

在微型计算机系统中，利用总线实现芯片内部、印刷电路板部件之间、机箱内插件板之间、主机与外部设备之间、系统与系统之间的连接与通信。总线结构对计算机的功能及其数据传播速度具有决定性的意义，总线设计直接影响计算机系统的性能、可靠性、可扩展性和可升级性。

5.1.1　总线的概念

总线是一组信号线的集合，是微型计算机系统的重要组成部分，是系统中传递地址、数据和控制信息的公共通道。在物理结构上，总线由一组导线和相关的控制、驱动电路组成。计算机各部件之间利用总线进行各种数据和命令的传送。在微机系统中总线常被当作一个独立的部件来看。

总线的特点在于其公用性，即总线可同时挂接多个部件和设备。总线上任何一个部件发送的信息都可以被连接到总线上的其他设备接收到，但某一时刻只能有一个设备进行信息传送。因此就会引起总线的争用，总线对信号响应的实时性降低。总线通常是发送数据的部件分时地将数据发往总线，再由总线将该数据同时发往各接收数据部件；而接收数据的部件由 CPU 给出的设备地址译码决定。总线仲裁电路对众多的设备数据传输请求进行优先级别排队，以使设备按策略依次使用总线，避免总线冲突。

5.1.2　总线的分类

根据不同的规则总线有不同的分类方法。总线按传送信息的不同可分为数据总线、地址总线和控制总线；按总线在微型计算机结构中所处的不同层次位置可分为片内总线、片间总线、系统总线和通信总线。各总线之间的关系如图 5-1 所示。

1. 片内总线

片内总线在集成电路芯片内部，用来连接各功能单元的信息通路。例如，CPU 芯片中的内部总线，它是算术逻辑运算单元 ALU、寄存器和控制器之间的信息通路。以前这类总线用户无须关注，而随着集成电路 ASIC 技术的蓬勃发展，用户可以灵活定制专用芯片，片内总线技术成为用户必须掌握的技术。

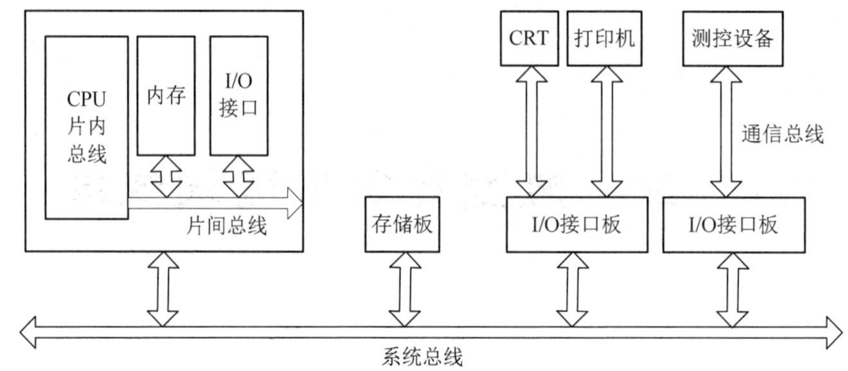

图 5-1　微型计算机各总线

2. 片间总线

片间总线又称为芯片总线，CPU 的引脚信号就是片间总线。在一个较小的微型计算机系统中，系统主机板上的 CPU、存储器、接口电路等各种不同器件均用片间总线进行互连。

片间总线又称在板局部总线或组件级总线(芯片总线)。这种总线限制在一块印刷电路板内，是印刷电路板内各芯片和各元件器件之间连接的公共信号线。例如，CPU 以及支持芯片与其局部资源之间的连接必须使用片间总线。片间总线通常包括数据总线、地址总线和控制总线。

3. 系统总线

系统总线又称内总线或板级总线，也称为微型计算机总线。它是指 PC 微型计算机系统所特有的总线，用于模板级互连。这里的总线是指模块式微型计算机机箱内的底板总线，用来连接构成微型计算机的各插板。它可以是多处理机系统中各 CPU 板之间的通信信道，也可以是用来扩展某块 CPU 板的局部资源，或为总线上所有 CPU 板扩展共享资源之间的通信信道。常用的系统总线有 STD 总线、MULTIBUS 总线、PC/XT 总线等。32 位系统总线有 MCA 总线、VME 总线、EISA 总线等。系统总线对微型计算机设计者和微型计算机应用系统的用户来说都是很重要的。

4. 通信总线

通信总线又称外总线，它用于微型计算机系统与系统之间，是微型计算机系统与外部设备(如打印机、磁盘设备)或微型计算机系统和仪器仪表之间的通信通道。此类总线数据传输方式可以是并行的，也可以是串行的。其传输速率比系统总线低，不同应用场合有不同的总线标准，例如串行总线 RS-232、RS-485、USB、CAN、SPI 和 I^2C 等。

5.1.3　总线主要性能指标

1. 总线位宽

总线位宽是指总线一次可同时传输的数据位数，通常系统的数据总线的位数同 CPU 外部数据总线的位数相同。例如：用 8088CPU 构成的微型计算机系统，其数据总线的位数是 8 位；用 Pentium CPU 构成的微型计算机系统，其 HOST 数据总线的位数是 64 位。PCI 总线中的数据位数可扩展到 64 位。

2. 总线的工作频率

总线的工作频率的单位是 MHz，它是衡量总线性能的一个重要指标。总线工作频率越高，单位时间内传输的数据量就越大。例如，ISA 总线时钟频率为 8 MHz，PCI 总线时钟频率为 66.6 MHz。

3. 总线传输速率

总线传输速率又称为总线带宽，是指每秒钟总线所传输数据的字节总量，通常用 MB/s 为单位。理论上，总线传输速率随 CPU 工作时钟频率和总线位宽的提高而相应的提高。实际上，在 CPU 工作时钟频率和总线位宽确定后，总线传输速率同总线物理驱动器、物理总线的长度、结构、总线负载能力、总线仲裁方式和容错能力有关。总线传输速率的理论计算公式为

$$\text{总线传输速率} = \frac{\text{总线位宽}}{8} \times \frac{\text{总线工作频率}}{\text{总线周期时钟数}}$$

例如，总线工作频率为 16 MHz，总线位宽度为 8，在总线所允许的负载范围内，若每 2 个时钟周期完成 1 次读或写操作，则总线传输速率为 8 MB/s；总线工作频率为 33 MHz，总线位宽为 32，在总线所允许的负载范围内，若 1 个时钟周期完成 1 次读或写操作，则总线传输速率为 132 MB/s。

5.1.4　总线的操作周期

连接到总线上的设备有主控设备和从属设备两种。主控设备可以通过总线对数据进行传送；从属设备只能按主控设备要求工作。微型计算机系统中的各种操作，诸如处理器内部寄存器操作、处理器对存储器的读写操作、处理器对 I/O 端口的读写操作、中断操作、直接存储器存取操作等，都是通过总线进行信息交换的，其本质上都是总线操作。总线操作的特点是任何时刻总线上只能允许 1 对设备(主控设备和从属设备)进行信息交换。当有多个设备要使用总线时，只能分时使用，即将总线时间分成若干段，每 1 个时间段完成设备间的 1 次信息交换，包括从主控设备申请使用总线到数据传送完毕。这个时间段为 1 个数据传送周期或总线操作周期。1 个总线操作周期，可分为总线请求、总线仲裁、寻址、传送数据和传送结束五个部分。

1. 总线请求

总线请求即请求总线使用权，执行 1 次数据传输。由需使用总线的主模块(一般是以 CPU 或 DMAC 为中心的逻辑模块)向总线仲裁机构提出请求，由总线仲裁机构根据某种算法对申请者的请求进行判别，确定下一个总线传输周期的使用权是否授给申请者。

2. 总线仲裁

总线仲裁是总线授权机构，决定在下一个传送周期由哪个请求源使用总线。

3. 寻址

寻址阶段，获取总线使用权的主模块通过总线输出当前要访问从模块的物理地址(存储器或 I/O 接口)及有关命令，启动由译码器输出选中的模块开始工作。

4. 数据传送

数据传送即数据传输阶段，主模块和从模块实现数据交换。例如，当系统执行写操作时，源模块(CPU)是总线的主控者，数据由源模块输出经数据总线写入到目的模块(存储器或 I/O 接口)中；当执行读操作时，源模块是存储器或 I/O 接口，目的模块是总线的主控者(CPU)。

5. 传送结束

数据传送结束，主从模块均从总线上撤除有关信号，让出总线控制权。

对于总线只有一个主模块的单处理器，对总线控制无须申请、分配和撤除。而对多主模块或有 DMAC 的系统，就需有总线仲裁机构，各个设备轮流分时地使用系统总线。

5.1.5　总线仲裁

总线仲裁的目的是当多模块同时使用总线时，由总线仲裁机构按照某种算法合理地分配多模块分时使用总线，确保在任意时间内只有一个模块控制总线输出信息，其余模块工作为高阻或接线状态，杜绝多模块因同时争用总线导致的总线冲突。总线冲突的后果轻则导致信息传输的错误，重则导致系统总线的驱动或输出数据模块的损坏。

目前，总线仲裁常用的方法有集中仲裁和分布式仲裁。集中仲裁时，将总线仲裁的控制电路集成在一个专用的总线控制器中，通过对应的算法对所有的总线请求进行裁决和判断。分布式仲裁时，将总线仲裁的控制逻辑分散在同总线连接的各个具有主控功能的模块中。

1. 集中仲裁

集中仲裁常用的方法有菊花链查询法和独立请求法。

(1) 菊花链查询法。菊花链查询法也称为串行仲裁，三线菊花链查询法工作原理如图 5-2 所示，各模块在总线上的位置确定了它在系统中的优先级顺序。

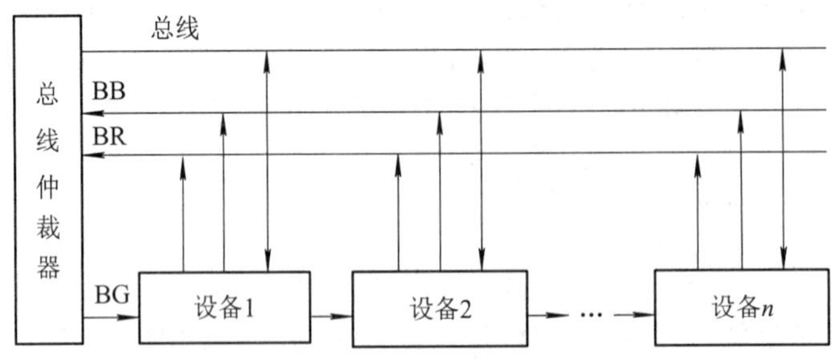

图 5-2　三线菊花链查询法工作原理

由图 5-2 可知，当某设备请求用总线时，在通用 BR 总线输出请求信号的同时开始检测总线仲裁器输出的 BG 信号是否有效，总线仲裁器在接收到 BR 信号后，便检查 BB 信号是否有效，若无效表示总线不忙，随之仲裁器便输出总线响应信号 BG，并通过各设备串行传送到当前请求使用总线的设备。该设备在检测到 BG 信号有效后，即输出 BB 总线忙信号，用于禁止其他设备申请使用总线，当申请使用总线的设备在完成数据输入传输后，随即又使 BB 信号为无效状态。

该方法结构简单、易扩充，缺点是实时性差，各设备请求使用总线的优先级别由各设备到仲裁器的距离确定，不能更改。若优先级别高的设备频繁请求使用总线，优先级别低的设备将在较长时间内无法使用总线。另外，由于采用了串行结构，一旦某设备出现故障，将导致后续设备无法使用总线。

(2) 独立请求法。独立请求法又称并行仲裁法，图 5-3 所示为独立请求法的工作原理图。由图 5-3 可知，每个设备都有相同的总线请求 BR 和总线响应信号 BG，因此各设备可独立地申请使用总线。当 n 个设备同时申请使用总线时，总线仲裁器在检查总线不忙时，根据规定算法对各设备请求信号进行判决，选择当前优先级较高的设备。若此时总线为空闲状态便对选中设备输出总线允许信号 BG_i，此时被选中的设备便撤销总线请求信号 BR_i，同时输出表示当前总线忙信号 BB_i。

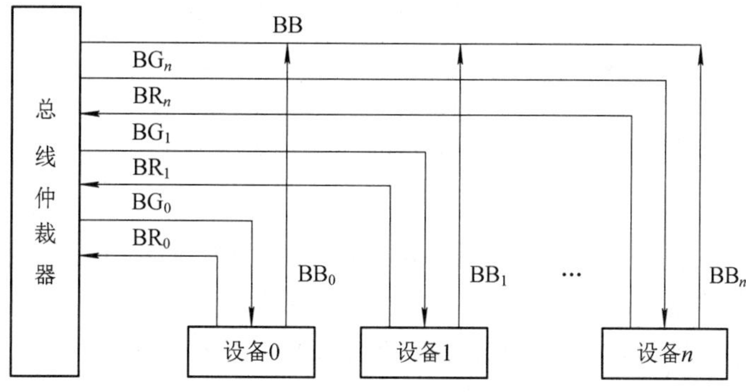

图 5-3　独立请求法工作原理

2. 分布式仲裁

图 5-4 所示是分布式仲裁工作原理图，图中没有总线仲裁器，每个设备可独立地确定自己是否为当前总线优先权的最高申请者。一般情况下，优先级是预先规定的，规定图 5-4 中规定设备 0 的优先级最低，设备 3 优先级最高，BB 为总线忙信号，BR_i 为对应设备申请使用总线的请求信号。总线仲裁由每一个设备自行完成，若设备 0 首先读 BR_3～BR_1 判别当前是否有请求使用总线的设备，当判断 BR_3 信号有效时，即暂停访问总线。设备 3 在结束使用总线后，设备 0 再判断 BB 和 BR_3～BR_1 信号无效后才可使用总线。同理，设备 1 在确定设备 2 和设备 3 没有使用总线且 BB 无效时，才可使用总线。该方法需较多的物理连线分别为各设备提供使用总线的请求信号，因此在实际工程中，一般用系统的数据总线作为图中的 BB 和 BR_i。

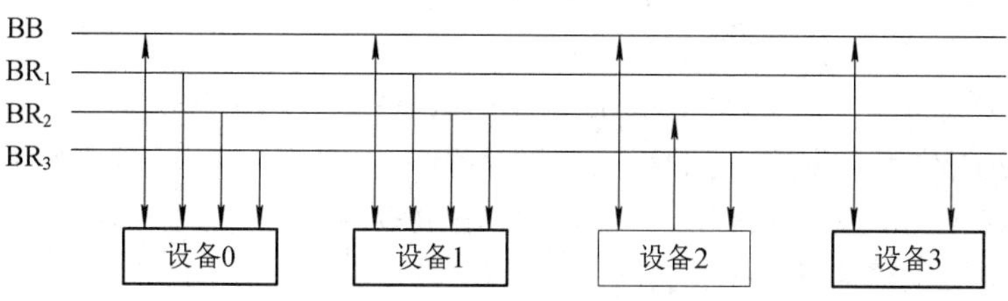

图 5-4　分布式仲裁工作原理

5.1.6 总线数据传输方法

总线仲裁解决了系统中各设备分时使用总线的技术问题，总线数据传输方法主要解决掌握总线控制权的设备如何实现主/从模块数据的可靠传输。目前，系统常用的总线传输方法有同步传输和异步传输。

1. 同步传输

同步传输是利用系统的标准时钟，作为系统中各设备信息传输的同步基准。例如，8086CPU读/写总线周期就是一种同步传输方式。T_1时钟周期CPU输出被访问设备的物理地址(供系统译码器从 n 个设备中选择当前唯一被访问的设备)；T_2时钟周期CPU输出读命令有效；T_3时钟周期被选中的从设备输出数据到系统数据总线上；T_4时钟周期 CPU 从总线上撤销被访问设备的物理地址和读命令。该方法的优点是系统全部模块在统一的系统时钟控制下工作，由于所有协议预先统一规定，所以无须应答，控制电路简单，总线传输速率高。目前CPU和主存储器间均采用同步传输方法。其缺点是系统中各设备必须以相同的速度工作，灵活性差；当主设备和从设备相距较远时，设备间的总线长度限制了系统的时钟频率。

2. 异步传输

异步传输采用“应答”方式进行数据传输，总线所连接的设备可根据实际工作速度自动调整总线的数据传输速率。

异步传输没有统一的时钟信号，通过图5-5所示的非互锁、半互锁和全互锁3种握手方式实现收/发双方数据传输的同步。

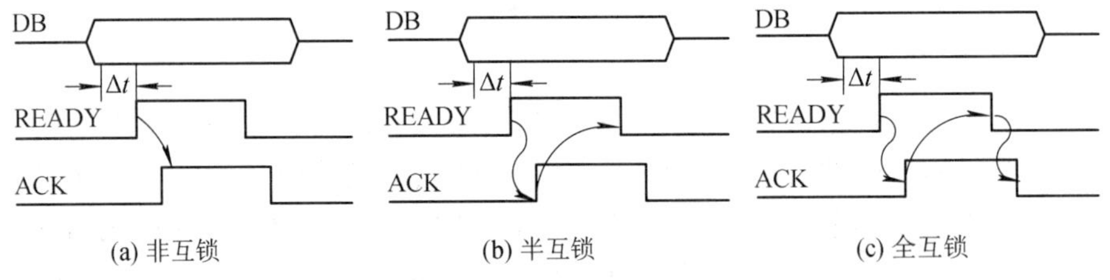

图5-5　异步传输的3种工作方式

在图5-5(a)所示的非互锁握手方式中，主设备将数据输出到总线延迟 Δt 后，输出数据准备信号 READY，通知从设备数据总线上已有数据，从设备在接收到数据准备好信号READY，将数据总线上的数据读取后，输出ACK信号通知主设备可撤销当前数据总线上的数据，执行下一个数据的传输。由于主/从设备是通过固定延时完成读/写操作，因此在非互锁握手工作方式中，当系统中各设备工作速度差异较大时，不能完全确保接收方在规定的延时时间接收到握手信号，存在工作不可靠的问题。

图 5-5(b)所示的半互锁握手工作方式和非互锁握手方式相似，差异是主设备在输出准备好信号 READY 后，只有在主设备接收到从设备输出的 ACK 信号后，主设备才撤销准备好的信号 READY，这虽然解决了主设备输出 READY 信号宽度的问题，但从设备输出的 ACK 信号何时撤销的问题仍未解决。

图 5-5(c)所示的全互锁握手工作方式中，主设备将数据输出到总线延时 Δt 后，输出READY 信号通知从设备接收数据，从设备在接收到 READY 信号，在完成读取总线上的

数据后，输出 ACK 回答信号通知主设备，同时仍继续检测 READY 信号是否有效，主设备在接收到从设备输出的回答信号 ACK 后，使 READY 信号失效，从设备在检测到 READY 信号失效后，撤销 ACK 信号。因此在全互锁工作方式中，READY 信号和 ACK 信号的宽度是主/从设备根据数据传输的实际情况而实时确定的，这样使连接在同总线上工作速度各异的设备，可根据实际情况调整数据传输速率，实现了数据传输的可靠。

图 5-6 所示为异步传输全互锁读时序。系统的主设备通过总线向系统的各从设备输出请求信号 REQUEST，同时输出当前被访问的从设备地址，各从设备根据接收到的地址编码的状态确定是否被选中，被选中的从设备和主设备交换信息的操作过程如下：

(1) 被主设备选中的从设备(由 AB 确定)在接收到主设备输出的 REQUEST 信号后，便对主设备输出回答信号 ACK；

(2) 当主设备在接收到从设备输出的 ACK 回答信号后，便从总线上撤销 REQUEST 和地址信号；

(3) 当从设备检测总线 REQUEST 信号失效，从总线上撤销 ACK 信号；

(4) 从设备将主设备需要的数据输出到数据总线上，同时输出 READY 信号通知主设备数据准备就绪；

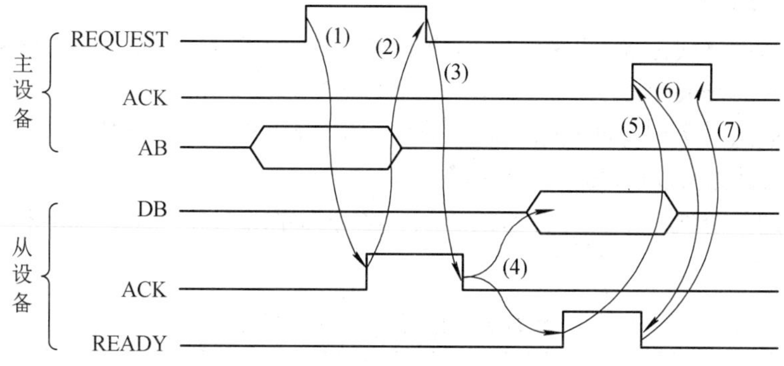

图 5-6　异步传输全互锁读时序

(5) 主设备在接收到从设备输出的 READY 信号后，在执行完读数据操作的同时输出 ACK 信号告诉从设备数据已取走；

(6) 从设备在接收主设备输出 ACK 信号后，便使 READY 信号失效，同时从总线上撤销数据，释放数据线；

(7) 主设备检测到 READY 信号失效后，便撤销 ACK 信号。

上述 7 个步骤完成主/从设备一个数据的交换，重复上述操作，直至数据块传输结束。异步传输由主设备提出申请，又被选中的从设备确定总线的工作速度，因此速度各异的设备均可在同一系统中相互传输信息。缺点是数据传输周期长，总线数据传输速率低。

3. 半同步传输

半同步传输是总结同步和异步优点的混合传输方式，采用同步传输的主从设备均以系统时钟作为标准，但为适应系统中速度各异的设备，又采用了异步传输的应答技术，使系统中的主设备或从设备在系统时钟的上升沿产生对方所需要的信号，或访问对方信号是否有效，使各种操作的时间可以变化，同时又解决了异步传输对噪声敏感的问题。

5.1.7　总线标准

1. 提出总线标准的原因

大多数的计算机都采用模块化结构，如显示器适配卡、打印机适配卡、网络适配器等，称为一个模块或插件。这些模块(插件)需要插入计算机主板的插槽里，并用总线进行连接，才能实现模块与 CPU 或模块与模块之间交换信息(数据)。为了使各插槽间具有通用性，计算机内部结构更简单、灵敏和易于扩展，要求将总线标准化。许多不同的供应商希望自己的产品能够在其他供应商的产品平台上使用或互连、互换，带给用户更多的选择，以获得更为广阔的市场，也强烈要求总线标准化。

2. 总线标准的内容

总线标准的内容包括机械结构标准、功能标准和电气标准。

(1) 机械结构标准。模块尺寸、总线插头、总线接插件以及包装尺寸均有统一规定。

(2) 功能标准。总线每条信号线(引脚的名称)、功能以及工作过程要有统一规定。

(3) 电气标准。总线每条信号线有效电平、动态转换时间、负载能力等有统一规定。

3. 总线标准的种类

(1) 串行通信总线标准。串行通信标准有 RS-232、RS-422、RS485、USB、IEEE1394、I^2C、SPI、CAN、Ethnet 等。RS-232、RS-422 和 RS485 主要是实现系统间的数据通信；I^2C、SPI 主要用于嵌入式系统内部和系统间的数据通信；CAN 和 Ethnet 主要完成远距离通信，是基于微型计算机的远程控制系统的热点。

(2) 并行通信总线标准。并行通信总线标准分为系统内并行总线标准和系统间总线标准，如表 5-1 所示。

表 5-1　并行通信总线标准

系统内总线标准	系统间总线标准
S-100 总线标准	IEEE-488 总线标准
Multi Bus 总线标准	Cintronics 总线标准
PC/ISA/EISA/VL/PCI 总线标准	CAMAC 总线标准
AGP/IDE 接口标准	SCSI 总线标准

5.2　串 行 总 线

5.2.1　通用串行总线 USB

1. USB 概述

通用串行总线(Universal Serial Bus，USB)是 2000 年以来普遍使用的连接外围设备和计算机的一种新型串行总线标准。USB 由 Intel、Compaq、Microsoft、Digital、IBM 以及 Northern

Telecom 等公司共同提出。

USB 接口之所以被广泛应用，主要与 USB 的如下特点密切相关。

(1) 支持即插即用(Plug-and-Play)。所谓即插即用，包括两方面的内容：一方面是热插拔，即在不需要重启计算机或关闭外部设备的条件下，便可以实现外部设备与计算机的连接和断开，而不会损坏计算机和设备；另一方面是可以快速简易安装某硬件设备而无须安装设备驱动程序或重新配置系统。

(2) 可以使用总线电源。USB 总线可以向外提供一定功率的电源，其输出电流的最小值为 100 mA，最大值为 500 mA，输出电压为 5 V，适合很多嵌入式系统。USB 协议中定义了完备的电源管理方式，用户可以选择是采用设备自供电还是从 USB 总线上获取电源。

(3) 硬件接插口标准化、小巧化。USB 协议定义了标准的接插口 Type-A 型、Type-B 型和 Type-C 型，如图 5-7 所示。USB 接口和老式的通信接口相比具有明显的体积优势，为计算机外部设备的小型化发展提供了可能。

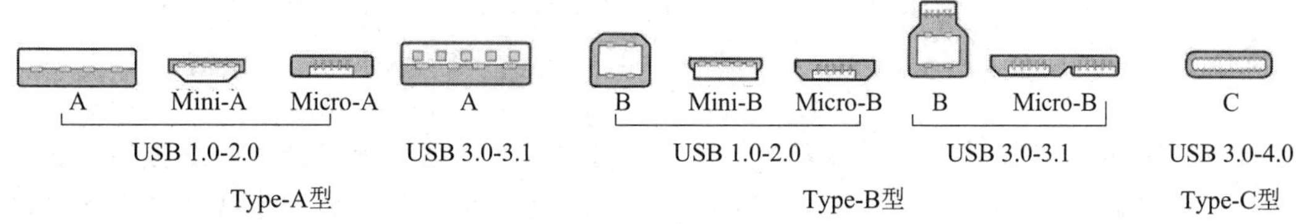

图 5-7　USB 协议标准的接插口

(4) 支持多种速度和操作模式。最早 USB 支持低速 1.5 Mb/s、全速 12 Mb/s、高速 480 Mb/s。目前 USB 3.0 芯片支持超速 5.0 Gb/s，USB 3.1 芯片支持超速 10 Gb/s，USB 4.0 芯片支持超速 40 Gb/s。同时 USB 还支持块传输、中断传输、同步传输和控制传输 4 种类型的传输模式，可以满足不同外部设备的功能需求。

一个 USB 系统中只能有一个主机。主机内设置了一个根集线器，提供了外部设备在主机上的初始附着点。包括根集线器上的一个 USB 端口在内，最多可以级联 127 个 USB 设备，层次最多 7 层。

2. USB 总线的构成

1) USB 主机

USB 主机指的是包含 USB 主控制器，并且能够控制完成主机和 USB 设备之间数据传输的设备。广义的 USB 主机包括计算机和具有 USB 主控芯片的设备。USB 的所有数据通信(不论是上行通信还是下行通信)都由 USB 主机发起，所以 USB 主机在整个数据传输过程中占据着主导地位。从开发人员的角度看，USB 主机可分为客户软件、USB 系统软件和 USB 总线接口三个不同的功能模块。

(1) 客户软件负责和 USB 设备的功能单元进行通信，以实现其特定功能。它一般由开发人员自行开发。客户软件不能直接访问 USB 设备，其与 USB 设备功能单元的通信必须经过 USB 系统软件和 USB 总线接口模块才能实现。客户软件一般包括 USB 设备驱动程序和界面应用程序两部分。

USB 设备驱动程序负责和 USB 系统软件进行通信。通常，它向 USB 总线驱动程序发出 I/O 请求包(IRP)以启动一次 USB 数据传输。此外，根据数据传输的方向，它还应提供一个数据缓冲区以存储这些数据。

界面应用程序负责和 USB 设备驱动程序进行通信，以控制 USB 设备。它是最上层的软件，只能看到向 USB 设备发送的原始数据和从 USB 设备接收的最终数据。

(2) USB 系统软件负责和 USB 逻辑设备进行配置通信，并管理客户软件启动的数据传输。USB 逻辑设备是程序员与 USB 设备打交道的部分。USB 系统软件一般包括 USB 总线驱动程序和 USB 主控制器驱动程序两部分，这些软件通常由操作系统提供。

(3) USB 总线接口包括主控制器和根集线器两部分。根集线器为 USB 系统提供连接起点，用于给 USB 系统提供一个或多个连接点(端口)。主控制器负责完成主机和 USB 设备之间数据的实际传输，包括对传输的数据进行串行编解码、差错控制等。该部分与 USB 系统软件的接口依赖于主控制器的硬件实现，一般开发人员不必掌握。

2) USB 设备

USB 协议中将 USB 设备定义为具有某种功能的逻辑或物理实体。在最底层，设备指一个独立的硬件部件；在较高层，设备可以是表现出一定功能的硬件部件的集合，如一个 USB 接口设备；在更高层次上，设备是指连接到 USB 总线上的那个实体所具有的功能，如一个数据/传真调制解调器。总之，设备的含义可以是物理的、电气的、可寻址的或逻辑的。设备类中的集线器类，主要用于为 USB 系统提供额外的连接点，使得一个 USB 端口可以扩展连接多个设备，因此可单独作为一类。典型集线器的逻辑图和实物图如图 5-8 所示。而其余设备类，由于它们一般可以设计为具有特定功能的独立的外部设备，用于扩展主机功能，所以统称为 USB 功能设备类。一般说 USB 设备，就是指 USB 功能设备。

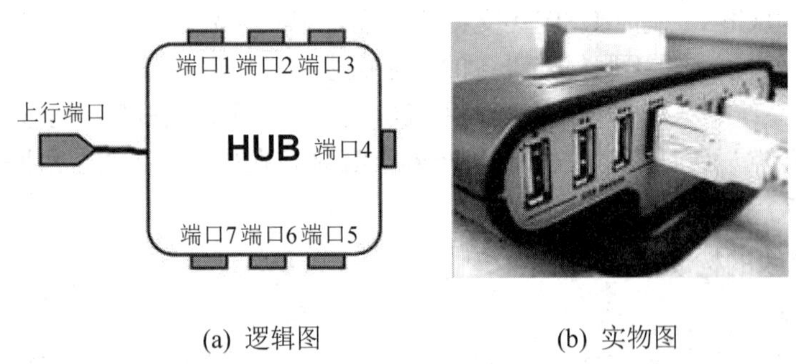

(a) 逻辑图　　(b) 实物图

图 5-8　典型集线器的逻辑图和实物图

3) USB 总线拓扑结构

USB 的物理连接是一个层次性的星形结构，集线器(HUB)位于每个星形结构的中心。星形结构的每一段都是主机、集线器或某一功能件之间的连接。USB 总线拓扑结构如图 5-9 所示。

如果 PC 机只有两个 USB 端口，而有 5 个外部设备，那么可以把一个 USB 外部设备插到 PC 机的一个端口中，用另一个端口连接一个带有 4 个下游端口的集线器，然后把其他 4 个外部设备连接到这个集线器上。

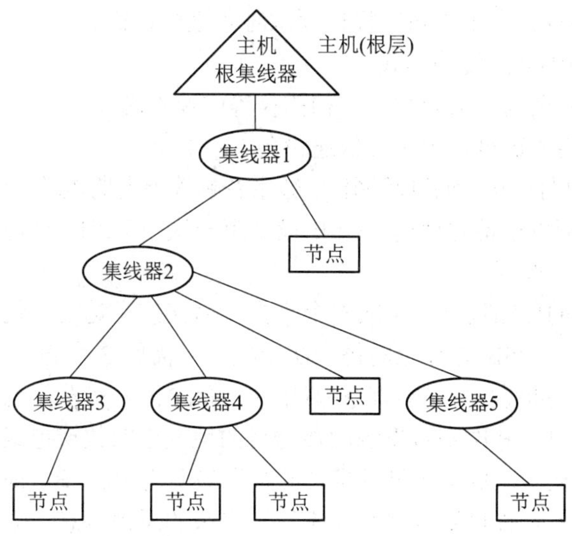

图 5-9　USB 总线拓扑结构

3. USB 系统的接口信号

USB 总线包括 4 条信号线，用来传送信号和提供电源。其中，D+和 D−为信号线，传送信号，它们是一对双绞线；另两根是电源线和地线，提供电源。通常情况下，各条线的颜色分别为：D+为绿色，D−为白色，电源线为红色，地线为黑色，与机器的连接方法如图 5-10 所示。从图中可以看到，高速设备在 D+线上有一个上拉电阻，而低速设备则在 D−线上有一个上拉电阻，这样就可以识别设备的速度。D+和 D−连接的下拉电阻能够保证两条数据线在没有设备接在端口的时候电压值接近地。当 D+和 D−的电压都下降到直流 0.8 V 以下并持续 2.5 μs 以上时，说明设备已经断开连接。当 D+和 D−的电压都上升到直流 2.5 V 以上并持续 2.5 μs 以上时，说明设备已经连接到端口。当一个设备开始接到 USB 端口上的时候，它的一个数据线接近 V_{CC}，另一个接近地，这个状态称为 J 状态，即空闲状态。当信号发生跳变时，两条数据线发生状态切换，导致 J 状态转化为 K 状态。

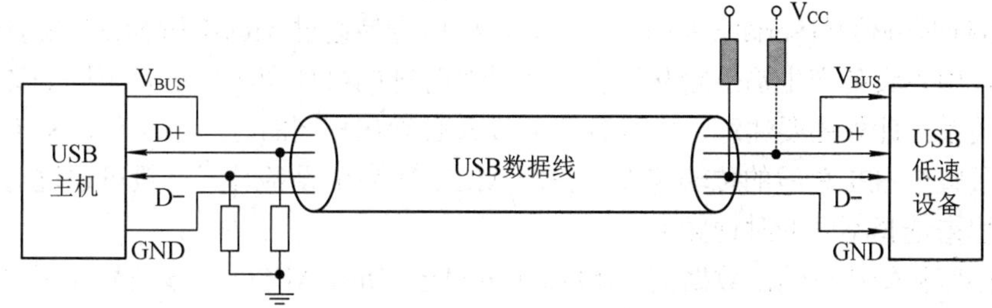

图 5-10　USB 设备电缆和电阻的连接

注：(1) 上拉电阻的阻值均为 1.5 kΩ；下拉电阻的阻值均为 15 kΩ。

(2) V_{BUS} 为+5 V，V_{CC} 为+3.3 V。

4. USB 数据传输

USB 总线上的每个设备都有一个由主机分配的唯一地址，由主机通过集线器在一个自动识别过程中分配。USB 总线上的数据传输是一种主-从式的传输，所有的传输都由 USB

主机发起，USB 设备仅仅在主机对它提出要求时才进行传输。

USB 总线有 4 种不同的传输模式。

(1) 同步传输。主要用于数码相机、扫描仪等中速外围设备。

(2) 中断传输。用于键盘、鼠标等低速设备。

(3) 批量传输。供打印机、调制解调器、数字音响等不定期传送大量数据中速设备使用。

(4) 控制传输。配置设备时使用。USB 设备第一次被 USB 主机检测到时，与 USB 主机交换信息，提供设备配置。

通过 USB 总线的传输包含一个或多个交换，而交换又是由“包”组成的，包是组成 USB 交换的基本单位。USB 总线上的每一次交换至少需要 3 个包才能完成。USB 设备之间的传输总是首先由主机发出标志包(令牌)开始。标志包中有设备地址码、端点号、传输方向和传输类型等信息。其次是数据源向数据目的地发送的数据包或者发送无数据传送的指示信息。在一次交换中，数据包可以携带的数据最多为 1024 B。最后是数据接收方向数据发送方送一个握手包，提供数据是否正常发送出去的反馈信息，如果有错误，要重发。除了等时(同步)传输之外，其他传输类型都需要握手包。可见，包就是用来产生所有的 USB 交换的机制，也是 USB 数据传输的基本方式。

5.2.2　SPI 总线

1. SPI 总线简介

串行外设接口(Serial Peripheral Interface，SPI)总线是 Freescale 公司推出的一种同步串行通信接口，用于微处理器和外围扩展芯片之间的串行连接，现已发展成为一种工业标准。SPI 是一种高速的、全双工的、同步的通信总线。目前，各半导体公司推出了大量带有 SPI 接口的芯片，如 RAM、EEPROM、A/D 转换器、D/A 转换器、LED/LCD 显示驱动器、I/O 接口芯片、实时时钟、UART 收发器等，为用户的外围扩展提供了灵活而廉价的选择。

2. SPI 总线接口信号

SPI 总线接口使用以下 4 种信号：

(1) 串行时钟信号(Serial Clock，SCLK)。该信号使通过 MOSI 和 MISO 的数据保持同步。SCLK 由主设备产生输出给从设备。通过对时钟的极性和相位进行不同的选择可实现 4 种定时关系。此外还要注意，主设备和从设备必须在相同的时序下工作。SCLK 的时钟频率决定了整个 SPI 总线的传输速度。在用 MCU 作为主设备时，一般可通过对 SPI 控制寄存器编程来选择不同的时钟频率。

(2) 主机输入/从机输出数据信号(Master In Slave Out，MISO)。该信号在主设备中作为输入而在从设备中作为输出，即在一个方向上发送串行数据。一般是先发送最高位后发送最低位。若没有从设备被选中，则主设备的 MISO 线处于高阻状态。

(3) 主机输出/从机输入数据信号(Master Out Slave In，MOSI)。该信号在主设备中作为输出而从设备中作为输入，即在另一个方向上发送串行数据，一般也是先发送最高位后发送最低位。

(4) 低电平有效的从机选择信号(Slave Select，SS)。该信号用于选择一个从机，它应该在数据发送之前变为低电平，并且必须在整个传送过程中维持为稳定的低电平，常用的表示有 NSS 或 $\overline{SS}$ 。

在点对点的通信中，SPI 接口不需要进行寻址操作，且为全双工通信，显得简单高效。在多个从设备的系统中，每个从设备需要独立的使能信号，如图 5-11 所示。

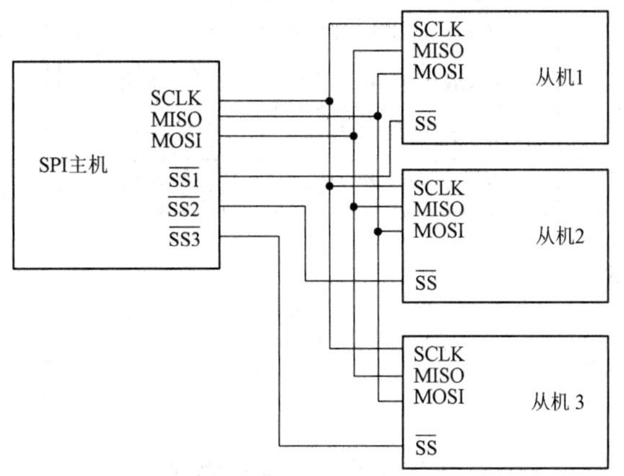

图 5-11　多个从设备硬件连接示意图

SPI 接口在内部硬件实际上是两个简单的移位寄存器，传输的数据为 8 位，在主设备产生的从设备使能信号和移位脉冲作用下，按位传输，高位在前，低位在后。根据移位脉冲 SCLK 的时钟极性(CPL)和采样点时钟相位(CPH)，可分为四种模式，其时序如图 5-12 所示。CPL、CPH 与模式的对应关系如表 5-2 所示。集成 SPI 模块的处理器在相应控制寄存器设定位，未集成 SPI 模块的处理器可通过程序进行 SPI 时序模拟，其传输模式一般由从机决定。

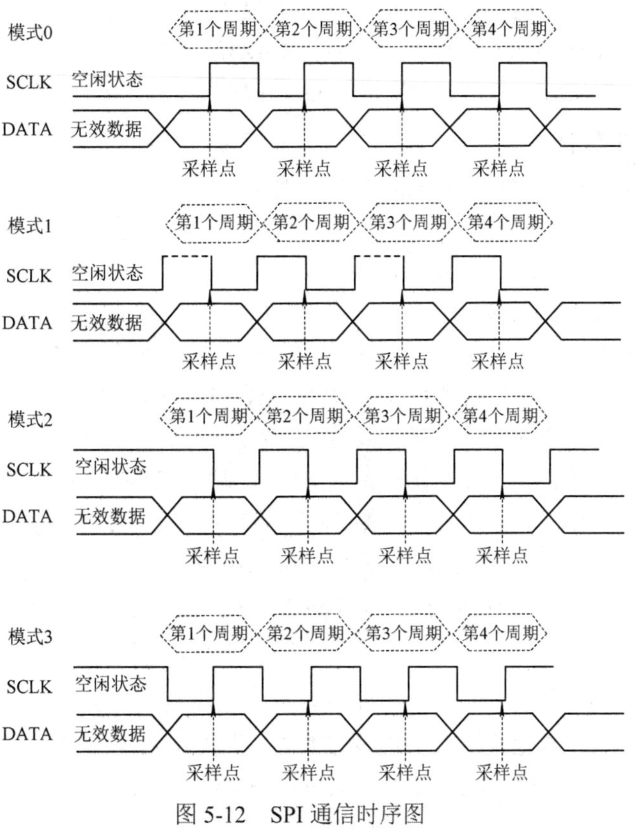

图 5-12　SPI 通信时序图

表 5-2　CPL、CPH 与 SPI 时序模式的对应关系表

MODE	CPL	CPH	模式特点
0	0	0	SCLK 空闲状态低电平，数据在第 1 个跳变沿(上升沿)采样并传输
1	0	1	SCLK 空闲状态低电平，数据在第 2 个跳变沿(下降沿)采样并传输
2	1	0	SCLK 空闲状态高电平，数据在第 1 个跳变沿(下降沿)采样并传输
3	1	1	SCLK 空闲状态高电平，数据在第 2 个跳变沿(上升沿)采样并传输

5.2.3　RS-232 总线

以 RS-232-C 总线为例对 RS-232 总线进行介绍。

1. RS-232 总线简介

RS-232-C 是美国电子工业协会(Electronic Industry Association，EIA)制定的一种串行物理接口标准。RS 是英文推荐标准的缩写，232 为标识号，C 表示修改次数。RS-232-C 总线标准设有 25 条信号线，包括 1 个主通道和 1 个辅助通道，在多数情况下主要使用主通道。对于一般双工通信，仅需几条信号线就可实现，如一条发送线、一条接收线及一条地线。RS-232-C 标准规定的数据传输速率为 50 b/s、75 b/s、100 b/s、150 b/s、300 b/s、600 b/s、1200 b/s、2400 b/s、4800 b/s、9600 b/s、19 200 b/s、38 400 b/s。

RS-232-C 标准规定，驱动器允许有 2500 pF 的电容负载，通信距离将受此电容限制。例如，采用 150 pF/m 的通信电缆时，最大通信距离为 15 m；若每米电缆的电容量减小，通信距离可以增加。传输距离短的另一原因是 RS-232 属单端信号传送，存在共地噪声和共模干扰不能抑制等问题，因此一般用于 20 m 以内的通信。

2. RS-232 电气特性

RS-232-C 标准早于 TTL 电路的产生，其高、低电平要求对称，需要特别指出的是 RS-232-C 数据线 TxD、RxD 的电平使用负逻辑。对于发送端，用−5～−15 V 表示逻辑“1”，用+5 V～+15 V 表示逻辑“0”；而对于接收端，电压低于−3 V 表示逻辑“1”，高于+3 V 表示逻辑“0”，输入阻抗在 3～7 kΩ 之间且接口应经得住短路而不损坏。由于上述要求，RS-232-C 不能直接与 TTL 电路连接，必须经过电平转换，否则将使 TTL 电路烧坏。常用的电平转换芯片很多，例如 MC1488 和 MC1489 是专门用于计算机与 RS-232-C 总线之间的电平转换，除此之外还有 75188、75189、75150、75154 等。此外，为了适应手提电脑的要求，又研制出低电源，低功耗 RS-232-C 接口芯片，将接收和发送集成在一块芯片上，并且有自动关断功能(例 MAX3212/3218 等芯片)。该芯片可自动监测 RS-232-C 上的电平，若监测到有效的输入电平消失后超过 10 μs，自动关闭电源，电流降到 1 μA；当监测到有效的电平(≥±1 V)超过 10 μs 后，电源被自动激活，允许发送和接收。

3. RS-232 连接器

由于 RS-232-C 并未定义连接器的物理特性。因此，出现了 DB25 和 DB9 两种类型的连接器，其引脚(见图 5-13)的定义也各不相同。

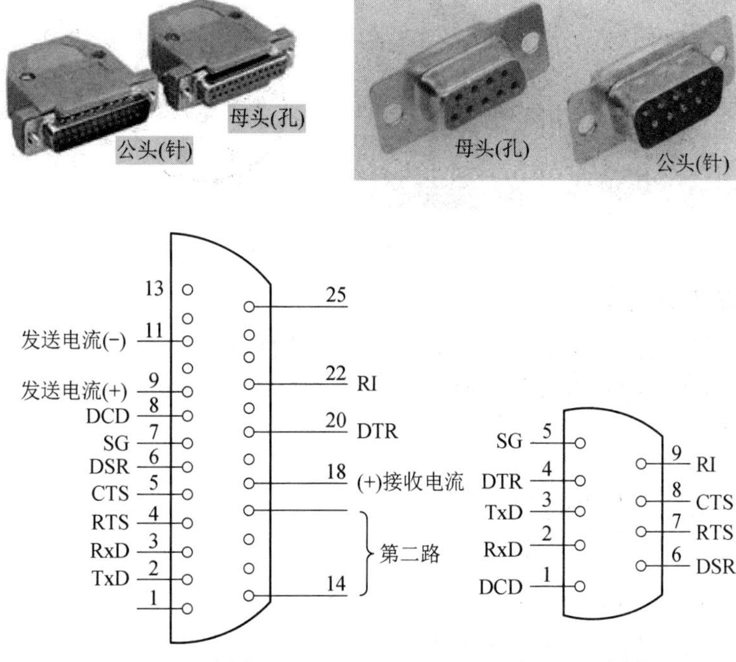

图 5-13 RS-232-C 引脚排列图

1) DB25 型连接器

PC 和 XT 机采用 DB25 型连接器。DB25 连接器定义了 25 根信号线，分为 4 组。

(1) 异步通信的 9 个电压信号，含信号地 SG(2，3，4，5，6，7，8，20，22 脚)；

(2) 20 mA 电流环信号 9 个(12，13，14，15，16，17，19，23，24 脚)；

(3) 空 6 个(9，10，11，18，21，25 脚)；

(4) 保护地(PE)1 个，作为设备接地端(1 脚)。

2) DB-9 型连接器

在 AT 机及以后，不再支持 20 mA 电流环接口，使用 DB9 连接器作为提供多功能 I/O 卡或主板上 COM1 和 COM2 串行接口的连接器。它只提供异步通信的 9 个信号。DB9 型连接器的引脚分配与 DB25 型引脚信号完全不同。因此，若与配接 DB25 型连接器的 DCE 设备连接，必须使用专门的电缆线。

(1) 电缆长度。在通信速率低于 20 kbit/s 时，RS-232C 直接连接最大物理距离为 15 m。

(2) 最大直接传输距离说明。RS-232-C 标准规定，若不使用调制解调器(MODEM)，在码元畸变小于 4%的情况下，DTE 和 DCE 之间最大传输距离为 15 m。可见这个最大的距离是在码元畸变小于 4%的前提下给出的。为了保证码元畸变小于 4%的要求，接口标准在电气特性中规定，驱动器的负载电容应小于 2500 pF。

3) 圆头 8 针连接器

在工程当中经常会用到的 RS-232-C 串口，除了 D 型 9 针串口，还有一种圆头的 8 针串口，如图 5-14 所示。

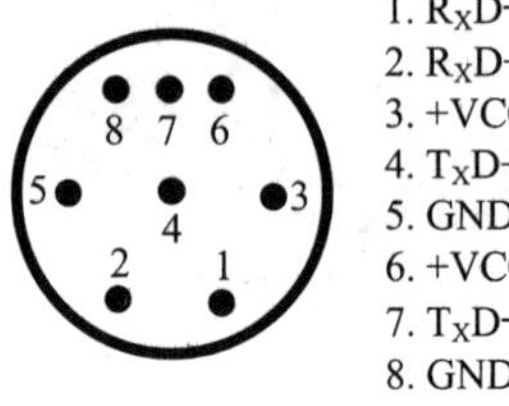

图 5-14　圆头 8 针串口实物图和管脚定义

4. RS-232 串口接线

RS-232-C 串口通信接线方法(三线制)主要有以下两种。

(1) 同一个串口的接收和发送直接用线相连，对 9 针串口和 25 针串口，均是 2 与 3 直接相连，如图 5-15 所示。

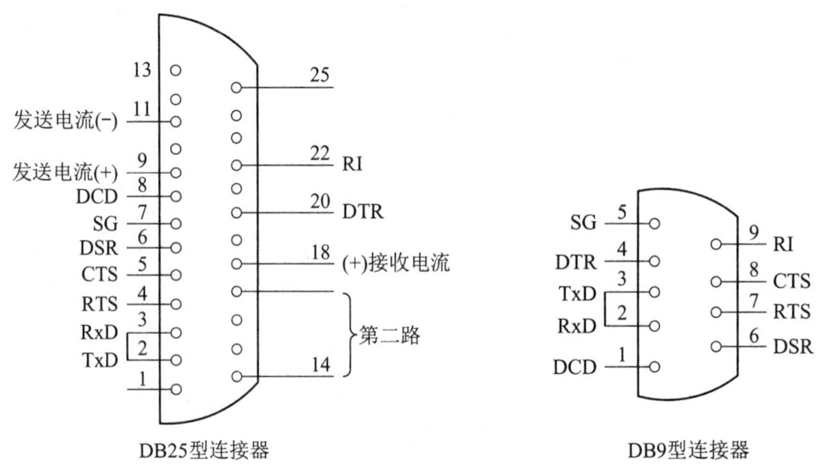

图 5-15　同一串口通信连线示意图

(2) 两个不同串口(不论是同一台计算机的两个串口或分别是不同计算机的串口)。

接收数据针脚(或线)与发送数据针脚(或线)相连，彼此交叉，信号地对应相接。如图 5-16 为 DB9-DB9、DB25-DB25、DB9-DB25 接线图。

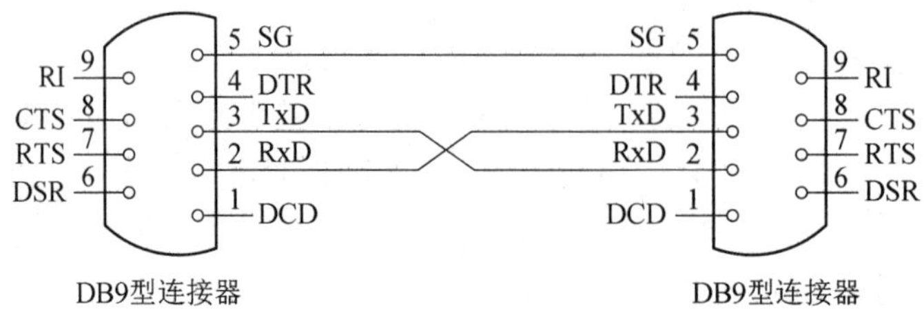

(a) DB9-DB9

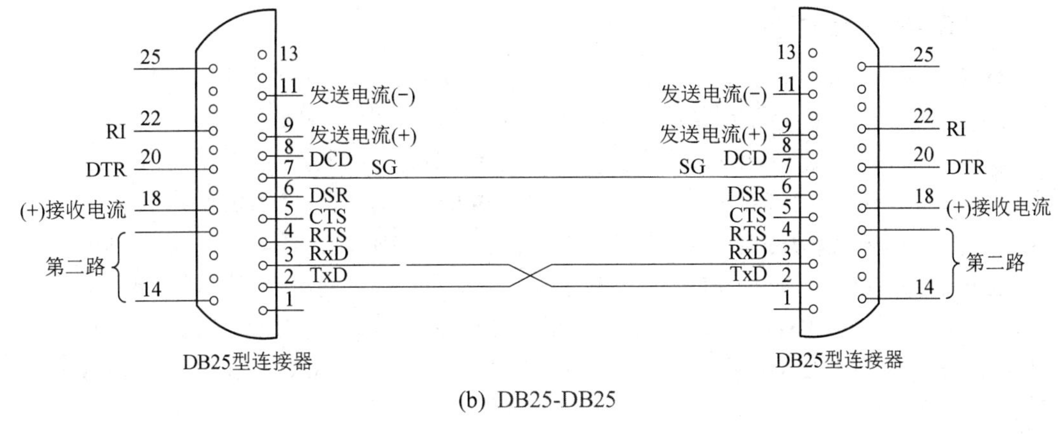

(b) DB25-DB25

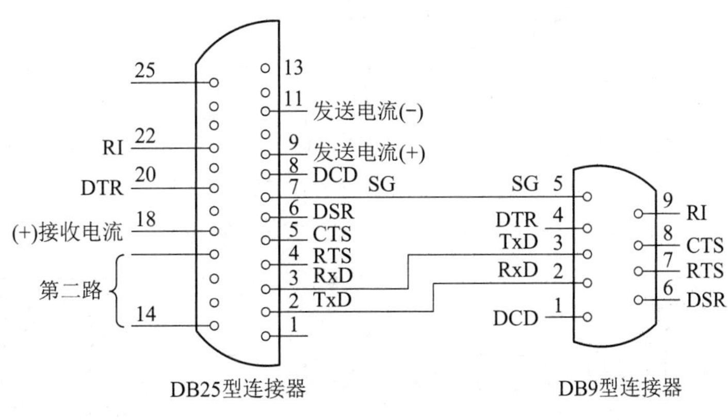

(c) DB9-DB25

图 5-16　不同串口通信连线示意图

RS-232-C 的电气接口电路采取的是不平衡传输方式，即所谓单端通信，其发送电平与接收电平的差只有 2～3 V，所以共模抑制能力较差，容易受到共地噪声和外部干扰的影响，再加上信号线之间的分布电容，因此其传送距离最大约为 15 m，最高数据传输速率为 20 kbit/s。此外 RS-232-C 的接口电路的信号电平较高，容易损坏接口电路的芯片，与 TTL 电路的电平也不兼容，影响其通用性。为了弥补 RS-232-C 的不足，提高数据传输率和延长通信距离，EIA 于 1977 年制订了 RS-499 串行通信标准，这个标准对 RS-232-C 的不足做了改进和补充，RS-422A 是 RS-499 的标准子集之一。

5.2.4　RS-485 总线

1. RS-485 总线简介

在要求通信距离为几十米到上千米时，广泛采用 RS-485 串行总线标准。RS-485 采用平衡发送和差分接收，因此具有抑制共模干扰的能力。加上总线收发器具有高灵敏度，能检测低至 200 mV 的电压，故传输信号能在千米以外得到恢复。RS-485 总线采用半双工工作方式，任何时候只能有一点处于发送状态，因此，发送电路须由使能信号加以控制。RS-485 总线用于多点互连时非常方便，可以省掉许多信号线。应用 RS-485 总线可以联网构成分布式系统，其允许最多并联 32 台驱动器和 32 台接收器。

2. RS-485 总线构造

RS-485 总线适用于收发双方共用一条线路进行通信，也适用于多个点之间共用一条线路进行总线方式联网，通信只能是半双工的，如图 5-17 所示。由于共用一条线路，在任何时刻，只允许有一个发送器发送数据，其他发送器必须处于关闭(高阻)状态，可通过发送器芯片上的发送控制端进行控制。当 DE 端为高电平时，发送器可以发送数据；当 DE 端为低电平时，发送器的输出端都呈现高阻状态，像从线路脱开一样。同理当 $\overline{RE}$ 端为低电平时，允许接收，$\overline{RE}$ 为高电平时禁止接收。实际应用时常将 DE 端和 $\overline{RE}$ 端短接实现数据的收发控制。图 5-18 为经典 RS-485 应用电路，RxD、TxD 可与单片机的串口连接，CTRL 可接单片机的 I/O 线进行收发控制。图 5-19 为可自动切换收发的 RS-485 应用电路，图中 RxD、TxD 可与单片机的串口连接。发送数据时，TxD 发送“0”，三极管不导通，DE 接高电平，进入发送模式，RS-485 芯片会把 DI 上的电平反映到 AB 引脚上输出，因为 DI 已经接地，所以 A、B 引脚会传输“0”，即 TxD 发送“0”时，A、B 引脚发送“0”；TxD 发送“1”时，三极管导通，$\overline{RE}$ 接低电平，进入接收模式，RS-485 芯片的 A、B 引脚进入高阻状态，因为 A 被拉高，B 被拉低，因此 A、B 传输的是“1”，即当 TxD 发送“1”时，A、B 引脚发送“1”。接收数据时，单片机引脚 RxD 引脚接收 RO 数据。在接收数据的过程中，TxD 引脚保持高电平，当 TxD 是高电平时，$\overline{RE}$ 是低电平，正好为接收状态，然后 RS-485 芯片的 RO 引脚就会接收 A、B 传输过来的数据。

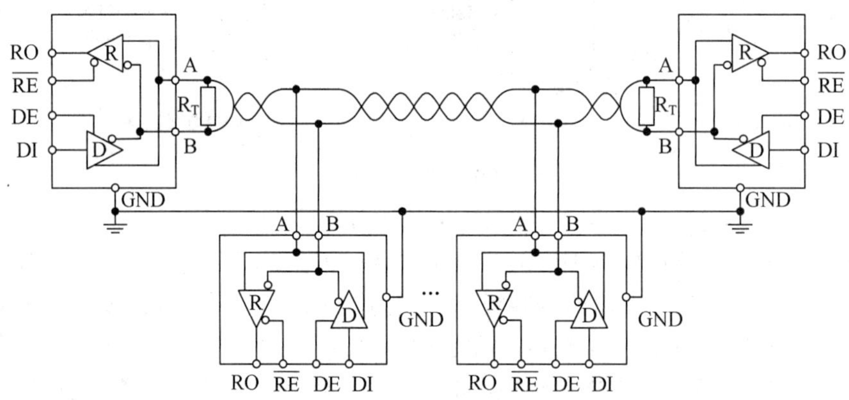

图 5-17　RS-485 总线通信线路连接

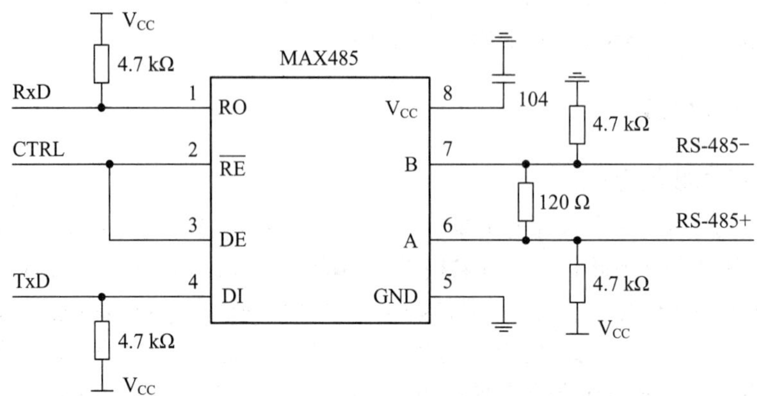

图 5-18　经典 RS-485 应用电路

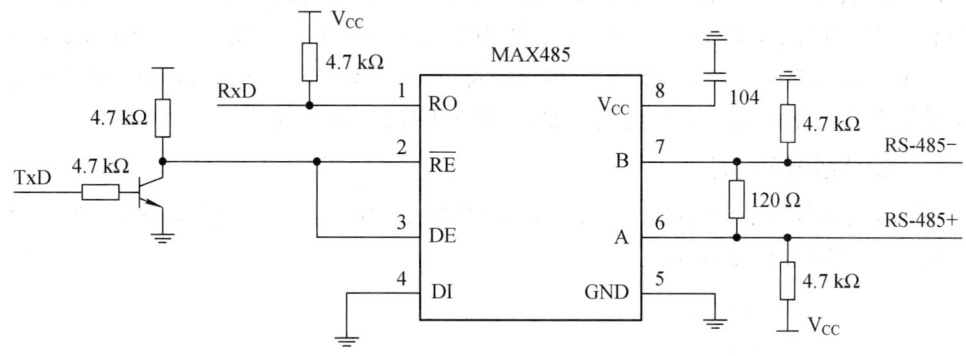

图 5-19　可自动切换收发的 RS-485 应用电路

3. RS-485 总线电气特性

RS-485 总线利用通信线路 A、B 间电压差(即 V_{AB})表示逻辑“0”或逻辑“1”，规定发送端 A 比 B 高 2 V 以上(不超过 6 V)表示逻辑“1”，A 比 B 低 2 V 以上(不超过 6 V)表示逻辑“0”；而在接收端 A 比 B 高 200 mV 以上就可以认为是逻辑“1”，A 比 B 低 200 mV 以上就可以认为是逻辑“0”。

4. RS-485 总线布线规范

RS-485 总线由于其布线简单、稳定可靠，从而广泛地应用于视频监控、门禁对讲、楼宇报警等各个领域。RS-485 总线布线规范如下：

(1) RS-485 信号线不可以和电源线一起走线。在实际施工当中，由于走线都是通过管线走的，施工方有时候为图方便，直接将 RS-485 信号线和电源线绑在一起，由于电源线所用的强电具有强烈的电磁信号，对信号线的弱电产生干扰，从而导致 RS-485 信号不稳定，通信不稳定。

(2) RS-485 信号线可以使用屏蔽线布线，也可以使用非屏蔽线布线。由于 RS-485 通信中多采用双绞线传输，当外部有干扰源对信号进行干扰时，干扰对于 A、B 间的差模信号干扰效果是同相的，电压差保持不变，因此 RS-485 通信抗干扰能力强。

(3) RS-485 布线借助 RS-485 集线器和 RS-485 中继器可以任意布设成星型接线与树型接线。RS-485 布线规范是必须要手牵手布线，一旦没有借助 RS-485 集线器和 RS-485 中继器直接布设成星型连接和树型连接，很容易造成信号反射导致总线不稳定。

(4) RS-485 总线必须要接地。RS-485 总线必须要单点可靠接地。单点就是整个 RS-485 总线上只能是有一个点接地，不能多点接地，防止共模干扰。

5.2.5　I²C 总线

1. I²C 总线简介

I²C(Inter-Integrated Circuit)总线是一种由 PHILIPS 公司开发的两线式串行总线，用于连接微控制器及其外围设备。1992 年 PHILIPS 首次发布 I²C 总线规范 Version1.0，并取得专利。1998 年 PHILIPS 发布 I²C 总线规范 Version2.0，至此标准模式和快速模式的 I²C 总线已经获得了广泛应用，标准模式传输速率为 100 kb/s，快速模式的传输速率为 400 kb/s。同时，I²C 总线也由 7 位寻址发展到 10 位寻址，满足了更大寻址空间的需求。随着数据传输速率和应用功能的迅速增加，2001 年 PHILIPS 又发布了 I²C 总线规范 Version2.1，完善和扩展了 I²C 总线的功能，并提出了传输速率可达 3.4 Mb/s 的高速模式，这使得 I²C 总线能够支持现有及将来的高速串行传输，如 E²PROM 和 Flash 存储器等。

2. I²C 总线电气特性

I²C 总线只有两根信号线，一根是双向的数据线 SDA，另一根是时钟线 SCL。I²C 总线的电气结构如图 5-20 所示。

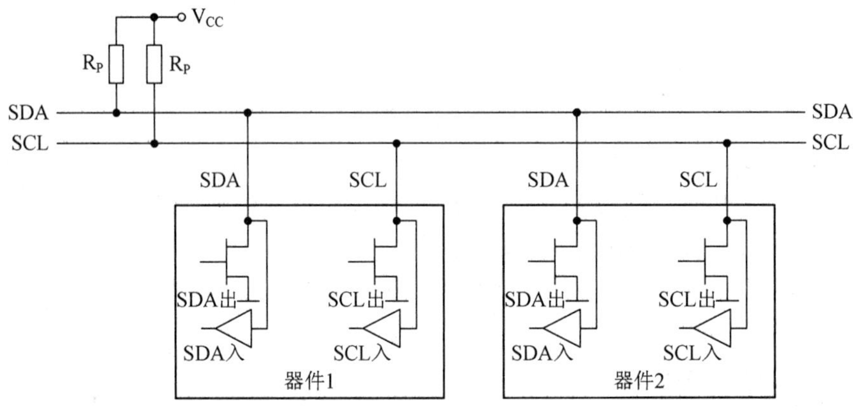

图 5-20　I²C 总线的电气结构图

I²C 总线为双向同步串行总线，连接到总线上的器件输出多是漏极或集电极开路，总线通过上拉电阻(5～10 kΩ)接电源。当总线空闲时，两根线均为高电平，任一设备输出低电平都将使 I²C 总线的信号线变低，即各设备的 SDA/SCL 是“线与”的关系。I²C 总线支持所有的具备 I²C 接口的 NMOS 和 CMOS 器件；I²C 总线具有十分完善的总线协议，可构成单主机系统或多主机系统。I²C 总线外挂器件连接如图 5-21 所示。I²C 总线的外围器件一般都是 CMOS 器件，总线上有足够的电流驱动能力，总线上扩展的节点数不是由电流负载能力决定的，而是由电容负载确定的。I²C 器件的 SDA 和 SCL 引脚最大等效电容为 10 pF，通常 I²C 线的负载能力为 400 pF，据此，可计算出总线长度及节点数目。等效电容的存在会造成总线传输的延迟而导致数据传输出错。

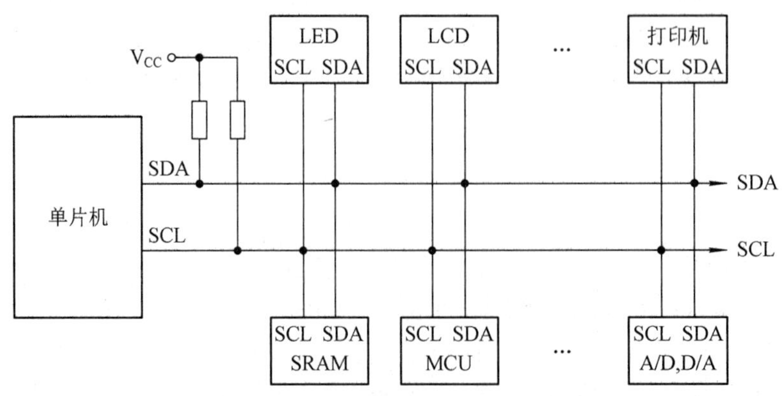

图 5-21　I²C 总线外挂器件连接图

3. I^2C 总线数据传输

在任何时刻 I^2C 总线上只有 1 个主控器件(主机)，总线上的其他节点称为从机。I^2C 总线上主-从机之间 1 次传送的数据称为 1 帧。数据帧由起始信号、若干个数据字节、应答位、停止信号组成。数据传送的基本单位是位，启动 I^2C 总线后，传送的字节数没有限制，只要求每传送 1 个字节后，接收方回应 1 个应答位(ACK)。在发送时，首先发送的是数据的最高位，每次传送开始时有起始信号；结束时有停止信号。

1) 典型时序信号

典型时序信号包括起始位(S)、终止位(P)、应答位(A)、非应答位($\overline{A}$)，典型时序信号如图 5-22 所示。

(1) 起始信号(S)。在时钟 SCL 为高电平时，数据线 SDA 出现由高电平向低电平的变化，则启动 I^2C 总线。

(2) 终止信号(P)。在时钟 SCL 为高电平时，数据线出现由低到高的电平变化，将停止 I^2C 总线的数据传送。启动和停止信号均由主机发出。

(3) 应答信号(A)。I^2C 总线上第 9 个时钟脉冲对应于应答位，此时数据线若为低电平，为应答信号(A)；若为高电平时，则为非应答信号($\overline{A}$)。

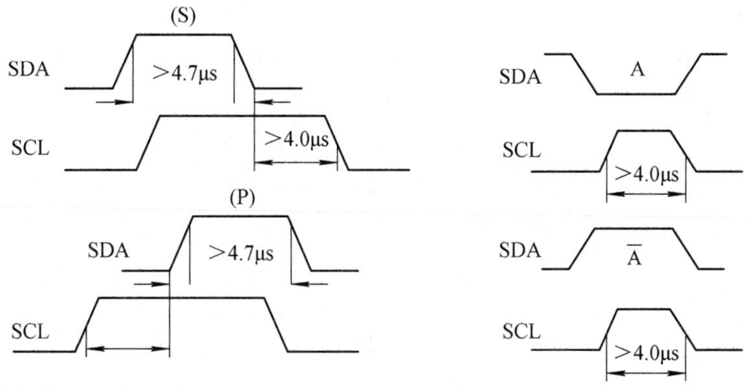

图 5-22　I^2C 总线数据传送典型信号时序

2) I^2C 总线节点的寻址方法

I^2C 总线上的每个节点都有 1 个固定的字节地址。主机对从机进行访问时，利用起始信号后的前几个字节数据传送从机地址信息及控制信息，I^2C 总线上各从机将自己的地址和主机送来的地址信息进行比较，若匹配成功，则被寻址的从机将向主机发回 1 个应答信号(A)，并建立通信关系；而其他无关设备关闭自己的 I^2C 接口，释放总线。

I^2C 总线上所有的外围器件都有自己的从地址，它由固定位和可编程位(也称引脚地址)两部分构成，统称为字节地址。

固定位也称器件地址，一般由 4 位构成，每一类器件都有自己规范的器件地址(地址编码)，器件出厂时就已经被厂家设定好。例如，带 I^2C 总线接口的 E^2PROM AT24CXX 的器件地址为 1010；4 位 LED 驱动器 SAA1064 的器件地址为 0111。引脚地址由 3 位构成($A_2A_1A_0$)，带 I^2C 总线接口的外围器件在系统连接时，用引脚地址来产生芯片地址信息的状态组合。$A_2A_1A_0$ 引脚有 8 种组合状态，则最多可连接 8 片外围设备，每 1 个状态组合对应 1 个外围芯片的引脚地址。被寻址的外围器件的地址信息由 7 位二进制位加 1 位数据传输方向控制位 $R/\overline{W}$ 构成，称为寻址字节 SLA，其字节格式如下：

D_7	D_6	D_5	D_4	D_3	D_2	D_1	D_0
DA_3	DA_2	DA_1	DA_0	A_2	A_1	A_0	$R/\overline{W}$

(1) DA_3～DA_0。器件地址，表明器件的类型编码，由厂家设置。常用的 I^2C 外围器件的种类、型号、寻址字节的格式如表 5-3 所示。

表 5-3　常用的 I^2C 外围器件的种类、型号、寻址字节的格式表

种类	型号	器件地址及寻址字节	备注
256 × 8/128 × 8 静态 RAM	PCF8570/71	1010 $A_2A_1A_0$ $R/\overline{W}$	三位数字引脚地址 $A_2A_1A_0$
256 × 8 静态 RAM	PCF8570C	1011 $A_2A_1A_0$ $R/\overline{W}$	三位数字引脚地址 $A_2A_1A_0$
256B E^2PROM	PCF8582	1010 $A_2A_1A_0$ $R/\overline{W}$	三位数字引脚地址 $A_2A_1A_0$
256B E^2PROM	AT24C02	1010 $A_2A_1A_0$ $R/\overline{W}$	三位数字引脚地址 $A_2A_1A_0$
512B E^2PROM	AT24C04	1010 $A_2A_1P_0$ $R/\overline{W}$	二位数字引脚地址 A_2A_1
1024B E^2PROM	AT24C08	1010 $A_2P_1P_0$ $R/\overline{W}$	一位数字引脚地址 A_2
2048B E^2PROM	AT24C06	1010 $P_2P_1P_0$ $R/\overline{W}$	$A_2A_1A_0$悬空处理
8 位 I/O 口	PCF8574	0100 $A_2A_1A_0$ $R/\overline{W}$	三位数字引脚地址 $A_2A_1A_0$
	PCF8574A	0111 $A_2A_1A_0$ $R/\overline{W}$	三位数字引脚地址 $A_2A_1A_0$
4 位 LED 驱动控制器	SAA1064	0111 0 A_1A_0 $R/\overline{W}$	二位模拟引脚地址 A_1A_0
160 位 LCD 驱动控制器	PCF8576	0111 0 0 A_0 $R/\overline{W}$	一位数字引脚地址 A_0
点阵式 LCD 驱动控制器	PCF8578/79	0111 1 0 A_0 $R/\overline{W}$	一位数字引脚地址 A_0
4 通道 8 位 A/D、1 路 D/A 转换器	PCF8951	1001 $A_2A_1A_0$ $R/\overline{W}$	三位数字引脚地址 $A_2A_1A_0$
日历时钟(内含 256×8RAM)	PCF8583	1010 0 0 A_0 $R/\overline{W}$	一位数字引脚地址 A_0

(2) A_2～A_0。引脚地址，在电路连接时设置其状态，它的状态组合决定同类器件可连接的最大数量。

(3) $R/\overline{W}$。数据传输方向控制位，由主机决定数据的传输方向，用来“通知”从机接收或发送数据。$R/\overline{W}=1$ 时，表示主机接收从机发来的数据，$R/\overline{W}=0$ 时，表示主机向从机传送数据。在数据传送过程中，若要改变传送方向，应重新发送寻址字节 SLA(包括 $R/\overline{W}$)。

3) I^2C 上数据传输时序

I^2C 总线的数据传输时序如图 5-23 所示。

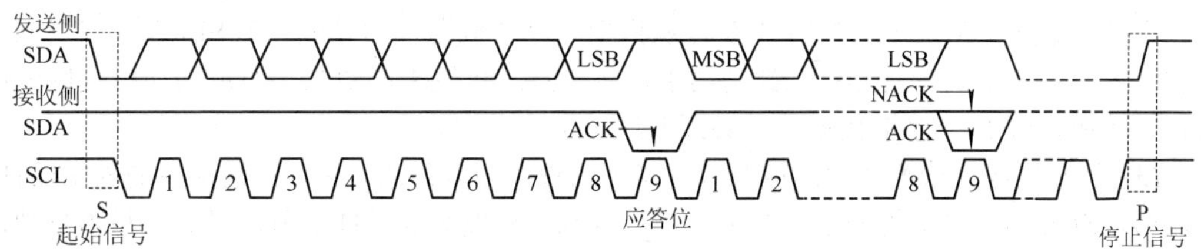

图 5-23　I²C 总线的数据传输时序

由主机发起传输过程，总线空闲时，SDA 和 SCL 均为高电平，此时由主机将 SDA 线拉低，产生 1 个开始信号；其后，由主机输出 1 个从设备的寻址字节(SLA)；在第 9 个时钟变高之前，由接收设备将 SDA 线拉低，产生 1 个应答信号 ACK(A)，表示 1 个字节数据的传输结束。可以连续传送若干个字节数据，如果所有字节数据传输结束，则由主机在 SCL 高电平时，将 SDA 拉高，产生结束信号，表示 1 帧数据的传输结束。

I²C 总线上规定 1 个时钟(SCL)周期只传送 1 位数据，并且要求数据线(SDA)上的信号变化只允许在 SCL 的低电平期间产生，而在高电平期间，数据线上的信号电平必须是稳定的。数据传送时，若接收设备因某种原因不能接收下 1 个字节数据，可以将 SCL 拉低，迫使主机处于等待状态(总线暂停控制)；当从机准备好接收下 1 个字节数据时，再释放时钟(SCL 为高电平)，使数据传送继续进行。

I²C 总线规定，每 1 个字节传送完以后，都要由接收设备产生 1 个应答位(A)，发送设备应该在应答时钟(ACK)高电平期间释放 SDA 线(高电平)，以便使接收设备在此刻将 SDA 线拉低，产生 1 个应答信号(A)；若 1 个从机正在处理 1 个实时事件，不能接收数据和不能产生应答信号时，从机必须使 SDA 线保持高电平(SDA 线并没有产生上跳过程)；此时由主机产生 1 个非应答信号 NACK($\overline{A}$)；使传输异常结束(此时主机使 SDA = SCL = 高电平，经 4 μs 后，再将其拉低以便产生结束信号)。如果主机接收完最后 1 个字节数据，主机也必须产生 1 个 $\overline{A}$ 信号，然后再产生结束信号。

4) 数据传输的基本操作方式

在 I²C 总线系统中一般有主控发送器方式、主控接收器方式、从控接收器方式和从控发送器方式 4 种基本操作。

(1) 主控发送器方式。由主机向从机发送若干字节数据，数据操作格式如图 5-24 所示。其中，▨为主节点发送、从节点接收，□为主节点接收、从节点发送，SLAW 为寻址字节(写)，data1～dataN 为写入从节点的 N 个数据。

S	SLAW	A	data1	A	data2	A	…	dataN-1	A	Data N	A	P

图 5-24　主控发送器的数据操作格式

(2) 主控接收器方式。主机要求从机发送若干字节数据，数据操作格式如图 5-25 所示。其中，▨为主节点发送、从节点接收，□为主节点接收、从节点发送，SLAR 为寻址字节(读)，data1～dataN 为主节点接收的 N 个数据。

S	SLAR	A	data1	A	data2	A	…	dataN-1	A	dataN	$\overline{A}$	P

图 5-25　主控接收器的数据操作格式

在此方式中，第一个应答信号 A 是从机接收到主机送来的寻址字节 SLAR 后，发回的应答位，其余的应答位(包括 $\overline{A}$)都是由主机接收到从机发来的数据字节后向从机发回的应答位，主机接收 N 个字节数据后，必须发送 1 个 $\overline{A}$ 信号。

(3) 从控接收方式和从控发送方式。从控器件一般都是具有 I^2C 总线接口的外围器件，空闲时，SCL 和 SDA 均处于高电平，当接收到主机发来的寻址字节信息后，与本身地址进行比较，若与自己地址相同，则向主机发出 1 个 A 信号，否则释放总线。数据的传输过程是自动实现的，数据操作格式与主控方式相同，不再赘述。

I^2C 总线始终和先进技术保持同步，但仍然保持向下兼容。相比之下，I^2C 总线克服了 SPI 的不足，在硬件结构上采用数据(SDA)和时钟(SCL)两根线来完成数据的传输及外围器件的扩展，数据 SDA 和时钟 SCL 都是漏极开路，通过上拉电阻接至正电源，空闲时保持高电平。任何具有 I^2C 总线接口的外围器件，不论其功能差别有多大，都可以挂接在总线上且支持热插拔。对各器件的寻址是软寻址方式，节点上不需要片选线，器件地址给定完全取决于器件类型与单元结构。另外，I^2C 总线能在总线竞争过程中进行总线控制权的仲裁和时钟同步，不会造成数据丢失，因此由 I^2C 总线连接的是 1 个多主机系统。

5.2.6 CAN 总线

1. CAN 总线简介

CAN 技术在汽车电子、电梯控制、安全监控、医疗仪器、船舶运输等方面应用广泛。CAN 总线即控制器局域网(Controller Area Network)是自动化领域发展的技术热点之一，最早出现于 20 世纪 80 年代末，是德国 Bosch 公司为简化汽车电子中信号传输方式并减少日益增加的信号线而提出的，CAN 总线只需要两根信号线就可以实现分布式控制系统各节点之间实时、可靠的数据通信。如 BENZ(奔驰)、BMW(宝马)、PORSCHE(保时捷)等汽车制造厂商，都使用 CAN 来实现汽车内部控制系统与检测和执行机构间的数据通信。

2. CAN 总线电气特性

CAN 总线用“显性”(Dominant)和“隐性”(Recessive)两个互补的逻辑电平表示“0”或“1”，显性位和隐性位是线与关系。CAN 总线的两根信号线用 CAN_H 和 CAN_L 表示，显性位和隐性位用 CAN_H 和 CAN_L 信号线的电压差 $V_{diff}(=V_{CAN_H}-V_{CAN_L})$表示，如图 5-26 所示。CAN_H 高电平为 3.5 V，CAN_H 低电平为 2.6 V，CAN_L 高电平为 2.4 V，CAN_L 低电平为 1.5 V。“隐性”状态即逻辑“1”时，$V_{CAN\_H}=2.6$ V、$V_{CAN\_L}=2.4$ V，$V_{diff}=0.2$ V；“显性”状态即逻辑“0”时，$V_{CAN\_H}=3.5$ V，$V_{CAN\_L}=1.5$ V，V_{diff}近似于 2 V。CAN 总线也是一种差分通信，传输线路采用双绞线，具有很强的抗干扰能力。

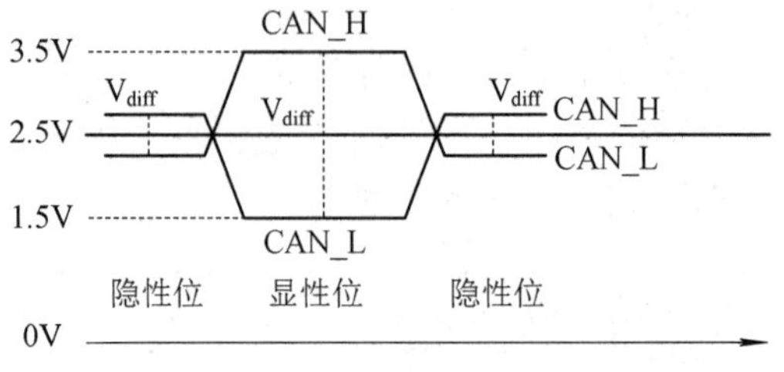

图 5-26　CAN 总线的电平逻辑

CAN 总线传输速率同样可用波特率表示，最高传输速率可达 1 Mb/s，传输距离可达 30 m。当传输距离更远时，为保证数据准确可靠传输，传输速率应适当降低，CAN 总线的最高传输速率与通信距离关系如表 5-4 所示。

表 5-4　CAN 总线最高传输速率与通信距离对照表

最高位速率	通信距离	位时间
1 Mb/s	30 m	1 μs
500 Kb/s	50 m	1.25 μs
500 Kb/s	100 m	2 μs
250 Kb/s	250 m	4 μs
125 Kb/s	500 m	8 μs
62.5 Kb/s	1000 m	16 μs
20 Kb/s	2500 m	50 μs
10 Kb/s	5000 m	100 μs

3. CAN 总线连接及通信特点

CAN 总线连接结构如图 5-27 所示。每个节点都需要 CAN 控制器且配接一个 120 Ω 的终端电阻，防止通信回波反射。CAN 总线理论上可以挂接 N 个单元节点，但实际上连接的单元数目受总线上时间延迟及电气负载的限制，降低通信速度可连接的节点数目增加，提高通信速度可连接的节点数目减少。总线上的任意一个节点都可以是主节点，在总线空闲时，每个节点都可以发送消息，而两个以上的节点同时发消息时，根据各节点标识符(Identifier，ID)仲裁决定优先级，仲裁是对 ID 位的逐个比较进行的，仲裁获胜的节点继续发送消息，仲裁失败的节点立即停止发送而进行接收工作。CAN 总线具备完善的协议帧，主要包括数据帧、遥控帧、错误帧、过载帧和间隔帧，各帧的用途如表 5-5 所示。各协议帧格式规范比较复杂，本书不再介绍，请有兴趣的读者自行查阅相关资料深入学习。CAN 总线协议具有错误检测、错误通知、错误恢复、故障封闭等功能，保障了通信的准确性和可靠性，特别适合工业过程监控设备的互联，是最有应用前途的现场总线之一。

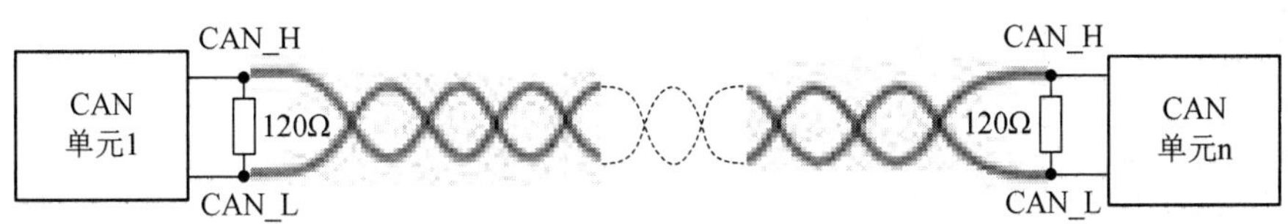

图 5-27　CAN 总线结构图

表 5-5　CAN 总线协议帧类型及用途

帧类型	帧　用　途
数据帧	用于发送单元向接收单元传送数据的帧
遥控帧	用于接收单元向具有相同 ID 的发送单元请求发送数据的帧
错误帧	用于当检测出错误时向其他单元通知错误的帧
过载帧	用于接收单元通知其尚未做好准备的帧
间隔帧	用于将数据帧及遥控帧与前面的帧分开来的帧

习　题

5-1　什么是总线，为什么微型计算机系统要采用总线结构？

5-2　总线的主要标准和指标有哪些？按总线的分级结构分类，可分为哪几类？是如何划分的？

5-3　USB 总线的特点是什么？其拓扑结构有什么特点？USB 总线都有哪些标准接口？

5-4　SPI 总线的特点是什么？应用在什么场合？

5-5　RS-232 串行通信的总线标准是什么？应用在什么场合？

5-6　采用 RS-232 串行通信，有效传输距离是多少？远距离通信如何实现？

5-7　RS-485 总线标准是什么？最远传输距离是多少？如何实现全双工通信？

5-8　什么是 I^2C 总线？I^2C 总线标准是什么？常用于什么场合？

5-9　CAN 总线有什么特点？常用于什么场合？

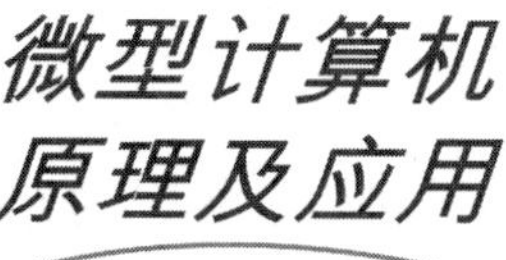

微型计算机原理及应用

第 6 章　MCS-51 微型计算机系统原理及应用

6.1　内部资源及工作时序

6.1.1　MCS-51 的特点和基本组成

MCS-51 系列单片机种类很多，8051 是最早的，也是最典型的产品之一，其他产品都是在 8051 核心电路上增、减改变而来的，且都具有 8051 的基本结构和软件特征。本章以 8051 单片机为主要研究对象，介绍 MCS-51 系列单片机的内部资源、指令系统、汇编语言程序设计方法，以及单片机内部资源应用、单片机扩展技术和系统设计应用等。

8051 单片机的基本组成如图 6-1 所示，主要包括以下 9 个部分。

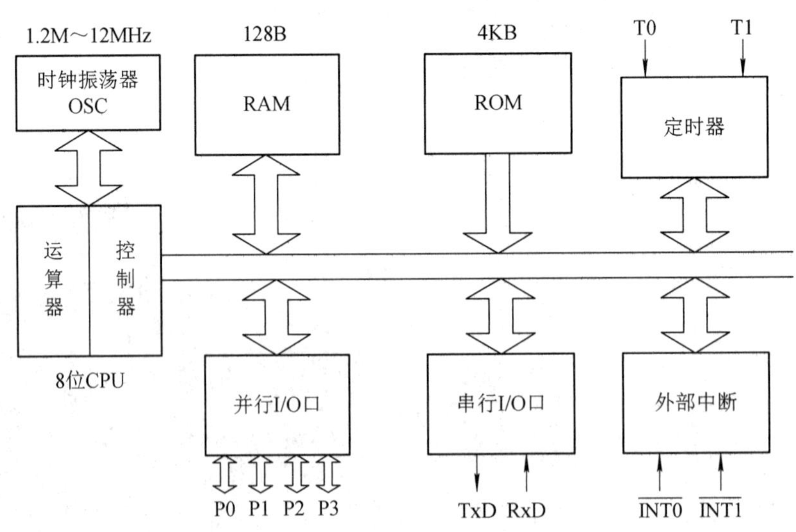

图 6-1　8051 单片机的基本组成

(1) 1 个 8 位的 CPU，包括运算器和控制器两部分；

(2) 1 个时钟振荡器 OSC，其振荡频率 1.2～12 MHz，可外接石英晶振产生系统时钟；

(3) 128 B 的片内数据存储器(RAM)的低 128 单元；

(4) 21 个特殊功能寄存器(SFR)，不连续分布于内部 RAM 的高 128 单元；

(5) 4 KB 的片内程序存储器(ROM)；

(6) 4 个 8 位并行 I/O 口(P0～P3)，P0、P2 和 P3 用于构造 16AB8DB2CB 总线；

(7) 1 个全双工串行 I/O 口，可用于扩展串行设备和异步串行通信；

(8) 2 个 16 位定时器/计数器，即 T0 和 T1；

(9) 5 个中断源，即 2 个外部中断、2 个定时器中断和 1 个串行口中断(图 6-1 中仅显示了外部中断源)。

6.1.2 8051 单片机的内部资源

图 6-2 所示是 8051 单片机的内部资源框图，接下来将逐一介绍。

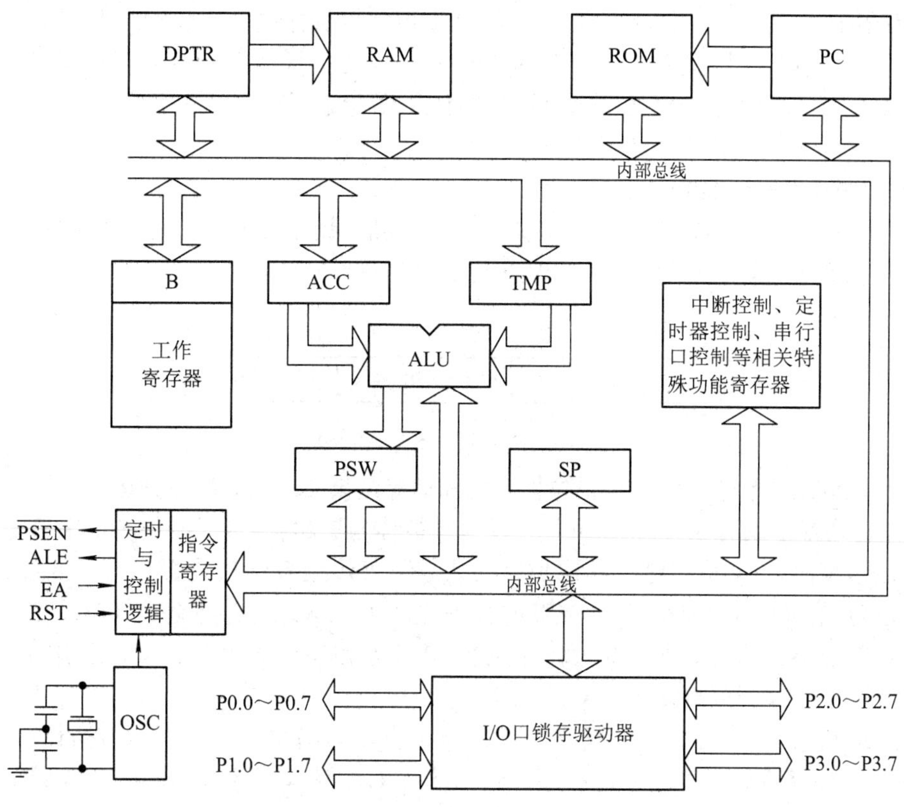

图 6-2 8051 单片机内部资源框图

1. CPU

CPU(即中央处理单元)是 8051 单片机的核心部件，其字长为 8，可进行 8 位二进制数据的处理和运算。

1) 运算器

运算器是 8051 单片机的运算部件，除了进行算术运算和逻辑运算，还具有数据传送、移位、判断和转移等功能。运算器主要由算术/逻辑单元 ALU、寄存器 A、寄存器 B、程序状态寄存器 PSW 和布尔处理器 5 个部分组成。

(1) 算术/逻辑单元 ALU。

算术/逻辑单元 ALU 是由 8 位的全加器构成的运算电路，作为运算器的核心部件，主要完成算术运算(加、减、乘、除)和逻辑运算(与、或、非、异或)，并能根据运算结果设置状态寄存器的相关标志位。

(2) 寄存器 A。

寄存器 A 是累加器 ACC 的简称，是 8051 单片机内部的 1 个 8 位寄存器，可用来存放操作数或运算结果。寄存器 A 是 8051 单片机内部中使用最频繁的，在很多指令中必须用寄存器 A，例如算术运算指令、CPU 与外部 RAM 或外设端口之间的数据传送、查表等操作。

(3) 寄存器 B。

寄存器 B 也是一个 8 位的寄存器，是 8051 单片机执行乘除法指令时必须用到的寄存器。当进行乘法运算时，寄存器 B 可用来存放乘数(乘之前)和乘积高 8 位(乘之后)；当进行除法运算时，寄存器 B 用来存放除数(除之前)和余数(除之后)。当然在不进行乘除运算的时候，B 可以作为一般的寄存器使用。

(4) 程序状态寄存器 PSW。

程序状态寄存器 PSW 是一个 8 位的标志寄存器，用于存放运算结果的状态信息，状态可供程序查询和逻辑判断使用，PSW 各位定义如图 6-3 所示。

D_7	D_6	D_5	D_4	D_3	D_2	D_1	D_0
Cy	AC	F0	RS1	RS0	OV	…	P

图 6-3　程序状态寄存器 PSW

① Cy(PSW.7)无符号数的进/借位标志位和运算结果的逻辑分析位。运算过程中 Cy 由运算电路自动置 1 或清 0。另外，Cy 在位操作时被称为累加器，此时常将其用字母 C 表示。

加法运算时，Cy 称为进位标志位，其状态可表示运算结果是否超出了 8 位无符号数的表示范围(00H～FFH)。Cy = 1 表示有进位产生，即运算结果超出 FFH，此时分析真值应该对运算结果进行加 256 调整；Cy = 0 表示没有进位产生，即运算结果未超出 FFH，此时分析真值可直接由运算结果求得。

减法运算时，Cy 称为借位标志位。Cy = 1 表示有借位产生，即被减数比减数小，此时分析真值应该对运算结果进行减 256 调整；Cy = 0 表示没有借位产生，即被减数大于或等于减数，此时真值可直接由运算结果求得。

② AC(PSW.6)半进/借位标志位。两个 8 位数进行加减运算时，运算过程中低 4 位向高 4 位有进/借位时 AC = 1，否则 AC = 0。AC 位为 BCD 码运算时运算结果调整的辅助标志位。

③ F0(PSW.5)用户自定义标志位。F0 是 PSW 寄存器未定义的位空间，可用指令进行设置，用以完成某种程序逻辑需求。

④ RS1、RS0 (PSW.4、PSW.3)工作寄存器组选择控制位。8051 单片机内部包含有 4 组名称完全相同的 8 位工作寄存器组 R0～R7，且每个寄存器均映射 1 个内部 RAM 单元。CPU 须通过指令设置 PSW 寄存器的 RS1、RS0 位来选择某组中的某些寄存器完成相关操作。RS1、RS0 位状态与工作寄存器组 R0～R7 的组合关系以及占用的片内 RAM 地址如表 6-1 所示。

表 6-1　RS1、RS0 对工作寄存器组的选择控制

RS1	RS0	工作寄存器组	片内 RAM 地址	通用寄存器名称
0	0	第 0 组	00H～07H	R0～R7
0	1	第 1 组	08H～0FH	R0～R7
1	0	第 2 组	10H～17H	R0～R7
1	1	第 3 组	18H～1FH	R0～R7

⑤ OV(PSW.2)溢出标志位。溢出标志位 OV 可用来判断运算过程中是否产生了溢出，若累加器 A 中的运算结果超出了 8 位有符号数所能表示的范围(−128～+127)，OV 标志位自动置 1，否则为 0。

⑥ D1(PSW.1)保留位。PSW 寄存器中未定义的位空间，可用指令进行设置以完成某种程序逻辑需求。

⑦ P(PSW.0)奇偶校验标志位。当累加器 A 中 1 的个数为奇数时，P 被硬件置位为“1”，反之则被复位为“0”。由于 A 中“1”的个数加上 P 的位状态，总能保持偶数个“1”，因此 8051 单片机采用的是偶校验逻辑。

(5) 布尔处理器。

8051 单片机运算电路虽然是 8 位的，但是具有对 1 位二进制进行运算的布尔处理器功能，即有较强的位变量处理能力，位操作时，以 C 作为累加器。8051 单片机设有专门的位操作指令系统。

2) 控制器

控制器是计算机的指挥控制部件，主要由定时控制逻辑电路和各种控制寄存器组成。定时控制逻辑电路用来产生各种工作时序，每条指令的执行过程严格遵循这种工作时序。控制器对来自存储器中的指令进行译码，并通过定时和控制电路在规定的时刻发出各种操作所需要的控制信号，使各部件协调工作，完成指令所规定的操作。控制器包括程序计数器 PC、指令寄存器 IR 和指令译码器 ID、堆栈指针寄存器 SP 和外部数据指针寄存器 DPTR。

(1) 程序计数器 PC。

程序计数器 PC 是一个 16 位的计数器，也称为程序指针寄存器。PC 内容为 CPU 将要执行的指令的首地址，PC 指向的指令称为当前指令，改变 PC 内容可以改变程序的流程。顺序结构的程序中当前指令执行完毕后 PC 会自动增值，增值量与已执行过的指令的长度有关，若执行的指令是单字节指令，则 PC 值加 1，若已执行的指令是双字节指令，则 PC 值加 2，以此类推。在包含转移类指令的分支、循环程序结构中，PC 的内容改变与相应转移类指令有关。PC 本身不可以直接进行读写操作，但可指向 64 KB 的 ROM 任意单元。8051 单片机系统复位后，PC 固定指向 ROM 第一个单元地址(即 PC = 0000H)。

(2) 指令寄存器 IR 和指令译码器 ID。

CPU 执行指令时，首先根据程序指针 PC 中的地址从 ROM 中取出要执行的指令代码，并将指令代码送至指令寄存器 IR，然后由指令译码器 ID 译码。IR 主要用于寄存指令代码，ID 则是负责对指令代码进行“解释”。

(3) 堆栈指针寄存器 SP。

堆栈是在存储器中开辟的一段具有特殊功能的存储空间，该存储空间利用堆栈操作指令可实现数据的“先进后出”存取。微型计算机系统中的堆栈常用作中断时的断点地址存储、程序调用时的返回地址存储以及中断服务程序和子程序设计时保护现场涉及到的数据存储。堆栈指针寄存器 SP 是 1 个 8 位寄存器，存放堆栈地址，系统复位后，8051 单片机的 SP 初值(默认值)为 07H。而在实际应用中，为避免数据空间冲突，堆栈资源需要用户根据实际需求在内部低 128B 的 RAM 高端开辟。堆栈开辟方法很简单，只需要给 SP 堆栈指针寄存器定义 1 个存储单元地址即可，该地址称为栈底地址，该单元即为栈底单元，需要指出的是栈底单元不属于堆栈空间即不可使用。例如某用户需要将 8051 单片机内部 RAM 60H 单元以后的 6 个单元开辟为堆栈区，只需要将 60H 送给 SP(MOV SP,#60H)即可，此时 60H 为栈底地址，60H 存储单元为栈底单元，如图 6-4(a)所示。

堆栈区的数据操作简称堆栈操作，需要修改堆栈指针寄存器 SP 内容，堆栈操作包括入栈操作和出栈操作。入栈操作是将数据送入堆栈，堆栈原有数据被覆盖，出栈操作是将堆栈中的数据取出，堆栈原有数据不变。数据入栈时(也称压栈)，需要首先修 SP 寄存器地址指针(地址加或地址减，8051 单片机中执行 SP + 1 操作)，即令 SP 指向新的存储单元，然后才可以向该单元写入数据，SP 最后指向的堆栈单元为栈顶，该单元地址即为栈顶地址。数据出栈时(也称弹栈)，则需要先将 SP 所指单元的数据读出，然后修改 SP 寄存器地址指针(地址减或地址加，8051 单片机中执行 SP-1 操作)，即 SP 指向新的栈顶。图 6-4(b)为数据 11H、12H、13H、14H 入栈后的堆栈示意图，图 6-4(c)为数据 14H 出栈后的堆栈示意图。

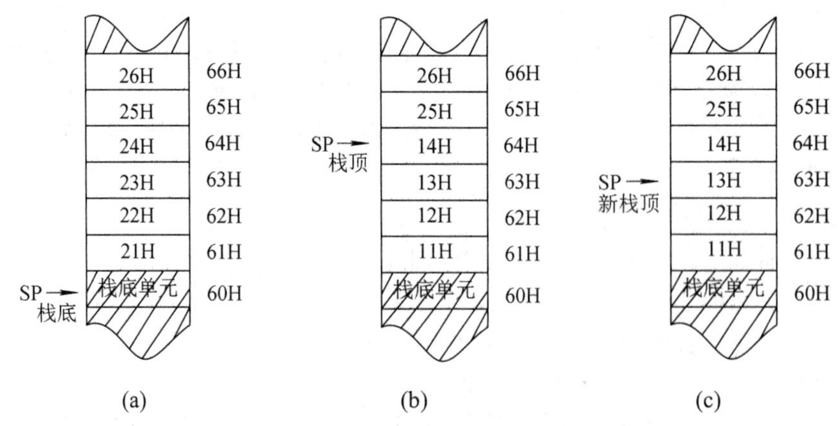

图 6-4　堆栈和堆栈操作示意图

(4) 数据指针寄存器 DPTR。

数据指针寄存器 DPTR 是 1 个 16 位的专用寄存器，它由两个 8 位的寄存器组成，DPH 是 DPTR 的高 8 位，DPL 是 DPTR 的低 8 位，它们也可以独立使用。在 MOVX 指令中，DPTR 用来存放片外 RAM 或 I/O 接口的端口地址；在 MOVC 指令即查找 ROM 存放在 ROM 中的数据表时，DPTR 用来存储数据表的首地址。

2. 8051 存储器结构

存储器是单片机存放程序和数据的器件，它包括程序存储器 ROM 和数据存储器 RAM。图 6-5 为 8051 单片机的存储器结构示意图，从图中可以看出，8051 单片机的存储结构包括 4 个物理上相互独立的地址空间：片内 ROM、片外 ROM、片内 RAM、片外 RAM。从用户使用的角度可分简化为 3 类：片内片外统一编址的 64 KB ROM(0000H～FFFFH)、256 B 的片内 RAM(00H～FFH)、统一编址的 64 KB 片外 RAM 或 I/O 端口地址(0000H～FFFFH)。

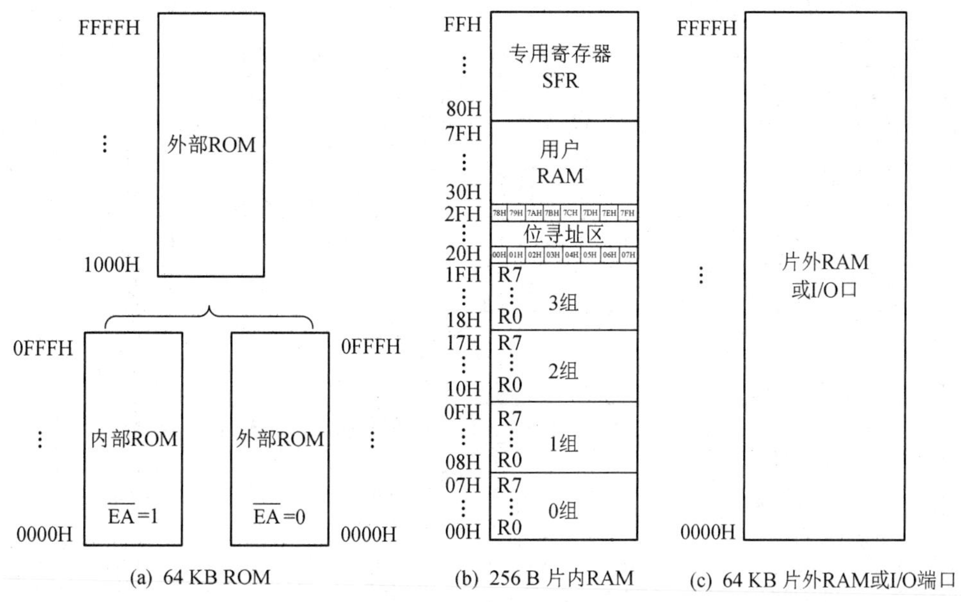

图 6-5　8051 单片机存储器结构

1) 程序存储器 ROM

8051 单片机的程序存储器 ROM 最多允许 64 KB，用于存放用户程序、数据和表格等信息，64 KB 的 ROM 地址分配如图 6-5(a)所示。当 $\overline{EA}$ 接高电平时，内/外程序存储器统一编址，片内的 4 KB ROM 占用地址 0000H～0FFFH，片外最多扩展 ROM 的 60 KB，可占用地址范围为 1000H～FFFFH。当 $\overline{EA}$ 接低电平时，内部 4 KB 的 ROM 处于透明状态(即不被访问)，CPU 仅使用片外 ROM，外部 ROM 可扩展 64 KB，占用地址范围为 0000H～FFFFH。MCS-51 单片机从片内和片外 ROM 中取指令的时间是相同的。8051 单片机系统复位时，程序计数器的内容 PC = 0000H，CPU 将从 0000H 单元开始执行程序，所以程序存储器 ROM 的地址中必须包含 0000H 单元。

另外需要特别指出，8051 单片机 ROM 存储器的 0000H～002AH 为特殊单元，在写入用户程序时应避开。因为从程序存储器 ROM 的 0003H 单元开始到 002AH 单元结束，被定义为 5 个中断源的中断程序服务区不能随便占用，所以须在 0000H～0002H 单元中存放无条件长转移指令(LJMP)，引导单片机复位后转去执行用户指定程序。中断服务区域被均匀分为 5 段，每段 8 个字节空间，每段空间的首地址为相应中断源的中断服务程序入口地址。

2) 片内数据存储器 RAM

8051 单片机内部 RAM 共有 256 B，分为低 128 B 数据区和高 128 B 特殊功能寄存器区。内部 RAM 的地址分配如图 6-5(b)所示。

(1) 低 128 B 用户数据区(00H～7FH)。

① 工作寄存器组(00H～1FH)。32 个单元分为 4 组，与 4 组 R0～R7 对应，用来存放操作数和中间结果，就近存取数据，提高了单片机的处理速度。CPU 通过设置 PSW 的 RS1、RS0 位状态选定，对应关系参照表 6-1，系统复位后不加设置情况下默认选定第 0 组。

② 位寻址区(20H～2FH)。16 个单元，可提供 128 位位操作区，位地址具体分配定义如表 6-2 所示。

表 6-2　内部 RAM 20H～2FH 位寻址区地址表

单元地址	位　地　址							
2FH	7FH	7EH	7DH	7CH	7BH	7AH	79H	78H
2EH	77H	76H	75H	74H	73H	72H	71H	70H
2DH	6FH	6EH	6DH	6CH	6BH	6AH	69H	68H
2CH	67H	66H	65H	64H	63H	62H	61H	60H
2BH	5FH	5EH	5DH	5CH	5BH	5AH	59H	58H
2AH	57H	56H	55H	54H	53H	52H	51H	50H
29H	4FH	4EH	4DH	4CH	4BH	4AH	49H	48H
28H	47H	46H	45H	44H	43H	42H	41H	40H
27H	3FH	3EH	3DH	3CH	3BH	3AH	39H	38H
26H	37H	36H	35H	34H	33H	32H	31H	30H
25H	2FH	2EH	2DH	2CH	2BH	2AH	29H	28H
24H	27H	26H	25H	24H	23H	22H	21H	20H
23H	1FH	1EH	1DH	1CH	1BH	1AH	19H	18H
22H	17H	16H	15H	14H	13H	12H	11H	10H
21H	0FH	0EH	0DH	0CH	0BH	0AH	09H	08H
20H	07H	06H	05H	04H	03H	02H	01H	00H

③ 用户 RAM 区(30H～7FH)。共有 80 个单元，主要用于存放随机数据和中间结果。在实际应用中，也常将堆栈工作区设置在此区域，只能用于字节寻址。

(2) 高 128 B 特殊功能寄存器区(80H～FFH)。

8051 单片机的 21 个特殊功能寄存器(SFR)不连续地分散在内部 RAM 的高 128 B。SFR 的访问可用寄存器名称，也可以用 SFR 对应的单元地址。8051 单片机 RAM 的高 128 B 中没有被 SFR 占用的存储单元用户也可以使用，但是只能用直接地址方式访问。特殊功能寄存器分布如表 6-3 所示。

(3) 片外数据存储器 RAM。

8051 单片机允许扩展 64KB 的片外数据存储器 RAM，前 256B 可以用 16 位地址 0000H～00FFH 访问，也可用 8 位地址 00H～FFH 访问。需要特别指出，若 8051 单片机扩展接口，将占用部分外 RAM 地址用作端口地址。

表 6-3　特殊功能寄存器分布

标识符号	地址	寄存器名称
*ACC	0E0H	累加器
*B	0F0H	寄存器 B
*PSW	0D0H	程序状态寄存器
SP	81H	堆栈指针寄存器
DPL	82H	数据寄存器指针低 8 位
DPH	83H	数据寄存器指针高 8 位
*P0	80H	I/O 口 0 寄存器(通道 0)
*P1	90H	I/O 口 1 寄存器(通道 1)
*P2	0A0H	I/O 口 2 寄存器(通道 2)
*P3	0B0H	I/O 口 3 寄存器(通道 3)
*IP	0B8H	中断优先级设置寄存器
*IE	0A8H	中断允许控制寄存器
TMOD	89H	定时器方式选择寄存器
*TCON	88H	定时器控制寄存器
TH0	8CH	定时器 0 高 8 位寄存器
TL0	8AH	定时器 0 低 8 位寄存器
TH1	8DH	定时器 1 高 8 位寄存器
TL1	8BH	定时器 1 低 8 位寄存器
*SCON	98H	串行口控制寄存器
SBUF	99H	串行口数据缓冲寄存器
PCON	87H	电源控制及波特率选择寄存器

表中带*的 SFR 是可以位寻址的，在 21 个 SFR 中，可以位寻址的寄存器有 11 个，其单元地址均可被 8 整除，提供 88 个位空间，如表 6-4 所示为可以位寻址的 SFR 位地址分配表。

表 6-4　位寻址 SFR 的位地址分配表

寄存器号	位　地　址								映射地址
	D7	D6	D5	D4	D3	D2	D1	D0	
B	F7	F6	F5	F4	F3	F2	F1	F0	F0H
ACC	E7	E6	E5	E4	E3	E2	E1	E0	E0H
PSW	D7	D6	D5	D4	D3	D2	D1	D0	D0H
IP	—	—	—	BC	BB	BA	B9	B8	B8H
P3	B7	B6	B5	B4	B3	B2	B1	B0	B0H
IE	AF	—	—	AC	AB	AA	A9	A8	A8H
P2	A7	A6	A5	A4	A3	A2	A1	A0	A0H
SCON	9F	9E	9D	9C	9B	9A	99	98	98H
P1	97	96	95	94	93	92	91	90	90H
TCON	8F	8E	8D	8C	8B	8A	89	88	88H
P0	87	86	85	84	83	82	81	80	80H

3. 8051 并行 I/O 接口

8051 单片机有 4 个 8 位并行 I/O 接口，即 P0～P3，占有 32 根 I/O 线。每个接口均有 8 位数据输出锁存器、8 位输出驱动器、8 位数据输入缓冲器和 1 个固定的 RAM 地址。P0～P3 均可作通用 I/O 使用，输出时通过锁存器，输入时通过缓冲器。当需要扩展外部存储器或其他 I/O 接口时，P0、P2 和 P3 用于构造 8051 单片机的 16AB8DB2CB 总线。16AB 高 8 位由 P2 口提供，低 8 位由 P0 口提供。8DB 由 P0 口提供，2CB 由 P3 口的 P3.6 和 P3.7 提供。P0 口既作地址线又作数据线，因此，P0 口必须接外部锁存器实现数据传送时的地址锁存。P1 口常作为数据输入/输出的通用 I/O 接口使用，直接与外部设备连接。

4. 8051 定时/计数器

8051 单片机内部有两个 16 位的定时/计数器 T0 和 T1，可用于定时或计数。T0 利用寄存器 TH0(8CH)和 TL0(8AH)存放计数初值，T1 利用寄存器 TH1(8DH)和 TL1(8BH)存放计数初值。

5. 8051 串行接口

8051 单片机内部有 1 个可编程的全双工串行接口，可实现双机之间或多机之间的异步串行通信。发送数据时 CPU 将并行数据送入发送缓冲寄存器 SBUF，在发送脉冲的作用下串行移位数据经 TxD 引脚发送；接收数据时在接收脉冲的作用下将 RxD 引脚上的数据串行输入接收缓冲寄存器 SBUF，接收完毕后 CPU 可以读取 SBUF 获得接收数据。与串行口相关的控制寄存器有 SCON 和 PCON。

6. 8051 中断系统

8051 单片机可实现中断控制，以提高 CPU 的运行效率。8051 单片机共有 5 个中断源，包括 2 个外部中断、2 个定时器中断和 1 个串行口中断。每个中断源均有高低两个优先级且有固定的入口地址。

6.1.3　8051 时序

1. 8051 单片机时序单位

单片机时序就是指 CPU 在执行指令时所遵循的时间顺序。8051 单片机时序的单位从小到大依次为节拍、状态、机器周期、指令周期。

(1) 节拍(P)。单片机片内振荡电路 OSC 和外接石英晶振电路产生时钟信号 CLK，1 个时钟周期 T 定义为 1 个节拍 P，T 即为时钟脉冲频率 f_{osc} 的倒数，节拍 P 是时序中最小的时间单位。例如，若 8051 单片机的时钟频率为 f_{osc} = 1 MHz，则它的时钟周期 T 应为 1 μs。

(2) 状态(S)。8051 单片机将两个节拍定义为 1 个状态 S，第 1 拍记为 P1，第 2 拍记为 P2。

(3) 机器周期。8051 单片机将 6 个状态 S1～S6 定义为 1 个机器周期，即 1 个机器周期固定有 12 个节拍，可表示为 S1P1，S1P2，S2P1，…，S5P2，S6P1，S6P2。假设系统时钟频率 f_{osc} = 12 MHz，则对应的机器周期应为 1 μs。

(4) 指令周期。指令周期是 8051 单片机时序中最大的时间单位，定义为执行 1 条指令所需要的时间。由于机器执行不同指令所需时间不同，因此不同指令所包含的机器周期数也不相同。通常，包含 1 个机器周期的指令称为单周期指令，包含两个机器周期的指令称为双周期指令。

2. 8051 单片机指令执行时序

8051 单片机的指令执行时序如图 6-6 所示。

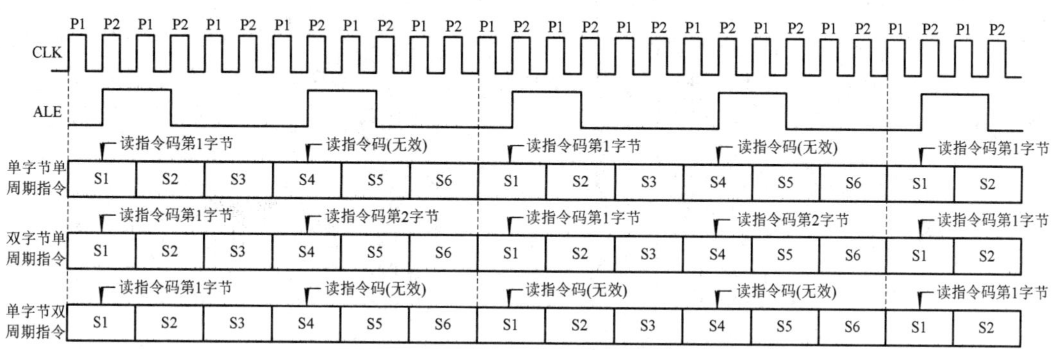

图 6-6　8051 单片机的指令执行时序

由图 6-6 可知，ALE 引脚上出现的信号是周期性的，每个机器周期内出现两次高电平，出现时刻为 S1P2 和 S4P2，持续时间为一个状态 S。ALE 信号每出现一次，CPU 就进行一次取指令操作，但由于不同指令的字节数和机器周期不同，因此取指令操作也随指令不同而有明显的差异。下面介绍几种主要的时序。

按照指令字节数和机器周期数，8051 单片机的 111 条指令可分为 6 类，分别对应于 6 种基本时序。这 6 类指令是单字节单周期指令、单字节双周期指令、单字节四周期指令、双字节单周期指令、双字节双周期指令、三字节双周期指令。

(1) 单字节单周期指令时序。此类指令的指令码只占有 1 个字节(如 INC A 指令)，第一个 ALE 出现时，单片机取出指令码的第一字节，第二个 ALE 有效时，会再次进行取指令码操作，但会自动舍去。

(2) 双字节单周期指令时序。此类指令的指令码占 2 个字节(如 MOV A,#data)，指令执行时，两次的 ALE 信号都是有效的，只是第一个 ALE 信号有效时读的是指令码第一字节(操作码)，第二个 ALE 信号有效时读指令码第二字节(操作数)。

(3) 单字节双周期指令时序。此类指令的指令码只占有 1 个字节(如 MOVX　@Ri,A)，指令执行时，在第一机器周期 S1 期间从程序存储器 ROM 中读出指令码第一字节，经译码后便知道是单字节双周期指令，故控制器自动封锁后面的连续三次读操作，并在第二机器周期的 S6P2 时完成指令的执行。

6.1.4　8051 引脚及功能

8051 单片机具有 40 个引脚，图 6-7 所示是一个双列直插封装的 8051 单片机引脚分配图。

引脚	名称	8051	引脚	名称
1	P1.0		40	V_{CC}
2	P1.1		39	P0.0
3	P1.2		38	P0.1
4	P1.3		37	P0.2
5	P1.4		36	P0.3
6	P1.5		35	P0.4
7	P1.6		34	P0.5
8	P1.7		33	P0.6
9	RST/V_{PD}		32	P0.7
10	RxD/P3.0		31	$\overline{EA}$/V_{PP}
11	TxD/P3.1		30	ALE/$\overline{PROG}$
12	$\overline{INT0}$/P3.2		29	$\overline{PSEN}$
13	$\overline{INT1}$/P3.3		28	P2.7
14	T0/P3.4		27	P2.6
15	T1/P3.5		26	P2.5
16	$\overline{WR}$/P3.6		25	P2.4
17	$\overline{RD}$/P3.7		24	P2.3
18	XTAL2		23	P2.2
19	XTAL1		22	P2.1
20	V_{SS}		21	P2.0

图 6-7　8051 单片机的引脚分配图

1. 电源引脚 V_{CC} 和接地引脚 Vss

8051 单片机采用+5 V 电源供电，V_{CC} 为+5 V 电源端，Vss 为电源接地端。8051 单片机中高电平“1”电压标准为 5 V，低电平“0”电压标准为 0 V。

2. 时钟引脚 XTAL1 和 XTAL2

当使用芯片内部振荡电路产生时钟时，XTAL1 和 XTAL2 是用于外接石英晶体振荡器和电容，如图 6-8(a)所示。当使用外部时钟时，用于接外部时钟脉冲信号，外部时钟应是方波发生器，具体接法根据所用单片机芯片类型确定。图 6-8(b)和(c)分别是 NMOS8051 和 CMOS8051(即 80C51)的外接时钟电路。

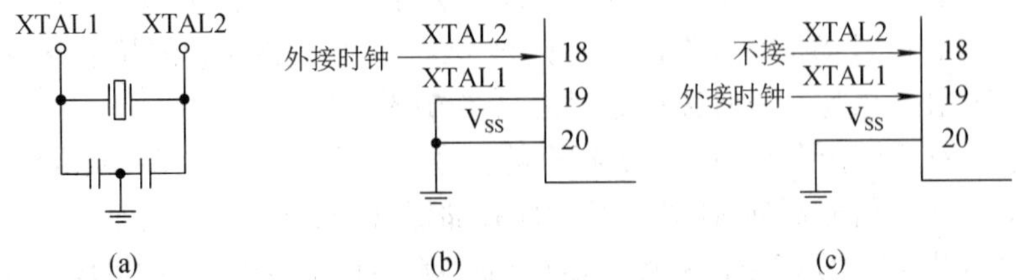

图 6-8　8051 单片机的时钟电路

3. 控制信号引脚 ALE、$\overline{PSEN}$、$\overline{EA}$ 和 RST

(1) ALE/$\overline{PROG}$。地址锁存控制信号。在访问外部存储器时，ALE 用于锁存出现在 P0 口上的低 8 位地址，以实现低 8 位地址和 8 位数据的隔离。当单片机上电正常工作后，ALE 就以时钟振荡频率 1/6 的固定频率，周期地向外输出正脉冲信号，故它也可作为外部时钟或外部定时脉冲源使用。此引脚的第二功能 $\overline{\text{PROG}}$ 是在对 8051 的 EPROM 编程时作为编程脉冲的输入端。

(2) $\overline{\text{PSEN}}$。片外 ROM 选通信号，低电平有效。在从片外 ROM 读取指令或常数时，8051 单片机自动在 $\overline{\text{PSEN}}$ 线上产生 1 个负脉冲，用于为片外 ROM 芯片的选通。在每个机器周期内 $\overline{\text{PSEN}}$ 两次有效，以实现对片外 ROM 单元的读操作。当访问片外 RAM 时或片内 ROM 时，$\overline{\text{PSEN}}$ 信号将不出现。

(3) $\overline{\text{EA}}$/V_{PP}。8051 单片机内部 ROM 选择控制信号。当 $\overline{\text{EA}}=0$ 时，内部 ROM 不允许使用，CPU 只能从外部 ROM 中读取指令；当 $\overline{\text{EA}}=1$ 时，PC 值小于 0FFFH 时读内部 ROM，当 PC 值大于 0FFFH 时，CPU 自动转向读外部 ROM 的程序。V_{PP} 用于 8051 的 EPROM 编程时接 21 V 编程电压。

(4) RST/V_{PD}。复位信号，高电平有效。当此输入端保持 2 个机器周期以上的高电平时，就可以完成单片机的复位初始化操作。通常，8051 单片机的复位电路有上电自动复位和人工按键复位两种，如图 6-9 所示。RST/V_{PD} 的第二功能是 V_{PD} 为备用电源输入端。当主电源 V_{CC} 发生故障时，V_{PD} 的备用电源自动投入，以保证片内 RAM 的信息不丢失。

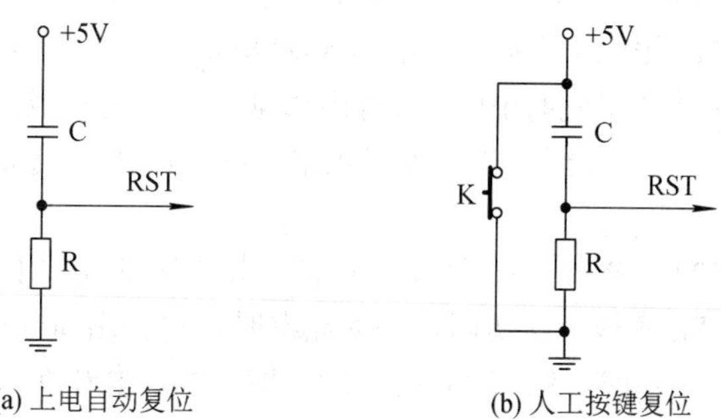

图 6-9　8051 单片机的复位电路

4. 并行 I/O 端口 P0、P1、P2 和 P3

8051 单片机共有 4 个并行 I/O 端口，每个端口有 8 条端口线，用于传送数据/地址，每个端口结构不同，因此它们的功能和用途具有很大差别。如图 6-10 所示是 P0、P1、P2 和 P3 端口的位结构图。

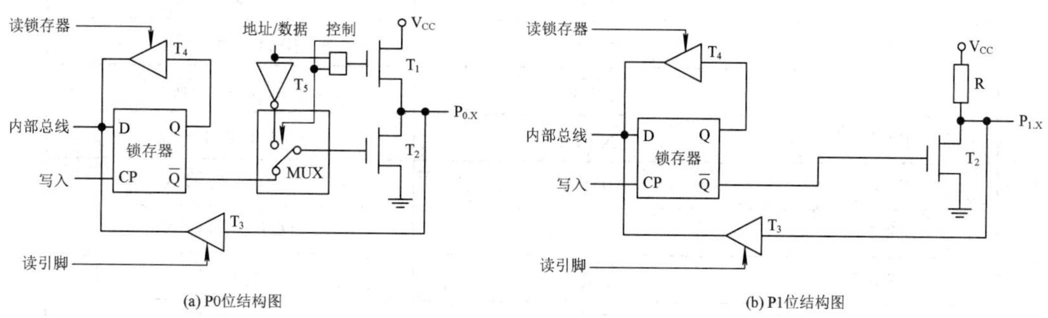

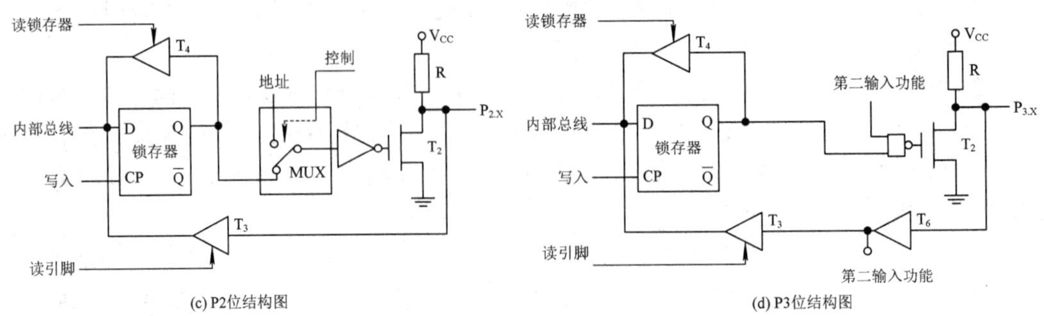

图 6-10　8051 单片机内部并行 I/O 端口的位结构图

(1) P0 口(P0.7～P0.0)。P0 口是 8 位双向 I/O 口，每位能驱动 8 个 LS 型 TTL 负载。在访问片外存储器时，P0 分时提供低 8 位地址线和 8 位双向数据线。当不接片外存储器或不扩展 I/O 接口时，P0 可作为一个通用输入/输出口。当 P0 口作为输入口使用时，应先向 P0 口锁存器写“1”，才能正确读取外部输入信号；当 P0 口作为输出时，由于 P0 口输出端是漏极开路结构，因此必须外接上拉电阻才能输出正确的逻辑数据。

(2) P1 口(P1.7～P1.0)。P1 口是一个带内部上拉电阻的 8 位准双向 I/O 口，每位能驱动 4 个 LS 型 TTL 负载。P1 口只能作通用输入/输出口用。当 P1 口作为输入口使用时，应先向 P1 口锁存器写“1”，此时 P1 口引脚由内部上拉电阻拉成高电平以便能正确读取外部输入信号；当 P1 口作为输出口使用时，已能向外提供推拉电流负载，无须再外接上拉电阻。

(3) P2 口(P2.7～P2.0)。P2 口也是 1 个带内部上拉电阻的 8 位准双向通用 I/O 口，每位也能驱动 4 个 LS 型 TTL 负载。在访问片外存储器时，它输出高 8 位地址。同理当不接片外存储器或不扩展 I/O 接口时，P2 亦可作为 1 个通用输入/输出口。当 P2 口作为输入口使用时，应先向 P2 口锁存器写“1”，才能正确读取外部输入信号。

(4) P3 口(P3.7～P3.0)。P3 口为双功能口。第一功能是作为通用输入/输出口使用，当 P3 口作为输入口使用时，也应先向 P3 口锁存器写“1”，才能正确读取外部输入信号。第二功能是特殊功能，如表 6-5 所示。

表 6-5　P3 口的第二功能及用途

引脚	第二功能	信号名称
P3.0	RxD	串行数据接收
P3.1	TxD	串行数据发送
P3.2	$\overline{\text{INT0}}$	外部中断 0 输入
P3.3	$\overline{\text{INT1}}$	外部中断 1 输入
P3.4	T0	TC0 计数输入
P3.5	T1	TC1 计数输入
P3.6	$\overline{\text{WR}}$	写信号
P3.7	$\overline{\text{RD}}$	读信号

6.2　MCS-51 汇编指令系统

6.2.1　MCS-51 汇编指令格式

汇编语言是介于机器语言和高级语言之间的、面向具体处理器的一种微机编程语言，不同的处理器针对自身的结构和功能特点有专门的指令系统，每一条指令都是针对微型计算机系统的硬件(寄存器、存储单元、外部设备等)的具体操作，明确而具体，因此，汇编语言程序执行效率高，并且可以充分利用微型计算机系统的硬件资源，非常适合初学者对微型计算机系统工作原理的掌握。

MCS-51 单片机汇编语言的一条完整汇编指令格式如图 6-11 所示。图中由前向后的箭头表示是可选项，由后向前的箭头表示是重复项，圆头方框表示是语句中的关键字。

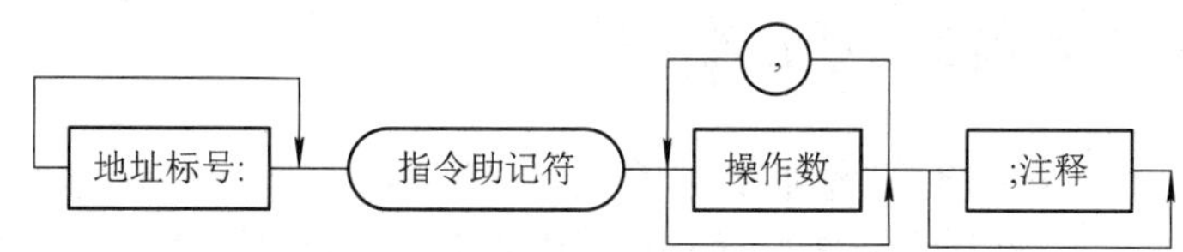

图 6-11　MCS-51 单片机汇编语言汇编指令格式

(1) 地址标号。本条指令的起始地址的符号表示，第一个字符必须是字母，其余可以是字母(不区分大小写)、数字(尽量不用特殊字符，如@，#，$等)，结尾处必须用半角冒号“:”，地址标号可以缺省。地址标号一般应有明确的释义，便于程序理解，常见的地址标号如：“START:”，“NEXT:”，“Delay1ms:”，“CON:”等。

(2) 指令助记符。能表征具体操作功能的固定英文字母组合(不区分大小写，一般书写为大写)，方便编程人员使用，即“顾名思义”，但是须经“翻译”(汇编)成机器操作码才能被计算机识别，指令助记符是一条指令中必不可少的组成部分。

(3) 操作数。指令的操作对象，操作数提供参加运算的数，1 条指令可以有 1～3 个操作数，也可以没有操作数(简称无操作数指令，比如 NOP 指令)。数据形式的操作数可以用二进制、十进制或十六进制表示(一般用十六进制表示，如 30H)，在用字母打头的十六进制数时，前面须加 0(如 0A5H，0 只有语法作用而无实际意义)，否则汇编会出错。指令中有 2～3 个操作数时，各操作数之间必须用半角逗号“,”分开。

在 MCS-51 单片机汇编指令中，操作数主要有以下几种形式。

① 立即数。该操作数即为参加运算的数，在指令操作码之后直接携带，无须其他任何读写操作就可以即时参加运算，MCS-51 单片机汇编指令中立即数形式为数据前加“#”符号前缀，8 位立即数记为#data(如#30H)，16 位立即数记为#data16(如#2000H)。

② 寄存器操作数。该操作数形式为寄存器，寄存器中存放参加运算的数，指令中直接给出被访问寄存器的名字，可以是工作寄存器组，简记为 Rn(n = 0～7)。

③ 直接地址操作数。该操作数形式为内部 RAM 单元地址或 SFR，若指令中直接给出内部 RAM 的地址，记为 direct，地址范围为 00H～FFH(仅限内部 RAM)。

④ 寄存器间接寻址操作数。该操作数形式为寄存器前加“@”，寄存器中存放的是存

储器地址，存储器中存放参加运算的数，指令中给出的是存有存储器地址的寄存器。存储器地址为 8 位时仅可存于 R0 或 R1 寄存器，记为@Ri(i = 0，1)，存储器地址为 16 位时，必须放入 DPTR，记为@DPTR。参加运算的数可以存放于内部 RAM、外部 RAM、外设端口及 ROM 表格中。

(4) 注释。用户为阅读程序方便而加注的解释说明。可选项，注释形式不限，对指令的执行没有影响，只起指令功能说明作用，用半角分号“;”与操作数或指令隔开。

例如，在 ROM 2000H 处存有一条完整汇编指令：

```
    ORG 2000H
LOOP: ADD A , #0A8H ;A 累加器中的数与操作数 A8H 相加
    ....
```

该指令中“LOOP”表示指令首地址 2000H，“ADD”为表示加法的指令助记符，“A,#0A8H”为操作数，“;A 累加器中的数与操作数 A8H 相加”为注释。

6.2.2　MCS-51 汇编指令寻址方式

MCS-51 单片机中操作数有多种存放形式，在执行指令时，CPU 首先根据指令中提供的不同形式的操作数找到参加运算的数，然后才能进行具体运算操作，最后把运算结果存入相应的存储单元或相应的寄存器中。由于操作数的形式不同，寻找具体运算数据的方式也不同，CPU 寻找具体运算数据的方式称为寻址方式。MCS-51 单片机指令系统中最基本的寻址方式有 8 种，分别为立即寻址方式、直接寻址方式、寄存器寻址方式、寄存器间接寻址方式、位寻址方式、变址寻址方式、绝对寻址方式和相对寻址方式。

1. 立即寻址方式

采用立即寻址方式的指令中给出的是立即数，立即数紧跟操作码存放，取指令即取得立即数，方便快捷。由于立即数没有自己独立的地址，因此立即数只能被读取。例如：

```
MOV   A, #35H         ; 将立即数 35H 送入寄存器 A，指令码为 74 35H
MOV   DPTR, #1234H ;将立即数 1234H 送入寄存器 DPTR，指令码为 90 1234H
```

2. 直接寻址方式

采用直接寻址方式的指令中给出的是直接地址操作数，该地址紧跟指令操作码存放，取指令即取得该地址，MCS-51 单片机指令系统中的直接寻址方式仅限于对存储于片内 RAM 中的数据进行寻址，寻址范围是 00H～FFH。例如：

```
MOV A, 35H          ;将内部 RAM 35H 单元的内容送入寄存器 A，指令码为 E5 35H
MOV   R0, 0D0H      ;将内部 RAM D0H 单元的内容送入寄存器 R0，指令码为 A8 D0H
MOV   A,PSW         ;将 SFR 寄存器 PSW 内容传送至寄存器 A，指令码为 E5 D0H，与直接寻址
                     指令 MOV A,0D0H 指令码功能相同
```

3. 寄存器寻址方式

采用寄存器寻址方式的指令中给出的是寄存器操作数。例如：

```
MOV A, R7           ;将寄存器 R7 内容传送至寄存器 A，指令码为 EFH
MOV 50H, R5         ;将寄存器 R5 内容传送至内部 RAM 50H 单元，指令码为 8D 50H
```

4. 寄存器间接寻址方式

采用寄存器间接寻址方式的指令中给出的寄存器间接寻址操作数。

(1) 访问内部 128 B RAM 可通过 R0 和 R1 作为间接寄存器。例如：

```
MOV R0,#50H          ;建立指针，即让 R0 指向内部 RAM 50H 单元，指令码为 78 50H
MOV @R0,A            ;将寄存器 A 内容传送至内部 RAM 50H 单元，指令码为 F6H
```

(2) 访问外部 RAM 或外设端口，可采用 DPTR 或 R0、R1 作为间接寻址寄存器。当访问的外部 RAM 单元或外设端口地址用 00H～FFH 之间的 8 位地址表示时，可以使用寄存器 R0 或 R1；而当访问的外部 RAM 单元或外设端口地址用 0000H～FFFFH 之间的 16 位地址表示时，则必须使用寄存器 DPTR。例如：

```
MOV   DPTR,#2000H    ;建立指针，即让 DPTR 指向 2000H
MOVX  A, @DPTR       ;将外部 RAM 2000H 单元内容送入寄存器 A，指令码为 E0H
MOV R1,#50H          ;建立指针，即让 R1 指向 50H
MOVX  A, @R1         ;将外部 RAM 50H 单元内容送入寄存器 A，指令码为 E3H
MOV DPTR,#0050H      ;建立指针，即让 DPTR 指向 0050H
MOVX  A, @DPTR       ;将外部 RAM 0050H 单元内容送入寄存器 A，指令码为 E0H
```

5. 位寻址方式

采用位寻址方式的指令操作数为位累加器 C 和位地址。

(1) 片内 RAM 低 128 B 单元的位寻址单元 20H～2FH，共 128 位，位地址范围为 00H～7FH。例如：

```
MOV C,00H            ;将 00H 位送至位累加器 C，指令码为 A2 00H
```

(2) 片内 RAM 高 128 B 单元中可以位寻址的 11 个特殊功能寄存器，共 88 位。

访问可以位寻址的 SFR 某位，可写成 4 种形式。

例如：读取程序状态寄存器 PSW 的第 0 位操作，可写成以下 4 种形式。

① 特殊功能寄存器加位序号的形式：

```
MOV C,PSW.0          ;将 PSW.0 内容送入 C，PSW.0 表示该位是 PSW 的第 0 位
```

② 位符号地址(即位名称)的形式：

```
MOV C,P              ;将奇偶标志 P 内容送入 C，P 是 PSW 的第 0 位
```

③ 字节地址加位序号的形式：

```
MOV C,0D0H.0         ;将内部 RAM D0H 单元的第 0 位内容送入 C，D0H 是 PSW 的字节地址，
                      D0H.0 是 D0H 单元的第 0 位
```

④ 直接使用位地址形式：

```
MOV C,0D0H           ;将 D0H 位内容送入 C，D0H 是 PSW 的第 0 位的位地址
```

6. 变址寻址方式

MCS-51 单片机的变址寻址是以数据指针 DPTR 或 PC 作为基址寄存器，以累加器 A 作为变址寄存器，以两者内容相加形成新的 16 位 ROM 地址作为数据地址，再从该地址读出数据送入寄存器 A。该寻址方式用来进行查表操作，需要指出的是，表格一般设置在 ROM 中。在 MCS-51 单片机指令中共有两条变址寻址指令：

```
MOVC   A,@A+PC       ;将 A+PC 所合成的地址所指的 ROM 单元的内容读出送入 A，PC 为本
```

指令下一条指令的首地址，指令码为 83H

MOVC A,@A+DPTR ;将 A+DPTR 所合成的地址所指的 ROM 单元的内容读出送入 A，DPTR 为表格首地址，指令码为 93H

7. 绝对寻址方式

绝对寻址方式指令给出的操作数为存储器地址，绝对寻址的目的是通过改变程序指针 PC 的内容，实现程序的转移。绝对寻址方式对应绝对转移指令，指令中的操作数为程序转移的目标地址。例如：

LJMP 2000H ;转移至 ROM 2000H 处执行程序，执行指令后 PC=2000H,指令码为 02 20 00H

LCALL 2000H ;调用入口地址为 2000H 的子程序，指令码为 12 20 00H

8. 相对寻址方式

相对寻址方式指令中给出的操作数为-128～+127 之间的有符号数(补码)，相对寻址的目的也是通过改变程序指针 PC 的内容，实现程序的转移。相对寻址方式对应相对转移指令，指令中的操作数为地址偏移量，程序转移的目标地址为当前 PC 值加上偏移量，当前 PC 值指得是相对转移指令的下一条指令的首地址。例如：

1000H:SJMP 1055H ;在 ROM 1000H 处的无条件相对转移指令，指令码为 80 53H，当前 PC 为 1000H+2，其转移目标地址为 1000H+2+53H=1055H

1000H:JZ1055H ;在 ROM 1000H 处的有条件相对转移指令，指令码为 60 53H，当前 PC 为 1000H+2，若 A=0，则转移目标地址为 1000H+2+53H=1055H，若 A≠0，则转移目标地址为 1000H+2=1002H，即顺序执行

6.2.3 MCS-51 汇编指令系统

1. MCS-51 指令系统分类

MCS-51 单片机指令系统共包含 111 条指令，按照指令的功能不同可分为数据传送类指令(29 条)、算术运算和逻辑运算类指令(48 条)、移位和位操作类指令(17 条)、跳转及控制类指令(17 条)，共 4 类。

2. MCS-51 指令中的常用符号

为便于介绍 MCS-51 单片机的基本指令，本书对基本指令中出现的符号定义如下。

(1) Rn(n = 0～7)：表示当前工作寄存器 R0～R7 中的某个寄存器。

(2) Ri(i = 0 或 1)：表示间接寻址寄存器 R0 或 R1。

(3) #data：表示 8 位立即数。

(4) #data16：表示 16 位立即数。

(5) direct：表示片内 RAM 的某存储单元地址。既可以是片内 RAM 低 128 B 的单元地址，也可以是高 128 B 中特殊功能寄存器的单元地址或符号地址。

(6) addr11：用无符号数表示的 11 位二进制绝对地址偏移量，取值范围在 0000H～07FFH 之间，主要用于 ACALL 指令和 AJMP 指令。

(7) addr16：表示 16 位目的地址，主要用于 LCALL 指令和 LJMP 指令。

(8) rel：用补码形式表示的 8 位二进制相对地址偏移量，取值范围在-128～+127 之间，

主要用于相对转移指令，以形成转移的目标地址。

(9) bit：表示位地址。

(10) B：表示 B 寄存器。

(11) ACC：寄存器 A 对应的 SFR 形式。

(12) C：表示 PSW 中的进位标志位 Cy。

(13) $：表示当前指令的地址。

3. MCS-51 指令长度判定规则

在 MCS-51 单片机指令系统中不同指令长度的判定规则是：每条指令基本长度为 1 个字节的 ROM 空间，若指令操作数为 8 位立即数 data、8 位直接地址 direct、相对地址偏移量 rel、绝对地址偏移量 addr11、地址符号$、位地址 bit、SFR 中的任意形式，每出现 1 次，指令长度须在基本长度上增加 1 个字节；若指令操作数中出现 16 位立即数 data16 或 16 位地址 addr16 中的某 1 个，每出现 1 次，指令长度须在基本长度上增加 2 个字节。

4. 数据传送类指令

数据传送类指令主要完成数据的传送、交换和保存等功能。数据传送指令一般不影响任何标志位，但当目标地址为 A 时，将会影响奇偶标志位 P。按照操作方式可将其分为内部数据传送指令、外部数据传送指令、数据交换指令和堆栈操作指令等。

1) 内部数据传送指令(MOV)

内部数据传送指令(MOV)包含两个操作数，紧跟助记符 MOV 的操作数称为目的操作数，另一个称为源操作数。内部是指除立即数外，源操作数和目的操作数都在内部 RAM 中。根据源操作数寻址方式的不同，可分为立即寻址型传送指令、直接寻址型传送指令、寄存器寻址型传送指令和寄存器间接寻址型传送指令 4 类。

(1) 立即寻址型传送指令。

立即寻址型传送指令的特点是源操作数是立即数，指令形式如下：

```
MOV   A, #data        ;将数据 data 送入寄存器 A
MOV   Rn, #data       ;将数据 data 送入寄存器 Rn
MOV   @Ri, #data      ;将数据 data 送入间接寻址的内部 RAM，目的单元地址在寄存器 Ri 中
MOV   direct, #data   ;将数据 data 送入内部 RAM direct 单元中
MOV   DPTR, #data16   ;将 16 位数据 data16 送入寄存器 DPTR
```

由 MCS-51 单片机指令长度判定规则可知，前 3 条为双字节指令，最后 2 条为 3 字节指令。例如：

```
MOV   A ,#20H         ;将十六进制数 20H 送入寄存器 A，执行指令后 A=20H
MOV   R5,#30H         ;将十六进制数 30H 送入寄存器 R5，执行指令后 R5=30H
MOV   @R0,#40H        ;将十六进制数 40H 送入寄存器 R0 间接寻址的内部 RAM 某单元，若 R0=
                       30H，则执行指令后(30H)=40H，见图 6-12
MOV   31H,#50H        ;将十六进制数 50H 送入内部 RAM 31H 单元，执行指令后(31H)=50H,见
                       图 6-12
MOV   32H,#40         ;将十进制数 40 送入内部 RAM 32H 单元，执行指令后(32H)=28H,见图 6-12
MOV DPTR,#1234H       ;将十六进制数 1234H 送入 DPTR，执行指令后 DPTR=1234H
```

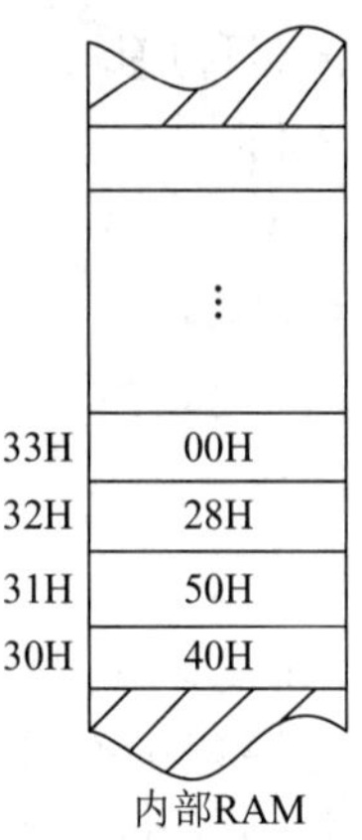

图 6-12　内部数据传送指令示意图

(2) 直接寻址型传送指令。

直接寻址型传送指令的特点是指令码中的源操作数是内部 RAM 某单元地址，指令形式如下：

```
MOV   A, direct          ;将地址为 direct 的内部 RAM 单元内容送入寄存器 A
MOV   Rn, direct         ;将地址为 direct 的内部 RAM 单元内容送入寄存器 Rn
MOV   @Ri, direct        ;将地址为 direct 的内部 RAM 单元内容送入寄存器 Ri 间接寻址的内部 RAM
                         单元
MOV   direct2, direct1   ;将地址为 direct1 的内部 RAM 单元内容送入地址为 direct2 的内部 RAM
                         单元中
```

由 MCS-51 单片机指令长度判定规则可知，前 3 条为双字节指令，最后 1 条为 3 字节指令。例如：

```
MOV   A,20H      ;将内部 RAM 20H 单元内容送入寄存器 A，若(20H)=10H，则执行指令后
                 (20H)=10H，A=10H
MOV   50H, A     ;将 A 内容送入内部 RAM 50H 单元，若 A=30H，则执行指令后(50H)=30H，
                 A=30H
MOV   R5, 30H    ;将内部 RAM 30H 单元内容送入寄存器 R5，若(30H)=0CH，则执行指令后
                 R5=0CH，(30H)=0CH
MOV   @R0,40H    ;将内部 RAM 40H 单元内容送入寄存器 R0 间接寻址的内部 RAM 某单元，
                 若 R0=30H，(40H)=0AH，则执行指令后(30H)=0AH，R0=30H，(40H)=0AH
MOV   60H,50H    ;将内部 RAM 50H 单元内容送入内部 RAM 60H 单元中，若(50H)=30H，
                 (60H)=0DH，则执行指令后(50H)=30H，(60H)=30H
```

(3) 寄存器寻址型传送指令。

寄存器寻址型传送指令的特点是源操作数为寄存器，指令形式如下：

```
MOV   A, Rn        ;将寄存器 Rn 内容送入寄存器 A
MOV   Rn, A        ;将寄存器 A 内容送入寄存器 Rn
MOV   @Ri, A       ;将寄存器 A 内容送入寄存器 Ri 间接寻址的内部 RAM
MOV   direct, Rn   ;将寄存器 Rn 内容送入地址为 direct 的内部 RAM
MOV   direct, A    ;将 A 内容送入地址为 direct 的内部 RAM 单元
```

由 MCS-51 单片机指令长度判定规则可知，前 3 条为单字节指令，最后 2 条为双字节指令。

例如：

MOV A, R3 ;将寄存器 R3 内容送入寄存器 A，若 R3=80H，A=FFH，则执行指令后 R3=80H，A=80H

MOV R4, A ;将寄存器 A 内容送入寄存器 R4，若 R4=80H，A=FFH，则执行指令后 R4=FFH，A=FFH

MOV @R1, A ;将寄存器 A 内容送入 R1 间接寻址的内部 RAM 某单元，若 R1=30H，(30H)=0AH，A=BBH，则执行指令后(30H)=BBH，R1=30H，A=BBH

MOV 60H,R6 ;将寄存器 R6 内容送入内部 RAM 60H 单元，若 R6=70H，(60H)=0DH，则执行指令后(60H)=70H，R6=70H

MOV 7EH, A ;将寄存器 A 内容送入内部 RAM 7EH 单元，若 A=56H，(7EH)=6FH，则执行指令后(7EH)=56H，A=56H

(4) 寄存器间接寻址型传送指令。

寄存器间接寻址型传送指令的特点是源操作数为间接寻址寄存器，指令形式如下：

MOV A, @Ri ;将寄存器 Ri 间接寻址的内部 RAM 内容送入寄存器 A，数据地址在寄存器 Ri 中

MOV direct, @Ri ;将寄存器 Ri 间接寻址的内部 RAM 内容送入地址为 direct 的内部 RAM 单元中，数据地址在寄存器 Ri 中

由 MCS-51 单片机指令长度判定规则可知，第一条为单字节指令，第二条为双字节指令。

例如：

MOV A, @R0 ;将寄存器 R0 间接寻址的内部 RAM 某单元内容送入寄存器 A，若 R0=40H，(40H)=BBH，则执行指令后(40H)=BBH，A=BBH

MOV 50H , @R1 ;将寄存器 R1 间接寻址的内部 RAM 某单元内容送入内部 RAM 50H 单元，若 R1=40H，(40H)=BBH，则执行指令后(40H)=BBH，(50H)=BBH

MOV 指令在 MCS-51 单片机汇编语言程序设计时使用最为频繁，且使用非常灵活。内部数据传送指令的数据传送方向及关系可用图 6-13 表示。使用 MOV 指令时，应注意每条指令的格式和功能都是固定的，用户只能按规定使用，不能任意制造指令。

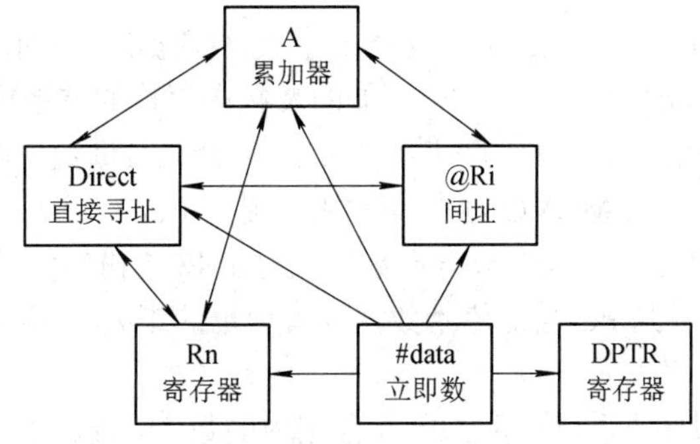

图 6-13 内部数据传送指令格式示意图

例如 MOV #data, direct 就是错误的指令，因为目的操作数不能是立即数。

2) 外部RAM(或外设端口)与寄存器A之间的数据传送指令(MOVX)

MOVX 指令实现外部 RAM(或外设端口)与寄存器 A 之间的数据传送，指令形式如下：

```
MOVX   A, @Ri       ;将寄存器 Ri 间接寻址的外部 RAM(或外设端口)内容送入寄存器 A
MOVX   @Ri, A       ;将寄存器 A 内容送入寄存器 Ri 间接寻址的外部 RAM(或外设端口)目的
                     操作数单元地址在寄存器 Ri 中
MOVX   A, @DPTR     ;将寄存器 DPTR 间接寻址的外部 RAM(或外设端口)内容送入寄存器 A
MOVX   @DPTR, A     ;将寄存器 A 内容送入寄存器 DPTR 间接寻址的外部 RAM(或外设端口)某
                     单元，目的操作数单元地址在 DPTR 中
```

MOVX 使用时应当首先将要读写的外部 RAM(或外设端口)某单元地址送入 DPTR 或 Ri 中，建立指针，然后再用 MOVX 实现读写操作。简而言之，在 MCS-51 单片机中，MOVX 中必须出现寄存器 A 且必须使用寄存器 Ri 或 DPTR 间接寻址。

【例 6-1】 用 MOVX 指令编写程序实现将内部 RAM 50H 单元内容送到外部 RAM 2500H 单元中，将外部 RAM 2501H 单元内容送入内部 RAM 40H 单元中。

程序代码如下：

```
MOV   A,50H          ;将内部 RAM 50H 单元内容送入寄存器 A
MOV   DPTR #2500H    ;将 2500H 送入 DPTR，建立指针
MOVX  @DPTR,A        ;将寄存器 A 中的数送入外部 RAM 2500H 单元中
MOV   DPTR #2501H    ;将 2501H 送入 DPTR，建立指针
MOVX  A, @DPTR       ;将外部 RAM 2501H 单元中的数送入寄存器 A
MOV 40H,A            ;将寄存器 A 中的数送入内部 RAM 40H 单元中
```

3) ROM中的数据查询指令(MOVC)

MOVC 指令实现对 ROM 中的数据表的查询，因此又称为查表指令。MOVC 指令功能是把寄存器 A 作为变址寄存器，将其中的内容与基址寄存器(DPTR、PC)内容相加，得到 ROM 某单元地址，最后把该地址单元内容传送至寄存器 A，指令形式如下：

```
MOVC   A,@A+DPTR ;将 A+DPTR 地址所指的 ROM 单元内容送入寄存器 A
MOVC   A,@A+PC   ;将 A+PC 地址所指的 ROM 单元的内容送入 A,PC 为本指令的下一条指令
                  首地址
```

MOVC 指令使用时需要在 ROM 中设计 1 个表格(数据或字符)，表格一般放在程序代码的后面。在 MOVCA,@A+DPTR 指令中，DPTR 指向表格的首地址，指令执行前 A 用来存放查询数据相对于表格首地址的偏移量，A+DPTR 合成查询数据的绝对地址，指令执行后，A 中存放查询数据；在 MOVCA,@A+PC 指令中，PC 为当前值(即本指令的下一条指令)的首地址，指令执行前 A 用来存放查询数据相对于 PC 当前值的偏移量，因此使用前需要对 A 进行修正，修正量是 PC 当前值到数据表首地址的距离(即修正量=表首地址－PC 当前值)。

【例 6-2】 已知寄存器 A 中存有 0～9 范围内的数，用查表指令查出该数平方并送至内部 RAM 40H 单元，设平方表首地址为 2000H。

根据题意要求，可在 ROM 中建立便于查找的平方表，如图 6-14 所示。

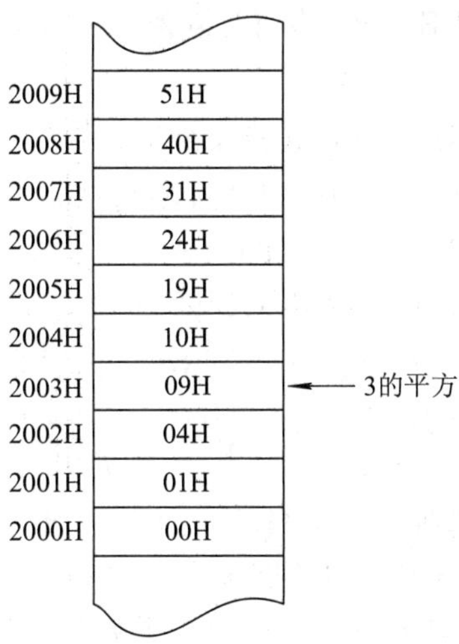

图 6-14　0～9 的平方表

(1) 采用 DPTR 作为基址寄存器，程序代码如下：

```
MOV DPTR, #2000H          ;DPTR 指向表格首地址
MOV   A,#data             ;data 为 0-9 之一
MOVC A, @A+DPTR           ;查平方表
MOV 40H, A                ;查得平方送内部 RAM 40H 单元
⋮
ORG 2000H
DB 00H,01H,04H,09H,10H,19H,24H,31H,40H,51H
```

若 A = 03H，得到新地址 2003H，从该地址中查表得 9 并存入累加器 A 中。

(2) 若采用 PC 作为基址寄存器，程序代码如下：

```
ORG   1FF7H
1FF7H    MOV A,#data       ;data 为 0-9 之一
1FF9H    ADD A,#04H        ; A+修正量
1FFBH    MOVC A,@A+PC      ;查平方表
1FFCH    MOV 40H, A        ;查得平方送内部 RAM 40H 单元，该指令为两字节指令
1FFEH    SJMP     $        ;停机指令，该指令为两字节指令
2000H    DB 00H
2001H    DB 01H
2002H    DB 04H
2003H    DB 09H
2004H    DB 10H
2005H    DB 19H
2006H    DB 24H
2007H    DB 31H
2008H    DB 40H
2009H    DB 51H
```

查表指令所在单元为 1FFBH，PC 的当前值为 1FFCH。修正量 = 表格首地址 − PC 当前值 = 2000H − 1FFCH = 04H。

4) 内部 RAM 单元与寄存器 A 内容互换指令(XCH)

数据交换指令可实现寄存器 A 与内部 RAM 单元之间的数据交换，指令形式如下：

```
XCH    A, Rn       ;将寄存器 A 与寄存器 Rn 内容互换
XCH    A, @Ri      ;将寄存器 A 与寄存器 Ri 间接寻址的内部 RAM 某单元内容互换
XCH    A, direct   ;将寄存器 A 与内部 RAM direct 单元内容互换
XCHD   A, @Ri      ;将寄存器 A 的低 4 位与寄存器 Ri 间接寻址的内部 RAM 某单元的低 4 位互换，
                    高 4 位均保持不变
```

由 MCS-51 单片机指令长度判定规则可知，上述 4 条指令均为单字节指令。特别指出，数据交换指令 XCH 必须将寄存器 A 作为目的操作数，且只限于与内部 RAM 某单元的内容互换。

【例 6-3】 已知外部 RAM 60H 单元中有 1 个数 X，内部 RAM 60H 单元中有 1 个数 Y，编程实现内外部 RAM 60H 单元的内容互换。

程序代码如下：

```
MOV    R0, #60H     ;将 60H 送入寄存器 R0，建立指针
MOVX   A, @R0       ;将外部 RAM 60H 单元中 X 数送入寄存器 A
XCH    A, @R0       ;将内部 RAM 60H 单元中的 Y 与寄存器 A 中的 X 交换，即 Y 送入寄存器 A，
                     X 送入内部 RAM 60H 单元
MOVX   @R0, A       ;将寄存器 A 中的 Y 送入外部 RAM 60H 单元
```

XCHD 指令具体应用举例如下：

【例 6-4】 利用数据交换指令，将内部 RAM 60H 单元中的低位 BCD 码转换成 ASCII 码，并将结果存到外部 RAM 2500H 单元中。

程序代码如下：

```
MOV    R0 ,#60H       ;将 60H 送入寄存器 R0，建立指针
MOV    A, #30H        ;将立即数 30H 送入寄存器 A
XCHD   A, @R0         ;将寄存器 A 的低 4 位与内部 RAM 60H 单元的低 4 位互换，高 4 位保持
                       不变，若(60H)=04H，则执行该指令后，(60H)=34H，即转换为 ASCII 码
MOV    DPTR,#2500H    ;将 2500H 送入 DPTR，建立指针
MOVX   @DPTR ,A       ;将转换结果送外部 RAM 2500H 单元
```

4. 堆栈操作指令(PUSH 和 POP)

堆栈操作指令包括入栈操作指令和出栈操作指令，操作数必须是直接地址，指令形式如下：

```
PUSH   direct      ; SP=SP + 1，将内部 RAM direct 单元的内容压入堆栈
POP    direct      ;将当前栈顶内容弹出到内部 RAM direct 单元，SP=SP-1
```

由 MCS-51 单片机指令长度判定规则可知，上述 2 条指令均为双字节指令。

【例 6-5】 设内部 RAM 单元(30H) = X，(40H) = Y，利用堆栈操作指令实现 30H 和 40H 单元中的数据交换。

程序代码如下：

```
MOV    SP, #60H  ;设栈底的地址为 60H
PUSH   40H       ; SP =61H，Y →61H
PUSH   30H       ; SP =62H，X →62H
POP    40H       ; X →40H，SP =61H
POP    30H       ; Y→30H，SP =60H
```

5. 运算类指令

运算类指令包括算术运算类指令和逻辑运算类指令，MCS-51 单片机的运算类指令操作数仅限于#data、Rn、direct、SFR、@Ri(内部 RAM)。

1) 算术运算类指令

算术运算类指令包括加、减、乘、除四则运算指令，加、减 1 指令以及十进制加法调整指令。需要注意的是，除加、减 1 指令外，算术运算类指令大多数都会对 PSW(程序状态字)有影响。

(1) 加法指令。

① 不带进位 Cy 的加法指令 ADD。不带进位 Cy 的加法指令可完成两个 8 位二进制数相加，并把两数之和保留在累加器 A 中，即不带进位 Cy 的加法指令中必须有寄存器 A 作为操作数且 A 必须作为目的操作数，指令形式如下：

```
ADD    A, #data    ;将立即数 data 与寄存器 A 中的数据相加，和存入寄存器 A 中
ADD    A, direct   ;将内部 RAM direct 单元中的数据与寄存器 A 中的数据相加，和存入寄存器 A 中
ADD    A, Rn       ;将寄存器 Rn 中的数据与寄存器 A 中的数据相加，和存入寄存器 A 中
ADD    A, @Ri      ;将寄存器 Ri 间接寻址的内部 RAM 某单元数据与寄存器 A 中的数据相加，和
                    存入寄存器 A 中
```

由 MCS-51 单片机指令长度判定规则可知，前两条为双字节指令，后两条单字节指令。使用时应注意：参加运算的两个操作数和操作结果都必须是 8 位二进制数，其中一个操作数必须在寄存器 A 中，且运算结果也在寄存器 A 中；参加运算的两个二进制数可被“看作”无符号数，也可以被“看作”有符号数的补码，计算结果为补码形式，并对 PSW 中的标志位产生影响。

【例 6-6】 编程实现 9AH + 75H，并分析对 PSW 相关标志位的影响。

程序代码如下：

```
MOV    A , #9AH
ADD    A, #75H  ; A=0FH。
```

运算电路执行加法运算过程，SUB = 0，其运算过程如下：

```
      C7=1
   C8=1
        9AH= 1001 1010 B
   +)   75H= 0111 0101 B
   ----------------------
             0000 1111 B =0FH
```

寄存器 PSW 相关标志位确定如下：进位标志 Cy = SUB ⊕ C_8 = 0 ⊕ 1 = 1，表示有进位；溢出标志 OV = C_8 ⊕ C_7 = 1 ⊕ 1 = 0，表示无溢出；由于低 4 位向高 4 位无进位，因此辅助进位 AC = 0；累加器 A 中结果有偶数个 1，因此奇偶标志位 P = 0。

若把 9AH 和 75H 看作无符号数，由于 Cy = 1，则运算结果应为 154 + 117 = 256 + 15(0FH) = 271；若把 9AH 和 75H 看作有符号数，由于 OV = 1，则运算结果应为(−102) + 117 = 15(0FH)。

② 带进位 Cy 的加法指令 ADDC。带进位 Cy 的加法指令可完成两个 8 位的二进制数和进位 Cy 相加，并把和保留在累加器 A 中，即带进位 Cy 的加法指令中也必须有寄存器 A 作为操作数，且 A 必须作为目的操作数，带进位 Cy 的加法指令应用于多字节加法运算中，指令形式如下：

```
ADDC  A, #data  ;将立即数 data 与寄存器 A 中的数据及 Cy 相加，和存入 A 中
ADDC  A,direct  ;将内部 RAM 单元中数据寄存器 A 中的数据及 Cy 相加，和存入寄存器 A 中
ADDC  A,Rn      ;将寄存器 Rn 中的数据与寄存器 A 中的数据及 Cy 相加，和存入寄存器 A 中
ADDC  A,@Ri     ;将寄存器 Ri 间接寻址的内部 RAM 某单元中的数据与寄存器 A 中的数据相加，
                 和存入寄存器 A 中
```

由 MCS-51 单片机指令长度判定规则可知，前两条为双字节指令，后两条为单字节指令。

【例 6-7】 编程实现 3875H + 6549H，结果高低字节分别存于内部 RAM 的 31H 单元和 30H 单元。

程序代码如下：

```
MOV A , #75H
ADD A , #49H      ;低字节相加
MOV   30H , A     ;结果低字节存 30H
MOV   A , #38H
ADDC   A , #65H   ;高字节相加须考虑低字节进位
MOV   31H , A     ;结果高字节存 31H
```

③ 加 1 指令 INC。INC 指令的功能实现操作数的自加 1，指令形式如下：

```
INC   A          ;寄存器 A 中的数据加 1，结果送入寄存器 A
INC   Rn         ;寄存器 Rn 中的数据加 1，结果送入寄存器 Rn
INC   @Ri        ;将寄存器 Ri 间接寻址的内部 RAM 某单元中的数据加 1，结果送入该单元
INC   DPTR       ;寄存器 DPTR 中的数据加 1，结果送入寄存器 DPTR
INC   direct     ;内部 RAM direct 单元中的数据加 1，结果送入该单元
```

由 MCS-51 单片机指令长度判定规则可知，上述指令前四条为单字节指令，最后一条为双字节指令。但只有第一条指令能对 PSW 的 P 标志位产生影响，其余四条都不会对标志位产生影响。在汇编语言程序设计中，INC 指令通常是配合寄存器间接寻址指令使用，用来修改地址指针。

【例 6-8】 编程实现内部 RAM 30H～32H 单元内容对应传送至内部 RAM 40H～42H 单元中。

程序代码如下：

```
MOV R0, #30H
MOV R1,#40H
MOV A,@R0
MOV @R1,A       ;(30H)→40H
```

```
INC   R0
INC   R1
MOV A,@R0
MOV @R1,A            ;(31H)→41H
INC   R0
INC   R1
MOV A,@R0
MOV @R1,A            ;(32H)→42H
```

(2) 减法指令。

① 带借位 Cy 位的减法指令 SUBB。带借位 Cy 位的减法指令可完成两个 8 位二进制数和 Cy 相减，并把差保存在累加器 A 中，即带借位 Cy 的减法指令中也必须有寄存器 A 作为操作数且 A 必须作为目的操作数，带借位 Cy 的减法指令可应用于多字节减法运算中，指令形式如下：

```
SUBB   A, #data      ;将寄存器 A 中的被减数减去立即数 data 再减去 Cy，差放入寄存器 A 中
SUBB   A, direct     ;将寄存器 A 中的被减数减去地址为 direct 内部 RAM 中的数再减去 Cy，差
                      放入寄存器 A 中
SUBB   A,Rn          ;将寄存器 A 中的被减数减去 Rn 中的数再减去 Cy，差放入寄存器 A 中
SUBB   A, @Ri        ;将寄存器 A 中的被减数减去寄存器 Ri 间接寻址的内部 RAM 某单元中的
                      数再减去 Cy，差放入寄存器 A 中
```

由 MCS-51 单片机指令长度判定规则可知，上述指令前两条为双字节指令，后两条为单字节指令。特别指出，在 MCS-51 单片机指令中，没有不带借位 Cy 的减法指令，如果不考虑低字节借位，须在该减法指令前加 Cy 清零指令，即 CLR　C。

【例 6-9】 编程实现 9875H－6354H，结果的高低字节分别存入内部 RAM 的 21H 和 20H 单元中。程序代码如下：

```
CLR C                ;先做低字节减法，将 Cy 清 0
MOV    R0, #20H      ;建立指针 R0
MOV    A , #75H      ;被减数低字节放入寄存器 A 中
SUBB   A , #54H      ;被减数与减数低字节相减
MOV    @R0 , A       ;结果低字节存入 20H 单元
MOV    A , #98H      ;被减数高字节放入 A 中
SUBB   A , #63H      ;被减数与减数的高字节相减
INC    R0            ;修改指针 R0 指向 21H 单元
MOV    @R0, A        ;结果高字节存入 21H 单元
```

② 减 1 指令 DEC。DEC 指令的功能实现操作数的自减 1，指令形式如下：

```
DEC A                ;寄存器 A 中的数据减 1，结果送入寄存器 A
DEC Rn               ;寄存器 Rn 中的数据减 1，结果送入寄存器 Rn
DEC @Ri              ;将寄存器 Ri 间接寻址的内部 RAM 某单元中的数据减 1，结果送入该单
                      元，单元地址在 Ri 中
DEC direct           ;内部 RAM direct 单元的内容减 1，结果送入该单元
```

由 MCS-51 单片机指令长度判定规则可知，上述指令前 3 条为单字节指令，最后 1 条为双字节指令。只有第一条指令能对 PSW 的 P 标志位产生影响，其余 3 条都不会对标志位产生影响。特别指出，没有 DEC DPTR 指令。

(3) 十进制调整指令 DA。

十进制调整指令在进行 BCD 码加法运算时，紧跟在 ADD 或 ADDC 指令之后，其功能是对累加器 A 中的结果进行 BCD 码调整。由于计算机不识别数的属性，运算结果是二进制数，调整后运算结果为十进制数(BCD 码)，指令形式如下：

```
DA   A; 该指令为单字节指令，只能用于 BCD 码加法运算中
```

【例 6-10】 编写程序实现 78+53 的 BCD 加法过程。

程序代码如下：

```
MOV   A,#78H   ;78 的 BCD 码 78H 送入寄存器 A
ADD   A,#53H   ; 78H+53H，结果送入寄存器 A，A=0CBH，显然不是 BCD 码
DA    A        ;对寄存器 A 中的运算结果进行调整，执行该指令后 A=31H
```

【例 6-11】 编写程序实现 78-53 的 BCD 减法过程。

在 MCS-51 单片机指令系统中没有十进制减法调整指令，因此，BCD 减法运算可采用补码运算法则将减法转化为加法，最后用十进制加法调整指令进行调整。

程序代码如下：

```
CLR Cy          ;0→Cy
MOV A,#9AH      ;用十六进制数(99H+1=)9AH 表示十进制数 100 的 BCD 码
SUBB A,#53H     ;求十进制数 53 的 BCD 补码
ADD A,#78H      ;减法转加法，减去 1 个数可用加这个数的补码来完成
DA   A          ;对寄存器 A 中结果进行加法调整
```

(4) 乘除运算指令 MUL 和 DIV。

MCS-51 单片机指令系统中乘除运算指令仅有两条，指令形式如下。

```
MUL   AB ;将寄存器 A 中的数和寄存器 B 中的数相乘，乘积高字节存入寄存器 B，乘积低字节
          存入寄存器 A
DIV   AB ;将寄存器 A 中的数和寄存器 B 中的数相除，余数存入寄存器 B，商存入寄存器 A
```

需要特别指出，上述两条指令均为单字节指令，注意在使用乘除法指令时，只能对内部 RAM 中 8 位无符号数进行乘除运算，被乘数或被除数只能来自累加器 A，乘数或除数必须来自累加器 B。

【例 6-12】 已知两个 8 位无符号数分别放在内部 RAM 50H 单元和 51H 单元中，编程求两数之积，并把积的低字节存入内部 RAM 52H 单元中，积的高字节存入内部 RAM 53H 单元中。

程序代码如下：

```
MOV   R1,#50H     ;建立第一个乘数地址指针
MOV   A,@R1       ;第一个乘数送入寄存器 A
INC   R1          ;修改地址指针
MOV   B,@R1       ;第二个乘数送入寄存器 B
MUL   AB          ;A×B，乘积高字节存入寄存器 B，乘积低字节存入寄存器 A
```

```
INC   R1         ;修改目标单元地址指针
MOV   @R1,A      ;积的低字节送入内部 RAM 52H 单元
INC   R1         ;修改目标单元地址指针
MOV   @R1,B      ;积的高 8 位送入内部 RAM 53H 单元
```

2) 逻辑运算类指令

逻辑运算类指令可以对两个 8 位二进制数进行与、或、非和异或逻辑运算，除了以累加器 A 为目的操作数的指令外，其余指令均不会影响 PSW 中任何标志位。

(1) 逻辑与运算指令 ANL。

逻辑与运算又称为逻辑乘运算，逻辑与运算指令可以完成两个操作数的按位与操作，指令形式如下：

```
ANL   A , direct      ;将寄存器 A 中的数和内部 RAM direct 单元中的数按位与操作，结果存入
                       寄存器 A 中
ANL   direct, A       ;内部 RAM direct 单元中的数和寄存器 A 中的数按位与操作，结果存入内
                       部 RAM direct 单元中
ANL   A ,#data        ;将寄存器 A 中的数和立即数 data 按位与操作，结果存入寄存器 A 中
ANL   A,Rn            ;将寄存器 A 中的数和寄存器 Rn 中的数按位与操作，结果存入寄存器 A 中
ANL   A,@Ri           ;将寄存器 A 中的数和寄存器 Ri 间接寻址的内部 RAM 某单元的数据按位
                       与操作，结果存入寄存器 A 中
ANL   direct, #data   ;将内部 RAM direct 的单元中的数和立即数 data 按位与操作，结果存入将
                       内部 RAM direct 单元中
```

由 MCS-51 单片机指令长度判定规则可知，上述指令前三条为双字节指令，中间两条为单字节指令，最后一条为 3 字节指令。二进制位和 0 相与，可实现该二进制位的清零(屏蔽)，二进制位和 1 相与，可实现该二进制位的保持(截取)。

【例 6-13】　将内部 RAM 30H 单元存放的某数字(0～9)的 ASCII 码转换为非压缩 BCD 码。

```
ANL   30H , #0FH      ;(30H)∧0FH →30H，若(30H)=35H('5')，指令执行后(30H)=05H
```

(2) 逻辑或操作指令 ORL。

逻辑或运算又称为逻辑加运算，逻辑或运算指令可以完成两个操作数的按位或操作，指令形式如下：

```
ORL   A , direct      ;将寄存器 A 中的数和内部 RAM direct 单元中的数按位或操作，结果存入
                       寄存器 A 中
ORL   direct, A       ;内部 RAM direct 单元中的数和寄存器 A 中的数按位或操作，结果存入内部
                       RAM direct 单元中
ORL   A ,#data        ;将寄存器 A 中的数和立即数 data 按位或操作，结果存入寄存器 A 中
ORL   A,Rn            ;将寄存器 A 中的数和寄存器 Rn 中的数按位或操作，结果存入寄存器 A 中
ORL   A,@Ri           ;将寄存器 A 中的数和寄存器 Ri 间接寻址的内部 RAM 某单元中的数按位
                       或操作，结果存入寄存器 A 中
ORL   direct, #data   ;将内部 RAM direct 单元中的数和立即数按位或操作，结果存入内部 RAM
                       direct 单元中
```

由 MCS-51 单片机指令长度判定规则可知，上述指令前三条为双字节指令，中间两条为单字节指令，最后一条为 3 字节指令。二进制位和 0 相或，可实现该二进制位的保持，二进制位和 1 相或，可实现该二进制位的置 1(置位)。

【例 6-14】 将内部 RAM 30H 单元存放的某数字(0～9)的非压缩 BCD 码转换为 ASCII 码。

```
ORL 30H, #30H        ;(30H)+30H →30H，若(30H)=05H，指令执行后(30H)=35H('5')
```

(3) 逻辑异或操作指令 XRL。

逻辑异或运算也叫半加(不考虑进位)运算，逻辑异或运算指令可以完成两个操作数的按位异或操作，指令形式如下：

```
XRL   A , direct       ;将寄存器 A 中的数和内部 RAM direct 单元中的数按位相异或，结果存入
                        寄存器 A 中
XRL   direct, A        ;将内部 RAM direct 单元中的数和寄存器 A 中的数按位相异或，结果存入
                        内部 RAM direct 单元中
XRL   A ,#data         ;将寄存器 A 中的数和立即数 data 按位相异或，结果存入寄存器 A 中
XRL   A,Rn             ;将寄存器 A 中的数和寄存器 Rn 中的数按位相异或，结果存入寄存器 A 中
XRL   A,@Ri            ;将寄存器 A 中的数和寄存器 Ri 间接寻址的内部 RAM 某单元中的数按位
                        相异或，结果存入寄存器 A 中
XRL   direct, #data    ;将内部 RAM direct 单元中的数和立即数 data 按位相异或，结果存入内部
                        RAM direct 单元中
```

由 MCS-51 单片机指令长度判定规则可知，上述指令前三条为双字节指令，中间两条为单字节指令，最后一条为 3 字节指令。二进制位与 1“异或”则该二进制位取反，二进制位与 0“异或”则该二进制位保持不变。

【例 6-15】 编程将片外 RAM 2000H 单元中的数高 4 位取反，低 4 位不变。

指令形式如下：

```
MOV    DPTR ,#2000H
MOVX   A , @DPTR
XRL    A,   #0F0H      ;A⊕0F0H 送入 A
MOVX @DPTR ,A
```

(4) 字节清零和取反指令。

MCS-51 单片机指令系统中字节清零和取反指令操作数仅限于累加器 A，指令形式如下：

```
CLR   A                ;累加器 A 清零
CPL   A                ;累加器 A 取反
```

由 MCS-51 单片机指令长度判定规则可知，字节清零和取反指令均为单字节指令。

【例 6-16】 编程实现内部 RAM 50H 单元中负数 X 的求补码。

指令形式如下：

```
MOV   A,50H
CPL   A                ;A 取反
INC   A                ;A+1
```

```
ORL   A, #80H      ;恢复负数 X 的符号位
MOV   50H , A      ;A→30H
```

6. 移位和位操作类指令

1) 移位指令

MCS-51 单片机移位指令操作数只能是寄存器 A 且均为循环移位指令，即移位前后 0 和 1 的个数不变，只是将 0 和 1 的位置移动而已，指令形式如下：

```
RL    A     ;将累加器 A 内容左移 1 位，即将 A 的最高位移入最低位，其他位依次左移，
            即 ┌←[A7←────────A0]←┐（A7 移入 A0）
RR    A     ;将累加器 A 内容右移 1 位，即将 A 的最低位移入最高位，其他位依次右移，
            即 ┌→[A7────────→A0]→┐（A0 移入 A7）
RLC   A     ;将累加器 A 内容左移 1 位，即将 A 的最高位移入 Cy，Cy 移入 A 最低位，
            其他位依次左移，即 [Cy]←[A7←────────A0]←（Cy 移入 A0）
RRC   A     ;将累加器 A 内容右移 1 位，即将 A 的最低位移入 Cy，Cy 移入 A 最高位，
            其他位依次右移，即 [Cy]→[A7────────→A0]→（A0 移入 Cy）
SWAP  A     ;将累加器 A 内容高低 4 位互换，即 [A7 ── A4 | A3 ── A0]（高低 4 位互换）
```

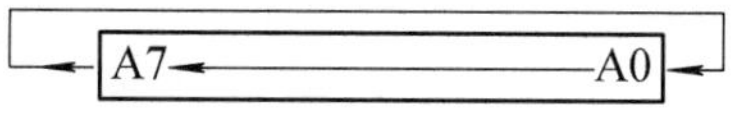

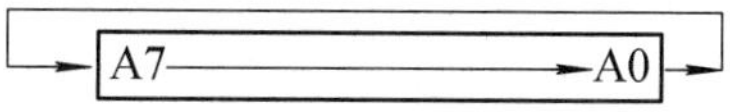

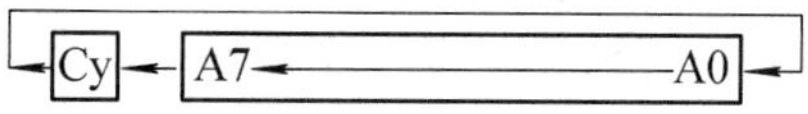

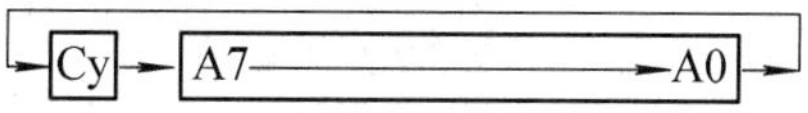

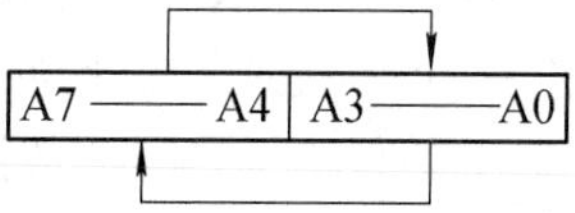

由 MCS-51 单片机指令长度判定规则可知，移位指令都是单字节指令。特别指出，当数据在一定范围内时，左移 1 位相当于数据乘以 2，右移 1 位相当于数据除以 2。

【例 6-17】 编程使内部 RAM 30H 单元中的数乘 10(设乘积小于 256)。

程序代码如下：

```
MOV   A, 30H    ;30H 单元中的数送入 A
RL    A         ; 2 倍
MOV B,A         ;存 2 倍
RL    A         ; 4 倍
RL    A         ;8 倍
ADD A,B         ;2 倍+8 倍=10 倍
MOV 30H, A
```

【例 6-18】 已知有 1 个 16 位无符号数，高 8 位存于累加器 A 中，低 8 位存于寄存器 B 中，编程使此数乘 2(设乘积小于 65 536)。

程序代码如下：

```
CLR Cy          ;0→Cy
MOV R0 ,A       ;高 8 位送入寄存器 R0 暂存
MOV A ,B        ;低 8 位送入寄存器 A
```

```
RLC   A          ;低8位左移，最高位进入Cy，Cy进入最低位即最低位补0
MOV B ,A         ;移位后的结果送回寄存器B
MOV A ,R0        ;恢复高8位到寄存器A
RLC   A          ;高8位左移，Cy(低8位的最高位)进入高8位的最低位，高8位的最高位进入Cy
```

【例 6-19】 在内部RAM 50H和51H单元存有两个非压缩BCD数，编程将它们紧缩为1个字节放入内部RAM 50H。

程序代码如下：

```
MOV   R1 ,#50H
MOV   A , @R1
SWAP A
INC R1
ORL A ,@R1
DEC R1
MOV @R1 ,A
```

2) 位操作类指令(也称布尔操作指令)

(1) 位传送指令。

指令形式如下：

```
MOV   C, bit     ;将bit位状态送C
MOV   bit, C     ;将C状态送bit位
```

由MCS-51单片机指令长度判定规则可知，位传送指令均为双字节指令，功能是实现位累加器C和其他位地址之间的数据传递，注意位传送必须是位累加器C与其他位地址互相传送。

【例 6-20】 将20H位的内容传送到5A位。

指令形式如下：

```
MOV   C , 20H    ;20H位送C
MOV   5AH , C    ;20H位送5AH位
```

(2) 位置位和位清零指令。

指令形式如下：

```
CLR   C          ;将位累加器C清零
SETB C           ;将位累加器C置1
CLR   bit        ;将bit位清零
SETB   bit       ;将bit位置1
```

由MCS-51单片机指令长度判定规则可知，上述指令前2条指为单字节指令，后2条指为双字节指令。

(3) 位逻辑运算指令。

位逻辑运算指令包括“逻辑与”“逻辑或”“逻辑非”操作，指令形式如下：

```
ANL   C,bit      ;将位累加器C与bit相与，结果送入C
ANL   C, /bit    ;将C与bit反相与，结果送入C
ORL   C,bit      ;将C与bit相或，结果送入C
```

```
ORL   C, /bit      ;将 C 与 bit 反相或，结果送入 C
CPL   bit          ; bit 取反送入 bit
CPL   C            ;将 C 取反送入 C
```

由 MCS-51 单片机指令长度判定规则可知，上述指令前 5 条均为双字节指令，最后 1 条为单字节指令。

【例 6-21】　编程实现图 6-15 所示的逻辑，图中 M、N、W 和 Y 都代表位地址，编程求 Y。

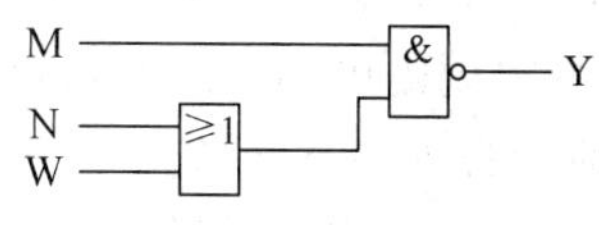

图 6-15　例 6-21 图

程序代码如下：

```
MOV   C , N
ORL   C , W
ANL   C , M
CPL   C
MOV   Y , C
```

【例 6-22】　M、N 和 Y 都代表位地址，编程完成 M、N 中内容的异或操作，结果存放在 Y 中。

因为 MCS-51 单片机指令系统中没有“逻辑异或”位操作指令，可将异或操作化为 $Y = (\overline{M})\wedge(N) + (M)\wedge(\overline{N})$，程序代码如下：

```
MOV   C,N
ANL C, /M
MOV Y, C
MOV C, M
ANL C, /N
ORL C, Y
MOV Y, C
```

7. 跳转及控制类指令

MCS-51 单片机跳转及控制类指令的功能是通过改变程序计数器 PC 的地址指针实现程序转移，转移指令一般都不会对标志位产生影响。

1) 无条件转移指令

无条件转移指令执行完后，程序就会无条件地转移到指令操作数所指目的地址处去执行新的指令。无条件转移指令包括长转移指令、短转移指令和相对转移指令。

(1) 长转移指令 LJMP。

长转移指令可以访问 64 KB 程序存储器的指定单元，指令形式如下：

```
LJMP addr16        ;将 addr16 表示的 16 位目标地址装入 PC
```

由 MCS-51 单片机指令长度判定规则可知，该指令为 3 字节指令，addr16 常用标号地址表示。

【例 6-23】 若标号地址 START 代表 0100H，则 0000H: LJMP START，表示 MCS-51 单片机开机或系统复位后，从 0100H 处开始执行程序。

(2) 短转移指令 AJMP。

短转移指令可以实现处于 ROM 中相同 2KB 段内的程序之间的转移，指令形式如下：

```
AJMP   addr11    ;将本指令下一条指令地址的低 11 位用 addr11 替换形成新的 PC，以实现程序
                  的转移，即 PC+2 的低 11 位用 addr11 替换后得到目标地址
```

由 MCS-51 单片机指令长度判定规则可知，短转移指令是双字节双周期指令。需要指出，AJMP 指令给出的转移目标地址必须与下一条指令的地址(即 PC + 2)在同一个 2 KB 区域(X000H～X7FFH 或 X800H～XFFFH)，addr11 仅代表转移目标地址的低 11 位(A10～A0)，其值由转移目标地址所在页确定，addr11 与目标地址页的对应关系见表 6-6。

表 6-6　addr11 与目标地址页的对应关系

2 KB 段	目标地址页	addr11	目标地址页	2 KB 段
X000H～X7FFH	X000H～X0FFH	000H～0FFH	X800H～X8FFH	X800H～XFFFH
	X100H～X1FFH	100H～1FFH	X900H～X9FFH	
	X200H～X2FFH	200H～2FFH	XA00H～XAFFH	
	X300H～X3FFH	300H～3FFH	XB00H～XBFFH	
	X400H～X4FFH	400H～4FFH	XC00H～XCFFH	
	X500H～X5FFH	500H～5FFH	XD00H～XDFFH	
	X600H～X6FFH	600H～6FFH	XE00H～XEFFH	
	X700H～X7FFH	700H～7FFH	XF00H～XFFFH	

*表中段空间为 2 KB，页空间为 256 B。

【例 6-24】 根据以下短转移指令，求 addr11。

① 2000H: AJMP 2600H

② 2A00H: AJMP 29F0H

对于①短转移指令目标地址和 PC + 2 = 2002H 所在段同为 2000H～27FFH(X = 2)，所在页为 2600H～26FFH，则 addr11 应为 600H。把 600H 提供的低 11 位地址代替 2002H 的低 11 位得到的新 PC 值 2600H 即为短转移指令的目标地址。

对于②短转移指令目标地址和 PC + 2 = 2A02H 所在段同为 2800H～2FFFH(X = 2)，所在页为 2900H～29FFH，则 addr11 应为 1F0H。把 1F0H 提供的低 11 位地址代替 2A02H 的低 11 位得到的新 PC 值 29F0H 即为短转移指令的目标地址。

(3) 相对转移指令。

相对转移指令可以从 ROM 当前地址向前 128 B 或向后 127 B 范围内转移，指令形式如下：

```
SJMP   rel          ;将本指令下一条指令的地址加上偏移量 rel 形成新的 PC，实现程序的转
                     移，即 PC=PC+rel+2
```

由 MCS-51 单片机指令长度判定规则可知，相对转移指令为双字节指令，相对转移指令执行时是先使程序计数器 PC + 2，然后把加 2 后的地址和 rel 相加作为目标转移地址，相对转移指令是一条双字节双周期指令。特别指出，rel 代表地址偏移量，采用补码形式，取值范围为-128～+127，根据相对转移指令的功能可知 rel = 目标转移地址 − (源地址 + 2)，rel 可由目标标号或目标地址确定。

【例 6-25】 根据以下相对转移指令，求偏移量 rel。

① 0100H: SJMP　0155H

② 0100H: SJMP　0F6H

对于①相对转移指令，目标地址为 0155H，可得 rel=0155H−(0100H+2)=0157H rel=53H(正数)，其指令码为 80 53H；对于②相对转移指令，目标地址为 00F6H，可得 rel=00F6H−(0100H+2)=F4H(负数)=$[-12]_{补}$，其指令码为 80 F4H。

MCS-51 单片机汇编语言程序段中常用 SJMP　$指令进行程序调试，SJMP　$指令码为 80 FEH，即 rel=FEH=$[-2]_{补}$，所以该指令执行后有 PC=PC+2−2=PC，即实现程序的原地踏步。

(4) 变址寻址转移指令(也称散转指令)。

```
JMP   @A+DPTR        ;程序无条件转向 A 加 DPTR 所形成的目标地址即 PC=A+DPTR
```

在 ROM 中设置一个表(散转表)，表的首地址由 DPTR 提供，表中连续存放着若干条转移指令。执行散转指令时，A + DPTR = 新地址，根据该新地址从表中查到某条转移指令，并执行该指令。累加器 A 中存放偏移地址，称为变址；DPTR 存放散转表首址，称为基址。程序通过散转指令便可以实现程序的多分支转移。

【例 6-26】 已知累加器 A 中放有待处理命令编号 0～3，程序存储器中放有始址为 TAB 的 2 字节短转移指令，编程使机器按照累加器 A 中的命令编号转去执行相应的命令程序。

程序代码如下：

```
          ORG 1000H
          RL   A                   ;2*A→A
          MOV DPTR ,#TAB           ;转移指令表始址送 DPTR
          JMP   @A+DPTR
     TAB: AJMP   KL0
          AJMP KL1
          AJMP KL2
          AJMP KL3
          ⋮
```

2) 条件转移指令

条件转移指令是指通过判断某种条件来确定转移目标的指令。若条件满足就转移至指令操作数所表示的目标地址，否则顺序执行原程序(即执行转移指令的下一条指令)。特别指出，条件转移指令均为相对转移指令，即 rel 与目标标号或目标地址相关。

(1) 累加器 A 判零转移指令。

累加器 A 判零转移指令即通过判断累加器 A 来实现程序的转移，指令形式如下：

```
JZ   rel      ; A=0 时转移至目标地址即 PC=PC+ 2+ rel，否则顺序执行即 PC=PC+ 2
JNZ rel       ;A≠0 时转移至目标地址即 PC=PC+ 2+ rel，否则顺序执行即 PC=PC+ 2
```

由 MCS-51 单片机指令长度判定规则可知，上述两条指令为双字节指令。

【例 6-27】 编程将内部 RAM 50H 单元与 60H 单元中数作差，结果放在 A 中，若 A = 0，则使(40H) = 00H，否则使(40H) = FFH。

程序代码如下：

```
       ORG 0100H            ;汇编程序代码起始
       CLR C                ;0→Cy
       MOV A,50H            ;(50H)→A
       SUBB A ,60H          ; A -(60H)→A
       JZ   ZERO            ;若 A=0，则转到 ZERO
       MOV 40H ,#0FFH       ;若 A≠0，则#FFH→40H
       SJMP STOP            ;跳转到 STOP
ZERO: MOV 40H ,#00H         ;若 A=0，则#00H→40H
STOP: SJMP $                ;停机指令
       END                  ;程序代码结束
```

(2) 位控制转移类指令。

① 判 Cy 转移指令。判 Cy 转移指令通过判断借位 Cy 来实现程序的转移，指令形式如下：

```
JC   rel       ; Cy=1 时转移至目标地址即 PC=PC+ 2+ rel，否则顺序执行即 PC=PC+2
JNC  rel       ; Cy=0 时转移至目标地址即 PC=PC+ 2+ rel，否则顺序执行 PC=PC+2
```

由 MCS-51 单片机指令长度判定规则可知，上述两条指令为双字节指令。

② 判直接寻址位转移指令。判直接寻址位转移指令通过判断位 bit 来实现程序的转移，指令形式如下：

```
JB   bit, rel     ; bit=1 时转移至目标地址即 PC=PC+3+ rel，否则顺序执行即 PC=PC+3
JNB  bit, rel     ; bit=0 时转移至目标地址即 PC=PC+3+ rel，否则顺序执行即 PC=PC+3
JBC  bit, rel     ; bit=1 时转移至目标地址即 PC=PC+3+rel 且将 bit 清零，否则顺序执行即 PC=PC+3
```

由 MCS-51 单片机指令长度判定规则可知，上述指令为 3 字节指令。

(3) 比较转移指令。

比较转移指令的功能是对两个操作数进行比较，若操作数不等则转移至目标地址，若相等则顺序执行原程序。比较转移指令执行时，操作数做减法运算，但与 SUBB 指令不同，比较转移指令仅对借位标志位 Cy 产生影响，操作数本身不变，若源操作数大于目的操作数 Cy 置 1，否则 Cy 置 0，指令形式如下：

```
CJNE  A, direct, rel    ; A≠(direct)时转移至目标地址即 PC=PC+3+ rel，否则顺序执行即 PC=PC+3
CJNE  A, #data, rel     ; A≠data 时转移至目标地址即 PC=PC+3+ rel，否则顺序执行即 PC=PC+3
CJNE  Rn, #data, rel    ;Rn≠data 时转移至目标地址即 PC=PC+3+ rel，否则顺序执行即 PC=PC+3
CJNE  @Ri, #data, rel   ;A≠data 时转移至目标地址即 PC=PC+3+ rel，否则顺序执行即 PC=PC+3
```

由 MCS-51 单片机指令长度判定规则可知，上述指令均为 3 字节指令。

【例 6-28】 已知内部 RAM 50H 单元与 60H 单元中均为无符号数，编程比较两数大小，将较大的数存于 50H 单元，将较小的数存于 60H 单元。

程序代码如下：

```
      ORG 1000H
      MOV A ,50H
      CJNE A ,60H ,L1      ;生成 Cy 标志位
  L1: JNC STOP             ;若 Cy=0，即(50H)≥(60H)，则跳转到 SAVE
      XCH   A , 60H        ;若(50H)<(60H)，数据交换，小数存于内部 RAM 60H 单元
      MOV 50H , A          ;大数存于内部 RAM 50H 单元
  SVAE: SJMP $
        END
```

3) 循环控制转移指令

循环控制转移指令功能是循环次数减 1 不为零则转移至目标地址(一般是循环体标号地址)，否则顺序执行原程序，指令形式如下：

```
  DJNZ   Rn, rel          ; Rn-1≠0 时转移至目标地址即 PC=PC+2+ rel，否则顺序执行即 PC=PC+2
  DJNZ   direct, rel      ;(direct)-1≠0 时转移至目标地址即 PC=PC+3+ rel，否则顺序执行即 PC=PC+3
```

由 MCS-51 单片机指令长度判定规则可知，第一条指令是双字节指令，第二条指令是 3 字节指令。

【例 6-29】 编程实现片内 RAM 50H 为首地址的连续 10 个单元中的无符号数求和，并把求和结果送到片外 RAM 2000H 单元中(假设和不产生进位)。

程序代码如下：

```
         ORG 1000H
         MOV DPTR, #2000H      ;建立指针
         MOVR5,#0AH            ;长度送 R5
         MOV R0,#50H           ;建立数据块指针
         CLR A                 ;累加器清零
    LOOP:ADD A,@R0             ;加一个数,结果放在 A 中
         INC R0                ;修改加数地址指针
         DJNZ R5,LOOP          ;若 R5-1≠0,则转到 LOOP
         MOVX @DPTR,A          ;把结果送到片外 2000H 单元
         SJMP $
         END
```

4) 子程序调用指令和返回指令

计算机中对于需要重复执行的一些功能诸如排序、求极值、求和等，在编程时一般都将它们设计成子程序。当某程序任务中需要用到某些功能时，只需使用调用指令执行相关子程序即可。子程序最后执行返回指令转回至返回地址处继续执行原来的程序任务，子程序调用和返回示意图如图 6-16 所示。

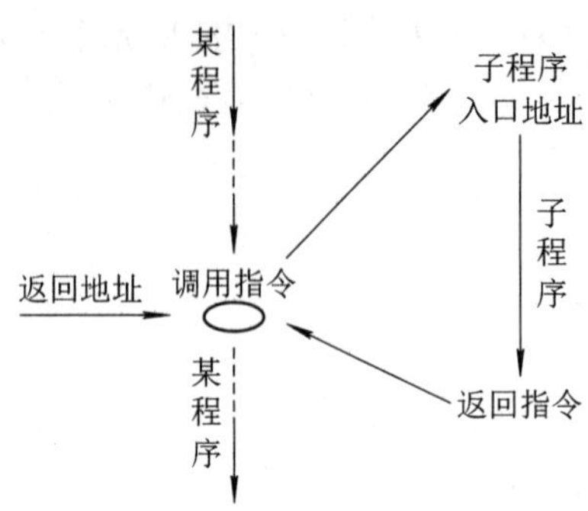

图 6-16　子程序调用示意图

由图 6-16 可知，子程序调用和返回指令实际上是一种特殊的程序转移，调用子程序即是转移至子程序入口地址处去执行子程序，返回指令即是转移至返回地址(调用指令下一条指令的首地址)继续原来的程序，但与一般转移指令的不同之处在于，调用子程序时须将返回地址压入堆栈，返回指令执行时须将返回地址出栈，而一般转移指令不涉及堆栈操作。

(1) 子程序调用指令。

子程序调用指令执行完后，程序就会转移到指令操作数所指目的地址处去执行新的指令。子程序调用指令包括长调用指令和短调用指令。

① 长调用指令 LCALL。长调用指令可以调用存放于 64 KB 程序存储器的任意单元的子程序，指令形式如下：

```
LCALL   addr16          ;将返回地址即 PC=PC+3 压入堆栈，即 SP=SP+1，PC7-0 入栈，
                         SP=SP+1，PC15-8 入栈；最后将 addr16 送入 PC
```

由 MCS-51 单片机指令长度判定规则可知，该指令为 3 字节指令，addr16 即子程序入口地址。

② 短调用指令 ACALL。短调用指令执行转移过程，与短转移指令类似。指令形式如下：

```
ACALL   addr11          ;将返回地址即 PC=PC+2 压入堆栈，即 SP=SP+1，PC7-0 入栈，
                         SP=SP+1，PC15-8 入栈，最后用 addr11 替换 PC 的低 11 位
```

由 MCS-51 单片机指令长度判定规则可知，该指令为双字节指令，addr11 由子程序入口地址所在的页地址确定，与 AJMP 指令类似，可参见表 6-6。

【例 6-30】

```
MOV SP, #07H
SUBTRN:ACALL   0345H   ;若 SUBTRN=0123H，执行该指令后 SP=09H，(08H)=25H，
                        (09H)=01H，PC=0345H
```

(2) 返回指令。

① 子程序返回指令 RET。子程序返回指令是子程序最后 1 条被执行的指令，一般(但不绝对)放在子程序的末尾，指令形式如下：

```
RET   ;将返回地址出栈送 PC，SP=SP+2
```

② 中断程序返回指令 RETI。指令形式如下：

```
RETI  ;将断点地址出栈送 PC，SP=SP+2
```

由 MCS-51 单片机指令长度判定规则可知，上述指令均为单字节指令。分析可知，上述 2 条返回指令的功能相同，都是把堆栈中的地址恢复到程序计数器 PC 中，从而使单片

机回到返回地址或断点处继续执行原来的程序。

8. 空操作指令

空操作指令除了使 PC 加 1，消耗 1 个机器周期外，不执行任何操作，可用于程序的等待和短时间的延时。指令形式如下：

```
NOP                 ;PC=PC+1
```

由 MCS-51 单片机指令长度判定规则可知，上述指令均为单字节指令。

【例 6-31】 利用 NOP 指令产生方波。

程序代码如下：

```
       ORG 1000H
LOOP:  SETB P1.0        ;P1.0 输出高电平
       LCALL DELAY
       CLR P1.0         ;P1.0 输出低电平
       LCALL DELAY
       SJMP LOOP
DELAY: NOP              ;延时子程序
       NOP
       NOP
       NOP
       RET
       END
```

6.2.4　MCS-51 汇编伪指令系统

MCS-51 单片机指令设计汇编语言源程序时，往往需要解释性指令告诉汇编程序(编译程序)如何完成汇编工作或者对汇编过程进行某种控制，而这些指令在源程序汇编过程中不产生机器代码，称之为伪指令。伪代码主要用于变量符号定义、程序存储区分配、暂存数据 RAM 区的指定等。

1. ORG(起始汇编)伪指令

ORG 一般用于确定汇编语言源程序或某数据块在程序存储器 ROM 中的首地址。

例如：

```
       ORG   2000H
START: MOV   A, #10H
          ⋮
        END
```

即规定标号 START 代表地址为 2000H，第 1 条指令以及后续指令汇编后的机器码便从 2000H 开始依次存放。

在一个源程序中，可以多次使用 ORG 规定不同程序段的起始地址，但定义的地址顺序应该是从小到大，不允许交叉、重叠。

例如：

```
ORG 2000H
   ⋮
ORG 2500H
   ⋮
ORG 3000H
   ⋮
```

此顺序是正确的。

但若按照下面顺序排列则是错误的，因为地址出现了交叉。

```
ORG 2500H
   ⋮
ORG 2000H
   ⋮
ORG 3000H
   ⋮
```

2. END(结束汇编)伪指令

END 是汇编语言源程序的结束标志，常用于汇编语言源程序末尾，表示汇编结束。1个源程序只能有 1 个 END 命令，且置于程序的最后。在 END 以后所写的指令，汇编程序都不予处理。

3. EQU(赋值)伪指令

EQU 伪指令称为赋值伪指令，用于给它左边的“字符名”赋值。

其格式为：字符名　EQU　数据或汇编符

一旦“字符名”被赋值，可以作为 1 个地址，在程序中也可以用作 1 个数据，但若用作数据字符名前需加“#”号，被赋值的可以是 8 位的数据或地址，也可以是 16 位的数据或地址。

例如下面的程序语句在汇编时都认为是合法的:

```
ORG   2000H
KA   EQU   R1
M1   EQU 20H
STRT EQU 2500H
MOV   R0, #M1
MOV   KA,A
⋮
ACALL   STRT
⋮
END
```

上述程序段中，KA 赋值后当作寄存器 R1 来用，M1 被赋值为 8 位立即数，STRT 被赋值为 16 位地址。

使用 EQU 伪指令时应注意以下几点：

(1) “字符名”不是标号，故它与 EQU 之间不能用“:”隔开；

(2) “字符名”必须先赋值后使用，因此 EQU 伪指令通常放在源程序的开头，并且已被赋值的变量不能重新被赋值，即对同一变量只能赋值 1 次，通常置于程序首部；

(3) 在有些 MCS-51 单片机汇编程序中，EQU 定义的“字符名”不能在表达式中运算。例如下面语句有可能就是错误的，具体读者可实际测试确定。

```
K1   EQU 30H
MOV A, K1+1
```

4. DATA(赋值)伪指令

DATA 伪指令用于给左边的“字符名”赋值。

其格式为：字符名　DATA　表达式

此伪指令功能与 EQU 伪指令的功能类似，可以将右边“表达式”的值赋给左边的“字符名”。这里的表达式允许是一个数据或地址，也可以是包含被定义的“字符名”在内的表达式，但不能是汇编符号，如 R0～R7 等。

DATA 伪指令与 EQU 伪指令的主要区别：EQU 定义的字符名必须“先定义后使用”，而 DATA 定义的“字符名”没有这种限制。DATA 伪指令可放在程序的任何位置，比 EQU 伪指令灵活。

DATA 伪指令一般用于定义程序中所用的 8 位或 16 位的数据或地址，但在有些汇编程序中，只允许 DATA 语句定义 8 位数据或地址，定义 16 位的数据或地址时，需使用 XDATA 语句。

例如：

```
ORG 2000H
M   DATA   20H
DELAY XDATA 08AFH
MOV A,M
⋮
LCALL DELAY
⋮
END
```

5. DB(定义字节)伪指令

DB 伪指令可用来为汇编语言源程序在内存的某区域中定义 1 个或 1 串字节。

其格式为：[标号:] DB　项或项表

其中，标号为任选项。项或项表指一个字节数据，或用逗号分开的字节数据串，或以引号括起来的字符串。该伪指令的功能是把项或项表的数据(字符串按字符顺序以 ASCII 码)存入从标号地址开始的连续存储单元中。例如：

```
        ORG   2000H
TAB1: DB    30H,8AH,7FH,73
        DB    '5','A','BCD'
```

由于 ORG　2000H，所以 TAB1 的地址为 2000H，因此以上伪指令经汇编后，将对 2000H

开始的连续存储单元赋值：

```
(2000H)=30H
(2001H)=8AH
(2002H)=7FH
(2003H)=49H      ;十进制数 73 以十六进制数存放
(2004H)=35H      ;35H 是数字 5 的 ASCII 码
(2005H)=41H      ;41H 是字母 A 的 ASCII 码
(2006H)=42H      ;42H 是字符串'BCD'中 B 的 ASCII 码
(2007H)=43H      ;43H 是字符串'BCD'中 C 的 ASCII 码
(2008H)=44H      ;44H 是字符串'BCD'中 D 的 ASCII 码
```

6. DW(定义字)伪指令

DW 伪指令称为定义字伪指令，用于为源程序在内存某个区域定义 1 个字或 1 串字。

其格式为：[标号:] DW 项或项表

其中，标号段为任选项。DW 伪指令的功能与 DB 伪指令的类似，其主要区别在于 DB 定义 1 个字节，而 DW 定义的是 1 个字(即两个字节)。因此 DW 伪指令主要用来定义 16 位数据或地址(高 8 位在前，低 8 位在后)。例如：

```
        ORG   1500H
TAB2: DW   1234H，80H
```

汇编以后：(1500H) = 12H，(1501H) = 34H，(1502H) = 00H，(1503H) = 80H

7. DS(定义存储空间)伪指令

DS 伪指令称为定义存储空间伪指令。

其格式为：[标号:] DS　表达式

其中，标号为任选项，该伪指令的功能是汇编程序从标号地址开始，保留若干个字节的内存空间以备源程序执行过程中存放数据。保留的字节单元数由表达式的值决定。

例如：

```
ORG   1000H
DS   20H
DB   30H，8FH
```

汇编后从 1000H 开始，预留 32(20H)个字节的内存单元，然后从 1020H 开始，按照下一条 DB 指令赋值，即(1020H) = 30H，(1021H) = 8FH。

8. BIT(位地址赋值)伪指令

BIT 伪指令称为位地址赋值伪指令，用于给以符号形式的位地址赋值。

其格式为：字符名　BIT　位地址

该伪指令的功能是将位地址赋予 BIT 前面的字符名，经赋值后可用该字符名代替 BIT 后面的位地址。被定义后，“字符名”是一个符号位地址。

例如：

```
ORG 0500H
K1   BIT   20H
```

```
    K2   BIT   30H
    Y    BIT P1.0
BG: MOV   C,K1
    ANL   C, K2
    MOV   Y, C
    ⋮
    END
```

经以上伪指令定义后，在程序中就可以把 K1、K2 和 Y 作为位地址来使用。

6.3　MCS-51 汇编程序设计

在 MCS-51 单片机汇编语言程序设计中，程序结构主要有顺序结构、分支结构、循环结构、查表结构和子程序结构。

6.3.1　顺序结构程序设计

顺序结构程序是最简单的程序结构，也称为直线结构程序。程序中既无分支、循环，也不调用子程序，程序按顺序一条一条地执行指令。

【例 6-32】　拆字程序。将内部 RAM 30H 单元内的两位 BCD 码拆开并转换成 ASCII 码，将转换后的 ASCII 码放在内部 RAM 31H 和 32H 单元，低位 ASCII 码放在内部 RAM 32H 单元。

问题分析：根据 ASCII 码表，0～9 的 BCD 码和它们的 ASCII 码之间仅相差 30H。因此只需将 30H 单元中的两个 BCD 码拆开，分别和 30H 相加即可，程序流程如图 6-17 所示。

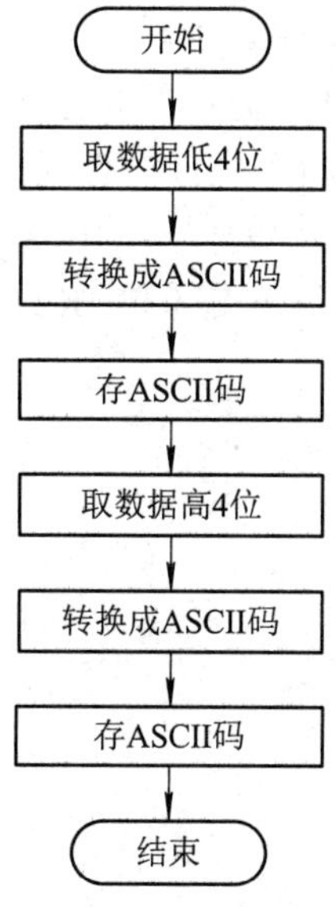

图 6-17　顺序结构程序例 6-32 程序流程图

程序代码如下：

```
ORG   0100H
MOV   A,30H      ;取值
ANL   A,#0FH     ;取低 4 位
ADD   A,#30H     ;转换成 ASCII 码
MOV   32H,A      ;保存结果
MOV   A,30H      ;取值
SWAP  A          ;高 4 位与低 4 位互换
ANL   A,#0FH     ;取低 4 位(原来的高 4 位)
ADD   A, #30H    ;转换成 ASCII 码
MOV   31H, A     ;保存结果
SJMP  $
END
```

若设(30H) = 64H，程序代码 Proteus 仿真结果如图 6-18 所示。

```
--------
--------          ; Reset Vector
--------          org    0000h
0000              jmp    Start
--------
-------- ;==========================================
-------- ; CODE SEGMENT
-------- ;==========================================
--------          ORG  0100H
0100     Start:MOV  30H,#64H
0103          MOV  A,30H      ;取值
0105          ANL  A,#0FH     ;取低4位
0107          ADD  A,#30H     ;转换成ASCII码
0109          MOV  32H,A      ;保存结果
010B          MOV  A,30H      ;取值
010D          SWAP  A         ;高4位与低4位互换
010E          ANL  A,#0FH     ;取低4位（原来的高4位）
0110          ADD  A, #30H    ;转换成ASCII码
0112          MOV  31H, A     ;保存结果
0114          SJMP  $
-------- ;==========================================
000E          END
```

```
8051 CPU Internal (IDATA) Memory - U1
00 | 00 00 00 00 | 00 00 00 00 | ........
08 | 00 00 00 00 | 00 00 00 00 | ........
10 | 00 00 00 00 | 00 00 00 00 | ........
18 | 00 00 00 00 | 00 00 00 00 | ........
20 | 00 00 00 00 | 00 00 00 00 | ........
28 | 00 00 00 00 | 00 00 00 00 | ........
30 | 64 36 34 00 | 00 00 00 00 | d64.....
38 | 00 00 00 00 | 00 00 00 00 | ........
40 | 00 00 00 00 | 00 00 00 00 | ........
48 | 00 00 00 00 | 00 00 00 00 | ........
50 | 00 00 00 00 | 00 00 00 00 | ........
58 | 00 00 00 00 | 00 00 00 00 | ........
60 | 00 00 00 00 | 00 00 00 00 | ........
68 | 00 00 00 00 | 00 00 00 00 | ........
70 | 00 00 00 00 | 00 00 00 00 | ........
78 | 00 00 00 00 | 00 00 00 00 | ........
```

图 6-18　顺序结构程序例 6-32 仿真结果

【例 6-33】　将内部 RAM 60H 单元中的 8 位无符号数转换成 3 位 BCD 码，并存放在 BAIW(百位)、SHIW(十位)和 GEW(个位)3 个单元中。

问题分析：将内部 RAM 60H 单元中的内容除以 100(64H)，得到的商就是百位 BCD 码，然后再把余数除以 10(0AH)，得到的商就是十位 BCD 码，余数即为个位 BCD 码，程序流程如图 6-19 所示。

程序代码如下：

```
ORG    0100H
BAIW   DATA   40H
SHIW   DATA   41H
GEW    DATA   42H
MOV    A, 60H     ;取数
MOV    B, #100    ;除数为 100
DIV    AB         ;确定百位数，位于 A 中
MOV    BAIW, A    ;存百位数
```

```
MOV    A,B        ;余数送 A
MOV   B,#10       ;除数为 10
DIV   AB          ;确定十位数和个位数
MOV SHIW, A       ;存十位数
MOV GEW, B        ;存个位数
SJMP   $
END
```

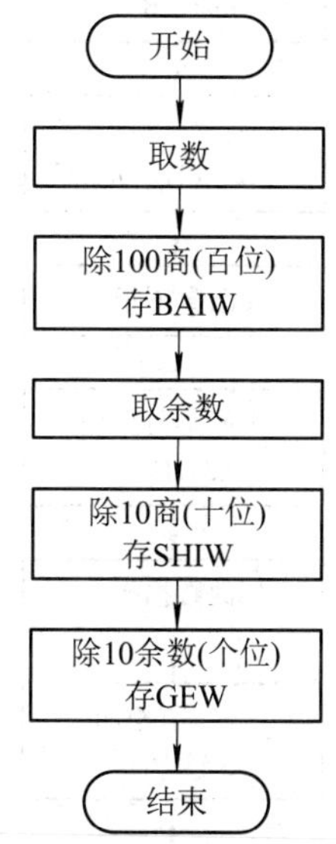

图 6-19　顺序结构程序例 6-33 程序流程图

若设(60H) = A5H，例 6-33 程序代码 Proteus 仿真结果如图 6-20 所示。

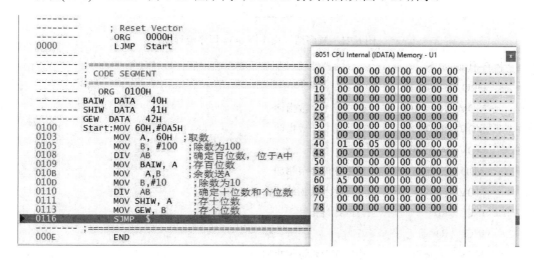

```
--------
--------        ; Reset Vector
--------         ORG    0000H
0000             LJMP   Start
--------
-------- ;==========================================
-------- ; CODE SEGMENT
-------- ;==========================================
--------    ORG  0100H
-------- BAIW  DATA   40H
-------- SHIW  DATA   41H
-------- GEW  DATA   42H
0100     Start:MOV 60H,#0A5H
0103             MOV  A, 60H  ;取数
0105             MOV  B, #100  ;除数为100
0108             DIV  AB       ;确定百位数，位于A中
0109             MOV  BAIW, A  ;存百位数
010B             MOV   A,B     ;余数送A
010D             MOV  B,#10     ;除数为10
0110             DIV  AB        ;确定十位数和个位数
0111             MOV SHIW, A    ;存十位数
0113             MOV GEW, B     ;存个位数
0116             SJMP  $
-------- ;==========================================
000E             END
```

```
8051 CPU Internal (IDATA) Memory - U1
00 | 00 00 00 00|00 00 00 00 | ........
08 | 00 00 00 00|00 00 00 00 | ........
10 | 00 00 00 00|00 00 00 00 | ........
18 | 00 00 00 00|00 00 00 00 | ........
20 | 00 00 00 00|00 00 00 00 | ........
28 | 00 00 00 00|00 00 00 00 | ........
30 | 00 00 00 00|00 00 00 00 | ........
38 | 00 00 00 00|00 00 00 00 | ........
40 | 01 06 05 00|00 00 00 00 | ........
48 | 00 00 00 00|00 00 00 00 | ........
50 | 00 00 00 00|00 00 00 00 | ........
58 | 00 00 00 00|00 00 00 00 | ........
60 | A5 00 00 00|00 00 00 00 | ........
68 | 00 00 00 00|00 00 00 00 | ........
70 | 00 00 00 00|00 00 00 00 | ........
78 | 00 00 00 00|00 00 00 00 | ........
```

图 6-20　顺序结构程序例 6-33 仿真结果

【例 6-34】　将两个 3 字节无符号数相加，第 1 个数在内部 RAM 的 32H、31H 和 30H 单元；第 2 个加数在内部 RAM 的 35H、34H 和 33H 单元，要求相加后的和存入 32H、31H

和 30H 单元，进位存入 20H 位。

问题分析：两个 3 字节无符号数求和且要求结果存入第 1 个加数的对应单元，可采用间接寻址方法实现数据处理与数据存取，且考虑加法过程中的进位问题，程序流程如图 6-21 所示。

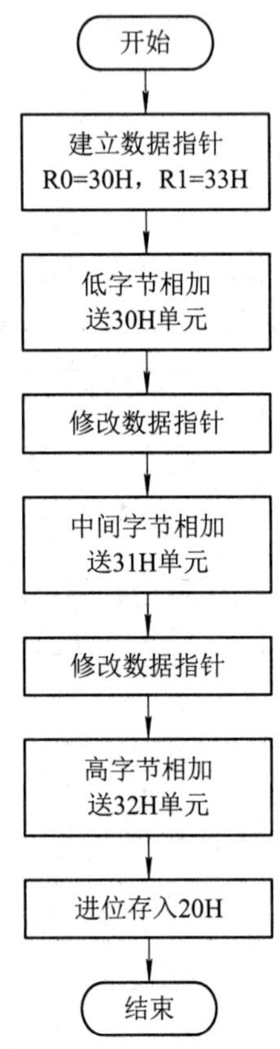

图 6-21　顺序结构程序例 6-34 程序流程图

程序代码如下：

```
ORG   0100H
MOV   R0, #30H        ;建立第 1 个数指针
MOV   R1, #33H        ;建立第 2 个数指针
MOV   A, @R0
ADD   A, @R1          ;两数的低字节相加
MOV   @R0,A           ;存低字节相加的结果
INC   R0              ;修改地址指针
INC   R1
MOV   A, @R0          ;中间字节带进位相加
ADDC A, @R1
MOV   @R0,A           ;存中间字节相加的结果
INC   R0              ;修改地址指针
```

```
INC     R1
MOV     A,  @R0
ADDC    A, @R1          ;高字节带进位相加
MOV     @R0,  A         ;存高字节相加的结果
MOV     20H, C          ;进位存入 20H 位地址
SJMP    $
END
```

若设(30H) = 01H，(31H) = 02H，(32H) = 03H，(33H) = 04H，(34H) = 05H，(35H) = 06H，例 6-34 程序代码 Proteus 仿真结果如图 6-22 所示。

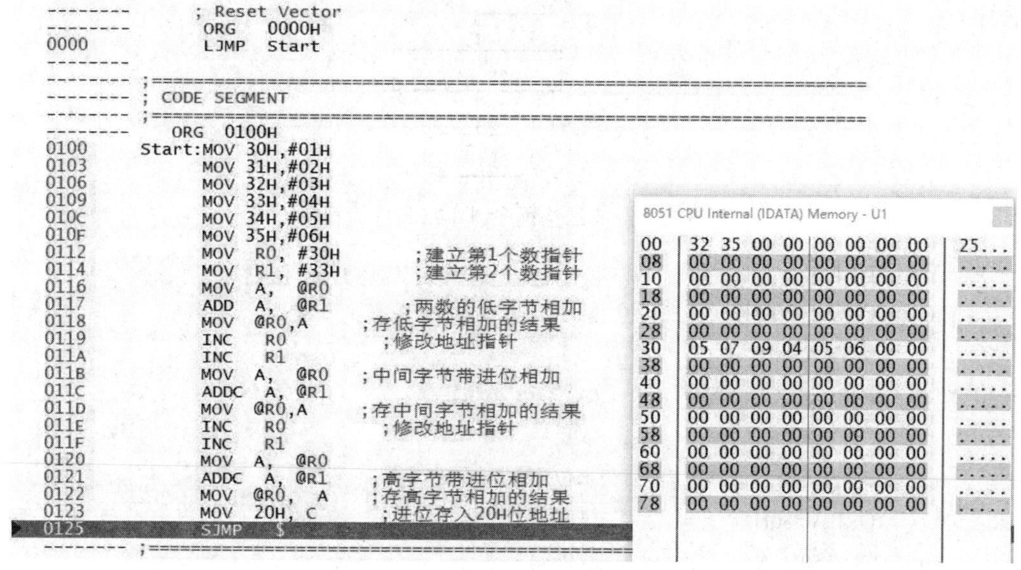

图 6-22　顺序结构程序例 6-34 仿真结果

6.3.2　分支结构程序设计

分支结构程序的特点就是程序中含有转移指令，分支程序的设计要点如下：

(1) 先建立可供条件转移指令测试的条件；

(2) 选用合适的条件转移指令；

(3) 在转移的目的地址处设定标号。

在 MCS-51 单片机指令系统中，通过条件判断，实现单分支程序转移的指令有 JZ、JNZ、CJNE 和 DJNZ 等。此外还有以位状态作为条件进行程序分支的指令，如 JC、JNC、JB、JNB 和 JBC 等。使用这些指令可以完成以 0、1、正、负，以及相等、不相等作为各种条件判断依据的程序转移。

【例 6-35】　已知内部 RAM 50H 单元内存有符号二进制数的原码，将其转换为补码。

问题分析：正数的补码和原码一致，负数的补码是原码符号位不变其他位取反末位加 1。因此本题程序设计时应首先判断数的正负，然后进行相应的处理，程序流程如图 6-23

所示。

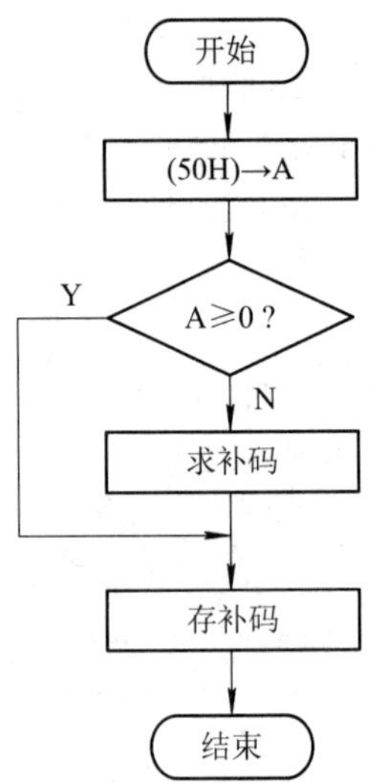

图 6-23　分支结构程序例 6-35 程序流程图

程序代码如下：

```
        ORG   0100H
        MOV A,50H
        JNB   ACC.7, SAVE         ;(A)≥0，不需转换
        CPL     A                 ;取反
        INC     A                 ;末位加 1
        ORL A,#80H                ;恢复符号位
  SAVE:MOV 50H, A                 ;存补码
        SJMP $
        END
```

若设(50H) = 01H，例 6-35 程序代码 Proteus 仿真结果如图 6-24(a)所示，若设(50H) = 91H，例 6-35 程序代码 Proteus 仿真结果如图 6-24(b)所示。

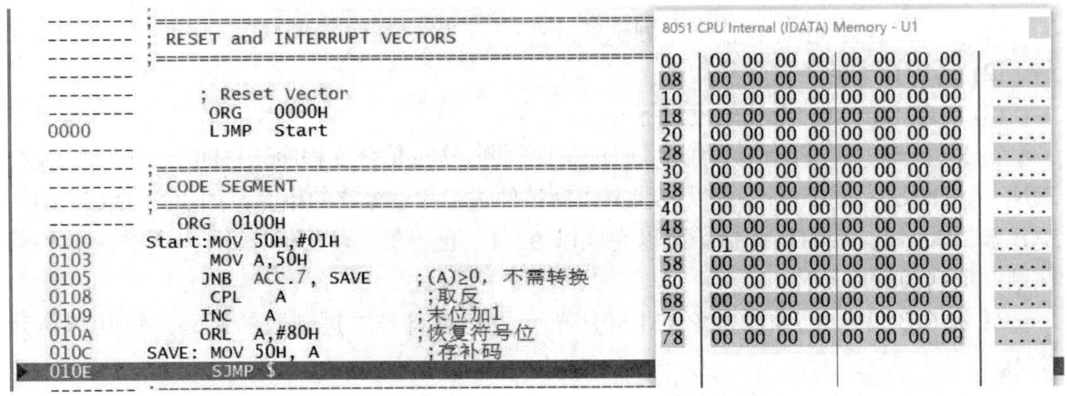

(a)

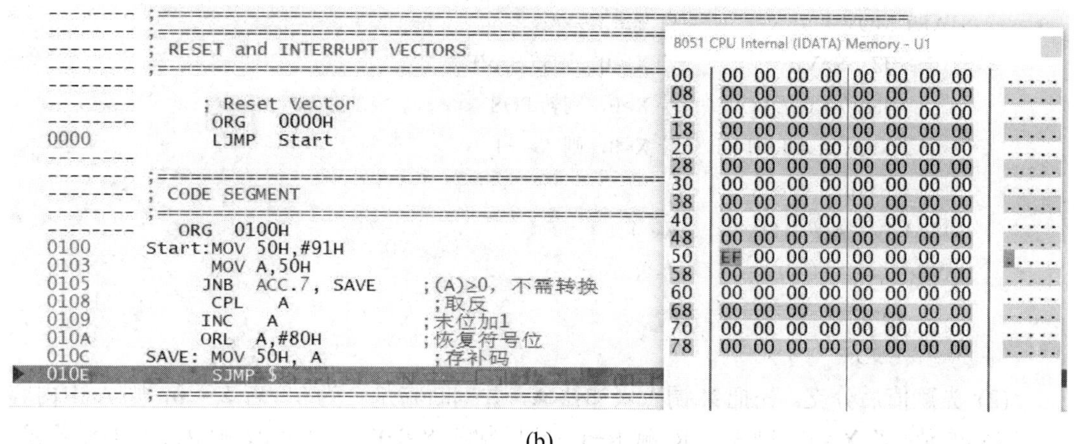

(b)

图 6-24　分支结构程序例 6-35 仿真结果

【例 6-36】　已知 VAR 单元中有自变量 X，请按如下条件编出求函数值 Z 并将它存入 FUN 单元的程序。

$$Z=\begin{cases}1 & X>0\\0 & X=0\\-1 & X<0\end{cases}$$

问题分析：本例是一个三分支的条件转移程序，可采用“先分支后赋值”和“先赋值后分支”两种求解方法。分述如下：

① 先分支后赋值。自变量 X 是有符号数，可采用累加器判零条件转移和位控制条件转移指令来实现，程序流程图如图 6-25(a)所示。

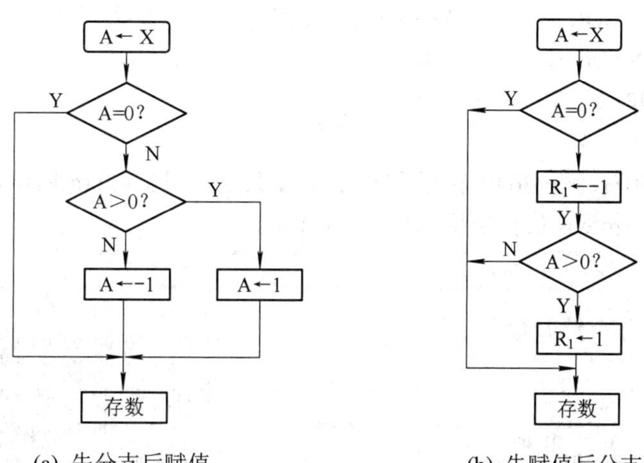

(a) 先分支后赋值　　(b) 先赋值后分支

图 6-25　分支结构程序例 6-36 程序流程图

程序代码如下：

```
ORG   0100H
VAR   DATA   40H
FUN   DATA   41H
```

```
START:MOV A,VAR          ;自变量 X→A
      JZ   SAVE          ;若 X=0，则转 SAVE
      JNB ACC.7, POS     ;若 X>0，则转 POS
      MOV A,#0FFH        ;若 X<0，则 A←-1
      SJMP SAVE
POS:MOV   A,#01H         ;A←1
SAVE:MOV   FUN, A        ;存数
     SJMP $
     END
```

(2) 先赋值后分支。先把 X 调入累加器 A，并判断它是否为 0？若 X = 0，则 A 中内容送 FUN 单元；若 X≠0，则先给 R_1 赋值-1，然后判断 X<0？若 X<0，则 R_1 送 FUN 单元，否则把 R_1 单元内容修改成 1 后送入 FUN 单元，程序流程图如图 6-25(b)所示。

程序代码如下：

```
        ORG   0100H
        VAR   DATA   40H
        FUN   DATA   41H
START: MOV A,VAR         ;自变量 X→A
       JZ   SAVE         ;若 X=0，则转 SAVE
       MOV R1,#0FFH      ;若 X≠0，则 R1←-1
       JB   ACC.7,NEG    ;若 X<0，则转 NEG
       MOV   R1,#01H     ;若 X>0，则 R1←1
       SJMP   SAVE
NEG:MOV   A, R1          ;A←(R1)
SAVE: MOV FUN, A         ;存数
       SJMP   $
       END
```

若设 VAR = 01H，例 6-36 程序代码 Proteus 仿真结果如图 6-26(a)所示，若设 VAR = A1H，例 6-36 程序代码 Proteus 仿真结果如图 6-26(b)所示。

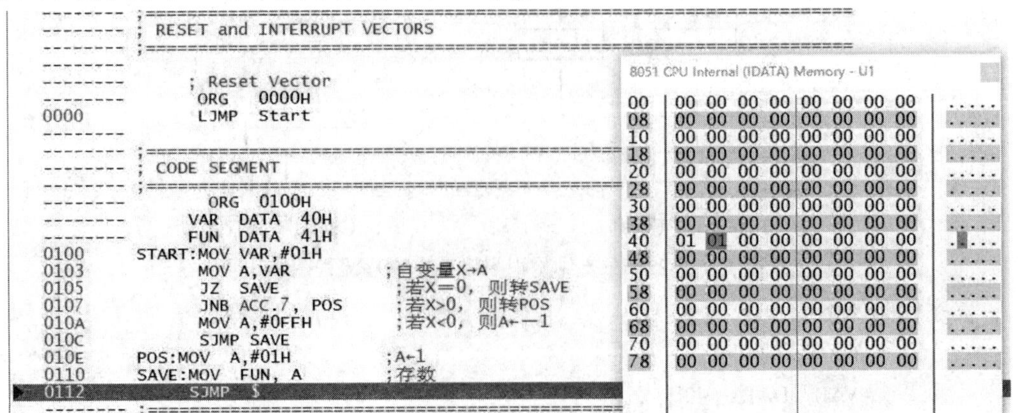

(a)

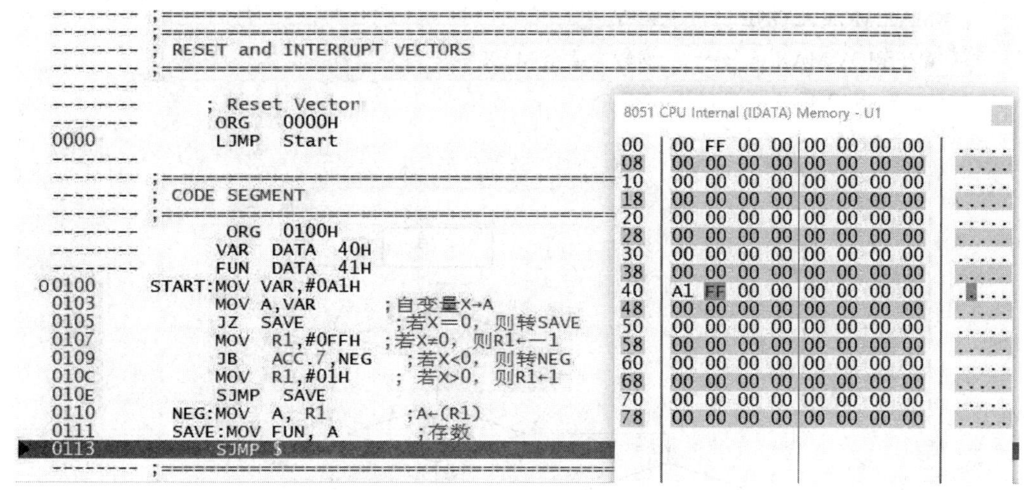

(b)

图 6-26　分支结构程序例 6-36 仿真结果

【例 6-37】　两个有符号数分别存于 ONE 和 TWO 单元，试编程比较其大小，并将较大的数存入 MAX 单元。

问题分析：两个有符号数的比较大小可将两数相减后的正负和溢出标志结合在一起判断。对两个正数相减或者两个负数相减都不会溢出(OV = 0)。若差为正则 X>Y；若差为负则 X<Y。两个异符号数比较，正数减去负数，差若为正，则正常运算，无溢出(OV = 0)；若差为负，则不正常，一定溢出(OV = 1)。若负数减去正数，它们的差若为负，是正常运算，无溢出(OV = 0)；若差为正，则不正常，一定溢出(OV = 1)。综上，若 X − Y 为正，则 OV = 0，X>Y，OV = 1，X<Y；若 X − Y 为负，则 OV = 0，X<Y，OV = 1，X>Y，分支结构程序流程图如图 6-27 所示。

程序代码如下：

```
        ORG     0100H
        ONE DATA    30H
        TWO DATA    31H
        MAX   DATA    32H
        CLR C                   ;Cy清零
        MOV A, ONE              ;X 送 A
        SUBB A,TWO              ;X-Y 形成 OV 标志
        JZ      XMAX            ;若 X=Y，则 SAVE
        JB ACC.7,NEG            ;若 X-Y 为负，则转 NEG
        JB OV, YMAX             ;若 X-Y>0，OV=1，则 Y>X
        SJMP XMAX               ;若 X-Y>0，OV=0,则 X>Y
NEG:JB OV,XMAX                  ;X-Y<0，OV=1,X>Y
YMAX:MOV A, TWO                 ;Y>X
          SJMP SAVE
```

```
XMAX:MOV A, ONE         ;X>Y
SAVE:MOV MAX, A         ;送较大值至 MAX
     SJMP $
     END
```

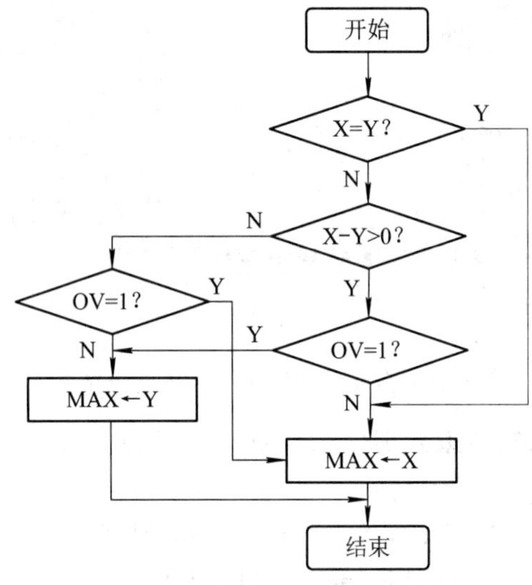

图 6-27　分支结构程序例 6-37 程序流程图

若设 ONE = 70H(112)，TWO = 90H(−112)，例 6-37 程序代码 Proteus 仿真结果如图 6-28(a)所示，若设 ONE = 55H(85)，TWO = 77H(119)，例 6-37 程序代码 Proteus 仿真结果如图 6-28(b)所示。

```
--------  ;=============================================================
--------  ; RESET and INTERRUPT VECTORS
--------  ;=============================================================
--------
--------      ; Reset Vector
--------       ORG    0000H
0000           LJMP   Start
--------
--------  ;=============================================================
--------  ; CODE SEGMENT
--------  ;=============================================================
--------        ORG 0100H
--------       ONE   DATA   30H
--------       TWO   DATA   31H
--------       MAX   DATA   32H
0100     Start:MOV ONE,#70H
0103           MOV TWO,#90H
0106            CLR C               ;Cy清零
0107           MOV A, ONE           ;X送A
0109           SUBB A,TWO           ;X-Y形成OV标志
010B           JZ    XMAX           ;若X=Y，则SAVE
010D           JB ACC.7,NEG         ;若X-Y为负，则转NEG
0110           JB OV, YMAX          ;若X-Y>0，OV=1，则Y>X
0113           SJMP XMAX            ;若X-Y>0，OV=0，则X>Y
0115       NEG:JB OV,XMAX           ;X-Y<0，OV=1,X>Y
0118      YMAX:MOV A, TWO           ;Y>X
011A           SJMP SAVE
011C      XMAX:MOV A, ONE           ;X>Y
011E      SAVE:MOV MAX, A           ;送较大值至MAX
0120           SJMP $
--------  ;=============================================================
```

8051 CPU Internal (IDATA) Memory - U1

```
00  00 00 00 00 00 00 00 00  .....
08  00 00 00 00 00 00 00 00  .....
10  00 00 00 00 00 00 00 00  .....
18  00 00 00 00 00 00 00 00  .....
20  00 00 00 00 00 00 00 00  .....
28  00 00 00 00 00 00 00 00  .....
30  70 90 70 00 00 00 00 00  p.p..
38  00 00 00 00 00 00 00 00  .....
40  00 00 00 00 00 00 00 00  .....
48  00 00 00 00 00 00 00 00  .....
50  00 00 00 00 00 00 00 00  .....
58  00 00 00 00 00 00 00 00  .....
60  00 00 00 00 00 00 00 00  .....
68  00 00 00 00 00 00 00 00  .....
70  00 00 00 00 00 00 00 00  .....
78  00 00 00 00 00 00 00 00  .....
```

(a)

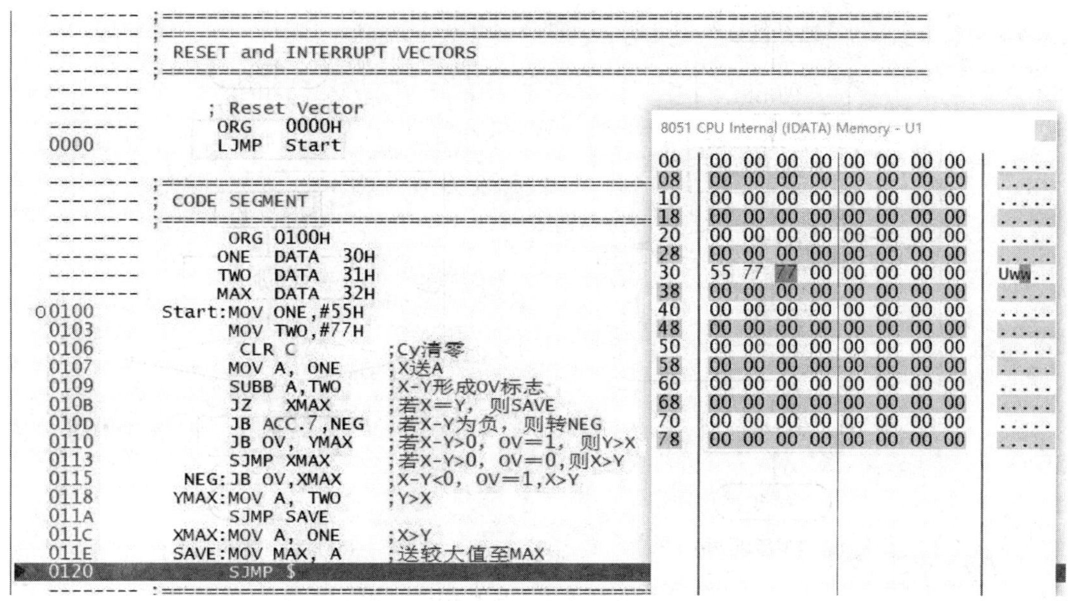

(b)

图 6-28　分支结构程序例 6-37 仿真结果

6.3.3　循环结构程序设计

在计算机程序设计时，当需要重复执行的某个动作时，可将程序结构设计为循环程序结构，这样可以简化程序代码的编写并节省程序存储空间，但是需要强调的是循环程序结构不会节省程序执行时间。

循环程序结构包括循环初始化、循环处理、循环控制和循环结束 4 部分。

(1) 循环初始化。循环初始化程序段一般位于循环程序的开头，位于循环体外，用于设置循环过程工作单元的初始值。例如设置循环次数、地址指针初值、存数和取数的单元初值等。

(2) 循环处理。循环程序的主体位于循环体内，即需要重复执行的程序段。

(3) 循环控制。循环控制程序段也位于循环体内，用于判断循环条件是否满足，若满足则继续循环，否则结束循环。在循环次数已知的情况下，用计数方法控制循环的终止。在循环次数未知的情况下，可根据某种条件判断决定是否终止循环。

(4) 循环结束。循环结束程序段用于处理循环程序的最终结果以及恢复各工作单元的初始值。

循环程序有两种结构：一种是先循环处理后循环控制的直到型循环结构；另一种是先循环控制后循环处理的当型循环结构，循环程序的两种结构流程图如图 6-29 所示。

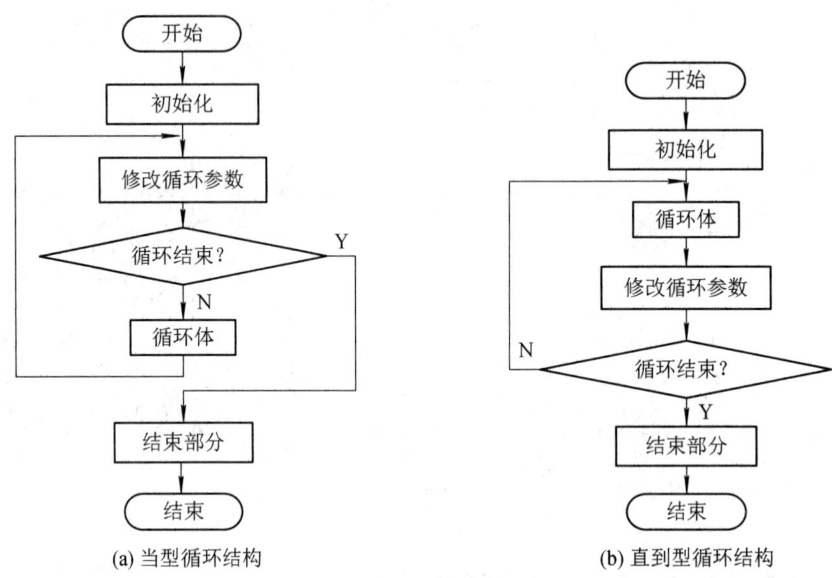

(a) 当型循环结构　(b) 直到型循环结构

图 6-29　循环程序的两种结构流程图

【例 6-38】 将内部数据存储器 30H～7FH 单元中的内容送到外部数据存储器以 1000H 开始的连续单元中去。

问题分析： 30H～7FH 共 80 个单元，需传送 80 次数据。可将内外传送动作设计为一个循环体，将 R7 作为循环计数寄存器，程序流程图如图 6-30 所示。

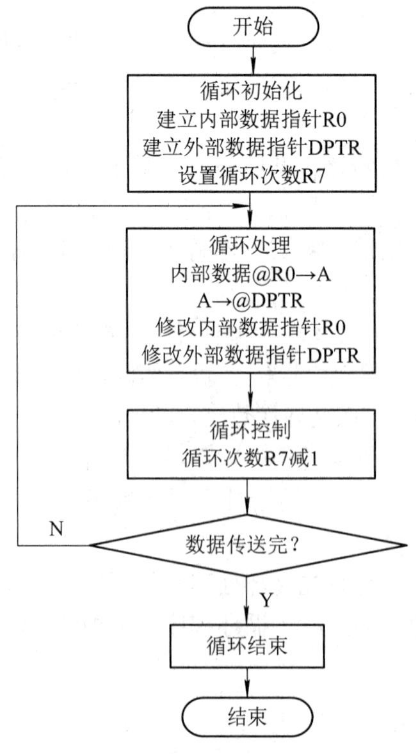

图 6-30　循环结构例 6-38 程序流程图

程序代码如下：

```
        ORG    0100H
        TAB1 EQU 1000H
        MOV R0, #30H
        MOV DPTR,#TAB1      ;建立地址指针
        MOV R7,#50H         ;设置循环次数
LOOP:   MOV A,@R0
        MOVX @DPTR,A        ;传送到外部 RAM
        INC R0              ;指向下一个数据
        INC DPTR
        DJNZ   R7,LOOP      ;判断循环条件
        SJMP   $
        END
```

若设内部 RAM 30H～7FH 单元存有 00H～4FH，例 6-38 程序代码 Proteus 仿真结果如图 6-31 所示。

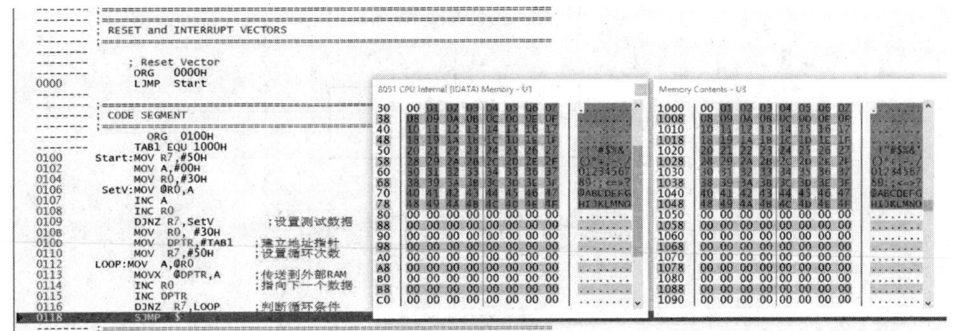

图 6-31　循环结构程序例 6-38 仿真结果

【例 6-39】　已知内部 RAM 的 ADDR 单元开始有一无符号数据块，块长在 LEN 单元，请编出求数据块中各数累加和，并存累加和至外部 RAM SUM 单元的程序。

问题分析：本题需要重复求和，可将求和过程设计为循环体，程序流程图如图 6-32 所示。

程序代码如下：

```
        ORG    0100H
        ADDR   EQU   30H
        LEN    EQU   20H
        SUM    EQU   1000H
        MOV DPTR,#SUM
        CLR    A            ; A 清零
        MOV R2,LEN          ;数据块长送入 R2
        MOV R1,#ADDR1       ;起始地址送 R1
        INC R2              ;修改块长
        SJMP CHECK
LOOP:   ADD A,@R1           ;A←A＋(R1)
```

```
        INC R1              ;修改数据块指针 R1
CHECK: DJNZ R2,LOOP         ;若未完，则转 LOOP
        MOVX @DPTR,A        ;存累加和
        SJMP $
        END
```

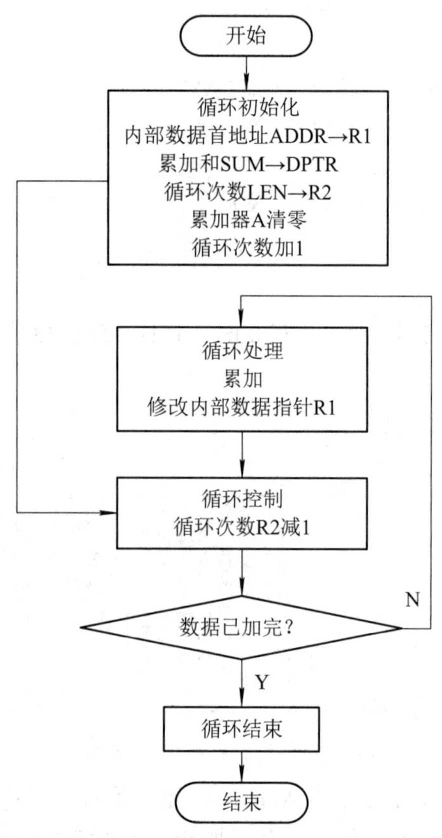

图 6-32　循环结构例 6-39 程序流程图

若设数据块为 1～10 的整数，即(LEN) = 10，首地址 ADDR = 30H，累加和地址 SUM = 1000H，例 6-39 程序代码 Proteus 仿真结果如图 6-33 所示。

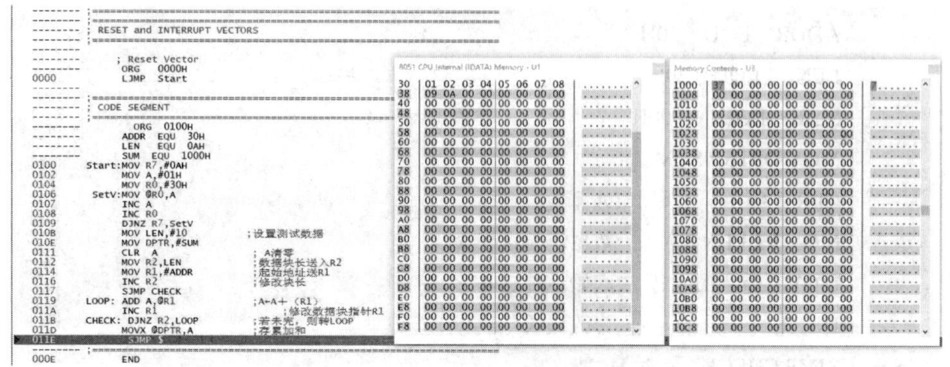

图 6-33　循环结构程序例 6-39 仿真结果

【例 6-40】 已知内部 RAM 的 ADDR 单元开始有一无符号数据块，块长在 LEN 单元，请编程求出数据块中的最大值并存入 MAX 单元。

问题分析： 本题在一组数据中求最大值，需要不断比较，应把比较过程写成循环体，并且进入循环时，应将最大值单元设置为零或第一个数，程序流程图如图 6-34 所示。

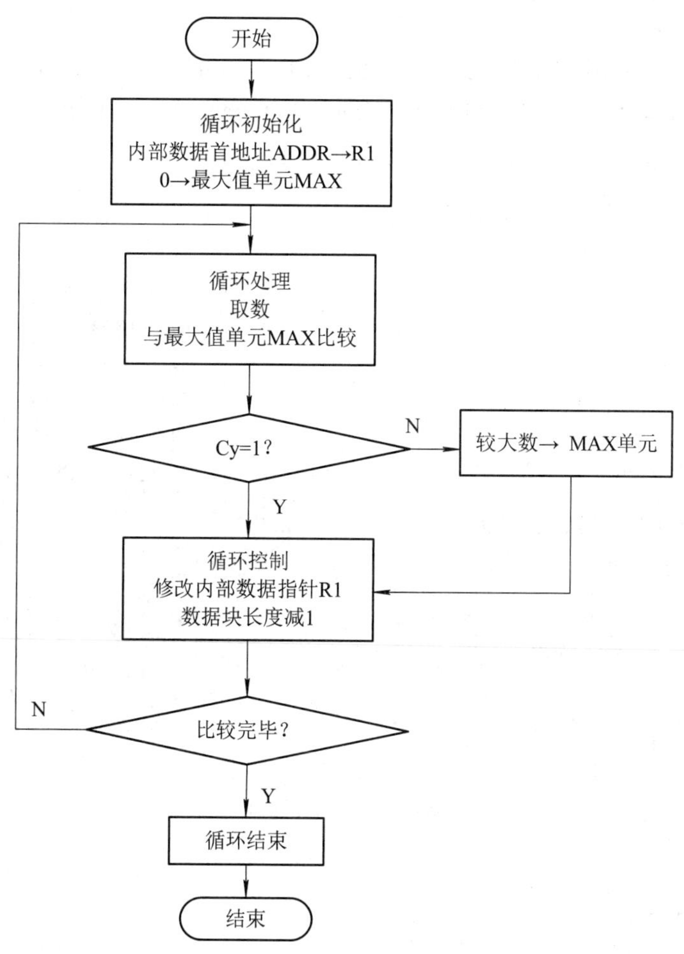

图 6-34 循环结构例 6-40 程序流程图

程序代码如下：

```
        ORG   0100H
        ADDR  DATA 50H
        LEN   DATA   30H
        MAX   DATA  32H
        MOV   MAX,#00H          ; MAX 单元清零
        MOV   R1, #ADDR         ;ADDR 送 R1
  LOOP:MOV    A, @R1            ;数据块中数送入 A
        CJNE A , MAX , NEXT1    ;A 和(MAX)比较
```

```
NEXT1:JC    NEXT            ;若 A<(MAX)，则 NEXT
      MOV MAX, A            ;若 A≥(MAX)，则大数送入 MAX
 NEXT: INC R1               ;修改数据块指针 R1
      DJNZ LEN,LOOP         ;若未完，则转 LOOP
      SJMP $
      END
```

若设数据块为 1～10 的整数，长度单元地址 LEN = 30H，则(30H) = 10，首地址 ADDR = 50H，累加和地址 MAX = 32H，例 6-40 程序代码 Proteus 仿真结果如图 6-35 所示。

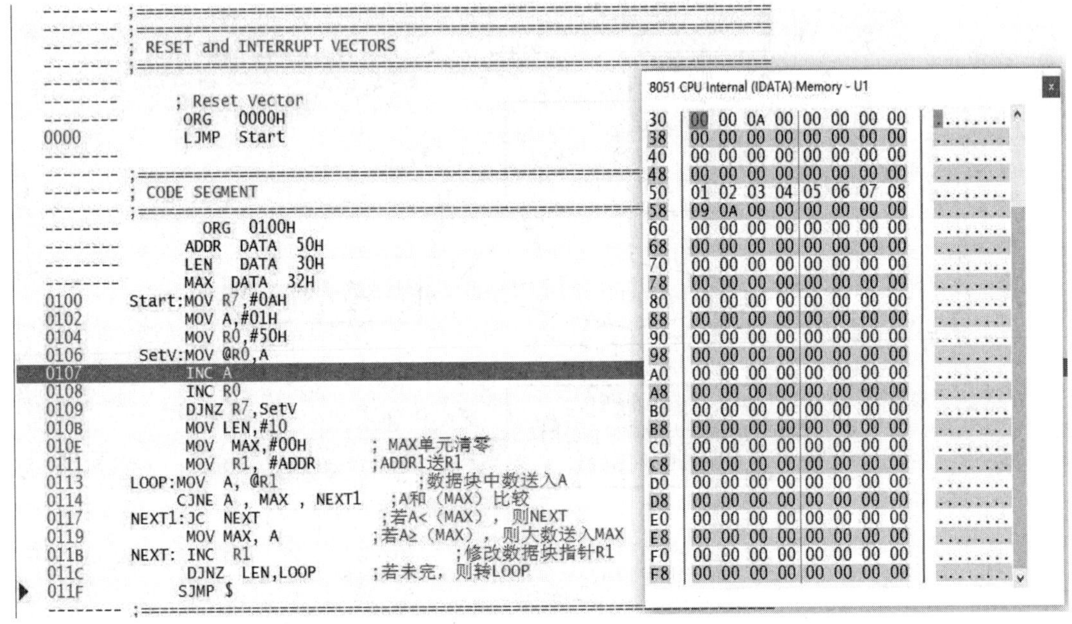

图 6-35　循环结构程序例 6-40 仿真结果

6.3.4　查表结构程序设计

在许多实际场合，MCS-51 单片机需要进行复杂运算，比如三角函数运算、平方运算、阶乘运算等，但是计算机不擅于进行这类运算，此时可以改用查表方法解决问题，既方便又快捷。查表程序是根据查表算法设计的，可以完成数据补偿、计算和转换等功能，它在计算机中被广泛应用。所谓查表就是根据存放在 ROM 中的数据表格的项数来查找和它对应的表中值，即把事先计算或实验数据按一定顺序编成表格，存于 ROM 中，然后根据输入参数值，从表中取出结果。例如：查 $Y = X^3$(设 X 为 0～9)的立方表时，可以预先计算好 X 为 0～9 的 Y 值作为数据表格存放在开始地址为 ADDR 的 ROM 存储器中，并使 X 的值与数据表格的项数(所查数据的实际地址对 ADDR 的偏移量)一一对应，这样就可以根据 ADDR + X 找到 X 对应的 Y 值。

【例 6-41】　求函数 Y=X!(X=0，…，7)的值。设自变量存放在 ADDR 单元，表头的地址为 TAB，Y 值为双字节存放在寄存器 R2R3 中，R3 存放 Y 值低字节，请编出查表程序。设计的阶乘表和程序流程图如图 6-36 所示。

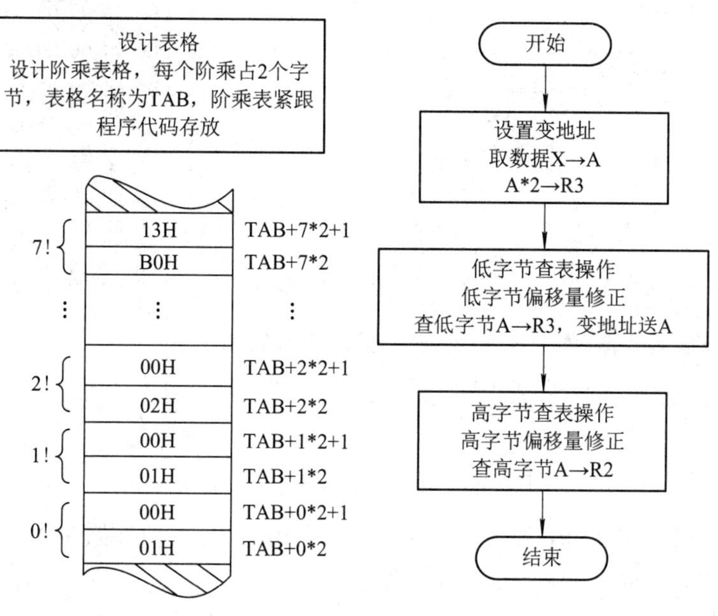

图 6-36　查表结构例 6-41 阶乘表和程序流程图

程序代码如下：

```
        ORG    0100H
        ADDR   EQU    20H
START:  MOV A, ADDR          ;取数 X
        ADD A, ADDR          ;X 乘 2 与双字节 Y 相对应
        MOV R3,A             ;保存指针
        ADD A,#07H           ;计算偏移量
        MOVC A,@A+PC         ;查低字节
        XCH A, R3
        ADD A,#04H           ;计算偏移量
        MOVC A,@A+PC         ;查高字节
        MOV R2 , A
        SJMP $
TAB:DB  01H,00H,01H,00H,02H,00H,06H,00H
     DB  18H,00H,78H,00H,D0H,02H,B0H,13H
     END
```

若设 X = 2，例 6-41 程序代码 Proteus 仿真结果如图 6-37 所示。

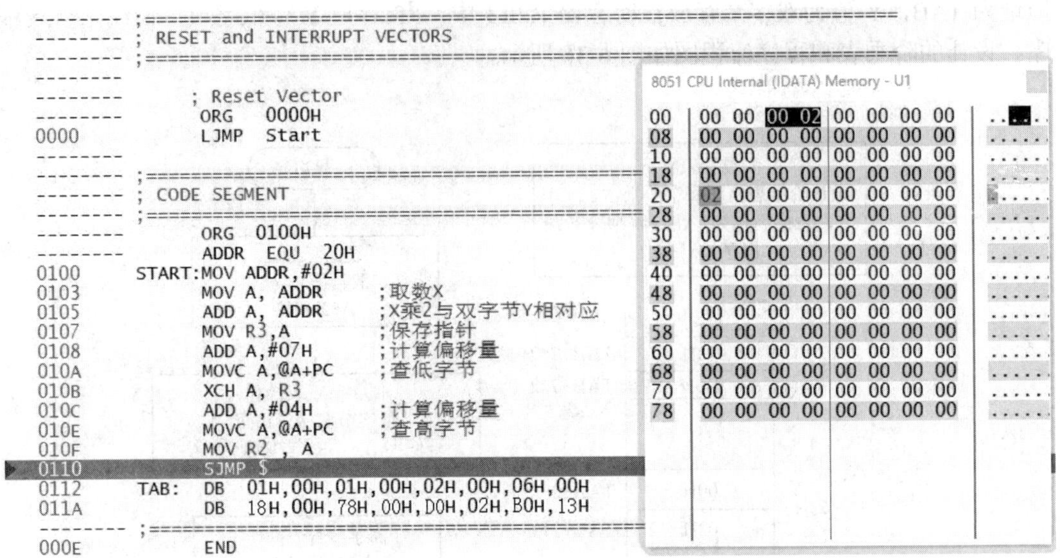

图 6-37　查表结构程序例 6-41 仿真结果

【例 6-42】　已知 R0 存有 1 个十六进制数(0～F 十六进制数字中的 1 个)，请编出能将它转换成相应 ASCII 码并送入 R0 的程序。

问题分析：本题可给出三种求解方案，两种是计算求解，一种是查表求解，请作比较。

① 计算求解 1：由 ASCII 码字符表可知 0～9 的 ASCII 码为 30H～39H，A～F 的 ASCII 码为 41H～46H。所以，计算求解的思路为：若(R0)≤09H，则 R0 的内容只需加 30H；若 R0>09H，则 R0 的内容只需加 37H。

程序代码如下：

```
        ORG   0100H
        MOV A,R0                ;取需转换数值到 A
        ANL A,#0FH              ;屏蔽高 4 位
        CJNE A,#10,NEXT1        ;A 和 10 比较
NEXT1:JNC NEXT2                 ;若 A>9，则转 NEXT2
        ADD A,#30H              ;若 A<10,则 A←(A)＋30H
        SJMP SAVE               ;转 SAVE
NEXT2: ADD A,#37H               ;A←(A)＋37H
SAVE: MOV R0,A                  ;存数
      SJMP   $
      END
```

② 计算求解 2：本方案先把 R0 中内容加上 90H，并作十进制调整，然后再用 ADDC 指令使 R0 中内容加上 40H，也作十进制调整，所得结果即为相应 ASCII 码。当(R0)＜10 时，相当于 R0 加了 30H，若 R0≥10，加 90H 作十进制调整后，低 4 位加到高 4 位变为 0A0H，对高 4 位进一步调整得到 00H，最后使用 ADDC 指令(Cy＝1)加上 40H，实际上相当于加上 41H。

程序代码如下：

```
ORG 0100H
MOV A,R0                ;取需转换数值到 A
ANL A, #0FH             ;屏蔽高四位
ADD A, #90H             ;A 中的内容加 90H
   DA   A               ;十进制调整
ADDC   A, #40H          ; A 中的内容加 40H
   DA   A               ;十进制调整
MOV   R0 ,A             ;存数
SJMP   $                ;结束
   END
```

③ 查表求解：查表求解时，可以任选一条查表指令使用，现以“MOVC A,@A+PC”指令为例，程序代码如下：

```
     ORG   0100H
     MOV A,R0           ;取需转换数值到 A
     ANL A,#0FH         ;屏蔽高四位
     ADD A,#03H         ;计算偏移量
     MOVC A,@A+PC       ;查表
     MOV R0,A           ;存数
     SJMP $             ;结束
TAB:DB '0', '1', '2', '3', '4', '5', '6', '7', '8', '9', 'A', 'B', 'C', 'D', 'E', 'F'
     END
```

若设 R0 = 05H，例 6-42 程序代码 Proteus 仿真结果如图 6-38(a)所示，若设 R0 = 0AH，例 6-42 程序代码 Proteus 仿真结果如图 6-38(b)所示，若设 R0 = 0CH，例 6-42 程序代码 Proteus 仿真结果如图 6-38(c)所示。

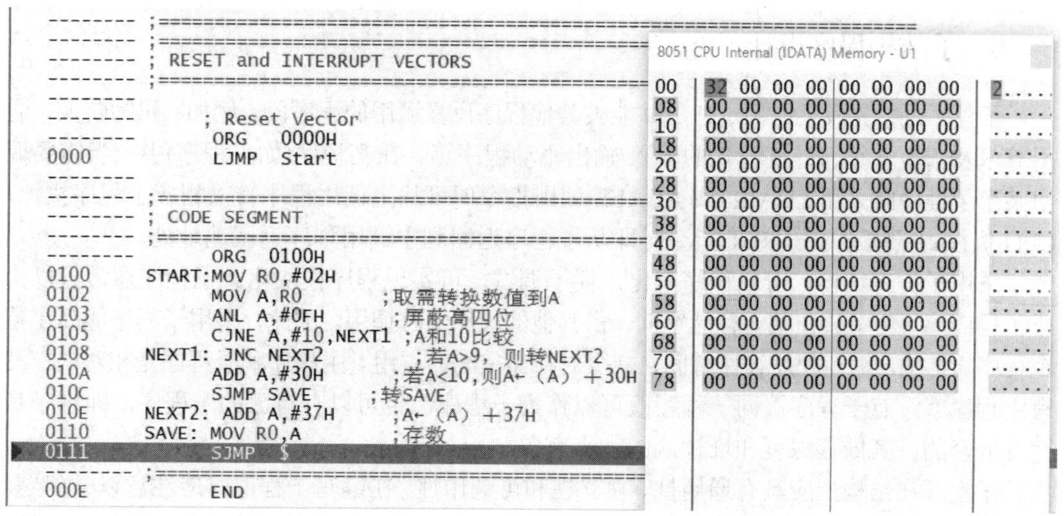

(a)

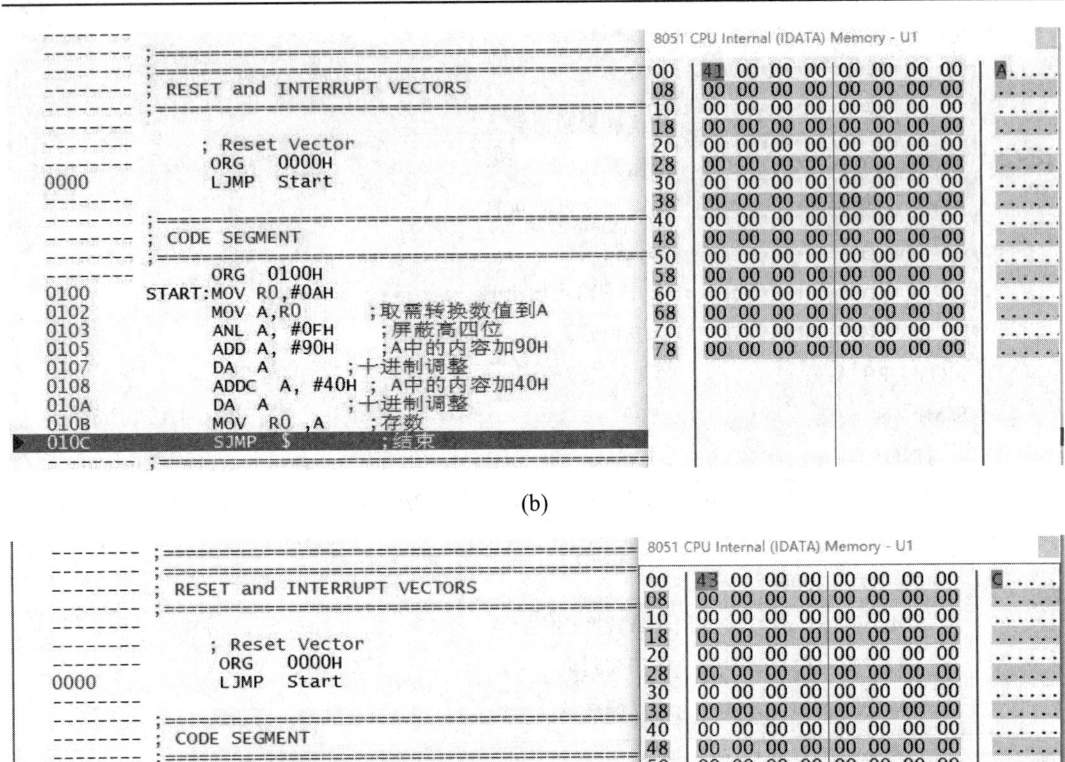

(b)

(c)

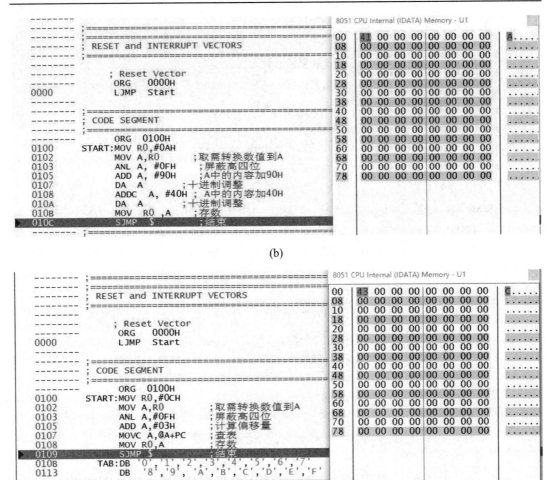

图 6-38　查表结构程序例 6-42 仿真结果

6.3.5　子结构程序设计

子程序是指完成某一确定任务并能被其他程序反复调用的程序段。例如：码制转换、通用算术及函数计算、外部设备的输入/输出驱动程序等。在某程序(如主程序)中，当需要调用某个子程序时采用 LCALL 或 ACALL 调用指令便可从主调用程序转入相应子程序执行，CPU 执行到子程序中的 RET 指令时即从子程序返回到主调用程序返回地址处。

采用子程序结构，可使程序简化，便于调试，可实现程序模块化。子程序通常可以构成子程序库，集中放在某一存储空间，供其他的程序随时调用。因此，采用子程序能简化整个程序的结构，缩短程序设计时间，减少对存储空间的占用。主程序和子程序是相对的，没有主程序就没有子程序。同一程序既可以作为子程序，也可以有自己的子程序，即程序是允许嵌套的，其嵌套深度和堆栈区的大小有关。

子程序在结构上应具有通用性、独立性和可调用性，在编写子程序时应注意以下问题。

(1) 子程序的第一条指令地址称为子程序的始地址或入口地址。该指令前必须有标号，标号应以子程序任务定名，例如求和子程序常以 SUM 为标号。

(2) 主程序调用子程序是通过安排在主程序中的调用指令(LCALL 或 ACALL)实现的，在子程序中合适位置放置 RET 返回指令。

(3) 子程序调用和返回指令能自动保护和恢复断点地址，但对需要保护的工作寄存器、特殊寄存器和内存单元中的内容，就必须在子程序开始和返回之前安排保护和恢复的指令。

(4) 为使所编子程序可以放在 64 KB 程序存储器的任何地方并能被主程序调用，子程序内容通常使用相对转移指令而不使用长转移指令，以便汇编时生成浮动代码。

(5) 子程序参数可以分为入口参数和出口参数两类：入口参数是指子程序需要的原始参数，由调用它的主程序通过约定工作寄存器 R0～R7、特殊功能寄存器 SFR、内存单元或堆栈等预先传送给子程序使用；出口参数是由子程序根据入口参数执行程序后获得的结果参数，应由子程序通过约定的工作寄存器 R0～R7、特殊功能寄存器 SFR、内存单元或堆栈等传递给主程序使用。

【例 6-43】 在寄存器 R2 中存放两位 16 进制数，请编制程序将其分别转换为 ASCII 码并且存入 M1 单元和 M1 + 1 单元。

问题分析：由于需要两次转换，可以采用调用子程序的方式完成，本例用堆栈完成参数传递。子程序采用查表方式完成 1 个十六进制数的 ASCII 码的转换，子程序入口参数和出口参数采用堆栈传递。使用资源：SP、A、DPTR、R2、内部 RAM 40H、41H 单元。

程序代码如下：

```
        ORG    0100H
        M1 DATA    40H
        MOV    SP, #60H          ;设堆栈指针初值
        MOV    DPTR, #TAB1       ;ASCII 码表头地址送数据指针
        PUSH    02H              ;第一个 16 进制数进栈，利用堆栈传递参数
        ACALL    ASCH            ;调用转换子程序
        POP    M1                ;第一个 ASCII 码送入 M1 单元
        MOV A, R2
        SWAP    A                ;高 4 位和低 4 位交换
        PUSH    ACC              ;第二个 16 进制数进栈
        ACALL    ASCH            ;第二次调用转换子程序
        POP    M1+1              ;第二个 ASCII 码送入 M1+1 单元
        SJMP $
        ORG 0200H
ASCH:DEC    SP
        DEC    SP                ;修改 SP 指针到参数位置
        POP    ACC               ;弹出参数到 A
        ANLA, #0FH
        MOVCA,@A+DPTR            ;查表
        PUSH ACC                 ;参数进栈
        INC SP                   ;修改 SP 指针返回地址
```

```
        INC SP
        RET
TAB1: DB '0123456789ABCDEF'
        END
```

若设 R2 = 6AH，子结构程序例 6-43 程序代码 Proteus 仿真结果如图 6-39 所示。

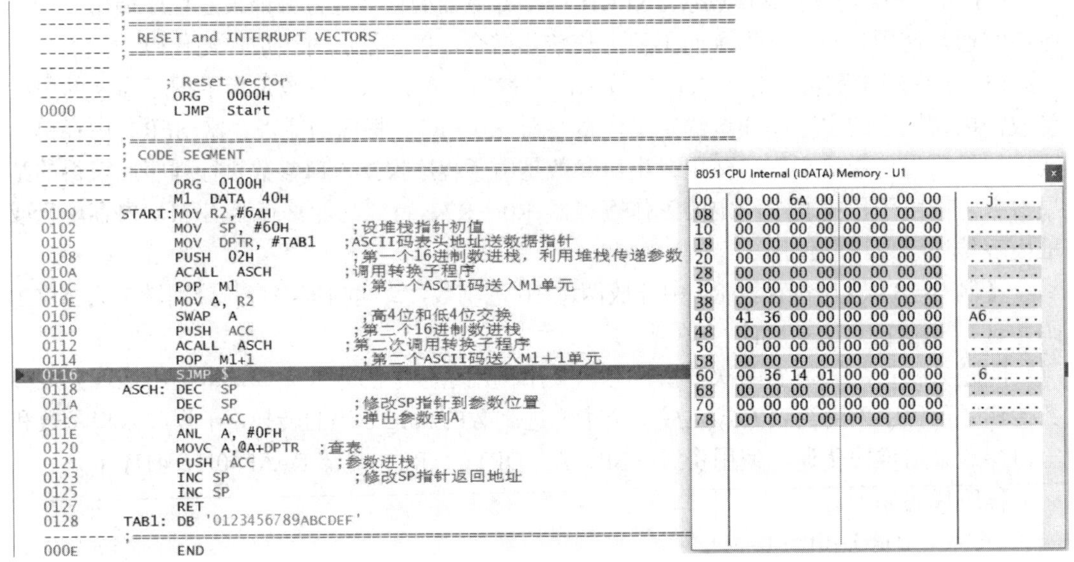

图 6-39　子结构程序例 6-43 仿真结果

【例 6-44】 设 AD1 和 AD2 单元内部有两个数 a 和 b，请编制 $c = a^2 + b^2$ 的程序，并把 c 送入 AD3 单元。假设 a 和 b 均为小于 10 的整数。

问题分析：本程序由主程序和子程序两部分组成。主程序通过累加器 A 传送子程序的入口参数 a 或 b，子程序也通过累加器 A 传送出口参数 a^2 或 b^2 给主程序。子程序为求平方的通用子程序，入口参数为(A) = a 或 b，出口参数为(A) = a^2 或 b^2，使用资源为 A 和 B，内部 RAM 为 30H～32H。

程序代码如下：

```
        ORG   0100H
        AD1     DATA    30H
        AD2     DATA    31H
        AD3     DATA    32H
        MOV    A,    AD1          ;入口参数 a 送入 A
        ACALL    SQR              ;求 a²
        MOV    AD3, A             ;a² 送入 AD
        MOV    A, AD2             ;入口参数 b 送入 A
        ACALL    SQR              ;求 b²
        ADD    A, AD3             ;a²+b² 送入 A
        MOV    AD3, A             ;结果存入 AD3
        SJMP $
```

```
SQR:MOV   B,A
    MUL   AB
    RET
    END
```

若设 a = 5，b = 8，子结构程序例 6-44 程序代码 Proteus 仿真结果如图 6-40 所示。

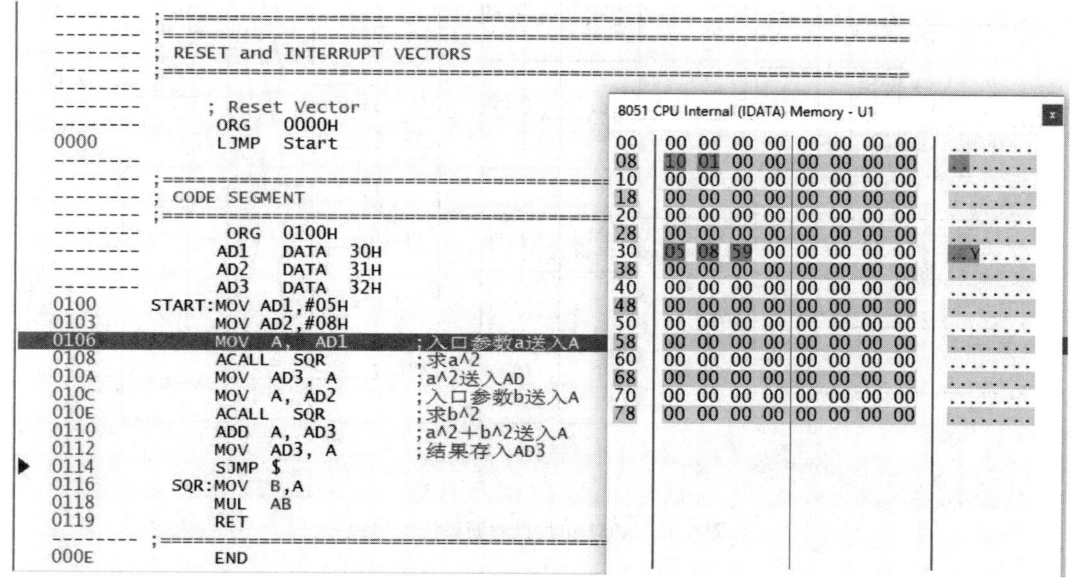

图 6-40　子程序结构例 6-44 仿真结果

6.4　MCS-51 中断系统及应用

6.4.1　MCS-51 中断系统

在 MCS-51 系列单片机中，其类型不同，中断源个数和中断标志位的定义也有差别。例如 8031、8051 和 8751 有 5 个中断源，8032、8052 和 8752 有 6 个中断源，80C32、80C252 和 87C252 有 7 个中断源。本书以 8051 单片机的 5 级中断为例介绍 MCS-51 系列单片机的中断系统。8051 单片机中断系统的结构如图 6-41 所示。

1. 8051 单片机的中断源和中断标志

1) 8051 单片机中断源

8051 单片机有 5 个中断源，每个中断源只有高或低两个优先级，若同级同时申请，各中断源按固有优先顺序排列。① $\overline{\text{INT0}}$ 外部中断 0 请求，通过 P3.2 引脚输入，矢量地址为 0003H；② T0 定时/计数器 0 溢出中断，内部中断，矢量地址为 000BH；③ $\overline{\text{INT1}}$ 外部中断 1 请求，通过 P3.3 引脚输入，矢量地址为 0013H；④ T1 定时器/计数器 1 溢出中断，内部中断，矢量地址为 001BH；⑤ Tx/Rx 串行口中断，内部中断，矢量地址为 0023H。

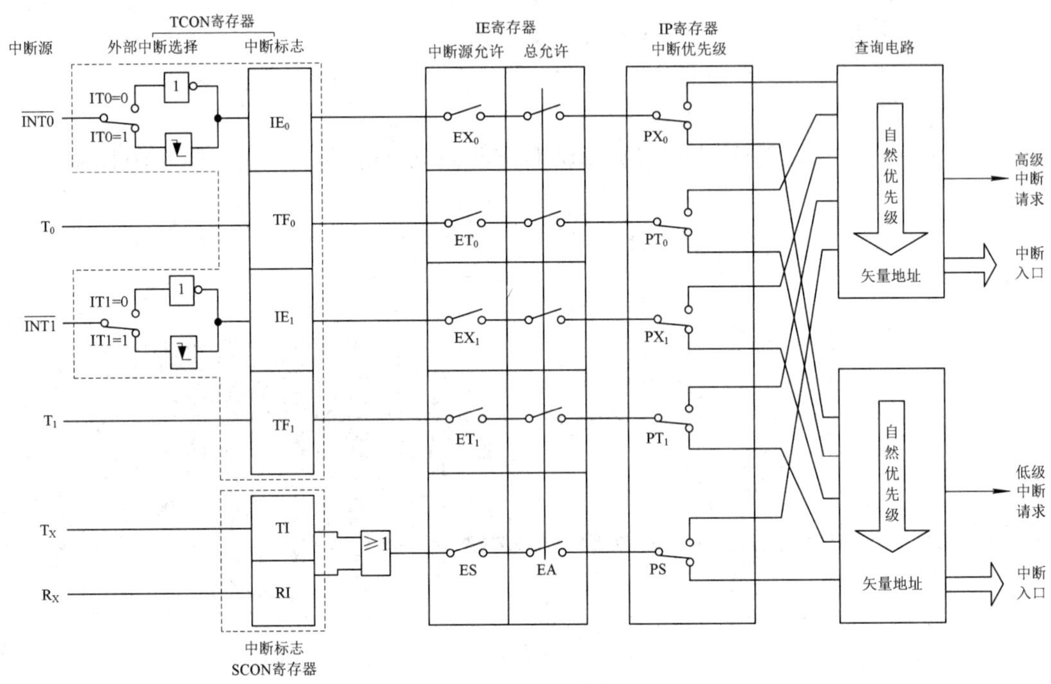

图 6-41　8051 单片机中断系统的结构

(1) 外部中断源。8051 单片机有 $\overline{INT0}$ 和 $\overline{INT1}$ 两条外部中断请求输入线，用于输入两个外部中断源的中断请求信号，并允许外部中断源以低电平或负边沿两种触发方式来输入中断请求信号，用户可通过设置定时器控制寄存器 TCON 中的 IT0 和 IT1 位设定选取。8051 单片机在每个机器周期的 S5P2 时刻对 $\overline{INT0}$/$\overline{INT1}$ 线上中断请求信号进行检测，检测方式与中断触发方式的选取有关。若 8051 单片机设定为电平触发方式(IT0 = 0 或 IT1 = 0)，则 CPU 检测到 $\overline{INT0}$/$\overline{INT1}$ 线上低电平时就可以认定中断请求有效；若设定为负边沿触发方式(IT0 = 1 或 IT1 = 1)，则 CPU 需要两次检测 $\overline{INT0}$/$\overline{INT1}$ 线上的电平方能确定中断请求是否有效，即前 1 次检测为高电平和后 1 次检测为低电平时 $\overline{INT0}$/$\overline{INT1}$ 上中断请求才有效。采用边沿触发方式时，外部中断源输入的高电平和低电平时间必须保持 1 个机器周期以上，才能保证 CPU 正确地检测。

(2) 定时/计数器溢出中断源。定时/计数器溢出中断由 8051 单片机内部计数器溢出产生的内部中断，包括 T0 和 T1 两个中断源。8051 单片机内部有 T0/T1 两个 16 位定时/计数器，T0/T1 的计数脉冲由定时脉冲(主脉冲经 12 分频后)或外部输入的计数脉冲提供。设定计数初值并启动计数后，当计数器由全“1”变为全“0”即可向 CPU 提供中断请求。

(3) 串行口中断源。串行口中断由 8051 单片机内部串行口数据传送产生的内部中断，包括发送中断和接收中断，共用一个矢量地址。在串行口进行发送/接收数据时，每当串行口发送/接收完一帧数据时，串行口电路自动使串行口控制寄存器 SCON 中的 RI 或 TI 中断标志位置位，即可向 CPU 发出串行口中断请求。

2) 8051 单片机中断标志

8051 单片机在 S5P2 时检测中断源发来的中断请求信号将使相应中断标志位置位，然后在下个机器周期中检测中断标志位状态，以决定是否响应该中断。8051 单片机中断标志位存放在 TCON 和 SCON 中，与 8051 单片机中断初始化关系密切，读者应熟悉或记住它们。

(1) 定时器控制寄存器 TCON。定时器控制寄存器各位定义如图 6-42 所示。

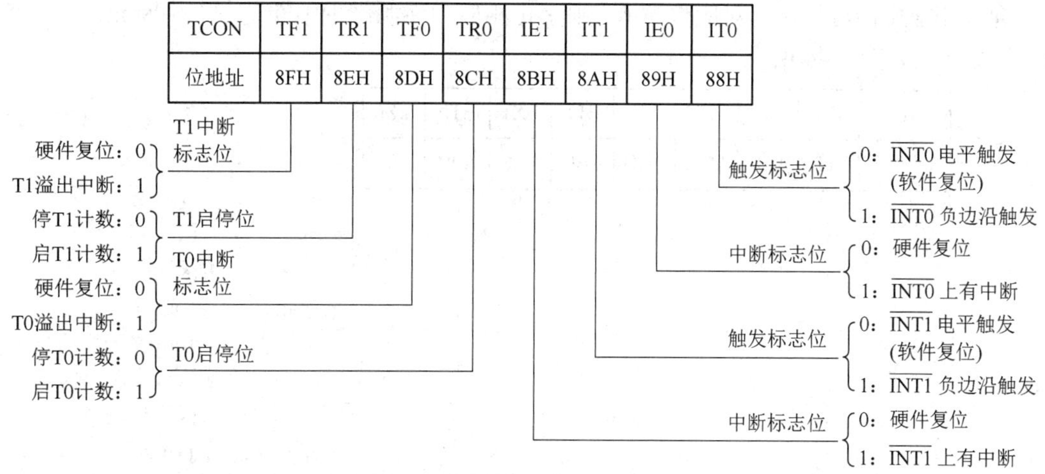

图 6-42　定时器控制器 TCON 各位定义

① IT0(IT1)。外部中断触发方式设置位，位地址为 88H(8AH)。若 IT0(IT1) = 0，中断触发方式为低电平触发方式；若 IT0(IT1) = 1，中断触发方式为负边沿触发方式。

② IE0(IE1)。外部中断请求标志位，位地址为 89H(8BH)。当 CPU 在 S5P2 时检测到 $\overline{\text{INT0}}$($\overline{\text{INT1}}$)上中断请求有效时，IE0(IE1)由硬件自动置位。

③ TR0(TR1)。定时器 T0(T1)的启停控制位，位地址为 8CH(8EH)。若 TR0(TR1) = 1 启动计数；若 TR0(TR1) = 0 停止计数。

④ TF0(TF1)。定时器 T0(T1)的溢出中断标志位，位地址为 8DH(8FH)。TF0(TF1)标志可供 CPU 查询，若 TF0(TF1) = 1 表示计数满；若 TF0(TF1) = 0 表示计数未满。

(2) 串行口控制寄存器 SCON。串行口控制寄存器 SCON 各位定义如图 6-43 所示。图中 TI 和 RI 两位分别为串行口发送中断标志位和接收中断标志位，其余各位用于串行口方式设定和串行口发送/接收控制，后面章节中将详细介绍。

SCON	SM0	SM1	SM2	REN	TB8	RB8	TI	RI
位地址	9FH	9EH	9DH	9CH	9BH	9AH	99H	98H

图 6-43　串行口控制寄存器 SCON 的中断标志

① TI。串行口发送中断标志位，位地址为 99H。在串行口发送完一帧数据时，串行口电路使 TI 置位，此时若中断开放则向 CPU 发出串行口中断请求。

② RI。串行口接收中断标志位，位地址为 98H。在串行口接收完一帧串行数据时，串行电路使 RI 置位，此时若中断开放则向 CPU 发出串行口中断请求。TI 和 RI 标志也可供 CPU 查询。

2. 8051 单片机对中断请求的控制

(1) 中断允许的控制。

8051 单片机没有专门的开中断和关中断指令，中断的开放和关闭是通过中断允许寄存器 IE 进行两级控制的。一级控制是允许总控位 EA 实现对 CPU 开关中断的设置，EA = 1，CPU 开中断，EA = 0，CPU 关中断；二级控制实现各中断源的中断允许或禁止，对应位置 1，允许相应中断源中断，对应位置 0，则禁止相应中断源产生中断请求。中断允许寄存器 IE 各位含义如图 6-44 所示。

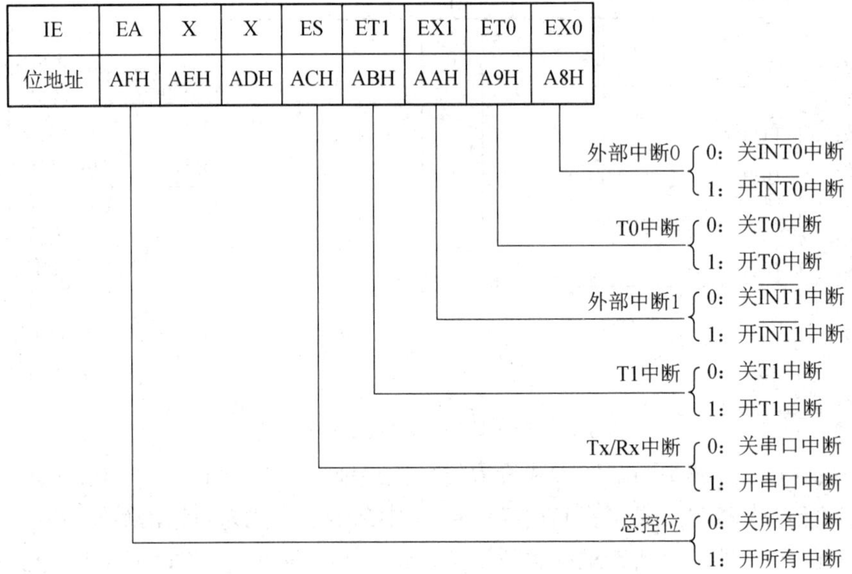

图 6-44　中断允许寄存器 IE 各位含义

(2) 中断优先级的控制。

8051 单片机中断优先级的控制比较简单，可由指令设定为高级或低级两个优先级，以便实现两级中断嵌套，中断优先级寄存器 IP 各位含义如图 6-45 所示。

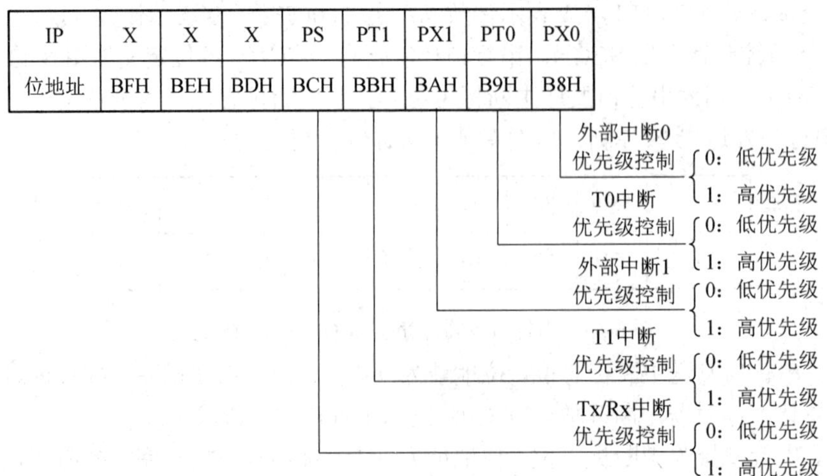

图 6-45　中断优先级寄存器 IP 各位含义

3. 8051 单片机对中断的响应

1) 8051 单片机中断响应的条件

8051 单片机中断响应须同时满足以下 4 个条件。

(1) CPU 必须开中断，即中断控制寄存器 IE 中 EA 设为 1，CPU 处于中断工作方式。

(2) 中断控制寄存器 IE 中申请中断的中断控制位设为 1，即允许申请的中断源向 CPU 发出中断且该中断源提出中断申请。

(3) 申请中断的中断源优先级别较高(优先级排队到位)。

(4) CPU 执行完 1 条完整的指令之后，若当前指令是中断返回指令(RETI)或者对中断专用寄存器 IE、IP 进行读/写指令时，CPU 不会马上响应中断请求，至少再执行完 1 条其他指令才会响应中断。

2) 8051 单片机中断响应过程

8051 单片机在响应中断过程中，CPU 在每个机器周期的 S5P2 期间顺序采样各个中断源，在第 2 个机器周期的 S6 期间按优先级顺序查询中断标志，如果查询到某个中断标志位为 1，将在第 3 个机器周期的 S1 期间按优先级进行中断处理。

中断查询在每个机器周期都会进行，如果中断响应的基本条件满足，CPU 就会响应中断。8051 单片机响应中断时通过硬件生成长调用指令自动把断点地址压入堆栈保护，并随之将对应的中断入口地址装入程序计数器 PC，以执行中断服务程序。由于 8051 单片机的两个相邻中断源中断服务程序入口地址之间相距只有 8 个字节，中断服务程序可能是容纳不下的，可通过在相应的中断服务程序中设置一条长转移指令，使程序跳转至用户安排的中断服务程序起始地址处开始执行。

3) 8051 单片机中断响应时间

中断响应时间是指 CPU 检测到中断请求信号到转入中断服务程序入口处所需要的机器周期数。了解中断响应时间对设计实时测控应用系统有重要指导意义。

8051 单片机响应中断的最短时间为 3 个机器周期。若 CPU 检测到中断请求信号时间正好是一条指令的最后 1 个机器周期，则不需等待就可以立即响应。所谓响应中断就是由内部硬件执行一条长调用指令，需要 2 个机器周期，加上检测需要 1 个机器周期共需要 3 个机器周期才开始执行中断服务程序。

中断响应的最长时间由下列情况所决定：中断检测时正在执行 RETI 或访问 IE 或 IP 指令(以上 3 条指令均需两个机器周期)的第 1 个机器周期，紧接着要执行的指令恰好是执行时间最长的乘除法指令(执行时间均为 4 个机器周期)，再加上长调用指令需要用 2 个机器周期，总共需要 8 个机器周期。

综上，8051 单片机中断响应时间一般为 3～8 个机器周期。

4. 8051 单片机中断请求的撤除

在中断请求被响应前，中断源发出的中断请求是由 CPU 锁存在特殊功能寄存器 TCON 和 SCON 的相应中断标志位中。一旦其中的一个中断请求得到响应，CPU 必须在中断返回前，将它的相应中断标志位复位成“0”状态，否则 CPU 就会因为中断标志未得到及时撤除而重复响应同一中断请求。外部中断、定时/计数器中断以及串行口中断的中断请求的撤除方法不同。

(1) 定时/计数器溢出中断请求的撤除。

对于定时/计数器溢出中断，在 CPU 响应中断后，硬件会自动清除中断请求标志 TF_0 和 TF_1，即中断请求是自动撤除的，无须采取其他措施。

(2) 串行口中断请求的撤除。

对于串行口中断，在 CPU 响应串行口中断后，请求不会自动撤除，为防止 CPU 重复响应串口中断，用户应在中断服务程序的适当位置通过以下指令将 RI 和 TI 撤除。

```
CLR   RI                    ;撤除接收中断
CLR   TI                    ;撤除发送中断
```

若采用字节型指令，采用以下指令撤除：

```
ANL   SCON, #0FCH           ;撤除接收和发送中断
```

(3) 外部中断请求的撤除。

对于负边沿触发的外部中断，CPU 在响应中断后是用硬件自动清除中断请求标志 IE0 或 IE1。对于电平触发的外部中断，IE0 或 IE1 是依靠 CPU 检测 $\overline{INT0}$/$\overline{INT1}$ 上低电平而置位。尽管 CPU 响应中断时，IE0 或 IE1 可用硬件自动复位成“0”状态，但若外部中断源不能及时撤除 $\overline{INT0}$/$\overline{INT1}$ 引脚上的低电平，就会再次使已变“0”的中断标志 IE0 或 IE1 置位。所以，要撤除电平触发的外部中断请求，必须在中断被响应后使 $\overline{INT0}$/$\overline{INT1}$ 上低电平变为高电平。如图 6-46 所示的 D 触发器构成的电平触发的中断电路，为撤除外部中断，可在中断服务程序开头安排程序使 $\overline{INT0}$ 上电平变高，以撤除中断请求。

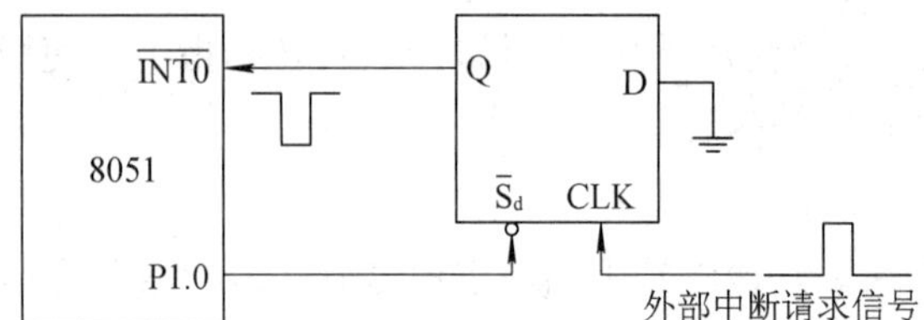

图 6-46　电平触发外部中断请求的撤除电路

程序代码如下：

```
INSVR:ANL   P1 ,#0FEH       ;D 触发器置 1，撤除低电平
      ORL   P1,#01H         ;D 触发器复位
      ⋮
      RETI
      END
```

6.4.2　MCS-51 中断系统应用

1. 8051 单片机中断系统初始化

中断系统初始化指用户对特殊功能寄存器 SFR(TCON、IE、IP)中的各控制位进行设置，中断系统初始化的步骤如下：

(1) CPU 开中断或关中断。

(2) 设定相应中断源的中断允许控制。

(3) 设定所用中断源的中断优先级。

(4) 若为外部中断，则应规定中断触发方式。

【例 6-45】 请写出 $\overline{\text{INT1}}$ 为低电平触发的中断系统初始化程序。

① 采用位操作指令。

```
SETB    EA
SETB    EX1          ;开INT1中断
SETB    PX1          ;令INT1为高优先级
CLR     IT1          ;令INT1为电平触发
```

② 采用字节型指令。

```
MOV   IE,  #84H      ;开INT1中断
ORL   IP,  #04H      ;令INT1为高优先级
ANL   TCON, #0FBH    ;令INT1为电平触发
```

显然，采用位操作指令进行中断系统初始化是比较简单的，因为用户不必记住各控制位在寄存器中的确切位置，而且各控制位的名称容易记忆。

2. 8051 单片机中断系统程序设计

8051 单片机中断系统程序设计包括主程序设计和中断服务程序设计两部分。

1) 主程序设计

(1) 主程序的起始地址。8051 单片机复位后，PC=0000H，而 0003H～002BH 分别为各个中断源的入口地址。所以编程时应在 0000H 处写一跳转指令(一般为长转移指令)，使 CPU 在执行程序时，从 0000H 跳过各中断源的入口地址。主程序是以跳转的目标地址作为起始地址开始编写的，一般至少从 0030H 开始。

(2) 主程序的初始化内容。由于 8051 单片机复位后，特殊功能寄存器 IE、IP 的内容均为 00H，所以应对 IE、IP 进行初始化编程，以开放 CPU 中断、允许某些中断源中断和设置中断优先级等。

2) 中断服务程序设计

(1) 中断服务程序的起始地址。当 CPU 接收到中断请求信号并予以响应后，CPU 把当前的 PC 内容压入堆栈中进行保护，然后转入相应的中断服务程序入口处执行。

(2) 中断服务程序编制中的注意事项。

① 视需要确定是否保护现场；

② 及时清除那些不能自动清除的中断标志，以免产生错误的中断；

③ 中断服务程序中的“PUSH”与“POP”指令必须成对使用，以确保中断服务程序的正确返回；

④ 主程序与中断服务程序间的参数传递方法与主程序和子程序的参数传递方式相同，可通过寄存器、存储单元、堆栈和变量等方式传递。

【例 6-46】 如图 6-47 所示，将 P1 口的 P1.4～P1.7 作为输入位，P1.0～P1.3 作为输出位。要求将开关数据读入 8051 单片机，并依次通过 P1.0～P1.3 输出，驱动发光二极管，以检查 P1.4～P1.7 输入的电平情况(高电平 LED 亮)。现要求采用 $\overline{\text{INT0}}$ 中断触发方式，实现发光二极管对开关状态的指示。

问题分析：在本例中，采用外部中断 0，中断申请从 $\overline{\text{INT0}}$ 输入，并采用了去抖动电路

(RS 触发器)。当 P1.0～P1.3 的任何一位输出为 1 时，相应的发光二极管就会发光。当单刀双掷开关 S_1 完成一次从上到下动作，即可产生负跳变信号发出中断请求，中断服务程序的矢量地址为 0003H。

① 主程序代码如下：

```
          ORG    0000H
          LJMP   MAIN          ;上电，转向主程序
          ORG    0003H         ;外部中断 0 的入口地址
          LJMP   INTER         ;转向中断服务程序
          ORG    0030H         ;主程序
     MAIN:SETB   EX0           ;允许外部中断 0 中断
          SETB   IT0           ;选择边沿触发方式
          SETB   EA            ;CPU 开中断
     HERE:SJMP   HERE          ;等待中断
```

(2) 中断服务子程序代码如下：

```
          ORG     0200H
    INTER:MOV    P1,#0F0H      ;设 P1.4～P1.7 为输入
          MOV    A,P1          ;取开关数
          SWAP    A            ;A 的高低 4 位互换
          MOV    P1,A          ;输出取得 LED 发光
          RETI                 ;返回主程序
          END
```

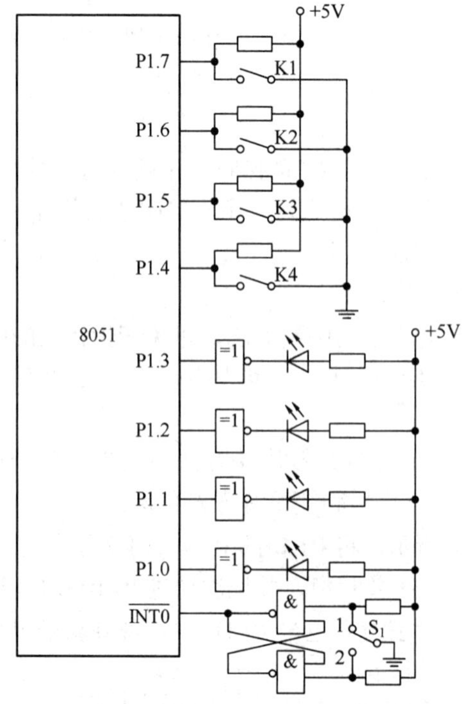

图 6-47　例 6-46 中断电路图

(3) 例 6-46 中断过程的 Proteus 仿真。

在原理图绘制界面，基于 8051 单片机构造图 6-47 的仿真电路，如图 6-48 所示。当单刀双掷开关 SW1 完成一次从上到下动作时，即可产生负跳变信号发出中断请求。中断服务程序的任务是实现开关信号的输入(SW2～SW5)，并利用 LED 指示灯指示开关的状态(D1～D4)，开关闭合指示灯灭，开关打开指示灯亮。

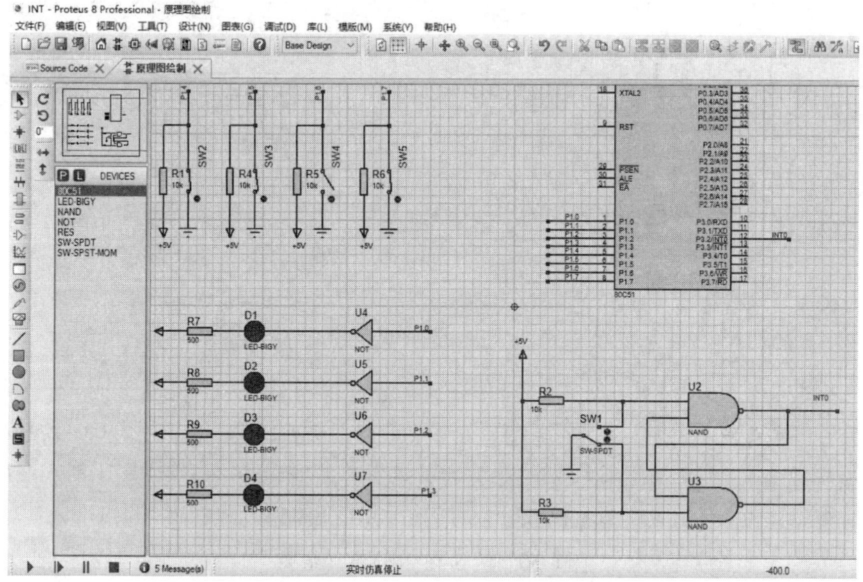

图 6-48　例 6-46 中断仿真电路图

图 6-49 为完成该中断实验的源代码，源代码中的 0003H 为对应外部中断的绝对入口地址，该位置放置转移指令 LJMP INTER，即具体中断处理任务存放至 0200H 处。图 6-50 是程运行后仿真结果。由图可知当开关 SW4 打开、其余开关闭合时，中断后指示灯 D3 被点亮，其余指示灯均熄灭，从而实现了指示灯对开关状态的指示功能，读者可以自行尝试其余仿真过程，以便更好理解 8051 单片机的中断技术。

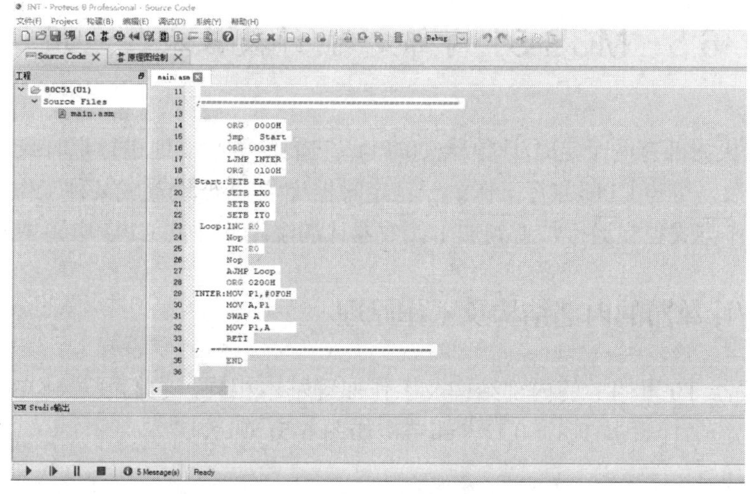

图 6-49　例 6-46 的实验源代码

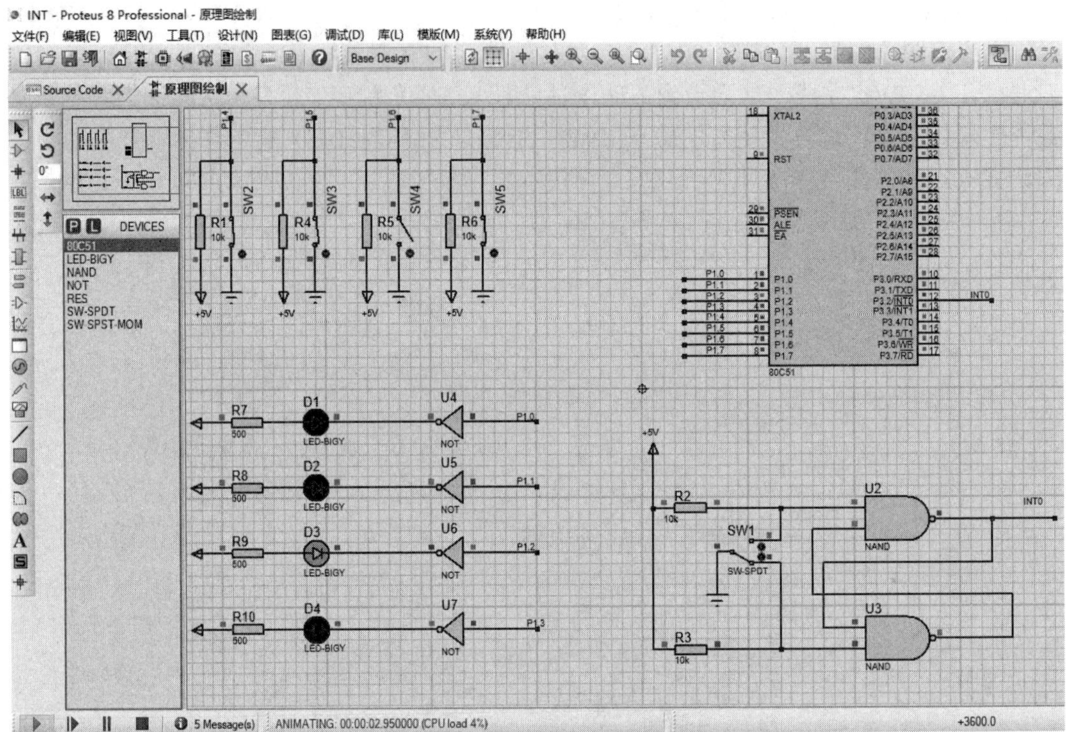

图 6-50　例 6-46 实验仿真结果

当外部中断源多于 2 个时，可采用硬件请求和软件查询相结合的方法，将多个中断源通过硬件经“或非”门引入到外部中断输入端 $\overline{\text{INT0}}$/$\overline{\text{INT1}}$，同时又连到某个 I/O 口。这样，每个中断源都能引起中断。在中断服务程序中，读 I/O 口的状态，通过查询就可区分是哪个中断源引起的中断。若有多个中断源同时发出中断请求，则查询的次序决定了同一优先级中断中的优先级。

6.5　MCS-51 内部定时/计数器及其应用

8051 单片机内部有两个定时/计数器(T0/T1)，它们均可独立地进行定时或计数，当定时/计数器被启动后，可与 CPU 并行工作。一旦定时器/计数器被设置成某种工作方式后，它就会按设定的工作方式独立运行，直到加 1 计数器计满溢出，才向 CPU 申请中断。

6.5.1　定时/计数器的内部结构及工作原理

定时/计数器 T0 和 T1 的内部结构及工作原理基本相同，它们既可独立工作，也可相互组合工作。定时/计数器 Ti(i = 0,1)内部结构如图 6-51 所示。

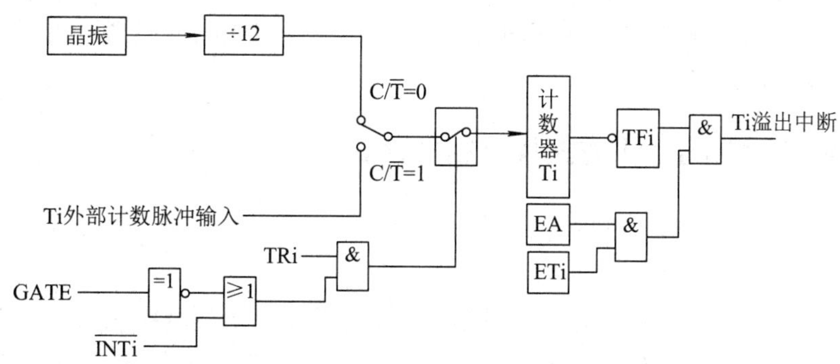

图 6-51　定时/计数器 Ti 结构图

1. 定时/计数器 Ti 及溢出标志 TFi

定时/计数器的核心是计数器 Ti，它是一个 16 位加 1 计数器，可以拆成两个 8 位计数器来用，复位后计数器初始值为 0000H。每来 1 个计数脉冲(下降沿计数)，计数器加 1，当计数器计满(即计数器值由 FFFFH 加 1 变为 0000H)时，将会产生 1 个溢出脉冲，使溢出标志位 TFi 置“1”，该标志位既可产生 1 个中断请求(EA = 1 和 ETi = 1)，也可供 CPU 查询。

2. 定时/计数器 Ti 的计数脉冲

由定时/计数器的核心是计数器可知，无论是计数功能还是定时功能，都是通过计数器 Ti 实现的，只不过计数脉冲不同而已。

(1) 定时脉冲。定时脉冲是系统的主时钟 12 分频脉冲，脉冲间隔固定，即 1 个机器周期计数器进行 1 次加 1 计数，计数器的计数次数乘以机器周期即为定时时间。

(2) 计数脉冲。计数脉冲来自于 Ti 的外部引脚，脉冲间隔是随机的。特别指出，计数时计数器需要至少两个机器周期才完成 1 次计数，也即计数脉冲频率不能高于系统时钟频率的 1/24。

3. 定时/计数器 Ti 的计数初值

在实际应用中，计数器启动之前，必须根据实际计数次数设定定时/计数初值，并把计数初值存入单片机内部用计数初值寄存器 THi(高 8 位)和 TLi(低 8 位)。根据 Ti 计数器加 1 计数特点，计数初值 $T_C = 2^n -$ 计数次数，其中 n 由 Ti 的工作方式确定。

4. 定时/计数器 Ti 的计数控制

由图 6-51 可知，Ti 计数器由 TRi、GATE 和 $\overline{\text{INTi}}$ 控制信号，TRi 计数器启停控制位，GATE 为门控位，$\overline{\text{INTi}}$ 为脉冲输入端口。

(1) 正常定时/计数启停控制。

门控位 GATE = 0，计数器工作于正常定时/计数状态。当 TRi = 1 时，启动计数器 Ti 计数；当 TRi = 0 时，停止计数器 Ti 计数。

(2) 门控工作方式启停控制。

当门控位 GATE = 1 时，Ti 工作于门控工作方式，利用此工作方式可测量信号高电平的宽度，被测方波信号由引脚 $\overline{\text{INTi}}$ 输入。由图 6-51 可知，Ti 工作于门控工作方式时，TRi 置 1，具备启动计数器的必要条件。此时 $\overline{\text{INTi}}$ 引脚出现 0→1 的跳变即高电平时，可自动启动计数器 Ti 计数，$\overline{\text{INTi}}$ 引脚出现 1→0 的跳变即低电平时，自动停止计数器计数。在此期间计数器计数值乘以机器周期对应的时间就是被测信号高电平的宽度，注意此时 Ti 应工作于定时方式。

6.5.2 定时/计数器的工作方式及控制寄存器

1. 定时/计数器 Ti 的工作方式

(1) 工作方式 0。

工作方式 0 是一个 13 位加 1 定时/计数器，即 16 位的计数器(THi 和 TLi)只用了 13 位，TLi 的高 3 位未用，逻辑结构如图 6-52 所示。当 TLi 的低 5 位计满(即 TLi = 1FH)时，加 1 向 THi 进位，而 THi 计满(即 THi 等于 FFH)溢出后对溢出标志位 TFi 置 1。方式 0 的计数初值为 $Tc = 2^{13} -$ 计数次数。特别指出，工作方式 0 每次计数溢出后重新开始计数都必须装载计数初值。

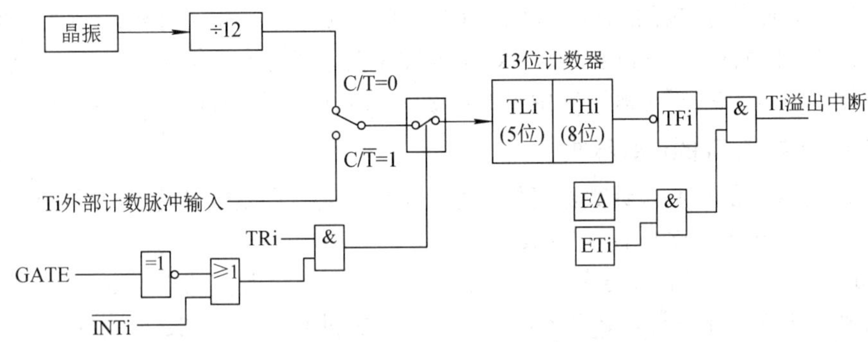

图 6-52　Ti 工作方式 0 的逻辑结构图

(2) 工作方式 1。

工作方式 1 是一个 16 位定时/计数器，其逻辑结构如图 6-53 所示。TH0 为计数器高 8 位，TL0 为计数器低 8 位，工作情况与方式 0 相同，但最大计数值是方式 0 的 8 倍。方式 1 的计数初值为 $Tc = 2^{16} -$ 计数次数。特别指出，工作方式 1 每次溢出后重新开始计数也都必须装载计数初值。

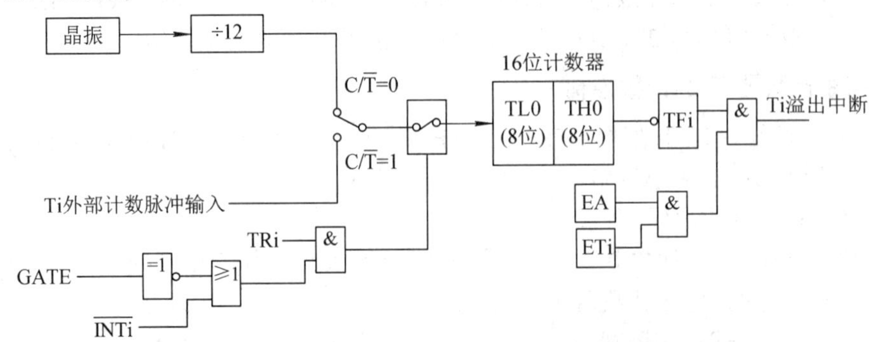

图 6-53　Ti 工作方式 1 的逻辑结构图

(3) 工作方式 2。

工作方式 2 是一个 8 位的定时/计数器，其逻辑结构图如图 6-54 所示。在方式 2 中，定时/计数器构成一个能重复置初值的 8 位计数器，称为初值自动装载计数方式。将 16 位计数器拆成 2 个部分，THi 和 TLi 装载相同的初值，方式 2 的计数初值为 $Tc = 2^{8} -$ 计数次数。

利用 TLi 作为 8 位加 1 计数器，计满后将产生溢出脉冲，在该脉冲的作用下，可将 THi 的初值自动装入 TLi 中，使 TLi 可连续计数，周而复始。当定时/计数器 T1 工作于方式 2 时，可用作串行通信接口的波特率发生器，当作为波特率发生器使用时，为防止溢出引起不必要的中断，T1 必须禁止中断，即设中断允许寄存器 IE 的 ET1 = 0。

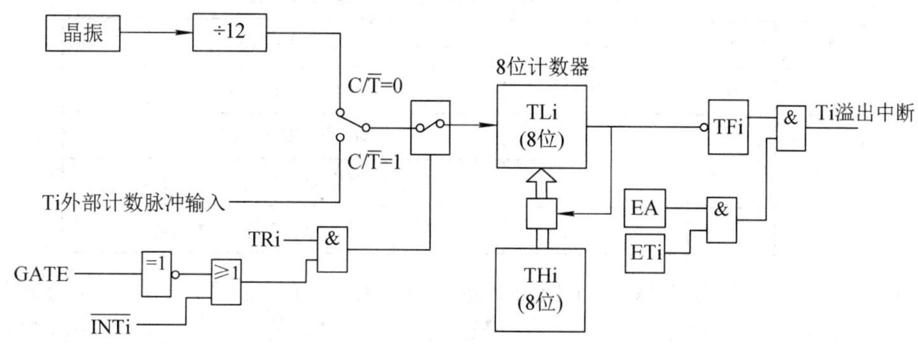

图 6-54 Ti 工作方式 2 的逻辑结构图

(4) 工作方式 3。

方式 3 的逻辑结构图如图 6-55 所示。方式 3 只适用于 T0，从图 6-55 可看出，T0 被拆成两个相互独立的 8 位计数器(计数初值须重新加载)，TL0 使用 T0 的原有资源，可工作于定时或计数，而 TH0 则使用 T1 的 TF1 位和 TR1 位，只能工作于定时方式。T0 工作于方式 3 时，可额外增加 1 个 8 位定时器，此时 T1 可工作于方式 2 作波特率发生器。

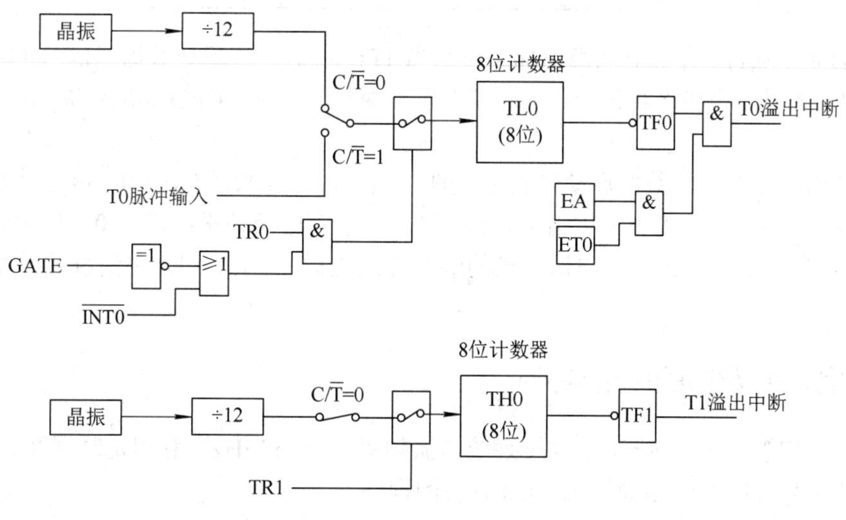

图 6-55 T0 工作方式 3 的逻辑结构图

2. 定时/计数器的控制寄存器

定时/计数器是一种可编程的部件，在其工作之前必须将控制字写入工作方式寄存器和控制寄存器，用于确定工作方式，此过程称为定时/计数器的初始化。

(1) 工作方式寄存器 TMOD。

TMOD 用于控制 T0 和 T1 的工作方式，其中高 4 位为 T1 的方式控制字段，低 4 位为 T0 的方式控制字段，其各位定义如下。

TMOD (89H)	GATE	$C/\overline{T}$	M1	M0	GATE	$C/\overline{T}$	M1	M0

① M1 和 M0：工作方式选择位。定时器的工作方式由 M1 和 M0 确定，如表 6-7 所示。

表 6-7　定时/计数器工作方式功能表

M1	M0	工作方式	功能描述
0	0	0	13 位定时/计数器
0	1	1	16 位定时/计数器
1	0	2	初值自动装载 8 位定时/计数器
1	1	3	T0 作 2 个 8 位定时/计数器

② $C/\overline{T}$：计数工作方式/定时工作方式选择位。$C/\overline{T}=0$，设置为定时工作方式，计数脉冲由系统时钟 12 分频提供；$C/\overline{T}=1$，设置为计数工作方式，计数脉冲由来自 T0 或 T1 引脚的外来脉冲提供。

③ GATE：门控设置位。GATE=0，正常定时/计数工作方式；GATE=1，门控工作方式。

(2) 控制寄存器 TCON。

TCON 用于控制定时器的启动、停止以及标明定时器的溢出和中断情况，各位定义如下。

TCON (88H)	TF1	TR1	TF0	TR0	IE1	IT1	IE0	IT0

① TFi(i = 0,1)：计数器满溢出标志位。当 TFi = 1 时，表示计数器已满(0000H)，当工作于查询方式时，由指令将该位清 0，当工作于中断方式时，CPU 响应中断后，由硬件自动清零。

② TRi(i = 0,1)：计数器启动控制位。TRi = 1，启动计数；TRi = 0，停止计数。

③ IEi(i = 0,1)：外部中断申请标志位。IEi = 1，有中断请求；IEi = 0，无中断请求。

④ ITi(i = 0,1)：外部中断申请信号的触发方式选择位。ITi = 1，边沿触发；ITi = 0，电平触发。

6.5.3　定时/计数器的应用举例

【例 6-47】　已知 8051 单片机系统晶振频率 f_{osc} = 6 MHz，利用定时器 T0 产生 1 ms 定时，编写实现 P1.0 输出周期为 2 ms 方波的程序。

问题分析：f_{osc} = 6 MHz 对应机器周期 T_M = 2 μs，定时器 T0 方式 0、1、2 的最长定时时长分别为 $2^{13}\times 2\times 10^{-6}$ = 16.384 ms、$2^{16}\times 2\times 10^{-6}$ = 131.072 ms、$2^{8}\times 2\times 10^{-6}$ = 0.512 ms。产生 1 ms 定时，可采用方式 0、方式 1 来实现题意要求，本例采用方式 0 加以实现。

(1) 计数初值设置。

Tc = 2^{13} − 1 ms/2 μs = 7692 = 1E0CH，其 13 位二进制表示为 1111 0000 01100B，将其高 8 位 1111 0000B 存入 TH0，即 TH0 = 0F0H，低 5 位 01100B 存入 TL0 低 5 位(高 3 位任意，默认 000)，即 TL0 = 0CH。

(2) 控制字设置。

根据题意要求设置定时器控制寄存器 TMOD 如下：

TMOD (89H)H	0	0	0	0	0	0	0	0

只需设置 TMOD 低 4 位(GATE = 0，$C/\overline{T} = 0$，M1M0 = 00)，高 4 位默认设置为 0，即方式控制字 TMOD = 00H。

(3) 2 ms 周期方波程序实现。

周期为 2 ms 的方波可用 1 ms 高电平和 1 ms 低电平来模拟实现。1 ms 定时时间到，P1.0 电平取反，重新装载计数初值，继续定时 1 ms，周而复始，即可实现周期为 2 ms 的方波输出，程序可用查询法和中断法两种方式实现。

查询方式下，可通过查询 TF0 实现 2 ms 方波输出，查询方式下的程序实现流程如图 6-56(a)所示。中断方式下，开启中断后(EA = 1，ET0 = 1)，当 2 ms 定时到时(即 TF0 = 1)，进入中断服务程序实现 2 ms 方波输出，中断方式下的程序实现流程如图 6-56(b)所示。

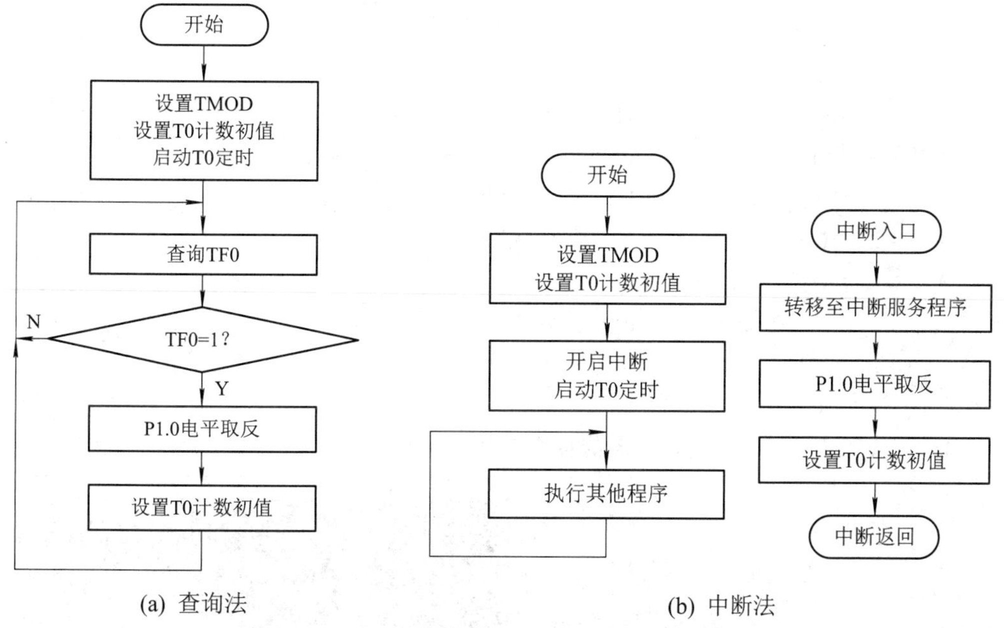

(a) 查询法　　　　(b) 中断法

图 6-56　例 6-47 周期 2 ms 方波程序流程图

① 查询法程序代码如下：

```
        LJMP START
        ORG     0100H
        ORG 0000H
START:MOV    TMOD, #00H ;写入方式控制字
        MOV    TL0, #0CH     ;计数初值写入
        MOV    TH0, #0F0H
        SETB   TR0           ;启动 T0
 WAIT:JBC   TF0, REP       ;1ms 时间到转至 REP，同时清除 TF0
```

```
        SJMP    WAIT            ;1ms 时间未到继续查询
REP:MOV   TL0, #0CH             ;重装计数初值
        MOV   TH0, #0F0H
        CPL   P1.0              ; P1.0 取反
        SJMP   WAIT             ;无条件转移 WAIT
        END
```

② 中断法程序代码如下：

```
        ORG 0000H
        LJMP START
        ORG 000BH               ;T0 溢出中断入口地址
        LJMP INTER
START:MOV TMOD, #00H            ;写入方式控制字
        MOV   TL0, #0CH         ;计数初值写入
        MOV   TH0, #0F0H
        SETB   EA
        SETB   ET0
        SETB   TR0              ;启动 T0
WAIT:SJMP   WAIT                ;执行原地踏步指令
      ORG 0200H                 ;1ms 时间未到继续查询
INTER:MOV   TL0, #0CH           ;重装计数初值
        MOV   TH0, #0F0H
        CPL   P1.0              ;P1.0 取反
        RETI                    ;中断返回
        END
```

(4) 2 ms 周期方波程序 Proteus 仿真结果如图 6-57 所示。

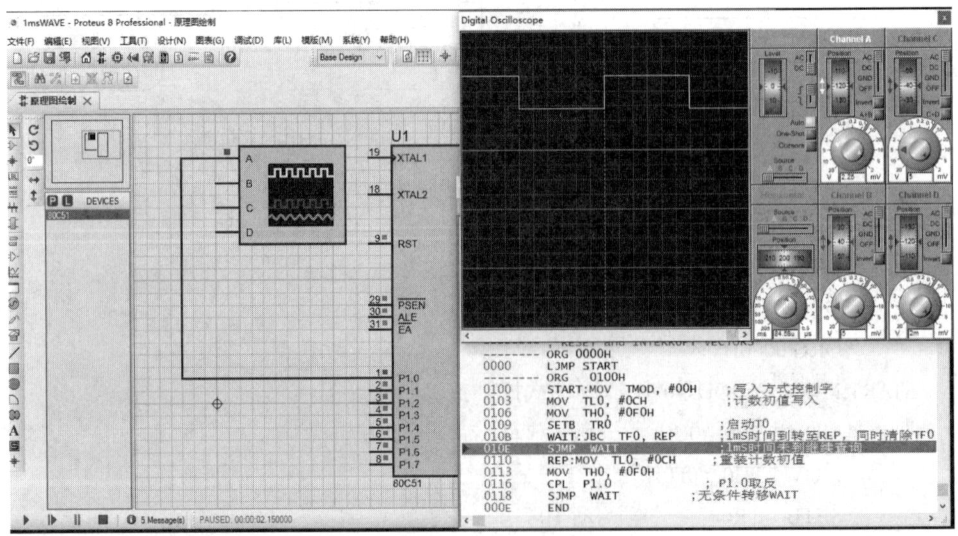

(a) 查询法

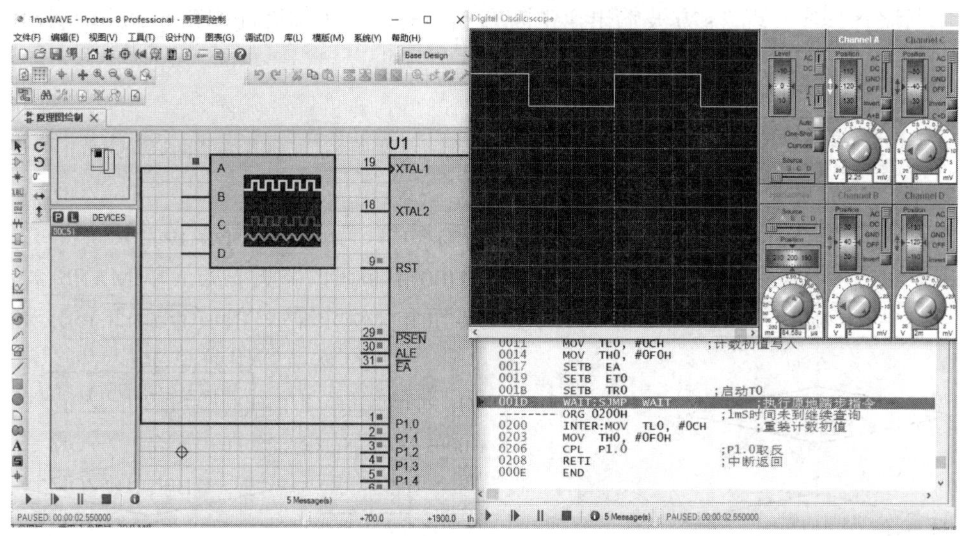

(b) 中断法

图 6-57　例 6-47 2 ms 周期方波的 Proteus 仿真结果

【例 6-48】　已知 8051 单片机系统晶振频率 f_{osc} = 12 MHz，利用定时器 T0 产生 1 s 定时，编写实现 P1.0 输出周期为 2 s 方波的程序。

问题分析：f_{osc} = 12 MHz 对应机器周期 T_M = 1 μs，欲产生周期为 2 s 的方波，要求定时器 T0 定时 1 s，显然已超过了 T0 最大定时时长($2^{16} \times 2 \times 10^{-6} = 65.536$ ms)。为实现 1 s 定时，须采用 T0 硬件定时加软件计数相结合的方法解决此问题。本例定时器 T0 工作于方式 1，硬件定时时长为 50 ms，则软件计数值设为 20，即可实现 20 × 50 ms = 1 s 定时。

(1) 计数初值设置。

Tc = 2^{16} − 50 ms/1 μs = 15 536 = 3CB0H，高 8 位 3CH 存入 TH0，低 8 位 B0H 存入 TL0。

(2) 控制字设置。

根据题意要求设置定时器控制寄存器 TMOD 如下：

TMOD (89H)H	0	0	0	0	0	0	0	1

只需设置 TMOD 低 4 位(GATE = 0，C/$\overline{T}$ = 0，M1M0 = 01)，高 4 位默认设置为 0，即方式控制字 TMOD = 01H。

(3) 2 s 周期方波程序实现。

与例 6-47 同理，周期为 2 s 的方波可用 1 s 高电平和 1 s 低电平来模拟实现。但与例 6-47 不同之处在于每当 T0 定时到 50 ms 时，须使用软件计数器减 1，然后判断它是否为 0。若计数器不为 0，则表示定时 1 s 未到，重新装载计数初值，开始下一个 50 ms 定时；若计数器为 0，则表示定时 1 s 已到，则 P1.0 电平取反并且恢复软件计数器初值，重新装载计数初值，开始新的 1 s 定时，周而复始，即可实现周期为 2 s 的方波输出。定时程序可用查询法和中断法两种方式实现。

查询方式下，可通过查询 TF0 实现 50 ms 方波输出，查询方式下的程序实现流程如图 6-58(a)所示。中断方式下，开启中断后(EA = 1，ET0 = 1)，当 50 ms 定时到时(即 TF0 = 1)

进入中断服务程序实现 2 s 方波输出，中断方式下的程序实现流程如图 6-58(b)所示。

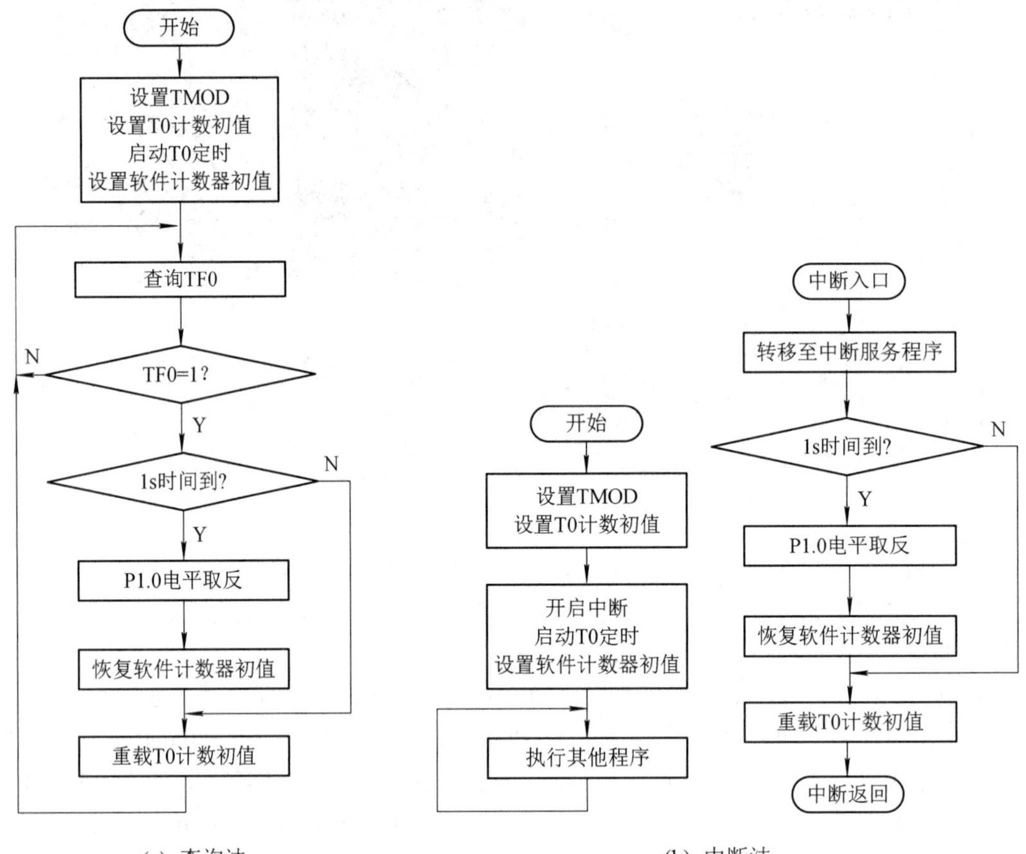

(a) 查询法　　　　(b) 中断法

图 6-58　例 6-48 周期 2 s 方波程序流程图

① 查询法程序代码如下：

```
            ORG 0000H
            LJMP START
            ORG     0100H
START:MOV    TMOD, #01H       ;写入方式控制字
            MOV    TH0, #3CH        ; T0 计数初值写入
            MOV    TL0, #0B0H
            SETB   TR0              ;启动 T0
            MOV R7,#14H             ;设置软件计数器
WAIT:JBC    TF0, REP          ; 50ms 时间到转至 REP，同时清除 TF0
          SJMP    WAIT              ; 50ms 时间未到继续查询
          REP:DJNZ R7,CON           ; 1s 定时到重载计数初值
          CPL P1.0                  ; P1.0 取反
          MOV R7,#14H               ;恢复软件计数器初值
CON:MOV    TL0, #3CH          ;重装 T0 计数初值
        MOV    TH0, #0B0H
```

```
        SJMP   WAIT              ;无条件转移 WAIT
        END
```

② 中断法程序代码如下：

```
        ORG     0000H
        LJMP   START
        ORG     000BH
        LJMP    BRT0             ; T0 溢出中断入口地址
        ORG 0100H
START: MOV    TMOD,#01H          ;令 T0 为定时器方式 1
        MOV    TH0,#3CH          ; T0 计数初值写入
        MOV     TL0,#0B0H
        MOV     IE,#82H          ;开中断
        SETB     TR0             ;启动 T0 计数
        MOV     R7,#14H          ;软件计数器 R7 赋初值
WAIT:SJMP WAIT                   ;执行原地踏步指令
       ORG    0200H
BRT0: DJNZ    R7,CON             ;1s 定时到转重载 T0 计数初值
       CPL     P1.0              ;若已到 1s，则 P1.0 取反
       MOV    R7,#14H            ;恢复 R7 初值
CON: MOV    TH0,#3CH             ;重装 T0 计数初值
       MOV    TL0,#0B0H
       RETI
       END
```

(4) 2 s 周期方波程序 Proteus 仿真结果如图 6-59 所示。

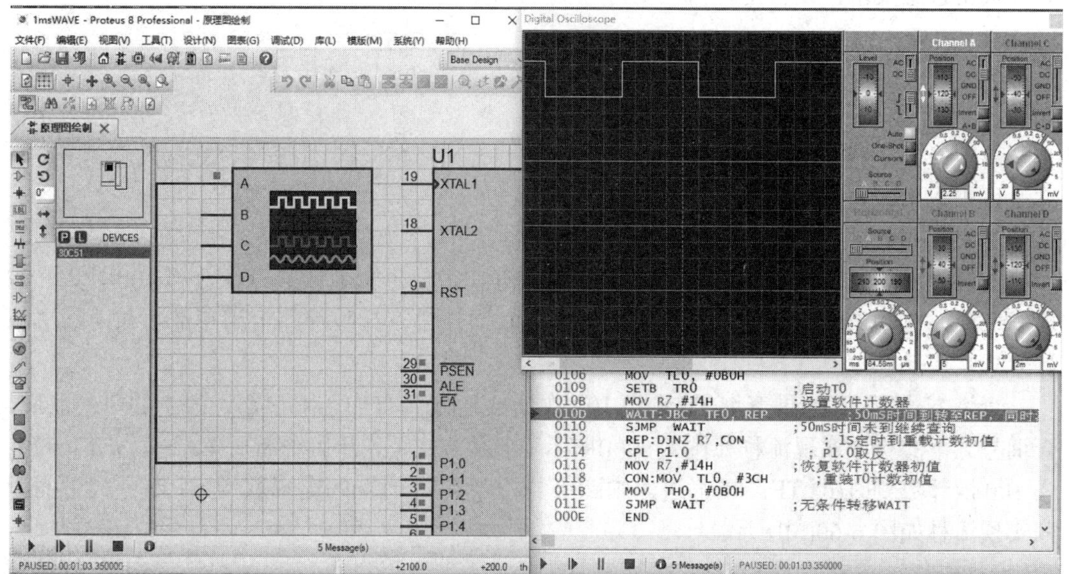

(a) 查询法

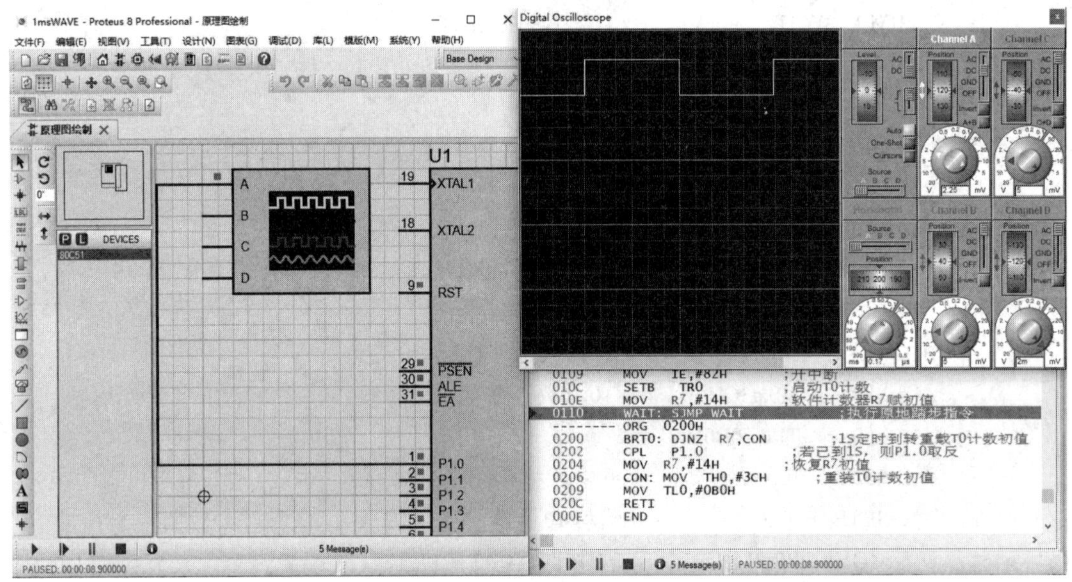

(b) 中断法

图 6-59　例 6-48 2 s 周期方波的 Proteus 仿真结果

【例 6-49】 已知 8051 单片机系统晶振频率 f_{osc}=12MHz，采用计数器 T1 工作方式 2，完成外部脉冲计数，每 100 个脉冲，P1.7 进行 1 次电平取反操作。

问题分析：T1 工作于计数方式 2，外部计数脉冲由 T1(P3.5)引脚引入，每来 1 个“1”到“0”的脉冲跳变计数器加 1，计满 100 个脉冲，P1.7 取反即可。

(1) 计数初值设置。

Tc=2^8－100=156=9CH，TH1=TL1=9CH。

(2) 控制字设置。

根据题意要求，设置定时器控制寄存器 TMOD 如下：

TMOD (89H)H	0	1	1	0	0	0	0	0

只需设置 TMOD 高 4 位(GATE = 0，C/$\overline{T}$ = 1，M1M0 = 10)，低 4 位默认设置为 0，即方式控制字 TMOD = 60H。

(3) T1 方式 2 计数程序实现。

计数程序与定时程序本质相同，设定计数初值并启动加 1 计数，计数满 100 次，P1.7 电平取反，自动重新装载初值，开始下一个 100 次计数，计数程序可用查询法和中断法两种方式实现。

查询方式下，可通过查询 TF1，当 100 次计数到时(即 TF1 = 1)，实现 P1.7 的电平取反，查询方式下的程序实现流程如图 6-60(a)所示。中断方式下，开启中断后(EA = 1，ET1 = 1)，当 100 次计数到时(即 TF1 = 1)，进入中断服务程序实现 P1.7 的电平取反，中断方式下的程序实现流程如图 6-60(b)所示。

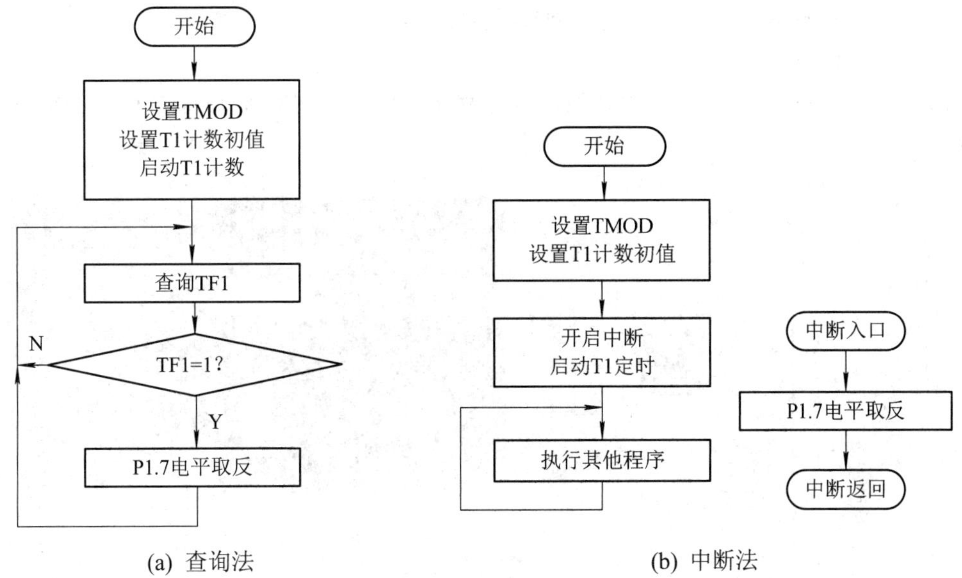

(a) 查询法　　　　(b) 中断法

图 6-60　例 6-49 程序流程图

① 查询法程序代码如下：

```
        ORG   0000H
        LJMP START
START:MOV TMOD,#60H    ;T1 工作方式 2，计数方式
        MOV TH1,#9CH    ;装载 T1 计数器初值
        MOV TL1,#9CH
        SETB TR1        ;启动 T1 计数
WAIT:JBC TF1,  REP     ;计满 100 次，TF1=1 转至 REP
      SJMP   WAIT      ;等待
REP:CPL P1.7           ; P1.7 电平取反
      SJMP WAIT
      END
```

② 中断法程序代码如下：

```
        ORG     0000H
        LJMP    START
        ORG     001BH
        CPL P1.7              ;计满 100 次，P1.7 电平取反
        RETI
        ORG 0100H
START: MOV    TMOD,#60H       ;令 T1 为定时器方式 2
        MOV    TH1,#9CH       ;装载 T1 计数器初值
        MOV     TL1,#9CH
        MOV     IE,#88H       ;开中断
        SETB    TR1           ;启动 T1 计数
```

```
WAIT: SJMP WAIT                 ;执行原地踏步指令
        END
```

(4) 采用 2 ms 周期方波模拟计数脉冲，例 6-49 程序代码 Proteus 仿真结果如图 6-61 所示。

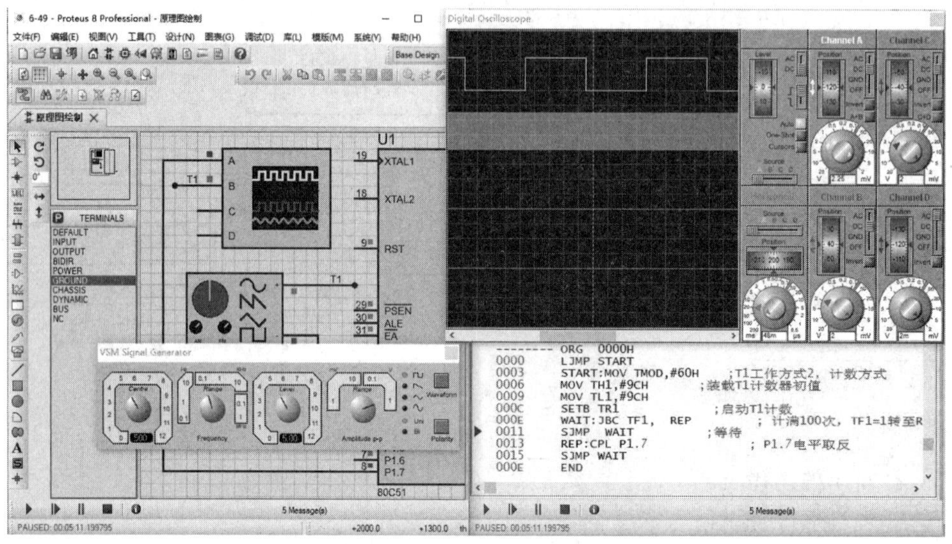

(a) 查询法

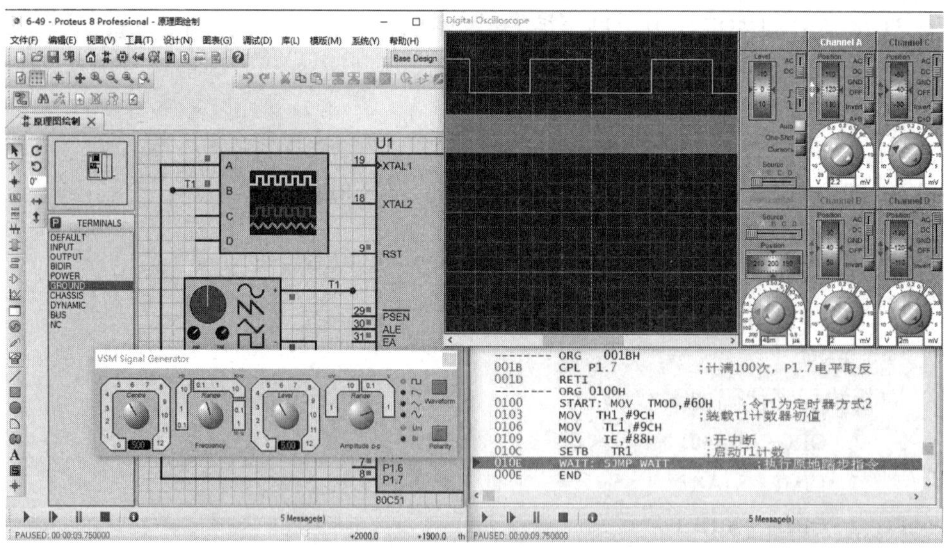

(b) 中断法

图 6-61　例 6-49 程序代码 Proteus 仿真结果

6.6　MCS-51 内部串行口及其应用

8051 单片机内部含有一个可编程的全双工串行通信接口，能同时进行数据的发送和接收，并且有 4 种工作方式可选择，也可实现多机通信功能。

6.6.1　8051 串行口结构

8051 单片机串行口内部结构因工作方式不同而稍有差异，其基本结构(发送和接收电路图)如图 6-62 所示。

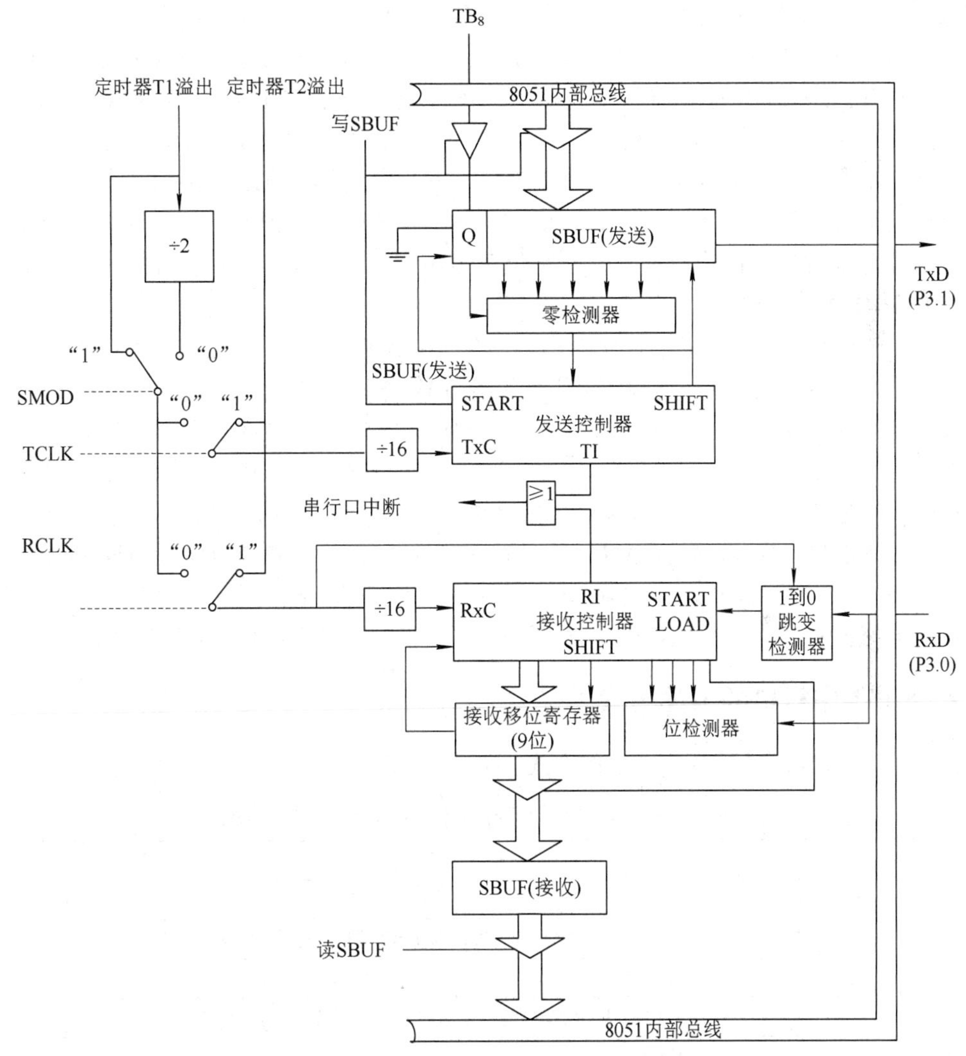

图 6-62　8051 单片机串行口基本结构图

(1) 串行数据发送电路。

发送电路由发送缓冲寄存器 SBUF、零检测器和发送控制器等电路组成，用于串行口的发送。

(2) 串行数据接收电路。

接收电路由接收缓冲寄存器 SBUF、接收移位寄存器和接收控制器等组成，用于串行数据的接收。

(3) 数据缓冲寄存器 SBUF。

发送缓冲寄存器 SBUF 和接收缓冲寄存器 SBUF 皆为 8 位缓冲寄存器，共用一个端口地址 SBUF(99H)，发送时用于存放将要发送的字符数据，接收时用于存放串行口接收到的数据，可以通过执行不同指令对它们进行区分。

(4) 串行通信时钟。

在异步串行通信中，发送和接收都是在发送时钟和接收时钟控制下进行的，发送时钟和接收时钟都必须同字符位数的波特率保持一致。8051 单片机串行口的发送和接收时钟既可由系统时钟经分频后提供，也可由内部定时器 T1 的溢出率经过 16 分频后提供。定时器 T1 的溢出率还受 SMOD 触发器状态的控制，SMOD 位于电源控制寄存器 PCON 的最高位。

(5) 串行口的数据发送与接收。

串行口的数据发送由发送指令(如 MOV SBUF,A)产生写 SBUF 脉冲启动发送，发送指令执行时将欲发送字符送入发送 SBUF 后，发送控制器在发送时钟 TxC 作用下自动在发送字符前后添加起始位、停止位和其他控制位，然后在 SHIFT(移位脉冲)控制下将数据一位一位地从 TxD 线上发出。

串行口的接收过程基于采样脉冲(接收时钟的 16 倍)对 RxD 线的监测，RxD 线空闲状态为高电平“1”，当“1 到 0 跳变检测器”连续 8 次检测到 RxD 线上出现“0”时，便可确定 RxD 线上出现了发送起始位。此后改为利用采样脉冲的 7～9 号脉冲采样到的 RxD 信号状态判定检测的数据位是“0”还是“1”。接收电路连续接收到一帧字符后就自动地去掉起始位，并使接收中断标志位 RI＝1，该标志位可供查询，也可以向 CPU 提出中断请求。CPU 响应中断后可以通过接收指令(如 MOV A,SBUF)把接收到的数据送入指定单元。由于采样信号对准的是每个接收位的中间位置，可以避开信号两端的边沿失真，也可防止接收时钟频率和发送时钟不完全同步所引起的接收错误，从而可最大限度抑制信号干扰和提高数据传输的可靠性。

6.6.2　8051 串行口的工作方式

8051 单片机串行口包含 4 种工作方式，如表 6-8 所示。

表 6-8　串行口的工作方式和所用波特率对照表

SM0	SM1	工 作 方 式
0	0	方式 0，同步移位收发(用于串行 I/O 口扩展)，波特率固定为 $f_{osc}/12$
0	1	方式 1，10 位异步收发，波特率由定时器 T1(溢出率/n)确定
1	0	方式 2，11 位异步收发，波特率为 $f_{osc}/32$ 或 $f_{osc}/64$
1	1	方式 3，11 位异步收发，波特率由定时器 T1(溢出率/n)确定

(1) 方式 0：同步移位收发方式。

在方式 0 下串行口 SBUF 用作移位寄存器，为 8051 单片机提供了连接串行设备的接口。此方式下 TxD(P3.1)引脚输出外部串行设备的移位脉冲，RxD(P3.0)引脚用作串行数据的输入和输出，其波特率固定为 $f_{osc}/12$，但是由于信号的衰减，传输距离一般不超过 2 m。

(2) 方式 1。双机异步通信方式。

方式 1 是双机异步通信方式。字符帧格式为 10 位(8 位数据位、1 位起始位和 1 位停止位)，波特率由定时器 T1 的溢出率决定，其公式为

$$\text{波特率} = 2^{\text{SMOD}} \times \frac{1}{32}\frac{f_{\text{osc}}}{12}\left(\frac{1}{2^K - N}\right) \tag{6-1}$$

其中，SMOD 为波特率倍增选择，由 PCON 寄存器的最高位设置；f_{osc} 为 8051 单片机主时钟频率，一般选 6 MHz 或 12 MHz；K 为定时器 T1 的计数器长度，T1 若选工作方式 2，则 $K = 8$；N 为定时器计数初值。

为方便用户使用，常用波特率和定时器 T1 的初值关系如表 6-9 所示。计数初值通过公式计算与查表所得值存在一定的误差，应以通信双方约定为准。

表 6-9　常用波特率和定时器 T1 的初值关系

波特率	f_{osc}	SMOD	定时器 T1		
			$C/\overline{T}$	所选方式	相应初值
19200 b/s	6 MHz	1	0	2	FEH
9600 b/s	6 MHz	1	0	2	FDH
4800 b/s	6 MHz	0	0	2	FDH
2400 b/s	6 MHz	0	0	2	FAH
1200 b/s	6 MHz	0	0	2	F4H

(3) 方式 2 和方式 3。多机异步通信方式。

方式 2 和方式 3 字符帧格式为 11 位(比方式 1 多 1 个第 9 位：TB8/RB8)，除波特率设置方式不同外其他无差别。方式 3 的波特率由定时器 T1(溢出率/n)确定，方式 2 的波特率由 $2^{SMOD} \times f_{osc}/64$ 确定；方式 2 和方式 3 虽为多机异步通信方式，但是也可用于双机之间通信，多机通信时 TB8/RB8 为多机通信控制位，双机之间通信 TB8/RB8 可作其他用途(如奇偶校验位)。

6.6.3　8051 串行口工作方式设置

8051 单片机串行口寄存器包括串行口控制寄存器 SCON 和电源控制寄存器 PCON。

1. 串行口控制寄存器 SCON(98H)

串行口控制寄存器 SCON 可用设定串行口的收发工作方式，各位定义如图 6-63 所示。

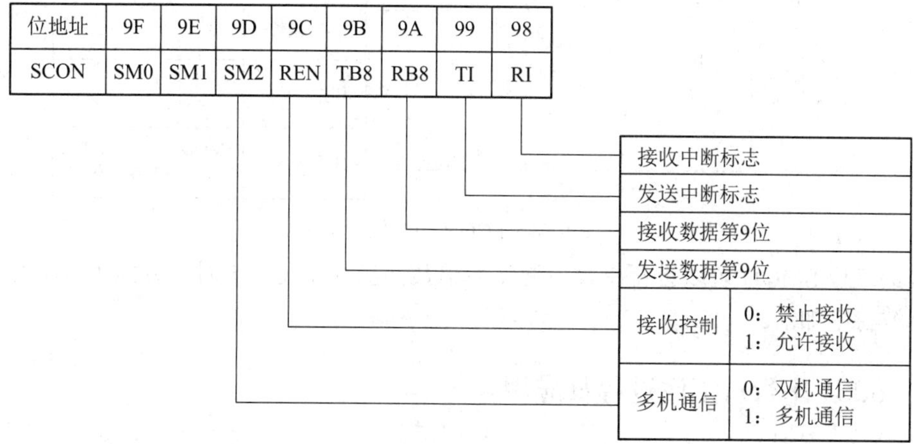

图 6-63　SCON 的各位定义

(1) SM0 和 SM1 为串行口方式控制位。

SM0 和 SM1 用于设定串行口工作方式，如表 6-8 所示。

(2) SM2 为多机通信控制位。

方式 2 和方式 3 下用于多机通信时的通信状态设置。SM2 = 1 时，处于通信空闲等待状态，SM2 = 0 时，处于正常通信状态。在方式 0 和方式 1 下时，SM2 应设置为 0 状态。

(3) REN 为允许接收控制位。

若 REN = 0，则禁止串行口接收；若 REN = 1，则允许串行口接收。在双机或多机通信时，通信方 REN 的初值应均设置为 1，即随时接收发送方的呼叫信息。

(4) TB8 为发送数据第 9 位。

TB8 用于在方式 2 和方式 3 时存放发送数据第 9 位。TB8 由软件置位或复位。

(5) RB8 为接收数据第 9 位。

RB8 用于在方式 2 和方式 3 时存放接收数据第 9 位。在方式 1 下，若 SM2 = 0，则 RB8 用于存放接收到的停止位，在方式 0 时，不使用 RB8。

(6) TI 为发送中断标志位。

TI 用于指示一帧数据是否发送完。在方式 0 下，发送电路发送完第 8 位数据时，TI 由硬件置位；在其他方式下，TI 在发送电路开始发送停止位时置位。TI 在发送前必须由软件复位，发送完一帧后由硬件置位，TI = 1 表示数据发送完成，可向 CPU 发出中断请求，也可供 CPU 查询。

(7) RI 为接收中断标志位。

RI 用于指示一帧信息是否接收完。在方式 0 下，RI 在接收电路接收到第 8 位数据时由硬件置位；在其他方式下，RI 是在接收电路接收到停止位的中间位置时置位。RI = 1 表示数据接收完成，可向 CPU 发出中断请求，也可供 CPU 查询，RI 也须软件复位。

2. 电源控制寄存器 PCON

8051 单片机中 PCON 为电源控制寄存器，各位定义如图 6-64。

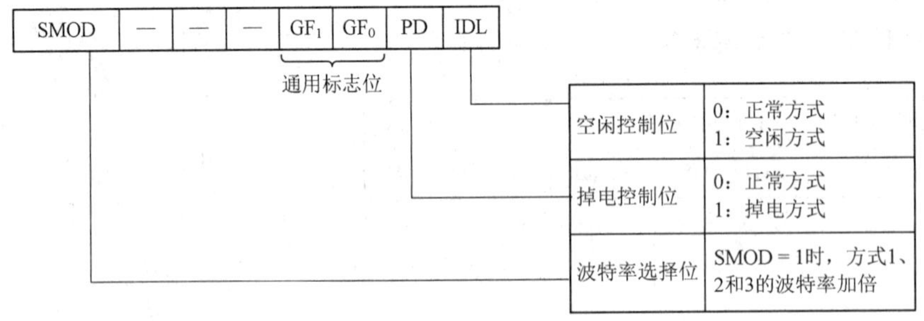

图 6-64　PCON 的各位定义

其最高位 SMOD 可以设置串行口波特率倍数，当 SMOD = 1 时，方式 1、方式 2 和方式 3 下波特率加倍。

6.6.4　8051 串行口工作过程及应用

1. 工作方式 0

在方式 0 下，SM2、TB8、RB8 均不起作用，应设置为“0”态。发送操作在 TI = 0 下进行，CPU 通过发送指令(如 MOV SBUF,A)给寄存器 SBUF 送出发送字符后，8 位数据通过 RxD 线在 TxD 线输出的同步脉冲控制下依次发出。8 位数据发送完毕后，TI 由硬件置位(TI = 1)，可向 CPU 请求中断(若中断开放)，也可供 CPU 查询。接收过程是在 RI = 0 和 REN = 1 条件下启动的。此时，串行数据由串行输入设备通过 RxD 线在 TxD 线输出的同步脉冲控制下依次输入。接收电路接收到 8 位数据后，RI 自动置位(RI = 1)，可向 CPU 请求中断(若中断开放)，也可供 CPU 查询。

【例 6-50】　8051 单片机系统晶振频率 f_{osc} = 6 MHz，根据图 6-65 所示的线路连接，编出发光二极管自左至右循环点亮的程序，设循环周期为 8 s。

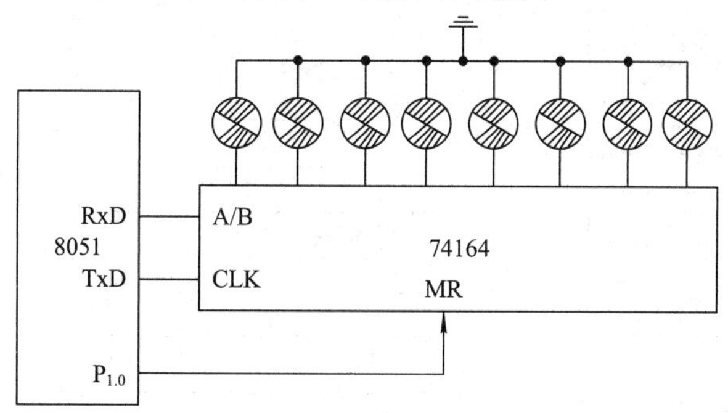

图 6-65　串行口方式 0 应用例 6-50 线路连接图

问题分析：74164 是一种 8 位串行输入(A/B 端)并行输出的同步移位寄存器，采用 CMOS 工艺制成。CLK 为同步脉冲输入端。MR 为控制端，若 MR = 0，清除 8 位并行数据输出；若 MR = 1，允许 8 位数据并行输出。8051 单片机串行口工作于方式 0，可实现发光二极管自左至右循环点亮，用定时器 T0 产生 1 s 延时程序 DELAY1S，主程序可采用中断或查询两种方法实现。

查询方式下，可通过查询发送中断标志 TI 实现程序功能，查询方式下的程序实现流程如图 6-66(a)所示。中断方式下，开启中断后(EA = 1，ES = 1)，一帧数据发送完(即 TI = 1)，进入中断服务程序实现二极管的循环点亮，中断方式下的程序实现流程如图 6-66(b)所示。

(1) 查询程序代码。

查询法程序代码如下：

```
        ORG 0000H
        LJMP START
        ORG    0100H
START:MOV    SCON,#00H          ;串行口初始化为方式 0
        CLR    P1.0             ;清除 74164 并行数据输出
        MOV    A,#01H           ;起始显示码送 A
        MOV    SBUF,A           ;数据串行输出
        SETB   P1.0             ;使能 74164 数据输出
WAIT:JBC    TI,SBV              ;发送完毕，转 SBV
       SJMP    WAIT
SBV:LCALL    DELAY1S            ;调用延时子程序
     CLR    TI                  ;清除发送中断标志
     RL    A                    ;准备点亮下一位
```

```
    CLR   P1.0          ;允许数据串行输入
    MOV   SBUF,A        ;数据串行输出
    SJMP  WAIT
  END
```

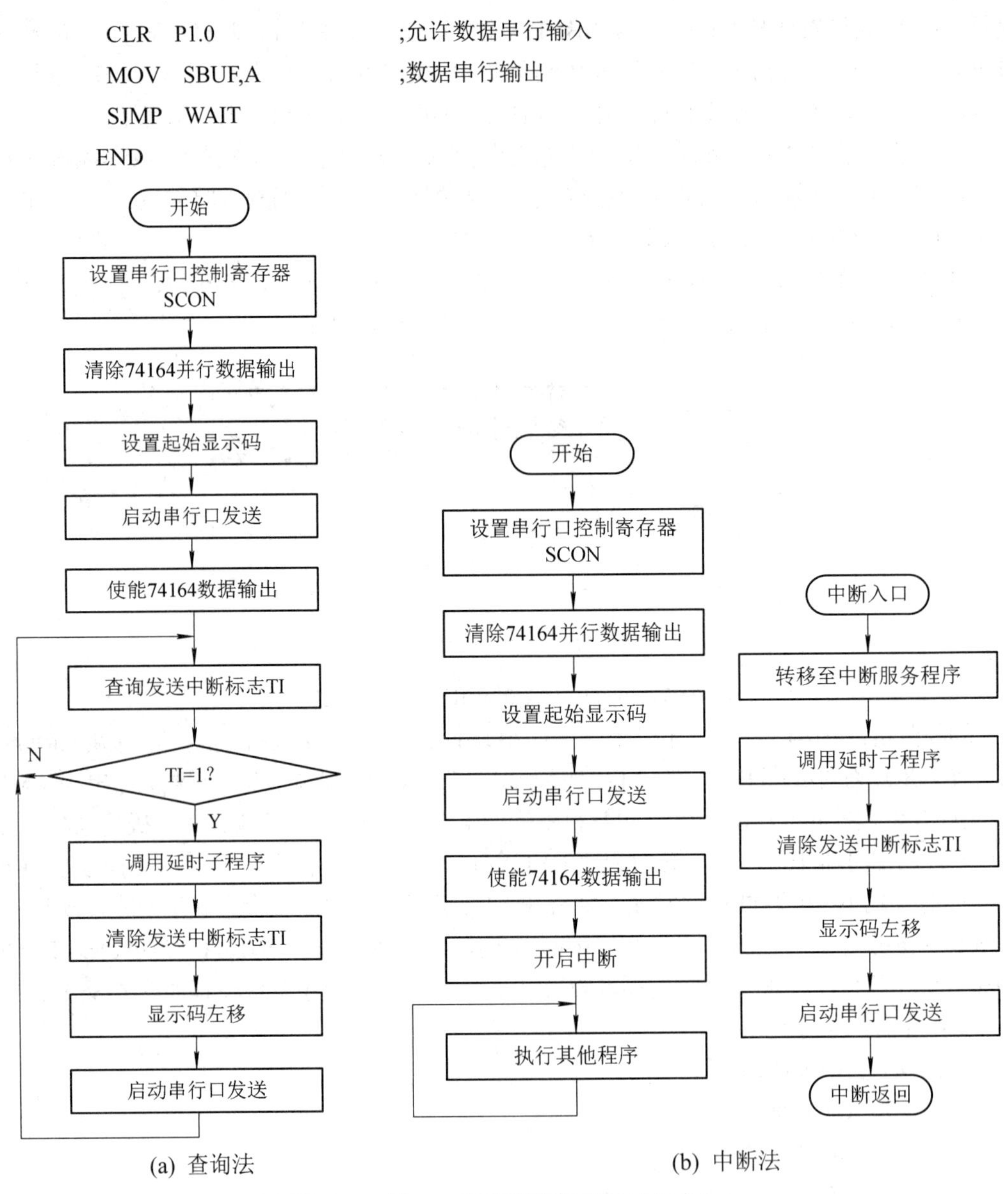

(a) 查询法　　(b) 中断法

图 6-66　例 6-50 程序流程图串行口方式 0

(2) 中断程序代码。

中断法程序代码如下：

```
      ORG   0000H
      LJMP  START
      ORG   0023H          ;串行口中断入口地址
      LJMP  SBV
      ORG   0100H
START:MOV   SCON,#00H      ;串行口初始化为方式 0
      CLR   P1.0           ;清除 74164 并行数据输出
```

```
            MOV    A,#01H            ;起始显示码送 A
            MOV    IE,#90H           ;开中断
            MOV    SBUF，A           ;数据串行输出
            SETB P1.0                ;使能 74164 数据输出
      WAIT:SJMP    WAIT              ;等待串行口输出完
           ORG    0200H
      SBV:LCALL    DELAY1S           ;点亮一段时间
          CLR    TI                  ;清发送中断标志
          RL    A                    ;准备点亮下一位
          MOV    SBUF,A              ;数据串行输出
          RETI                       ;中断返回
          END
```

定时器 T0 的 1 s 延时子程序代码如下：

```
            ORG    0300H
   DELAY1S:MOV    R7, #14H
            MOV    TMOD,#01H
            MOV    TH0,#9EH
            MOV    TL0,#58H
            SETB    TR0
   HERE:JBC    TF0,CON
         SJMP    HERE
   CON:DJNZ    R7,NEXT
        RET
   NEXT:MOV    TH0,#9E
         MOV    TL0,#58H
         SJMP    HERE
```

例 6-50 程序代码 Proteus 仿真结果如图 6-67 所示。

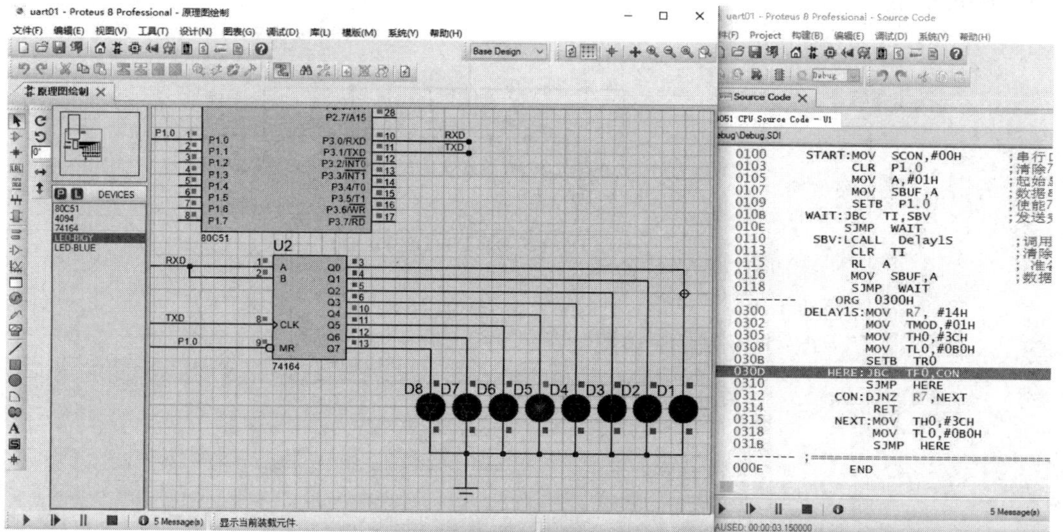

(a) 查询法

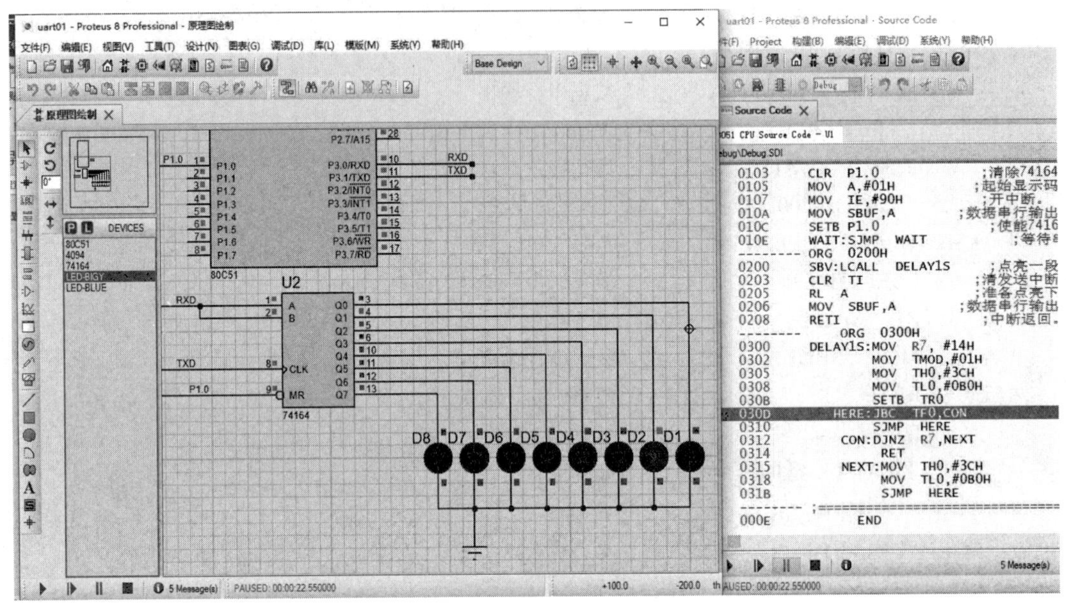

(b) 中断法

图 6-67　例 6-50 程序代码 Proteus 仿真结果

【例 6-51】 根据图 6-68 所示电路，编出 8051 单片机串行输入开关量并将它存入 20H 单元的程序。要求控制开关 $K_C = 1$ 时，8051 单片机处于等待状态，K_C 合上($K_C = 0$)时，8051 单片机输入开关量。

问题分析： 74165 是并行输入串行输出的同步移位寄存器。其中 SO 为串行输出端，CLK 为同步移位脉冲输入端，$SH/\overline{LD}$ 为控制端。若 $SH/\overline{LD} = 1$，则 74165 可以串行输出(并行输入端关闭)；若 $SH/\overline{LD} = 0$，则 74165 可以并行输入数据(串行输出端关闭)。程序首先对 P1.0 查询，当查询到 $K_C = 0$ 时，再通过 P1.1 输出控制信号完成开关量的输入。程序实现流程如图 6-69 所示。

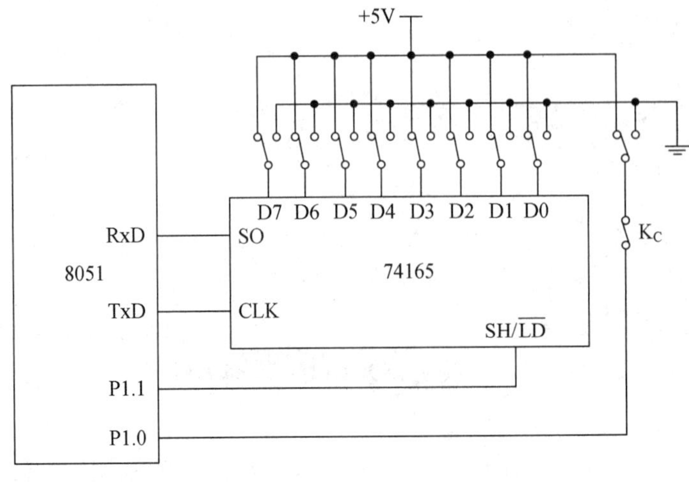

图 6-68　串行口方式 0 应用例 6-51 线路连接图

程序代码如下：

```
          ORG 0000H
          LJMP START
          ORG   0100H
START:SETB   P1.0              ;准备开关 Kc 状态输入
          JB   P1.0,   $             ;若 Kc=1 时，则等待
          CLR   P1.1                 ;令 74165 并行输入开关量
          SETB   P1.1                ;令 74165 开始串行输出
          MOV   SCON, #10H          ;令串行口方式为 0，启动接收
          JNB   RI, $                ;等待接收
          CLR   RI                   ;若接收已完，则清 RI
          MOV   A, SBUF              ;开关量送累加器 A
          MOV   20H,    A            ;存入内存
          SJMP   START               ;准备下次开关量输入
          END
```

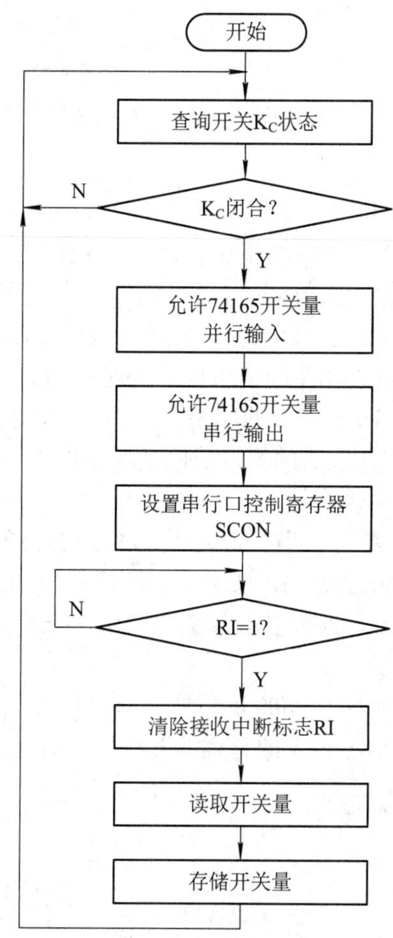

图 6-69　例 6-51 程序流程图

若设开关状态 D7D6D5D4D3D2D1D0 = 11000000B，串行发送逆序输入，即 20H = 03H，程序代码 Proteus 仿真结果如图 6-70 所示。

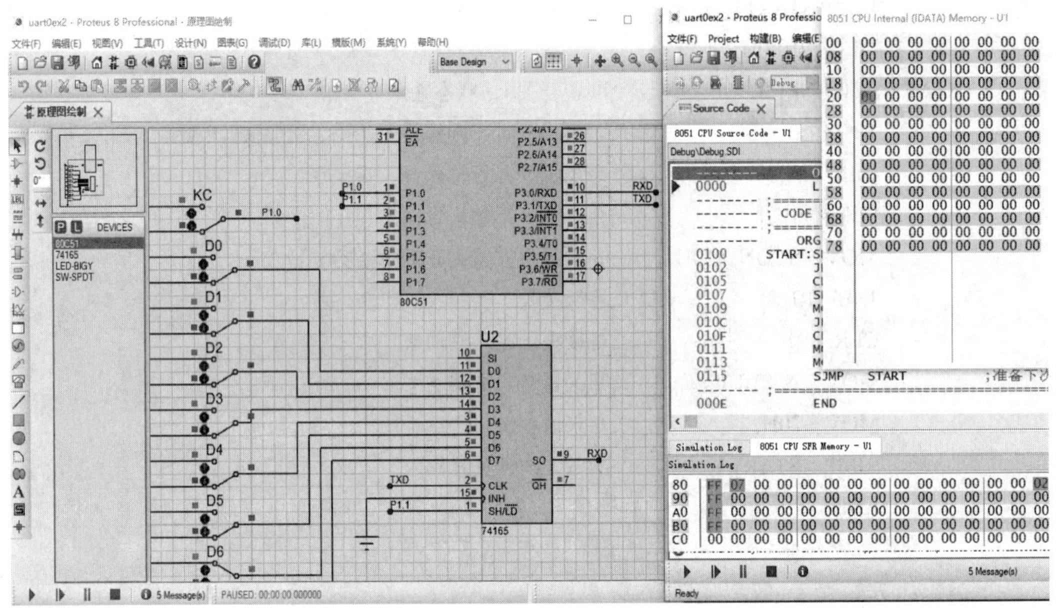

图 6-70　例 6-51 程序代码 Proteus 仿真结果

2. 工作方式 1

串行口工作方式 1 为 10 位异步通信方式。字符帧中除 8 位数据位外，还可有 1 位起始位和 1 位停止位。发送操作在 TI = 0 下进行，CPU 通过执行发送指令(MOV SBUF,A)启动发送，发送电路自动在 8 位发送数据前后分别添加 1 位起始位和 1 位停止位，而后在移位脉冲作用下通过 TxD 线依次发送数据帧，发送完成后 TxD 线恢复高电平且置位发送中断标志位 TI，TI = 1 可向 CPU 发出中断请求也可供查询。接收在 RI = 0、REN = 1 和 SM2 = 0 条件下进行，接收电路确定 RxD 线上的起始位后，在移位脉冲的作用下依次接收数据帧，将停止位送入 RB8 中，而后将接收到的 8 位数据存入 SBUF 并置位接收中断标志位 RI，RI = 1 可向 CPU 发出中断请求也可供查询。

【例 6-52】 已知 8051 单片机串行口采用方式 1 进行通信，设单片机主频为 6 MHz，定时器 T1 用作波特率发生器(方式 2)，要求通信波特率为 9600 b/s。被发送数据块在内部 RAM 的地址为 TBLOCK 单元，字符块长度为 LEN，字符块长度 LEN 率先发送，用查询法编写串行口方式 1 发送程序。

问题分析：为使发送波特率为 9600 b/s，取 SMOD = 1，由表 6-9 查得 TH1 和 TL1 的时间常数初值为 FDH。串行口方式 1 的查询法发送程序流程如图 6-71 所示。

程序代码如下：

```
ORG   0000H
LJMP   START
ORG     0100H
TBLOCK   DATA    20H
LEN    DATA    14H
```

```
START: MOV   TMOD, #20H     ;定时器 T1 为方式 2
       MOV   TL1, #0FDH     ;波特率为 9600b/s
```

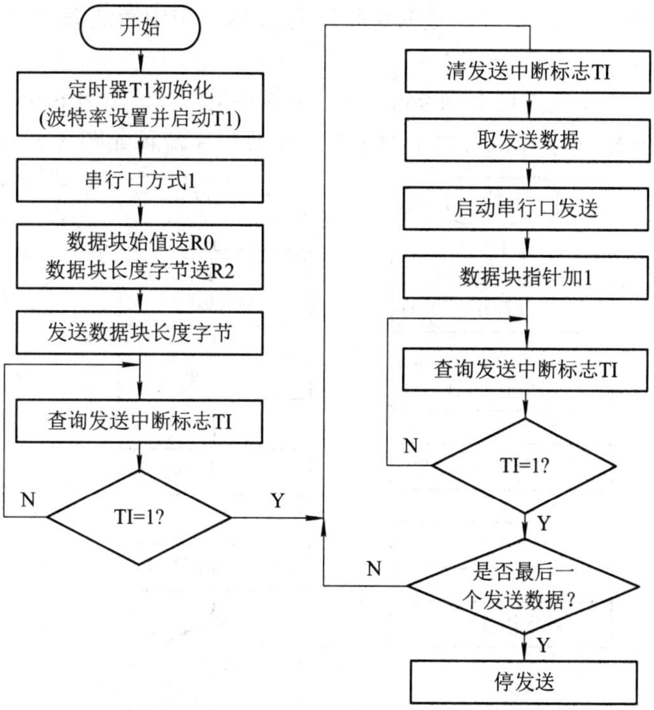

图 6-71　例 6-52 串行口方式 1 查询法发送程序流程图

```
       MOV   TH1, #0FDH     ;给 TH1 送重装初值
       MOV   PCON, #80H     ;令 SMOD=1
       SETB  TR1            ;启动 T1
       MOV   SCON, #40H     ;串行口为方式 1
       MOV   R0, #TBLOCK    ;发送数据块始址送 R0
       MOV   A, #LEN
       MOV   R2, A          ;数据块长度字节送 R2
       MOV   SBUF, A        ;发送 LEN 字节
HERE:  JBC   TI, TXSVE      ;等待长度发送
       SJMP  HERE
TXSVE: CLR   TI             ;清 TI
       MOV   A, @R0         ;发送数据送 A
       MOV   SBUF, A        ;启动发送
WAIT:  JBC   TI, NEXT       ;等待数据发送
       SJMP  WAIT
NEXT:  INC   R0             ;数据块指针加 1
       DJNZ  R2, TXSVE      ;若数据未发送完，则 TXSVE
STOP:SJMP    STOP           ;停止发送
       END
```

【例 6-53】 已知 8051 单片机串行口采用方式 1 进行通信，设单片机主频为 6 MHz，定时器 T1 用作波特率发生器(方式 2)，要求通信波特率为 9600 b/s。接收数据块在内部 RAM 的首地址为 RBLOCK 单元，接收数据块长度为 LEN，用中断法编写串行口方式 1 下的接收程序。

问题分析：为使发送波特率为 9600 b/s，取 SMOD = 1，由表 6-9 查得 TH1 和 TL1 的时间常数初值为 FDH。串行口方式 1 的中断法接收程序流程如图 6-72 所示。

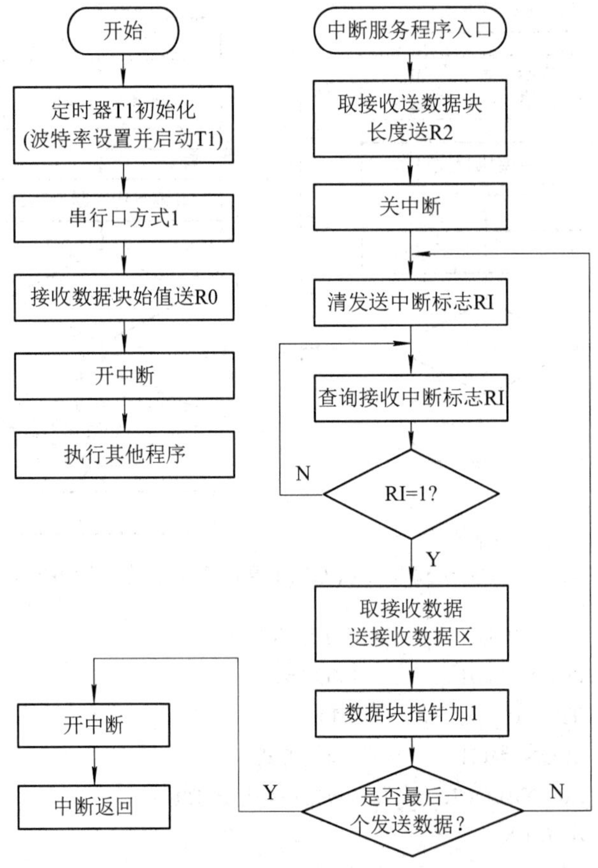

图 6-72　例 6-53 串行口方式 1 中断法接收程序流程图

程序代码如下：

```
        ORG    0000H
        LJMP   START
        ORG    0023H
        LJMP   REP
        ORG     0100H
        RBLOCK   DATA   30H
        LEN     DATA    14H
START:MOV    TMOD, #20H        ;定时器 T1 为方式 2
        MOV    TL1, #0FDH        ;波特率为 9600b/s
        MOV    TH1, #0FDH        ;给 TH1 送重装初值
```

```
        MOV   PCON, #80H       ;令 SMOD=1
        SETB  TR1              ;启动 T1
        MOV   SCON, #50H       ;串行口为方式 1
        MOV   R0, #RBLOCK      ;接收数据块始址送 R0
        SETB  EA
        SETB  ES
HERE:SJMP   HERE               ;等待长度发送
       ORG   0200H
REP:MOV R2,SBUF
     CLR   EA
RXD:CLR   RI
WAIT:JNB   RI,WAIT
       MOV   A,SBUF
       MOV   @R0,A
       INC   R0
       DJNZ  R2,RXD
       SETB  EA
       RETI
       END
```

设 TBLOCK = 30H，内部 RAM(30H)～(43H)依次存放测试数据 00H～13H，串行口方式 1 应用例 6-52 和例 6-53 仿真结果如图 6-73 所示。

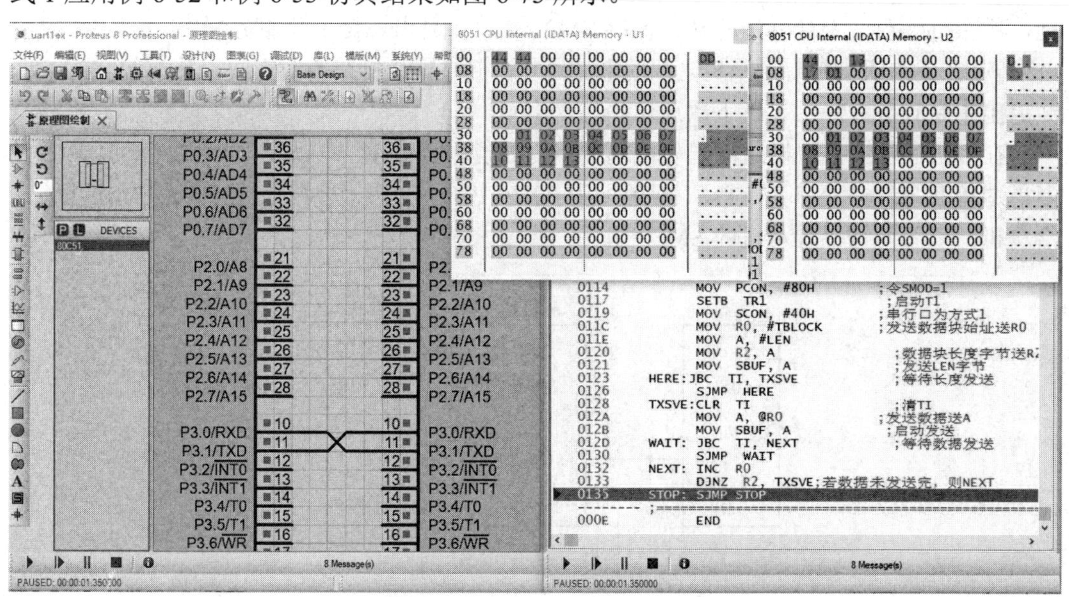

图 6-73　例 6-52 和例 6-53 仿真结果

3. 工作方式 2 和方式 3

串行口工作方式 2 和方式 3 为 11 位异步通信，既可双机之间通信，也可多机通信。双机之间通信时，SCON 寄存器的 SM2 = 0、REN = 1、TB8/RB8 作奇偶位。多机通信时，主机 SM2 = 0，REN = 1，TB8/RB8 用作数据/地址区分位。

【例 6-54】 主从式 8051 单片机构成的多机通信系统如图 6-74 所示，设单片机主频为 6 MHz，定时器 T1 用作波特率发生器(方式 2)，要求通信波特率为 9600 b/s。请编出主机和从机的通信程序。

问题分析：8051 单片机多机通信时必须在方式 2 或方式 3 下工作，主机的 SM2 应设定为 0，从机的 SM2 设定为 1。主机发送从机接收包含两类信息：一类是地址，用于选定与主机通信的从机地址，由串行数据第 9 位(TB8/RB8)设为“1”来标记；另一类是数据，由串行数据第 9 位(TB8/RB8)设为“0”来标记。由于所有从机的 SM2 = 1，每个从机总能在 RI = 0 时收到主机发来的地址(TB8/RB8 = 1)，并进入各自的中断服务程序。在中断服务程序中，每台从机将接收到的从机地址与本机地址(系统设计时分配)进行比较。比较不相等的从机均从各自的中断服务程序中退出(SM2 = 1)，只有比较成功的从机才是被主机寻址通信的从机。被寻址从机在程序中使 SM2 = 0，以便接收随之而来的数据或命令(RB8 = 0)。上述过程可进一步归结如下：

① 主机 SM2 设为 0，所有从机 SM2 设为 1，以便接收主机发来的地址，主从机的 REN 均设为 1。

② 主机向寻址从机发送地址时，第 9 数据位(TB8)设为 1 发送，以指示所有从机接收此地址。

③ 所有从机在 SM2 = 1、RB8 = 1 和 RI = 0 时，接收主机发来的从机地址，进入相应的中断服务程序，并和本机地址比较以确认是否为被寻址从机。

④ 被寻址从机通过指令清除 SM2，以正常接收数据，并向主机发回接收到的从机地址，供主机核对。未被寻址的从机保持 SM2 = 1，并退出各自中断服务程序。

⑤ 完成主机和被寻址从机之间的数据通信，被寻址从机在通信完成后重新使 SM2 = 1，并退出中断服务程序，等待下次通信。

在多机通信中，主机通常把从机地址作为 8 位数据(TB8 = 1)发送。因此，8051 构成的多机通信系统最多允许 255 台从机(地址为 00H-FEH)，FFH 作为复位控制命令由主机发送给从机，以便使被寻址从机的 SM2 = 1。

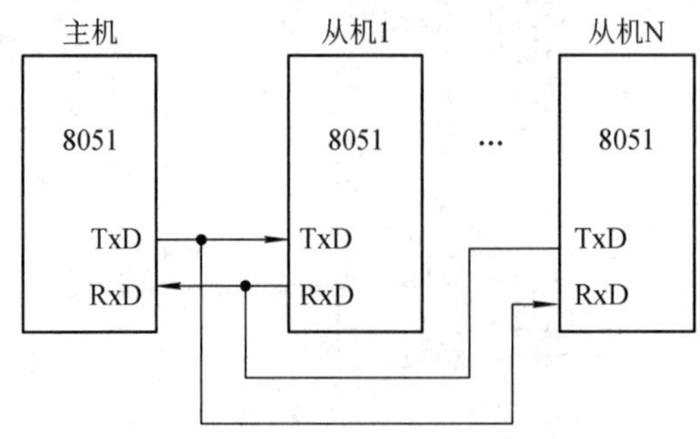

图 6-74　主从式多机通信系统

在多机通信中，主从机之间除传送从机地址和数据(由发送数据第 9 位 TB8 指示)外，还应当传送供主机或从机识别的命令或状态字。两条控制命令为 00H-主机发送从机接收命令和 01H-从机发送主机接收命令，这两条命令均以数据形式发送(即第 9 数据位 TB8 设为 0)。从机状态字由被寻址从机发送，为主机所接收，用于指示从机的工作状态，其格式如图 6-75 所示。

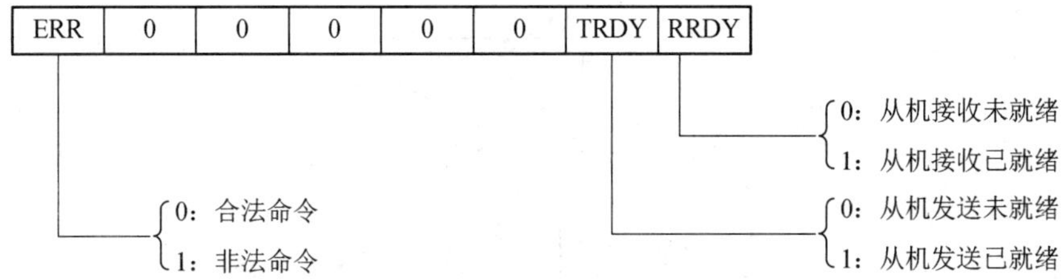

图 6-75　从机状态字格式

1) 主机程序

主机程序由主机主程序和主机通信子程序组成。主机主程序用于定时器 T1 初始化、串行口初始化和传递主机通信子程序所需入口参数。主机通信子程序用于主机和从机间一个数据块的传送。主机程序流程如图 6-76 所示。

程序中所用寄存器分配如下：R0 用于存放主机发送数据块始址；R3 用于存放主机发出的命令；R1 用于存放主机接收数据块始址；R4 用于存放发送数据块长度；R2 用于存放被寻址的从机地址；R5 用于存放接收数据块长度。

(1) 主机主程序。

主机主程序代码如下：

```
          ORG    0000H
         LJMP    START
          ORG    0100H
        SLAVE    DATA   00H
        COMMAND   DATA   00H
START:MOV   TMOD,#20H        ;定时器 T1 为方式 2
        MOV   TH1, #0FDH       ;波特率为 9600b/s
        MOV    TL1, #0FDH
        SETB   TR1              ;启动 T1 工作
        MOV   SCON, #0D8H      ;串行口为方式 3，SM2=0,TB8=1，REN=1
        MOV   PCON, #80H
        MOV   R0, #40H         ;发送数据块始址送 R0
        MOV   R1, #20H         ;接收数据块始址送 R1
        MOV   R2, #SLAVE       ;被寻址从机地址送 R2
        MOV   R3, #COMMAND ;若为 00H，则主机发从机收命令，若为 01H，则从机发主机收命令
        MOV   R4, #20H         ;发送数据块长度送 R4
        MOV   R5, #20H         ;接收数据块长度送 R5
        LCALL   MCOMMU         ;调用主机通信子程序
        SJMP   $               ;停机
```

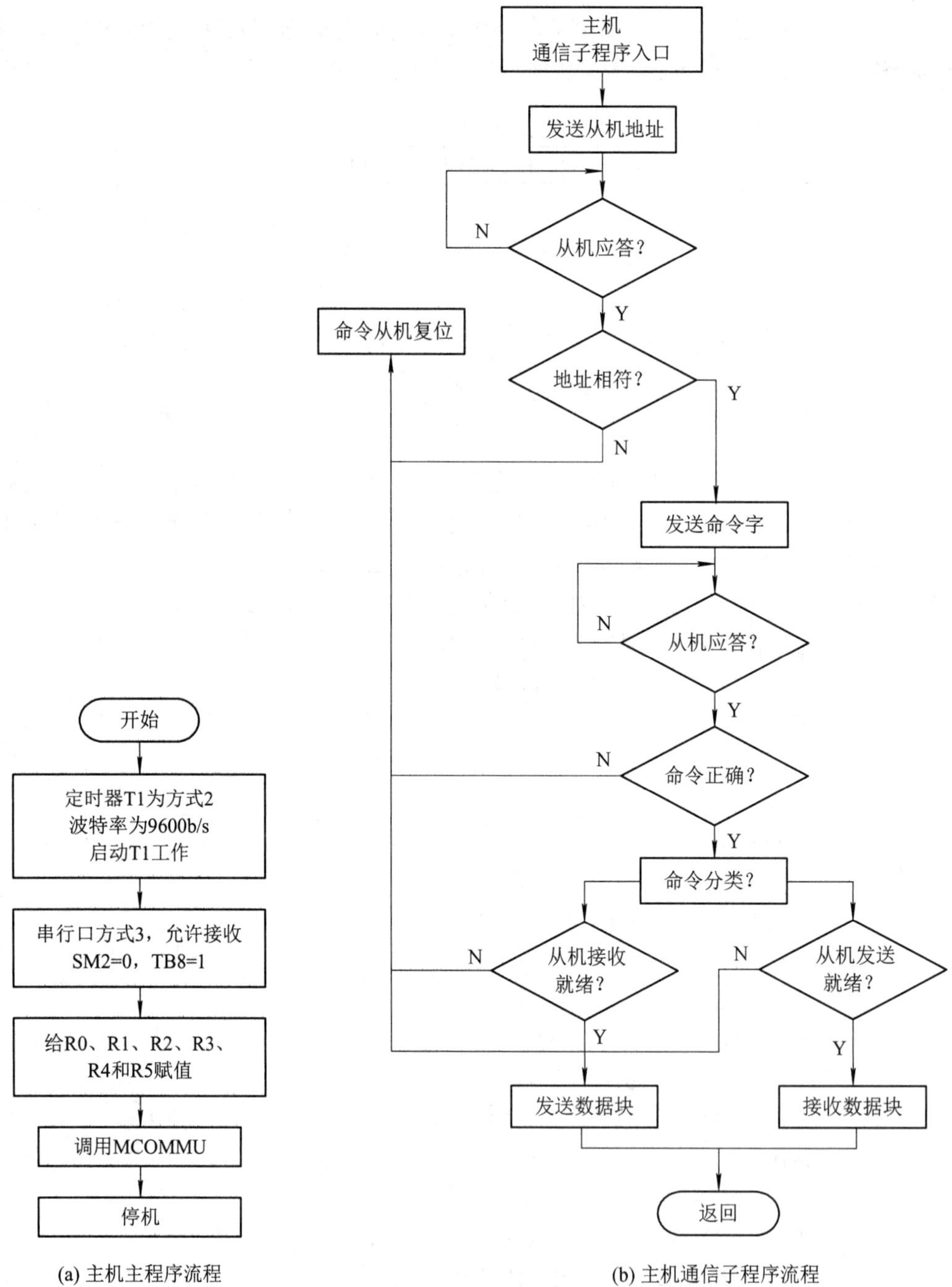

(a) 主机主程序流程　　(b) 主机通信子程序流程

图 6-76　主机程序流程图

(2) 主机通信子程序。

主机通信子程序代码如下：

```
            ORG    0200H
MCOMMU:MOV    A, R2                    ;从机地址送 A
```

```
        MOV   SBUF, A              ;发送从机地址
        JNB   RI, $                ;等待接收从机应答地址
        CLR   RI                   ;从机应答后清 RI
        MOV   A, SBUF              ;从机应答地址送 A
        XRL   A, R2                ;核对两个地址
        JZ    MTXD2                ;相符，则转 MTXD2
MTXD1:MOV   SBUF, #0FFH            ;发送从机复位信号
      SETB  TB8                    ;地址帧标志送 TB8
      SJMP  MCOMMU                 ;重发从机地址
MTXD2:CLR   TB8                    ;准备发送命令
      MOV   SBUF, R3               ;送出命令
      JNB   RI, $                  ;等待从机应答
      CLR   RI                     ;从机应答后清 RI
      MOV   A, SBUF                ;从机应答命令送 A
      JNB   ACC.7, MTXD3           ;核对命令后无错，则命令分类
      SJMP  MTXD1                  ;若命令有错，则重新联络
MTXD3:CJNE  R3, #00H, MRXD         ;若为从机发送主机接收命令，则 MRXD
      JNB   ACC.0, MTXD1           ;若从机接收未就绪，则重新联络
      CLR   TI                     ;若从机接收就绪，准备发送
MTXD4:MOV SBUF, @R0                ;开始发送
      JNB   TI, $                  ;等待发送结束
      CLR   TI                     ;发送结束后清 TI
      INC   R0                     ;R0 指向下一发送数据
      DJNZ  R4, MTXD4              ;若数据未发完，则继续发送
      RET
MRXD:JNB   ACC.1, MTXD1            ;若为从机发送未就绪，则重新联络
MRXD1:JNB  RI, $                   ;等待接收完毕
      CLR   RI                     ;接收到一帧后清 RI
      MOV   A, SBUF                ;收到的数据送 A
      MOV   @R1, A                 ;存入内存
      INC   R1                     ;接收数据区指针加 1
      DJNZ  R5, MRXD1              ;若未接收完，则继续接收
      RET
      END
```

2) 从机程序

从机程序由从机主程序和从机中断服务程序组成。从机主程序用于定时器 T1 初始化、串行口初始化和中断初始化。从机中断服务程序用于对主机的通信，程序流程如图 6-77 所示。

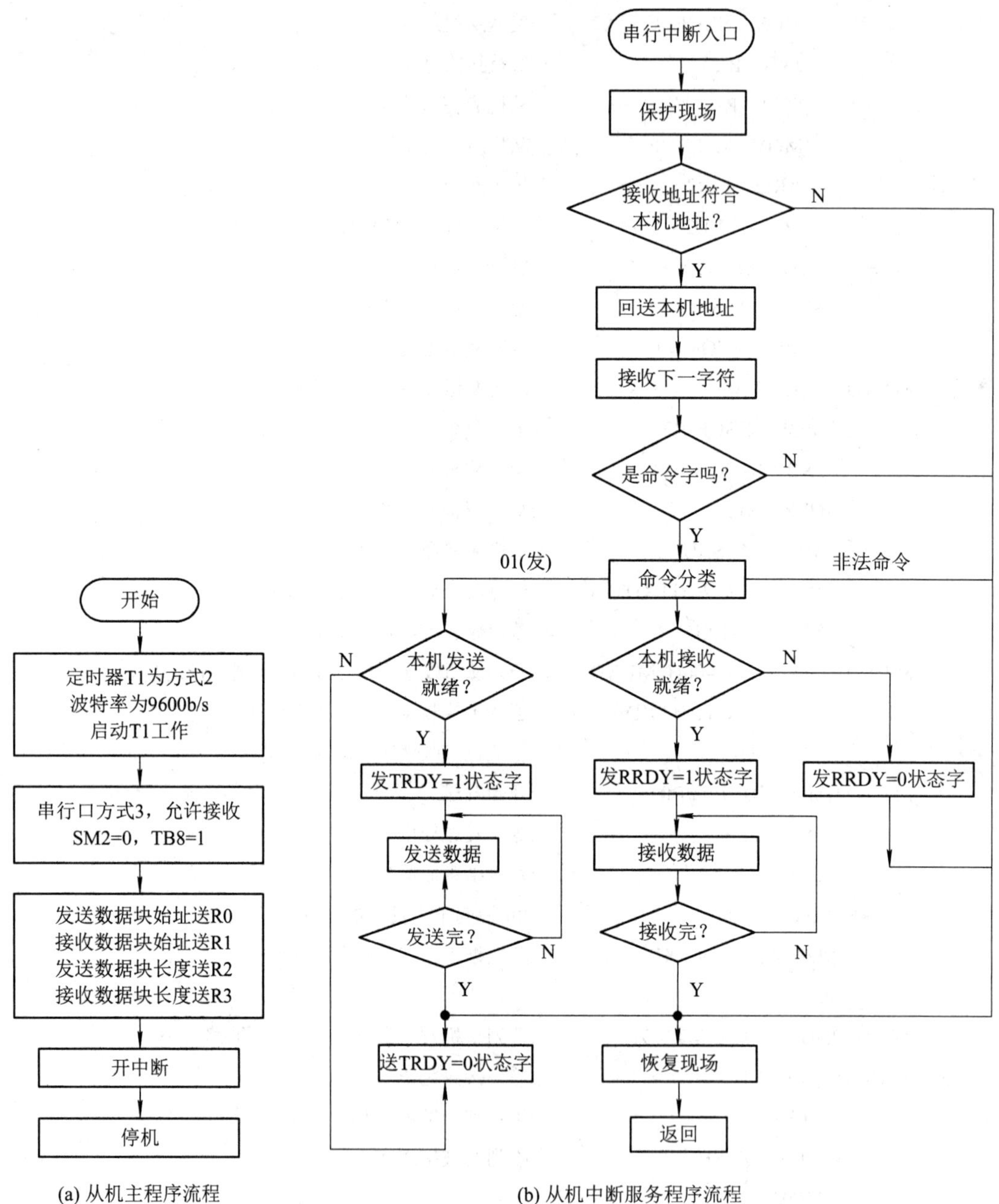

(a) 从机主程序流程　　(b) 从机中断服务程序流程

图 6-77　从机程序流程图

(1) 从机主程序。

从机主程序代码如下：

```
        ORG   0000H
        LJMP  START
        ORG   0023H
        LJMP  SINTSBV              ;转入从机中断服务程序
        ORG   0100H
```

```
        SLAVE   DATA   00H
        COMMAND   DATA   00H
START:MOV   TMOD, #20H       ;定时器 T1 为方式 2
        MOV   TH1, #0FDH     ;波特率为 1200b/s
        MOV   TL1, #0FDH
        SETB   TR1           ;启动 T1 工作
        MOV   SCON, #0F8H    ;串行口为方式 3，SM2=1，TB8=1，REN=1
        MOV   PCON, #80H
        MOV   R0, #20H       ;R0 指向发送数据块始址
        MOV   R1, #40H       ;R1 指向接收数据区始址
        MOV   R2, #20H       ;发送数据块长度送 R2
        MOV   R3, #20H       ;接收数据块长度送 R3
        SETB   EA            ;开 CPU 中断
        SETB   ES            ;允许串行口中断
        CLR   RI             ;清 RI
        SJMP   $             ;等接收中断申请信号
```

(2) 从机中断服务程序。

由于从机串行口设定为方式 3、SM2 = 1 和 RI = 0，且串行口中断已经开放，因此从机的接收中断总能被响应(主机发送地址时)。在中断服务程序中，SLAVE 是从机的本机地址，F0H(即 PSW.5)为本机发送就绪位地址，PSW.1 为本机接收就绪位地址。程序中所用寄存器分配如下：R0 用于存放发送数据块始址；R1 用于存放接收数据块始址；R2 用于存放发送数据块长度；R3 用于存放接收数据块长度。程序代码如下：

```
          ORG   0200H
SINTSBV:CLR   RI              ;接收到地址后清 RI
          PUSH   ACC          ;保护 A 于堆栈
          PUSH   PSW          ;保护 PSW 于堆栈
          MOV   A, SBUF       ;接收的从机地址送 A
          XRL   A, #SLAVE     ;和本机地址核对
          JZ   SRXD1          ;若是呼叫本机，则继续
RETURN:POP   PSW              ;若不是呼叫本机，则恢复 PSW
          POP   ACC           ;恢复 ACC
          RETI                ;中断返回
SRXD1:CLR   SM2               ;准备接收数据/命令
        MOV   SBUF, #SLAVE    ;发回本机地址，供核对
        JNB   RI, $           ;等待接收主机发来的数据/命令
        CLR   RI              ;接收到后清 RI
        JNB   RB8,   SRXD2    ;若是数据/命令，则继续
        SETB   SM2            ;若是复位信号，则令 SM2=1
        SJMP   RETURN         ;返回主程序
```

```
SRXD2:MOV    A, SBUF          ;接收命令送 A
        CJNE   A, #02H, NEXT  ;命令合法
NEXT:JC   SRXD3              ;若命令合法，则继续
      CLR   TI                ;若命令不合法，则清 TI
      MOV   SBUF, #80H        ;发送 ERR=1 的状态字
      SETB   SM2              ;令 SM2=1
      SJMP   RETURN           ;返回主程序
SRXD3:JZ   SCHRX              ;若为接收命令，则转 SCHRX
        JB   0F0H, STXD       ;若本机发送就绪，则转 STXD
        MOV   SBUF, #00H      ;若本机发送未就绪，则发 TRDY=0
        SJMP   RETURN         ;返回主程序
STXD:MOV   SBUF, #02H         ;发送 TRDY=1 的状态字
      JNB   TI,   $           ;等待发送完毕
      CLR   TI                ;发送完后清 TI
LOOP1:MOV   SBUF, @R0         ;发送一个字符数据
        JNB   TI,   $         ;等待发送完毕
        CLR   TI              ;发送完毕后清 TI
        INC    R0             ;发送数据块始址加 1
        DJNZ   R2, LOOP1      ;字符未发完，则继续
        SETB   SM2            ;发送完后，令 SM2=1
        SJMP   RETURN         ;返回
SCHRX:JB   PSW.1,SRXD         ;本机接收就绪，则 SRXD
        MOV   SBUF, #00H      ;本机接收未就绪，则 RRDY=0
        SETB   SM2            ;令 SM2=1
        SJMP   RETURN         ;返回主程序
SRXD:MOV   SBUF, #01H         ;发出 RRDY=1 状态字
LOOP2:JNB   RI, $             ;接收一个字符
        CLR   RI              ;接收一帧字符后清 RI
        MOV   @R1, SBUF       ;存入内存
        INC   R1              ;接收数据块指针加 1
        DJNZ   R3, OOP2       ;若未接收完，则继续
        SETB   SM2            ;令 SM2=1
        SJMP   RETURN         ;返回主程序
        END
```

搭建包含 4 片 8051 单片机组成的 1 主(U1)3 从(U2\U3\U4)的多机通信系统，从机地址设为 SLAVE0(00H)、SLAVE1(01H)、SLAVE2(02H)，主机下载主机程序，从机下载标记自身地址(如 U2 中#SLAVE 改为#00H)的从机程序。主机内 RAM 40H 单元开始设置测试数据 00H～13H，多机通信主机发从机 1 收(主机 SLAVE = 00H，COMMAND = 00H)的仿真结果如图 6-78 所示。有兴趣的读者也可以通过修改从机地址等测试其他功能。

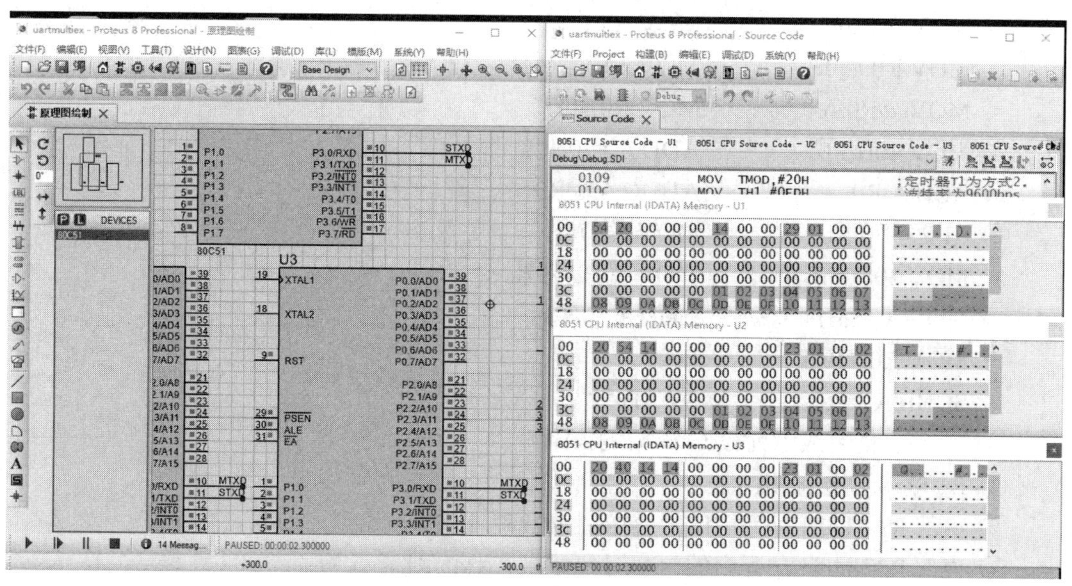

图 6-78　1 主 3 从多机通信仿真结果

习　　题

6-1　什么是 MCS-51 系列单片机，它们有哪些特点？

6-2　MCS-51 系列单片机中，8051/8751/8031 三种芯片的主要区别是什么？为什么选用 8051 单片机作为代表机型进行学习？

6-3　8051 单片机的 CPU 是如何构成的？

6-4　简述 8051 单片机存储系统，各类存储器地址空间的配置及地址范围是如何规定的？

6-5　8051 单片机内部数据存储器 RAM 中低 128B 是如何划分的？各部分功能是什么？

6-6　简述 8051 单片机 I/O 口的功能和特点。

6-7　MCS-51 单片机的 $\overline{EA}$ 信号有何功能？在使用 8051 时 $\overline{EA}$ 信号引脚将如何处理？

6-8　程序状态寄存器 PSW 各位的作用是什么？如何选择寄存器组？

6-9　简述堆栈的特点，MCS-51 的堆栈有哪些特殊要求？

6-10　8051 单片机的特殊功能寄存器 SFR 的地址范围是什么？使用时应注意什么？

6-11　8051 单片机的时钟周期、机器周期和指令周期是如何定义的？当时钟频率为 12 MHz 时，机器周期是多少？

6-12　MCS-51 系列单片机的汇编指令由哪几部分组成？各有什么特点？

6-13　MCS-51 系列单片机汇编指令有哪几种寻址方式，各有什么特点？

6-14　变址寻址和相对寻址的地址偏移量有何异同？如何计算相对寻址的偏移量？

6-15　指出下列每条指令的寻址方式和功能。

① MOV A,#50H　　② MOV A,50H　　③ MOV 50H,R3

④ MOVX A,@R0　　⑤ MOV C,50H　　⑥ MOVX A,@DPTR

6-16　分析执行下列程序段后，累加器 A 的内容是什么？

①
```
MOV A,#20H
MOV R0,#30H
MOV @R0,A
MOV 40H,R0
XCH A,R0
```
②
```
MOV A,#F1H
MOV 30H,#8AH
MOV R0,30H
ADD A,#20H
ADDC A,@R0
```
③
```
CLR C
MOV 30H,#6BH
MOV A,#83H
MOV R0,#30H
SUBB A,@R0
```
④
```
MOV A,#78H
MOV 30H,#89H
ADD A,30H
DA A
SWAP A
```

6-17　写出能完成下列数据传送的指令。

① R1 中内容送到 R0；

② 内部 RAM40H 单元中的内容送到 50H 单元中；

③ 内部 RAM40H 单元中的内容送到外部 RAM50H 单元中；

④ 内部 RAM40H 单元中的内容送到外部 RAM2500H 单元中；

⑤ 外部 RAM50H 单元中的内容送到内部 40H 单元中；

⑥ 外部 RAM2500H 单元中的内容送到内部 RAM40H 单元中；

⑦ 外部 ROM4000H 单元中的内容送到外部 RAM50H 单元中；

⑧ 外部 ROM4000H 单元中的内容送到内部 RAM2500H 单元中。

6-18　试利用堆栈操作实现 40H 与 50H 单元中的数据交换。

6-19　试编出可以将外部RAM2500H单元中的内容和2600H单元中的内容相交换的程序。

6-20　试编程实现 92H + A4H，并分析对 PSW 相关标志位的影响。

6-21　已知 A = 7BH，R0 = 40H，(40H) = A5H，PSW = 80H，执行如下指令后，A、R0、(40H)的内容各是什么？

①
```
ADDC A,40H
INC 40H
```
②
```
SUBB A,40H
INC A
```
③
```
SUBB A,#40H
DEC R0
```
④
```
SUBB A,R0
DEC 40H
```

6-22　编程实现 4A75H + 6459H，结果的高 8 位和低 8 位分别存至内部 RAM 的 41H 和 40H 单元中。

6-23　编程实现 5E5DH－24A3H，结果存入内部 RAM 的 50H 和 51H 单元中，50H 单元存放差的低 8 位。

6-24　已知被乘数是 16 位无符号数，低 8 位在 M1 单元，高 8 位在 M1 + 1 单元，乘数为 8 位无符号数存放在 M2 单元中，试编程将它们相乘，并把结果存入 R2、R3、R4 中，其中 R2 中存乘积高 8 位，R4 中存乘积低 8 位。

6-25　编写完成如下操作的程序段。

① 使内部 RAM30H 单元中的低 4 位变“1”，其余位不变；

② 使内部 RAM30H 单元中的高 3 位变反，其余位不变；

③ 使内部 RAM30H 单元中的低 2 位变“0”，其余位不变；

④ 使内部 RAM30H 单元中的所有位变反；

⑤ 外部 2000H 单元中的低 4 位变“1”，其余位不变。

6-26　编程完成以 RAM20H 为首地址的 10 个数据传送，目的地址为外部 RAM 以 2000H 为首地址的区域。

6-27　分别编写当寄存器 R0 满足下列条件时，转移至 LOOP 则停机的程序代码。

① R0≥15　　② R0<15　　③ R0≤10　　④ R0>20

6-28　已知 SP = 50H，PC = 3800H，执行 ACALL 3A00H 后，堆栈指针 SP、堆栈区内容以及程序计数器 PC 中内容各是什么？

6-29　试编程将内部 RAM 单元 20H～2FH 全部清 0，而后将 30H～3FH 单元全置为 1。

6-30　已知内部 RAM BLOCK 单元开始存放有一组有符号数，数的个数已在 LONG 单元，请编出可以统计其中正数和负数个数，并分别存入 NUM 和 NUM+1 单元的程序。

6-31　设自变量 x 为一无符号数，存放在内部 RAM 的 VAR 单元，函数 y 存放在 FUNC 单元，请编出如下关系满足的程序。

$$y=\begin{cases} x & x\geqslant 50 \\ 5x & 50>x\geqslant 20 \\ 2x & x<20 \end{cases}$$

6-32　8051 单片机外部 RAM 的 SOUCE 单元开始存有一数据块，该数据块以“$”字符结尾。请编程序将它们传送到内部 RAM 的 DIST 为始址的区域(“$”字符也要传送)。

6-33　外部 RAM 从 2000H～2100H 有一数据块，请编出将它们传送到 3000H～3100H 区域的程序。

6-34　设有一始址为 FIRST+1 的数据块，存放在内部 RAM 单元，数据块长度在 FIRST 单元而且不为 0，要求统计该数据块中正偶数和负偶数的个数，并将它们分别存放在 PAPE 单元和 NAOE 单元，试画出能实现上述要求的程序流程图和编写相应的程序代码。

6-35　请编出一个能在内部 RAM 的 BLOCK 为始址的 100 个无符号数中找出最小值并将它送入 MIN 单元的程序。

6-36　已知在内部 RAM 中，共有六组无符号 4 字节被加数和加数分别存放在 FIRST 和 SECOND 为始址的区域(低字节在前，高字节在后)。请编程求和(设和也为 4 字节)，并将和存于 SUM 开始的区域。

6-37　已知在内部 RAM 中，BLOCK 开始的存储区有 10 个单字节十进制数(每字节包含两位 BCD 码)，请编程求 BCD 数之和(和为三位 BCD 数)，并将它们存于 SUM 和 SUM+1 单元(低字节存在 SUM 单元)。

6-38　在题 6-37 中，若改为 10 个双字节十进制数求和(和为 4 位 BCD 数)，结果仍存于 SUM 开始的连续单元(低字节在前)，请修改相应程序。

6-39　已知 MNA 和 MNB 内分别存有两个小于 10 的整数，请用查表子程序实现 $c = a^2 + 2ab + b^2$，并把和存于 MNC 和 MNC +1 单元(MNC 中存低字节)。

6-40　已知外部 RAM 始址为 STR 数块中有一回车符 CR 结束的 ASCII 码。请编一程序，将它们的二进制代码放在始址为 BDATA 的内部 RAM 存储区。

6-41　已知内部 RAM 的 MA(被减数)和 MB(减数)中分别有两个带符号数(16 位)。请编一减法子程序，并把差存入 RESULT 和 RESULT + 1(低 8 为在 RESULT 单元)中。

6-42　设 8031 单片机外部 RAM 从 1000H 单元开始存放 100 个无符号 8 位二进制数。要求编一子程序能将它们从大到小依次存入内部 RAM 从 10H 开始的存储区，请画出程序流程图。

6-43　8051 单片机有几个中断源，各中断标志是如何产生的？又是如何撤销的？各中断源的中断服务程序的入口地址是什么？

6-44　中断允许寄存器 IE 各位定义是什么？请写出允许定时器/计数器 T1 溢出中断的指令。

6-45　写出设定 $\overline{\text{INT0}}$ 和 $\overline{\text{INT1}}$ 上中断请求为高优先级和它们中断的程序。此时，若 $\overline{\text{INT0}}$ 和 $\overline{\text{INT1}}$ 引脚上同时有中断请求信号输入，MCS-51 应先响应哪个引脚上中断请求？为什么？

6-46　MCS-51 响应中断的条件是什么？中断响应的全过程如何？

6-47　试写出 $\overline{\text{INT0}}$ 为边沿触发方式的中断初始化程序。

6-48　8051 单片机内部有几个定时/计数器？各是多少位？计数脉冲的来源有哪些？

6-49　8051 单片机的定时/计数器有哪几种工作方式？各有什么特点？

6-50　定时/计数器用作定时器时，定时时间与哪些因素有关？定时器/计数器用作计数时，对输入信号频率有哪些限制？

6-51　以定时/计数器 1 对外部事件计数，每计数 1000 各脉冲后，定时器/计数器 1 转为定时工作方式。定时 10 ms 后，又转为计数方式，如此循环不止。假定单片机晶振频率为 6 MHz，请使用方式 1 编程实现。

6-52　一个定时器的定时时间有限，如何计算某种工作方式下的最大定时时间？如何实现两个定时器的串行定时，以满足较长定时时间的要求？

6-53　使用一个定时器，如何通过软、硬件结合的方法，实现较长时间的定时？

6-54　8051 单片机定时器的门控信号 GATE 设置为 1 时，定时器如何启动?

6-55　已知 8051 单片机的主频 f_{osc} = 6 MHz，请利用 T0 和 P1.0 输出矩形波。矩形波高电平宽 50 μs，低电平宽 300 μs。

6-56　已知 8051 单片机的主频 f_{osc} = 12 MHz，用 T1 定时，试编程由 P1.0 和 P1.1 引脚分别输出周期为 2 ms 和 500 μs 的方波。

6-57　请用中断法编出串行口方式 1 下的发送程序。设单片机主频 f_{osc} = 6 MHz，波特率为 1200 b/s，发送数据缓冲区在外部 RAM，始址为 TBLCOK，数据块长度为 30，采用偶校验，放在发送数据第 8 位(数据块长度不发送)。

6-58　请用查询法编出串行口方式1下的接收程序，主频f_{osc} = 6 MHz，波特率为1200 b/s，接收数据缓冲区在外部 RAM，始址为 RBLOCK，接收数据区长度为 30，采用奇校验(数据块长度不发送)。

6-59　请用查询法编出串行口方式 2 下的接收程序，设波特率为 $f_{osc}/64$，发送数据缓冲区在外部 RAM，始址为 TBLOCK，数据长度为 30，采用奇校验，放在发送数据第 9 位上(数据块长度不发送)。

6-60　请用中断法编出串行口方式 2 下的接收程序，设波特率为$f_{osc}/64$，接收数据缓冲区在外部 RAM，始址为 RBLOCK，数据长度为 30，放在接收数据第 9 位上(数据块长度不发送)。

提 高 篇

微型计算机原理及应用

第 7 章　微型计算机接口技术及应用

7.1　MCS-51 扩展技术及其应用

7.1.1　MCS-51 的总线系统

MCS-51 单片机没有专门的外部地址、数据和控制总线，当需要扩展存储器和外部接口时，需要利用 P0、P2 和 P3 构造的三总线，如图 7-1 所示。图中 8051 单片机的 P0 口分时提供数据总线 $D_7 \sim D_0$(P0.0～P0.7)和地址总线的低 8 位 $A_7 \sim A_0$(P0.7～P0.0)；P2 口提供地址总线的高 8 位 $A_{15} \sim A_8$(P2.0～P2.7)；P3.7 引脚提供 $\overline{RD}$ 信号，P3.6 引脚提供 $\overline{WR}$ 信号；$\overline{PSEN}$ 信号由 8051 单片机的专用引脚(29 脚)提供；ALE 为地址锁存信号，下降沿有效，利用该信号的下降沿将 P0 端口出现的地址信息“保持”在锁存器的输出端。

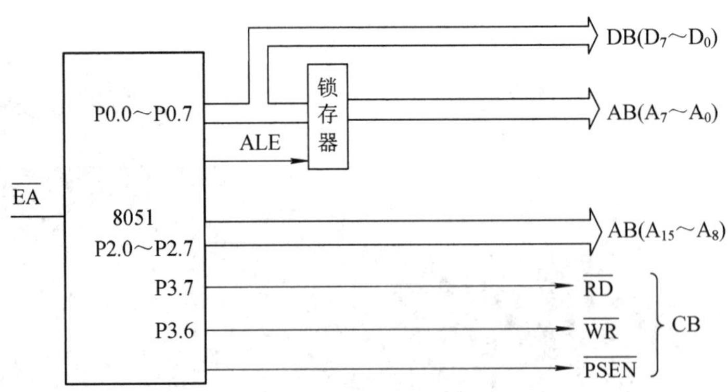

图 7-1　MCS-51 单片机总线结构图

7.1.2　MCS-51 存储器扩展技术

1. 程序存储器(ROM)扩展

MCS-51 单片机程序存储器的最大寻址空间为 64 KB，有的单片机内部集成少量 ROM 存储器(如 8051/8751 片内含有 4 KB 的 EPROM)，而有的单片机内部设有 ROM 存储器(如 8031)，所以在实际应用中，当程序存储器空间不够用时，进行扩展是不可避免的。

MCS-51 单片机中程序存储器和数据存储器的寻址空间是严格分开的，称为哈佛结构，程序存储器有单独的地址编号(0000H～FFFFH)。由 MOVC 指令访问，该指令使 $\overline{\text{PSEN}}$ 信号有效(低电平)，用来对程序存储器选通。片外与片内的程序存储器地址是连续的，例如 8751 单片机片内有 4 KB EPROM，地址范围为 0000H～0FFFH，则片外地址应从 1000H 开始编址，并且 8751 的引脚应置为高电平状态。8051 单片机片内无 EPROM，需要扩展程序存储器时，$\overline{\text{EA}}$ 应为低电平，片外起始地址为 0000H。

【例 7-1】 8051 单片机系统中扩展 1 片 2764，连线如图 7-2 所示，试分析 2764 的地址范围。

问题分析：2764 存储容量为 8 KB，片内地址线 13 根，占 16 位地址线的 A_{12}～A_0(P2.4～P2.0、P0.7～P0.0)。片内地址线的变化范围是全“0”～全“1”，在剩余的片外地址线中选择 A_{13}(P2.5)与 2764 的 $\overline{\text{CE}}$ 引脚直接连接，作为线选方式下的片选信号线，低电平有效；A_{14}，A_{15}(P2.6、P2.7)悬空，可选任意状态，$\overline{\text{PSEN}}$ 和 2764 的 $\overline{\text{OE}}$ 连接，执行 MOVC 指令时，作为读选通信号。2764 地址范围分析见表 7-1。

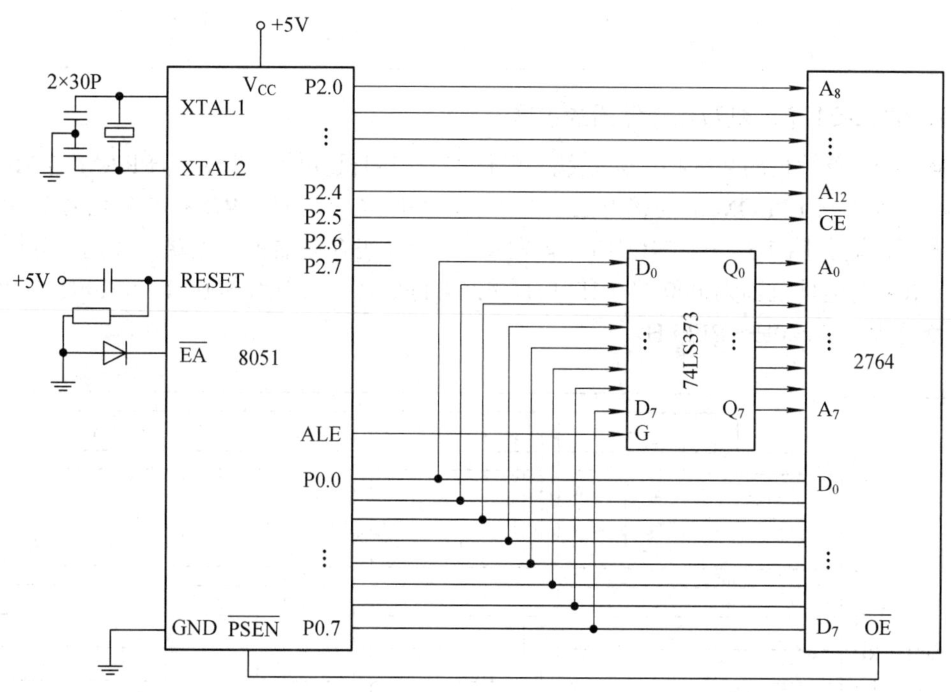

图 7-2　8051 单片机与 2764 的连接

由于 $A_{14}A_{15}$ 悬空，可选任意状态(一般取 0)。若 $A_{14}A_{15}$ 取 00，则地址范围为 0000H～1FFFH，若 $A_{14}A_{15}$ 取 01，则地址范围为 4000H～5FFFH；若 $A_{14}A_{15}$ 取 10，则地址范围为 8000H～9FFFH；若 $A_{14}A_{15}$ 取 11，则地址范围为 C000H～DFFFH。举例来讲，对于 2764 的第 1 个单元，其地址可以是 0000H、4000H、8000H、C000H 中的任一个，即出现地址重叠。因此，2764 的地址范围为 0000H～1FFFH、4000H～5FFFH、8000H～9FFFH、C000H～DFFFH 中的任一组均可。

表 7-1　2764 地址范围分析表

片外地址线			片内地址线												
P2.7	P2.6	P2.5	P2.4	P2.3	P2.2	P2.1	P2.0	P0.7	P0.6	P0.5	P0.4	P0.3	P0.2	P0.1	P0.0
A_{15}	A_{14}	A_{13}	A_{12}	A_{11}	A_{10}	A_9	A_8	A_7	A_6	A_5	A_4	A_3	A_2	A_1	A_0
0	0	0	0	0	0	0	0	0	0	0	0	0	0	0	0
:	:	:	:	:	:	:	:	:	:	:	:	:	:	:	:
0	0	0	1	1	1	1	1	1	1	1	1	1	1	1	1
0	1	0	0	0	0	0	0	0	0	0	0	0	0	0	0
:	:	:	:	:	:	:	:	:	:	:	:	:	:	:	:
0	1	0	1	1	1	1	1	1	1	1	1	1	1	1	1
1	0	0	0	0	0	0	0	0	0	0	0	0	0	0	0
:	:	:	:	:	:	:	:	:	:	:	:	:	:	:	:
1	0	0	1	1	1	1	1	1	1	1	1	1	1	1	1
1	1	0	0	0	0	0	0	0	0	0	0	0	0	0	0
:	:	:	:	:	:	:	:	:	:	:	:	:	:	:	:
1	1	0	1	1	1	1	1	1	1	1	1	1	1	1	1

2. MCS-51 单片机数据存储器的扩展

MCS-51 单片机的数据存储器系统一般使用静态随机存储器 SRAM，SRAM 与 MCS 51 单片机的连接与 EPROM 的连接方法基本相同，不同之处是使用 $\overline{RD}$ 和 $\overline{WR}$ 信号对 SRAM 进行读写选通。图 7-3 是用 74LS138 译码器实现全译码存储器扩展电路。经地址分析，可得出 2764 的地址范围为 0000H～1FFFH，6264(1)的地址范围为 8000H～9FFFH，6264(2)的地址范围为 A000H～BFFFH。

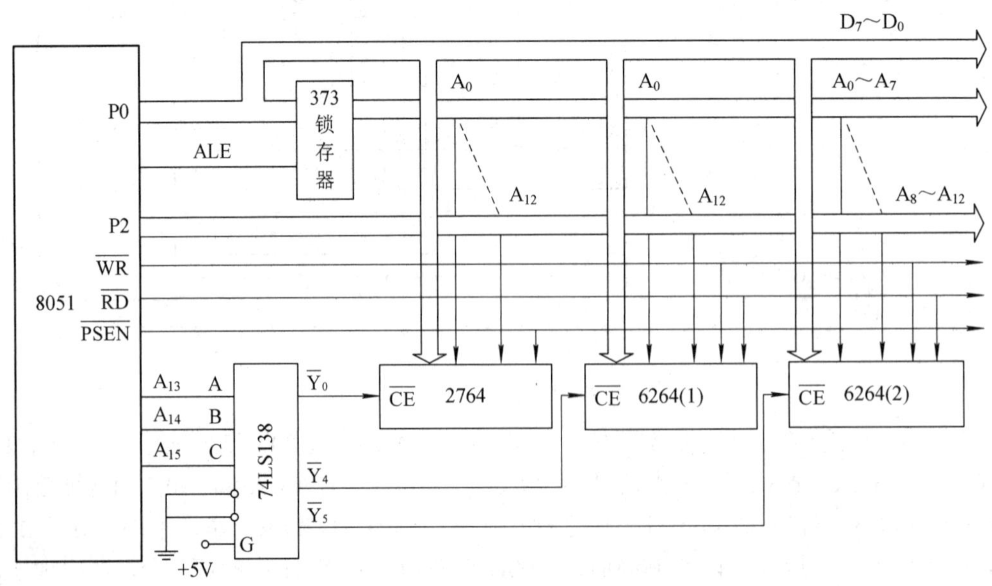

图 7-3　用 74LS138 译码器实现全译码电路

MCS-51 单片机外部数据存储器操作简单，只能用 MOVX 指令进行数据的读、写，有以下两种形式。

(1) 寄存器 R_i 间接寻址。

程序代码如下：

```
MOVX   @Ri, A        ;写外部 RAM 指令
MOVX   A, @Ri        ;读外部 RAM 指令
```

此类指令中，片外数据存储器的低 8 位地址由寄存器 $R_i(R_i = 0,1)$间接寻址，而高 8 位地址则保留取该指令代码时 P2 口锁存器的状态，故此类指令适用于外部 RAM 的页内寻址，而与 P2 口无关(设每页为 256 B)。

(2) 寄存器 DPTR 间接寻址。

程序代码如下：

```
MOVX   @DPTR, A      ;写外部 RAM 指令
MOVX A, @DPTR        ;读外部 RAM 指令
```

此类指令中，片外数据存储器由 16 位数据指针寄存器 DPTR 间接寻址，寻址范围可达 64 KB。

【例 7-2】 8051 单片机系统中扩展 2 片 2764(ROM)和 2 片 6264(RAM)，将存于 ROM 的表格中的 8 个数据分别存入 2 片 6264 的前 8 个单元，表格首地址为 1000H。仿真原理如图 7-4 所示。试分析 2764 的地址范围，并给出仿真结果。

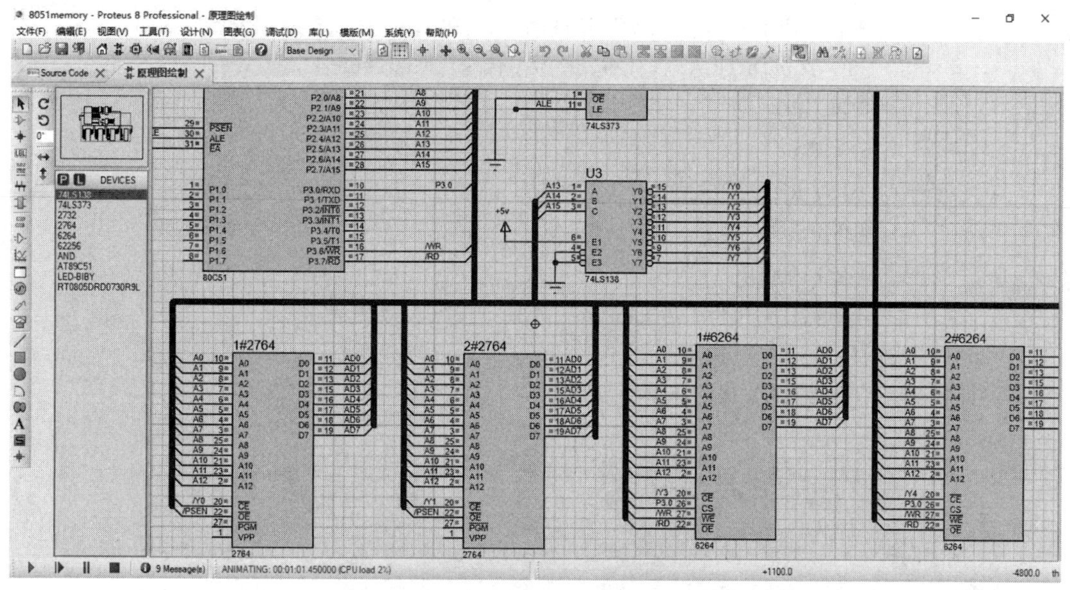

图 7-4　存储器扩展仿真原理

问题分析：由存储器扩展知识易知，1#2764 的地址范围为 0000H～1FFFH，2#2764 的地址范围为 2000H～3FFFH，1#6264 的地址范围为 6000H～1FFFH，2#6264 的地址范围为 8000H～9FFFH。

程序代码如下：

```
        ORG 0000H
        LJMP START
        ORG 0100H
START:MOV DPTR,#1000H
```

```
            MOV R0,#30H
            MOV R7,#08
            MOV A,#00H              ;表格数据传送至内部 RAM 初始化
    TINRAM:MOV B,A
        MOVC A,@A+DPTR
        MOV @R0,A
        MOV A,B
        INC A
        INC R0
        DJNZ R7,TINRAM              ;将表格数据传送至内部 RAM
        MOV DPL,#00H
        MOV R0,#30H
        MOV R7,#08
    TEXRAM:MOV DPH,#60H             ;1#6264 高 8 位地址
            MOV    A,@R0
            MOVX @DPTR,A            ;将表格数据传送至外部 1#6264
            MOV DPH,#80H            ;2#6264 高 8 位地址
            MOVX @DPTR,A            ;将表格数据传送至外部 2#6264
            INC DPL
            INC R0
            DJNZ R7,TEXRAM
            SJMP $
            ORG 1000H
    TAB1:DB 41H,42H,43H,44H,45H,46H,47H,48H      ; ROM 数据表格
          END
```

存储器扩展仿真结果如图 7-5 所示。

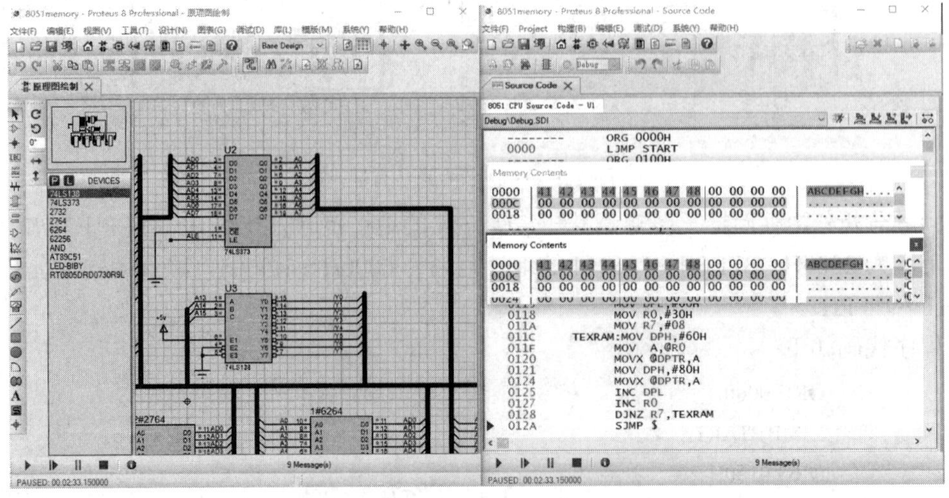

图 7-5　存储器扩展例 7-2 仿真结果

7.1.3　MCS-51 并行接口扩展技术

由于 MCS-51 单片机只提供了四个并行 I/O 接口，当外部设备较多时往往显得资源不足，需要扩展。并行接口的扩展技术与存储器的扩展技术一样，选择好并行接口芯片后只需“挂”在总线上，并由译码电路提供一个片选信号即可。常用的典型可编程并行接口有 8255A、8155A 等。

1. 可编程并行接口 8255A 的扩展应用

【例 7-3】　8255A 与 8051 单片机的连接电路如图 7-6 所示，试分析 8255A 的 4 个 16 位端口地址(设空闲地址线为高电平“1”)。

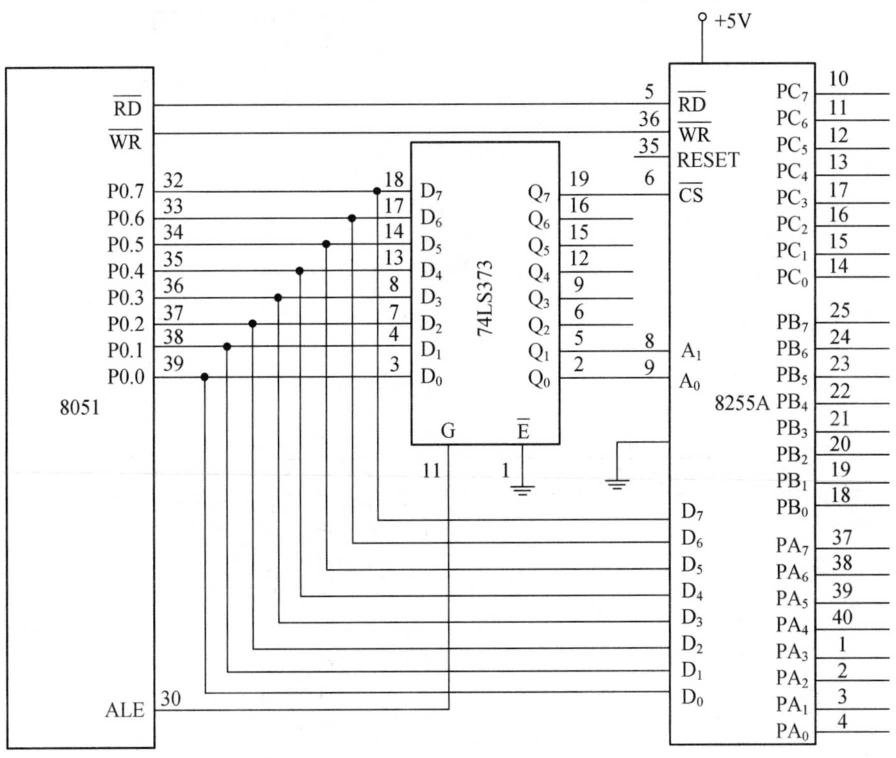

图 7-6　8051 与 8255A 单片机的连接电路

对电路进行分析可知，8255A 的 PA、PB、PC、控制口的端口地址分别为 FF7CH、FF7DH、FF7EH、FF7FH，端口地址分析过程见表 7-2。

表 7-2　8255A 端口地址分析表

P2.7	P2.6	P2.5	P2.4	P2.3	P2.2	P2.1	P2.0	P0.7	P0.6	P0.5	P0.4	P0.3	P0.2	P0.1	P0.0
A_{15}	A_{14}	A_{13}	A_{12}	A_{11}	A_{10}	A_9	A_8	A_7	A_6	A_5	A_4	A_3	A_2	A_1	A_0
1	1	1	1	1	1	1	1	0	1	1	1	1	1	0	0
1	1	1	1	1	1	1	1	0	1	1	1	1	1	0	1
1	1	1	1	1	1	1	1	0	1	1	1	1	1	1	0
1	1	1	1	1	1	1	1	0	1	1	1	1	1	1	1

设例 7-3 中 8255A 工作于方式 0，PA 口接输入开关，PB 口接发光指示二极管，将 PA 口输入的开关状态通过 PB 口输出给发光二极管，实现开关对发光二极管的亮灭控制(开关闭合发光二极管亮，反之熄灭)或发光二极管亮灭指示开关的状态(发光二极管亮表示开关闭合，反之断开)。

(1) 设置 8255A 的控制字。

8255A 的控制字包含工作方式选择控制字和 PC 口置/复位控制字，如图 7-7 所示。

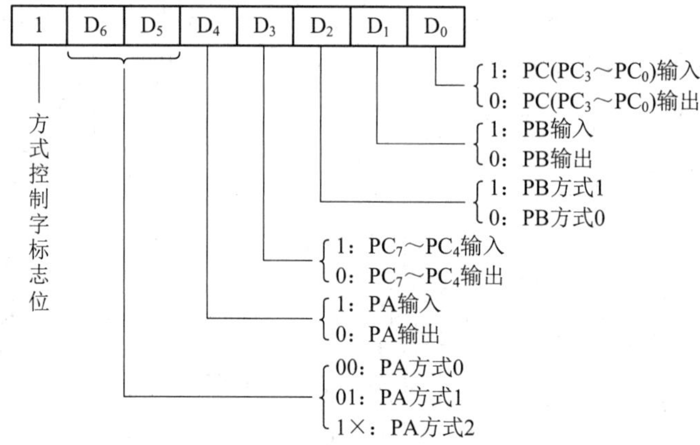

(a) 工作方式选择控制字

D7　D6　D5　D4　D3　D2　D1　D0

0　▨　▨　▨　×　×　×　×

标志位

1：置位
0：复位

D3	D2	D1	
0	0	0	PC0
0	0	1	PC1
0	1	0	PC2
0	1	1	PC3
1	0	0	PC4
1	0	1	PC5
1	1	0	PC6
1	1	1	PC7

(b) PC 口置/复位控制字

图 7-7　8255A 的控制字格式

根据题意可知，应选择工作方式控制字，即 8255A 控制字为 1000 0000B = 90H。

(2) 功能程序。

程序代码如下：

```
       ORG 0000H
       LJMP START
       ORG 0100H
START:MOV   A,#90H
       MOV   DPTR,#0FF7FH
```

```
        MOVX   @DPTR,A        ;方式控制字→8255 控制寄存器
        MOV    DPTR,#0FF7CH
        MOVX   A,@DPTR        ;从 PA 口读入开关数据→A
        MOV    DPTR,#0FF7DH
        MOVX   @DPTR,A        ;将开关数据从 PB 口输出
        LCALL  DELAY          ;调用 50ms 延时程序
        SJMP   START
DELAY: MOV TMOD,#01H
        MOV TH0,#3CH
        MOV TL0,#0B0H
        SETB TR0
WAIT:JBC TF0,NEXT
       SJMP WAIT
       RET
       END
```

(3) 仿真结果。

仿真结果如图 7-8 所示。

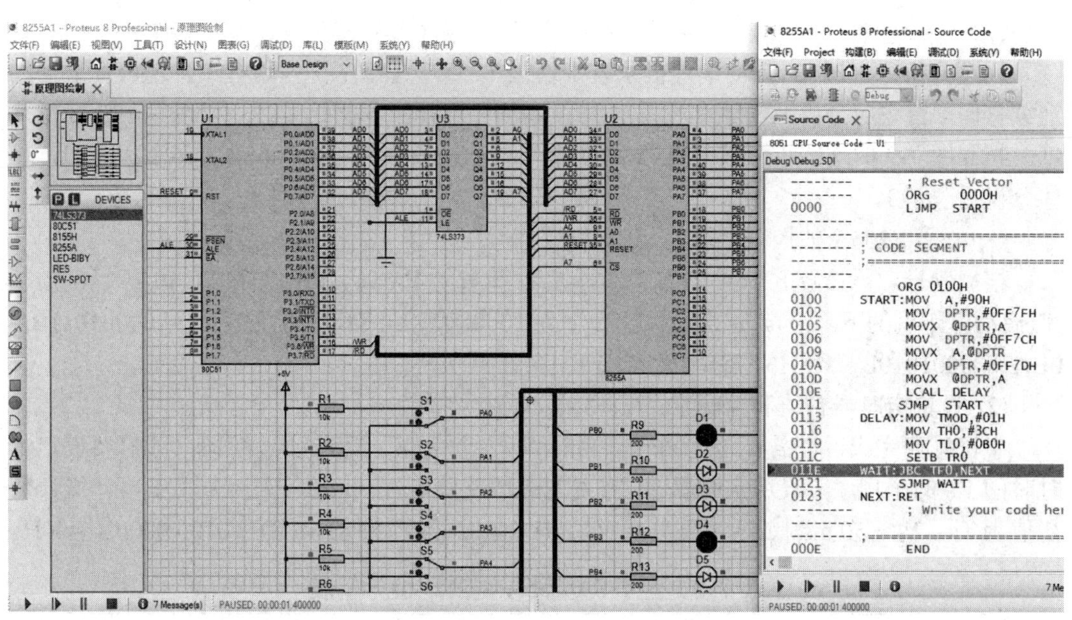

图 7-8　例 7-3 8255A 仿真结果

【例 7-4】　设 8051 单片机系统中利用 8255A PA 口连接字符打印机如图 7-9 所示，PC.5 输出 $\overline{\text{STB}}$ 选通信号(下降沿启动打印机)，PC.1 监测打印机“BUSY”状态信号(高电平表示打印机忙)，PB 口连接 8 个指示灯(高电平亮)，PC 口剩余位均为空闲状态，内部 RAM 60H 单元开始连续存有 20 个需要打印的字符。要求完成打印后，将 PB 口指示灯从低到高依次点亮直至全部点亮，时间间隔为 1 s，设系统时钟 f_{osc} = 12 MHz。

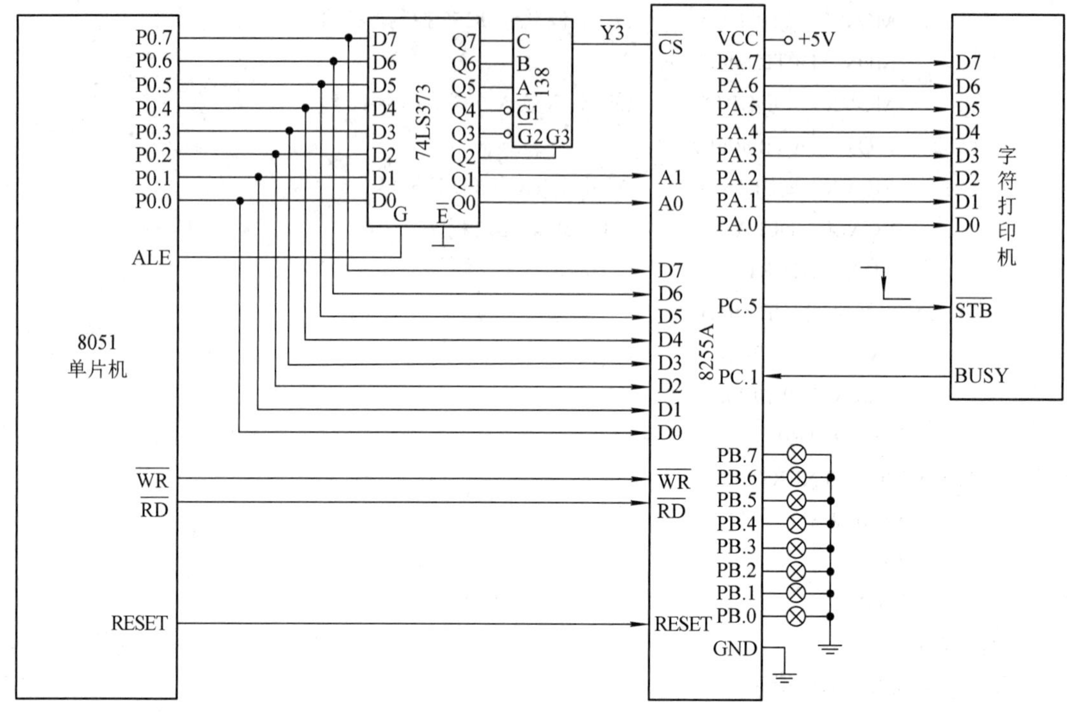

图 7-9　例 7-4 8255A 应用连接图

问题分析：本例在 8051 单片机系统中通过 8255A 连接字符打印机，实现内存数据的连续打印，首先应分析 8255A 的端口地址，本例只连接了 8 根地址线，可以只用低 8 位地址。按照图 7-9 的连线可分析 8255A 的 4 个端口地址分别为 64H、65H、66H 和 67H，具体分析见表 7-3。

(1) 设置 8255A 的控制字。

根据题意，需设置 8255A 的方式选择控制字(设置 PA 口、PB 口)和 PC 口置/复位控制字(启动打印机的下降沿)。方式选择控制字为 10000001B = 81H。位控制字为 00001011B = 0BH 和 0001010B = 0AH(下降沿)。

(2) 设置定时器初值和控制字。

字符打印完成后，需要通过 PB 口将指示灯逐个点亮，点亮间隔为 1 s，即需要设定定时时间 1 s 的子程序，设用定时器 T1 方式完成，硬件定时 50 ms，采用方式 1 可计算计数初值为 Ti = 2^{16} − 50 ms/1 μs = 15 536 = 3CB0H，定时器控制字 TMOD = 0100 0000B = 40H。

表 7-3　图 7-9 8255A 端口地址分析表

A_7	A_6	A_5	A_4	A_3	A_2	A_1	A_0
P0.7	P0.6	P0.5	P0.4	P0.3	P0.2	P0.1	P0.0
0	1	1	0	0	1	0	0
0	1	1	0	0	1	0	1
0	1	1	0	0	1	1	0
0	1	1	0	0	1	1	1

(3) 功能程序代码。

① 定时 1 s 子程序代码如下：

```
        ORG 0100H
DELAY1S:MOV  R2, #14H          ;50ms 定时 20 次，即为 1s
        MOV TMOD, #10H
        MOV TH1,#3CH
        MOV TL1,#0B0H
        SETB TR0
CHECK:JBC  TF0,NEXT            ; 查询 50ms 定时是否完成
      SJMP CHECK
NEXT:DJNZ  R2,CON              ;查询 1s 定时是否完成
     RET                       ; 1s 定时完成子程序返回
CON:MOV TH1,#3CH
    MOV TL1, #0B0H
    SJMP CHECK
```

② 打印程序代码如下：

```
    ORG   0200H
    MOV   R0,  #60H            ;设置打印数据首地址
    MOV   R4,#14H              ;需打印字符数
    MOV   R1,#67H
    MOV   A, #81H
    MOVX  @R1，A               ;8255A 初始化
    MOV    A, #0BH
    MOVX  @R1，A               ;准备启动打印机
    MOV R1，#66H
WAIT:MOVX  A,@R1               ;读 PC 口，查询打印机状态
    JB   ACC.1, WAIT
    MOV   R1,#64H
    MOV    A, @R0              ;将打印数据通过 PA 口送给打印机
    MOVX  @R1，A
    MOV   R1，#67H
    MOV   A, #0AH
    MOVX  @R1，A               ;启动打印机
    MOV   R1,#66H
    INC   R0
    DJNZ  R4,WAIT              ;是否最后 1 个字符
    MOV   R1,#66H
WAIT1:MOVX  A,@R1
    JB   ACC.1, WAIT1          ;最后 1 个字符是否打印完
```

```
    MOV   R1,#65H
    MOV   A, #01H              ;点亮最低指示灯
LAMP:MOVX  A, @R1
    ACALL DELAY1S
    SETB  C
    RLC   A
    SJMP  LAMP                 ;依次点亮各指示灯，直至全部点亮
```

2. Intel 8155A 及扩展应用

Intel8155A 是针对 MCS-51 单片机专门设计的可编程接口芯片，在 MCS-51 单片机系统中，8155A 应用更广泛一些。

(1) 8155A 内部结构及引脚功能。

8155A 芯片内有 256B RAM、1 个 14 位减 1 定时/计数器，2 个 8 位、双向、并行 I/O 接口(PA、PB)和一个 6 位双向、并行、I/O 接口(PC)，8155A 的最主要特点是内部有 1 个 8 位地址锁存器，所以可以直接与 MCS-51 单片机的 P0 口连接，不需要再外加锁存器。8155A 内部结构与引脚图如图 7-10 所示。

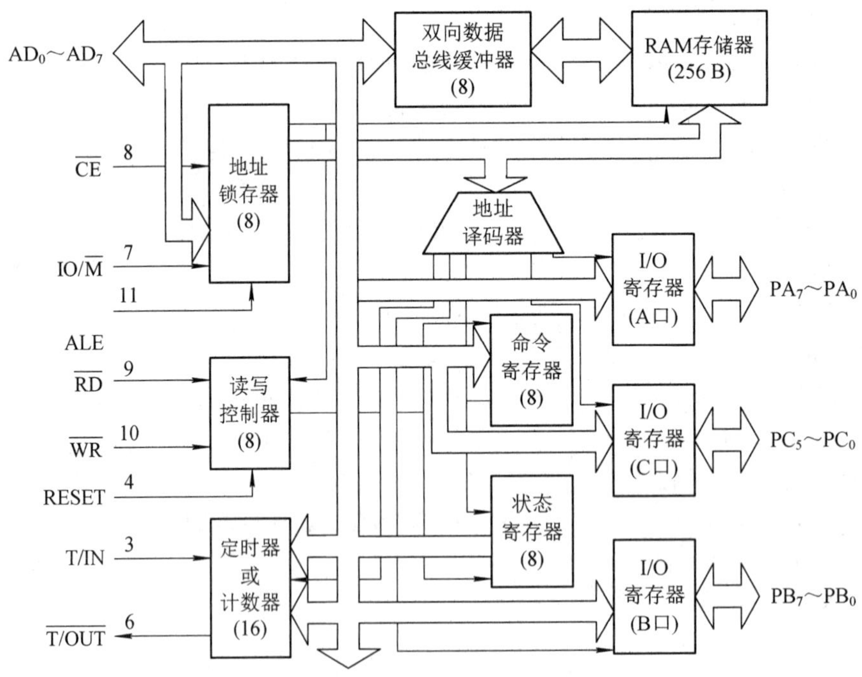

图 7-10　8155A 内部结构与引脚图

① AD_0～AD_7。地址/数据线，用于分时传送地址和数据信息，可与 MCS-51 单片机的 P0 口直接相连。8 位地址线可对片内 256 B 地址寻址。

② $IO/\overline{M}$。当 $IO/\overline{M}=0$ 时，CPU 可对 8155A 片内 256 B 的存储器进行操作；当 $IO/\overline{M}=1$ 时，CPU 可对 8155A 片内各寄存器进行操作。

③ $\overline{CE}$。片选信号线。

④ ALE。地址锁存器信号，高电平有效，利用下降沿将地址信息锁住。

⑤ $\overline{RD}$。读信号线，由 MOVX　A,@DPTR(或 MOVX　A,@R_i)指令产生。

⑥ $\overline{WD}$。写信号线，由 MOVX　@DPTR,A(或 MOVX　@R_i,A)指令产生。

⑦ RESET。复位信号线，在 RESET 引脚输入一个大于 600 ns 的正脉冲，可与系统复位连接，8155A 复位状态时，PA、PB、PC 三个端口均处于输入方式。

⑧ T_{IN}。定时/计数器的计数脉冲输入引脚。

⑨ T_{OUT}。当 14 位计数器减“1”到零时，可以在该引脚上输出脉冲波形信号，输出脉冲的形状与计数器的工作方式有关。

8155A 有 3 个并行 I/O 接口(PA、PB、PC)，它们各占用一个端口地址；片内命令寄存器和状态寄存器公用一个端口地址，若 CPU 执行输出指令，访问的是命令寄存器，而执行输入指令时，则访问的是状态寄存器。8155A 各端口地址分配如表 7-4 所示。

表 7-4　8155A 端口地址分配

$\overline{CE}$	IO/$\overline{M}$	A_7	A_6	A_5	A_4	A_3	A_2	A_1	A_0	所选端口
0	1	×	×	×	×	×	0	0	0	命令/状态寄存器
0	1	×	×	×	×	×	0	0	1	A 口
0	1	×	×	×	×	×	0	1	0	B 口
0	1	×	×	×	×	×	0	1	1	C 口
0	1	×	×	×	×	×	1	0	0	计数器低 8 位
0	1	×	×	×	×	×	1	0	1	计数器高 8 位
0	0	×	×	×	×	×	×	×	×	RAM 单元

注：×表示 0 或 1。

(2) 8155A 的工作方式。

8155A 的 I/O 端口有基本输入/输出方式和选通输入/输出方式两种选择。

① 基本输入/输出方式。

PA、PB、PC 均可工作于此方式，它们可各自独立与外设连接，作并行数据的输入或输出操作。

② 选通输入/输出方式。

只有 PA、PB 口可工作于此种方式，此时由 PC 口提供联络信号线，如图 7-11 所示。

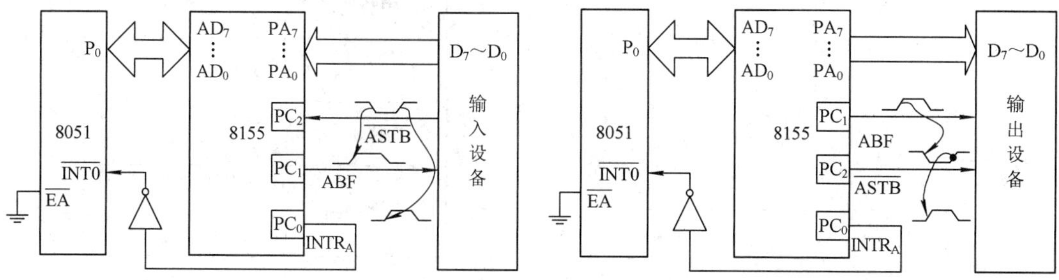

图 7-11　选通 I/O 数据输入/输出示意图

(3) 8155A 工作方式命令字。

8155A 工作方式命令字格式如图 7-12 所示。

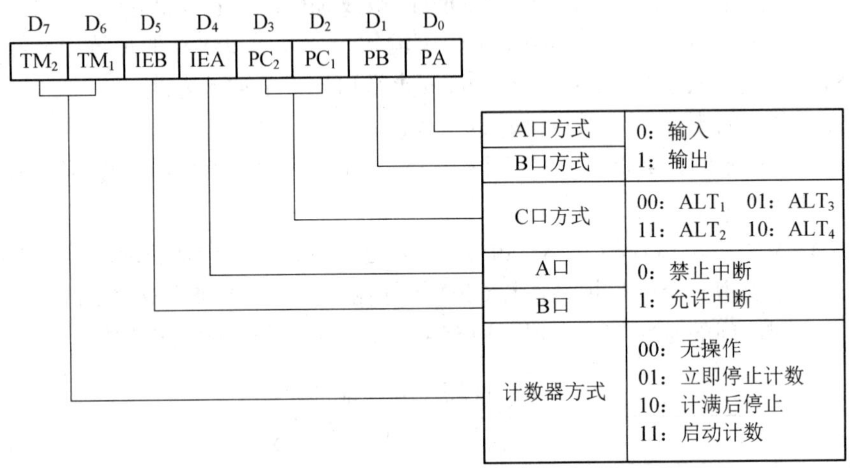

图 7-12　8155A 命令字格式

注：ALT_1 方式：PA、PB 口作为基本 I/O，PC 口作为输入；

ALT_2 方式：PA、PB 口作为基本 I/O，PC 口作为输出；

ALT_3 方式：PA 口作为选通 I/O，PB 口作为基本 I/O，PC_3～PC_5 作为输出；

ALT_4 方式：PA、PB 口均作为选通 I/O，PC 口作为联络信号线。

(4) 8155A 状态字。

8155A 状态字格式如图 7-13 所示。

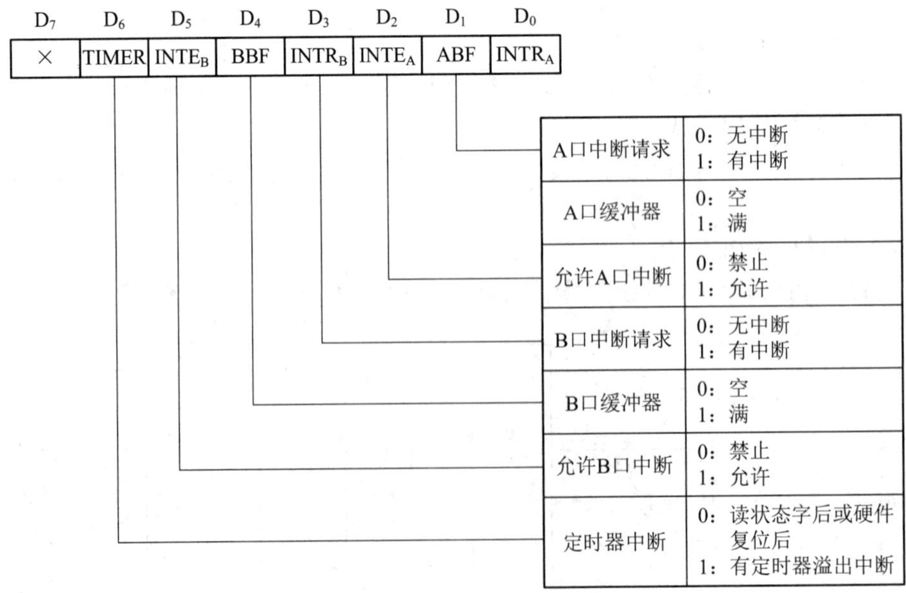

图 7-13　8155A 状态字格式

PC 口在 4 种 I/O 工作方式下的位定义见表 7-5。

表 7-5　PC 口在 4 种 I/O 工作方式下位定义

PC 口	基本 I/O 方式		选通 I/O 方式	
	ALT_1	ALT_2	ALT_3	ALT_4
PC0	输入	输出	$INTR_A$(A 口中断)	$INTR_A$(A 口中断)
PC1	输入	输出	ABF(A 口缓冲器满)	ABF(A 口缓冲器满)
PC2	输入	输出	$\overline{ASTB}$ (A 口选通)	$\overline{ASTB}$ (A 口选通)
PC3	输入	输出	输出	$INTR_B$(B 口中断)
PC4	输入	输出	输出	BBF(B 口缓冲器满)
PC5	输入	输出	输出	$\overline{BSTB}$ (B 口选通)

(5) 8155A 内部定时/计数器。

实际上，8155A 内部有一个 14 位的减 1 计数器，既可用作定时，也可用作外部计数，计数器的启、停控制由命令字的高两位实现，计数器的工作方式由计数寄存器的高 8 位中的最高两位(M_2、M_1)来设置；计数寄存器格式如图 7-14 所示。

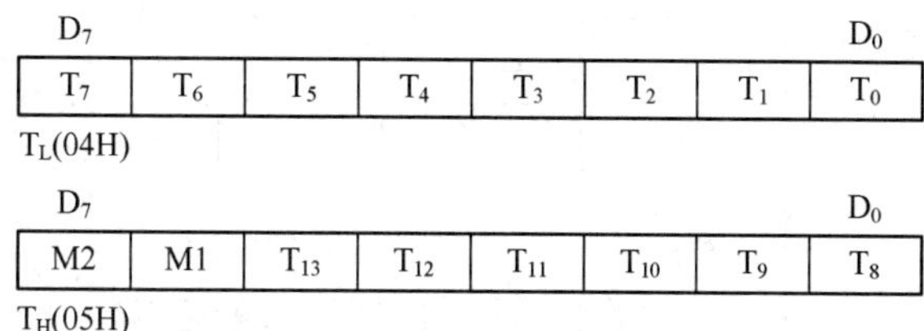

图 7-14　计数寄存器的格式

其中，T_{13}～T_0 用于定时器设置初值，初值范围为 2～3FFFH。8155A 定时器有 4 种工作方式，由 M_2、M_1 两位来设定，不同工作方式下，T_{OUT} 引脚输出的波形也不同，不同方式下输出波形如图 7-15 所示。

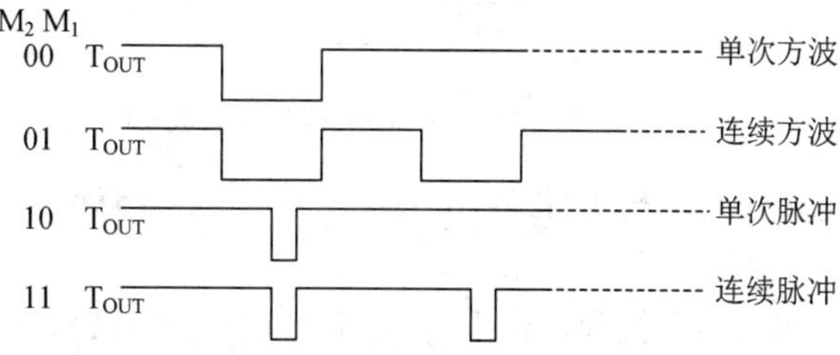

图 7-15　8155A 定时方式和 T_{OUT} 输出波形

① 当 $M_2M_1 = 00$ 时，定时器在计数值的后半周期内使 T_{OUT} 输出低电平，低电平的宽度与计数初值有关。若计数初值为偶数，T_{OUT} 线上低电平的宽度占计数值的一半；若为奇数，则高电平持续时间比低电平多 1 个计数脉冲。当计数器减"1"到"0"时，T_{OUT} 输出高电平，表示计数结束。

② 当 $M_2M_1 = 01$ 时，计数器每当减"1"到"0"时将自动装入计数初值，故 T_{OUT} 线上将输出连续方波。方波周期与定时常数有关，若计数值为偶数，正、负方波是对称的；否则，正方波将比负方波宽 1 个计数脉冲周期。

③ 当 $M_2M_1 = 10$ 时，计数器每当减“1”到“0”时，在 T_{OUT} 输出 1 个负单脉冲，脉冲宽度与计数值无关。

④ 当 $M_2M_1 = 11$ 时，计数器每当减“1”到“0”时，将自动装入计数初值，故 T_{OUT} 将输出一串连续的负脉冲。脉冲周期与计数值有关，而脉冲宽度与计数值无关。

(6) 8155A 初始化。

8155A 定时器的工作是由 CPU 通过程序控制的，通常需要设置 3 个初始化控制字，应首先设置计数常数值，后送命令控制字，因为由命令字负责启动计数器。当计数器减“1”到“0”时做两件事：一是使状态字中 TIMR 位置位(TIMR = 1)可供 CPU 查询；二是在 T_{OUT} 引脚上输出矩形波或脉冲，可作为定时器的溢出中断请求信号，与 MCS-51 单片机的 $\overline{INT0}$ 或 $\overline{INT1}$ 连接。当 T_{OUT} 输出连续方波或连续脉冲时，可作方波发生器或脉冲发生器，不需 CPU 查询或引起中断申请。在计数器计数期间，CPU 可随时读出定时器的状态，以了解定时器的工作情况，读计数器状态时，应停止计数器计数，读出的值并不直接表示外部输入的脉冲数。8155A 的计数器最高计数频率为 4 MHz。

(7) 8155A 的应用。

【例 7-5】 8155A 与 8051 单片机连接，连接电路如图 7-16 所示。

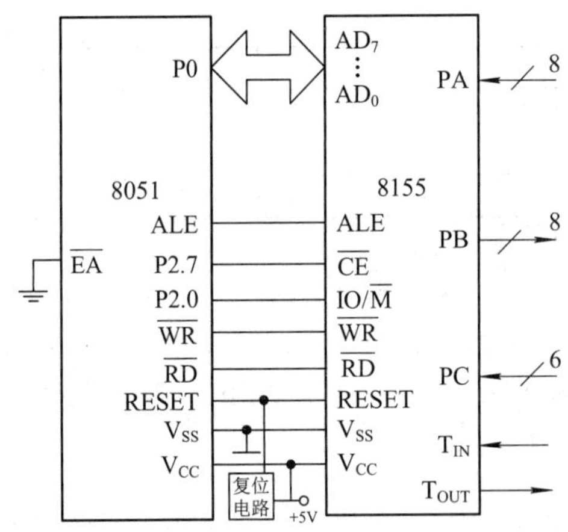

图 7-16　8155A 与 8051 单片机连接图

① 8155A 端口地址分析。根据图 7-16 的电路连接对 8155A 各端口 16 位地址进行分析，见表 7-6。

设空闲地址线状态用“1”处理，命令/状态端口地址为 7FF8H；PA 口地址为 7FF9H；PB 口地址为 7FFAH；PC 口地址为 7FFBH；定时器低 8 位地址为 7FFCH；定时器高 8 位地址为 7FFDH；8155A 扩展的外 RAM 地址范围为 7E00H～7EFFH。

② 8155A 控制字分析。若使 8155A 用作 I/O 口和定时器工作方式：PA 口定义为基本输入方式(接 8 个开关)，PB 口定义为基本输出方式(接 8 个指示灯)，定时器方式设为连续方波发生器，对输入脉冲(10 kHz 方波)进行 100 分频，将当前开关状态送至 8155A 扩展的外部 RAM 的第一个单元，则命令控制字为 1100 0010B = C0H，定时器低 8 位为 64H = 100，定时器高 8 位为 0100 0000H = 40H。

表 7-6　8155A 各端口地址分析表

P2.7	P2.6	P2.5	P2.4	P2.3	P2.2	P2.1	P2.0	P0.7	P0.6	P0.5	P0.4	P0.3	P0.2	P0.1	P0.0
A_{15}	A_{14}	A_{13}	A_{12}	A_{11}	A_{10}	A_9	A_8	A_7	A_6	A_5	A_4	A_3	A_2	A_1	A_0
0	1	1	1	1	1	1	1	1	1	1	1	1	0	0	0
0	1	1	1	1	1	1	1	1	1	1	1	1	0	0	1
0	1	1	1	1	1	1	1	1	1	1	1	1	0	1	0
0	1	1	1	1	1	1	1	1	1	1	1	1	0	1	1
0	1	1	1	1	1	1	1	1	1	1	1	1	1	0	0
0	1	1	1	1	1	1	1	1	1	1	1	1	1	0	1
0	1	1	1	1	1	1	0	0	0	0	0	0	0	0	0
:	:	:	:	:	:	:	:	:	:	:	:	:	:	:	:
0	1	1	1	1	1	1	0	1	1	1	1	1	1	1	1

③ 功能程序代码。

功能程序代码如下：

```
        ORG   0000H
        LJMP  START
        ORG 0100H
START:MOV   DPTR, #7FFCH    ;指向定时器低 8 位
        MOV   A,#64H        ;计数常数 64H=100
        MOVX  @DPTR,A       ;计数常数低 8 位装入
        INC   DPTR          ;指向定时器高 8 位
        MOV   A,#40H        ;设定定时器方式为连续方波输出
        MOVX  @DPTR,A       ;定时器高 8 位装入
       MOV   DPTR,#7FF8H    ;指向命令/状态口
       MOV   A,#0C2H        ;命令控制字设定 PA 口为基本输入方式，PB 口为基本输出方
                             式，并启动定时器
        MOVX  @DPTR,A
        INC   DPTR
LAMP:MOVX   A, @DPTR        ;读入开关状态
       INC   DPTR
       MOVX  @DPTR,A        ;点亮指示灯
       MOV   DPTR,#7E00H
       MOVX  @DPTR,A        ;当前开关状态存 8155A 首单元
       MOV   DPTR,#7FF9H
       SJMP  LAMP
       END
```

④ 仿真结果。例 7-5 仿真结果如图 7-17 所示。

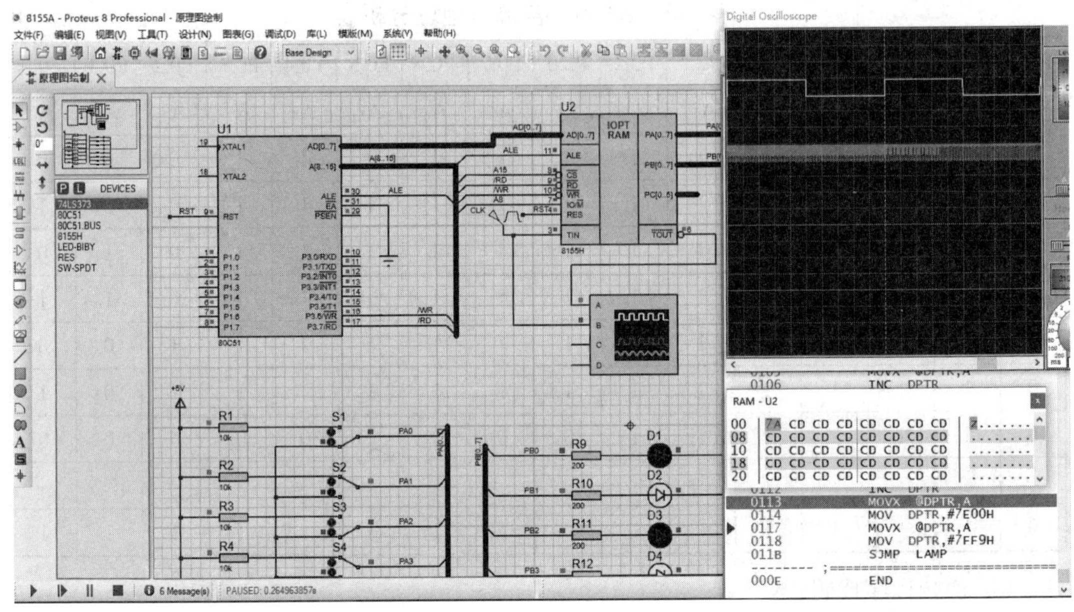

图 7-17　例 7-5 仿真结果

7.1.4　MCS-51 键盘与显示扩展技术

1. MCS-51 单片机键盘扩展技术

键盘是最常用的输入设备之一，用户利用键盘完成对微型计算机系统复位、运行参数设定、中断、信息输入等控制。与 MCS-51 单片机连接的键盘有编码键盘和非编码键盘两种。编码键盘通过硬件电路，自动地产生 1 个与被按下键的位置有关的“键码”和 1 个选通脉冲(作为中断请求信号)；可直接根据“键码”，转入相应键的子程序，所需程序简单，但电路复杂。常见的 PC 键盘就是典型的编码键盘。在 MCS-51 单片机系统中常采用非编码键盘，使用时通过软件灵活确定被按下键的功能，电路结构简单，使用相当广泛。本书重点介绍非编码键盘与 MCS-51 单片机的连接技术。

1) 非编码键盘按键输入过程与软件结构

微型计算机系统中键盘的每 1 个按键都对应 1 个功能，也就是说每 1 个按键都对应一个有一定功能的子程序。当检测到被按下键的位置后，利用软件生成对应的键号，并根据键号转入该键的子程序中，按键输入流程如图 7-18 所示。

2) 机械按键的消抖处理

目前常用的按键基本上都具有机械触点的开闭作用，由于机械触点的弹性特征，在闭合及断开瞬间均有抖动过程，抖动时间一般持续 5～10 ms，为保证可靠地得到键输入信息，必须消除抖动的影响，以免误动作或重复检测，按键抖动的电压波形如图 7-19 所示。

机械按键消抖的方法有硬件和软件两种：硬件消抖主要用触发器或单稳态电路构成消抖电路；软件消抖是在检测到有键按下时，利用程序延时 10 ms 左右，然后再次检测按键的状态，确认无误后，再执行后续操作。软件查询式键盘程序流程如图 7-20 所示。

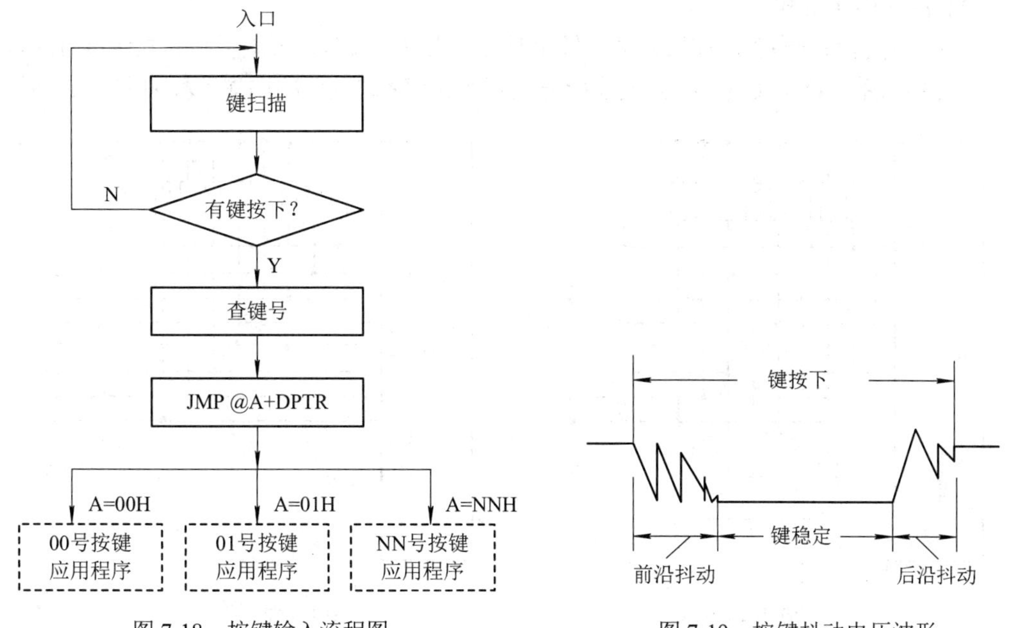

图 7-18　按键输入流程图　　　　图 7-19　按键抖动电压波形

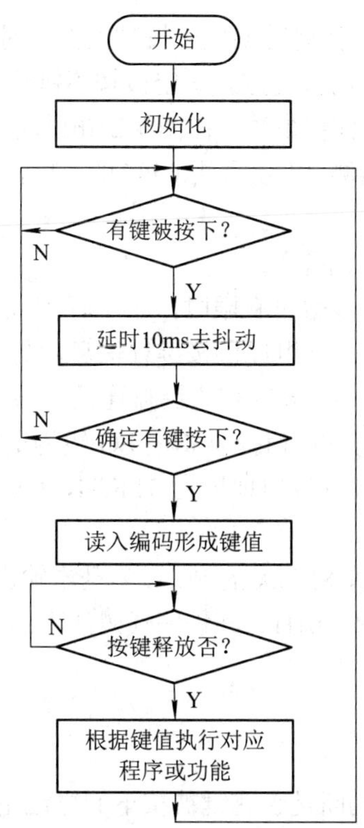

图 7-20　软件查询式键盘程序流程

3) 键盘与单片机的连接

非编码键盘与单片机的连接方式有独立连接方式和行列式连接方式两种。

(1) 独立连接方式。

微型计算机系统中若所需按键数量较少且 I/O 线空闲较多，可采用独立式连接方式，硬件、软件均简单，容易实现。独立式连接方式每个按键都单独占用 1 根线，如图 7-21 所示。

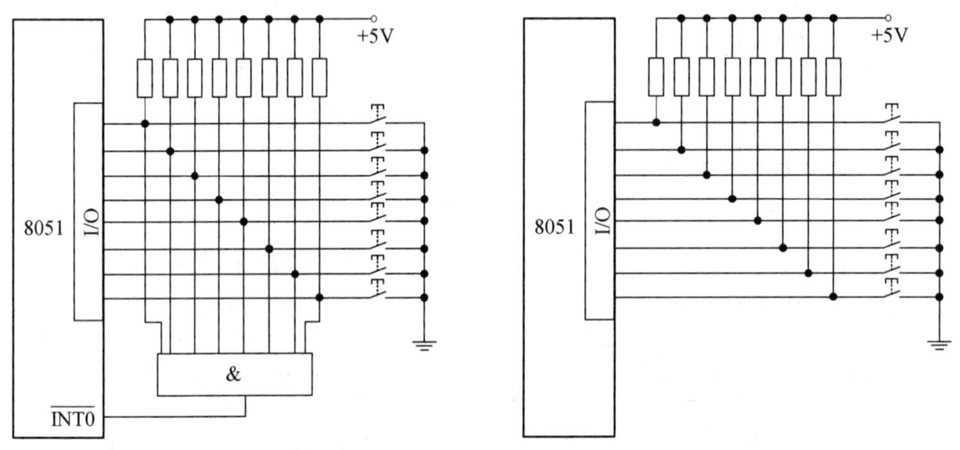

(a) 中断方式　　(b) 查询方式

图 7-21　独立连接方式

在图 7-21(a)所示方式中，任何时刻任一按键被按下时都会向 8051 单片机提出中断申请，进入中断服务程序后再利用查询方式确定被按下键位置。在此方式下，当没有按键被按下时，单片机可以去做其他任何事情。在图 7-21(b)所示方式中，按键动作只有在单片机执行键盘扫描程序时才会被检测，不仅占用 CPU 的时间，而且有可能按键动作得不到及时处理，甚至错过。

(2) 行列式连接方式(矩阵式键盘)。

当系统中按键较多而 I/O 线数量有限时，采用行列式键盘结构，又称矩阵式键盘。行列式键盘是把 I/O 线分成两组，一组提供按键行信息，另一组提供按键列信息，如图 7-22 所示是 1 个利用 8155A 扩展的 4 × 8 行列式键盘连接电路。图 7-22 中 8155A 的 PA 口提供 8 根 I/O 线为键盘提供列信息，PC 口提供 4 根 I/O 线为键盘提供行信息。分析可知，若空闲地址位设为 1，则 8155A 控制端口地址为 7FF8H，PA 口地址为 7FF9H，PB 口地址为 7FFAH，PC 口地址为 7FFBH。

① 8155A 初始化。需设置 8155A 的 PA 口为基本输出口、PC 口为基本输入口，可确定 8155A 控制字为 00000001B = 01H。其程序代码如下：

```
MOV    DPTR,#7FF9H
MOV    A,#01H
MOVX   @DPTR,A
```

② 判断是否有键按下。判断是否有键被按下的方法是，由 8051 单片机通过 8155A 的 PA 口送出全扫描字“00H”，再从 PC 口读入行输入状态，若 PC0～PC3 全为“1”，则无键被按下，继续扫描；若 PC0～PC3 不为全“1”，则说明有键被按下，转入去抖延时程序(一般 10 ms)，再次判断状态。如仍处于按下状态，则确认为有键被按下，转入“判闭合键键号”程序；否则确认为按键抖动。将判键子程序命名为 KJA，并用累加器 A 返回键

盘状态，当 A≠0 时有键被按下，否则无键按下。

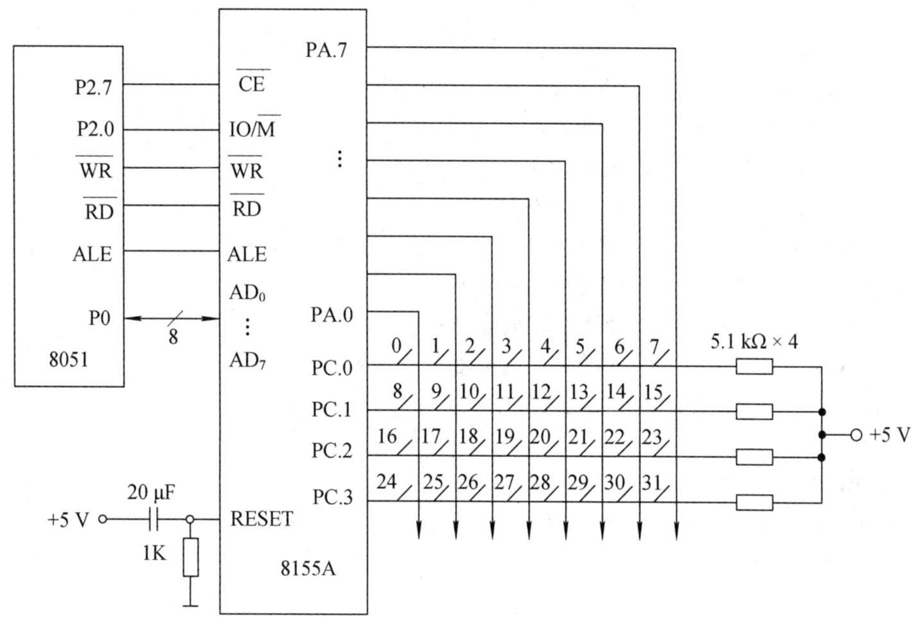

图 7-22　4 × 8 行列式连接电路

判键子程序代码如下：

```
KJA:MOV   DPTR, #7FF9H      ;指向 PA 口
    MOV   A, #00H           ;送全扫描字 00H
    MOVX  @DPTR, A
    INC   DPTR              ;指向 8155C 口
    INC   DPTR
    MOVX  A, @DPTR          ;读入行输入状态
    CPL   A                 ;取反，以高电平
                             表示有键被按下
    ANL   A, #0FH           ;屏蔽高 4 位
    RET
```

③ 求按下键的键值。当判断确实有键闭合时，需要求按下键的键值(即按下键的键号)。分析图 7-22 可知，4 行 8 列共计 32 个按键，每个按键都对应 1 个键值(0～31)，4 行 × 8 列，每行都有一个键行首号，分别是 0、8、16、24，每列都有一个键列号，分别是 0、1、2、3、4、5、6、7。键值 = “键行首号” + “键列号”，可利用逐位扫描的算法实现。综上，可得出图 7-22 所示 4 × 8 行列式键盘扫描程序流程如图 7-23 所示。

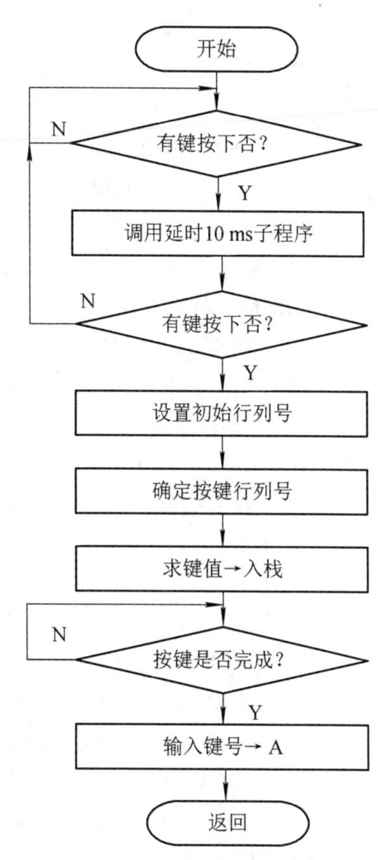

图 7-23　4 × 8 行列式键盘扫描程序流程

按键键值求取子程序命名为 KEY，程序出口参数为累加器 A(键值)，键盘扫描子程序代码如下：

```
KEY:LCALL   KJA           ;调用判键子程序
     JNZ   KJ1            ;有键被按下，转消抖延时
     LJMP   KEY           ;无键被按下，返回继续查询
KJ1:LCALL   DELAY10ms     ;延时 10ms 去抖
    LCALL   KJA           ;再次判键
    JNZ   KJ2             ;确有键被按下，转逐列扫描形成键值
    LJMP   KEY            ;若是抖动则返回
KJ2:MOV   R2, #0FEH       ;列扫描初值送入 R2
    MOV   R4, #00H        ;初始列号送入 R4
KJ4:MOV   DPTR, #7FF9H    ;送列扫描字入 PA 口
    MOV   A, R2
    MOVX   @DPTR, A
    INC   DPTR            ;从 PC 口读入行输入状态
    INC   DPTR
    MOVX   A, @DPTR
    JB   ACC.0, ONE       ;0 行无键被按下，转查第 1 行
    MOV   A, #00H         ;第 0 行有键被按下，设行首键号为 00H
    LJMP   KJP            ;转求键号
ONE:JB   ACC.1, TWO       ;第 1 行无键被按下，转查第 2 行
     MOV   A,#08H         ;第 1 行有键被按下，设行首键号为 08H
     LJMP   KJP           ;转求键号
TWO:JB   ACC.2, THR       ;第 2 行无键被按下，转查第 3 行
     MOV   A,#10H         ;第 2 行有键被按下，设行首键号为 10H
     LJMP   KJP           ;转求键号
THR:JB   ACC.3,NEXT       ;第 3 行无键被按下，改查下一列
     MOV   A, #18H        ;第 3 行有键被按下，设行首键号为 18H
KJP:ADD   A,R4            ;求键号为行首键号加列号
    PUSH   ACC            ;键号进栈保护
KJ3:LCALL   KJA           ;等待键释放
    JNZ   KJ3             ;没释放转继续查询
    POP   ACC             ;键已释放取出键号入累加器 A
    RET
NEXT:INC   R4             ;指向下一列，列号加 1
      MOV   A, R2         ;判断 8 列都扫描完否
      JNB   ACC.7, KJ5    ;8 列扫描完，返回
      RL   A              ;没扫描完，指向下一列继续扫描
      MOV   R2, A         ;送扫描字如 R2
      LJMP   KJ4          ;转下一列扫描
KJ5:LJMP   KEY
```

在主程序中调用该子程序，从累加器 A 中取得键值，按键值来决定程序该执行哪个功能程序。键值的确定方法很多，根据键盘的不同，方法有繁有简，可参考有关书籍。

本例中采用程序查询的方法来确定按键的状态，而在实际应用中并不经常进行键操作，CPU 常处于空扫描状态，为了进一步提高 CPU 的工作效率，采用中断方式进入扫描程序。常采用的专用可编程键盘/显示器接口芯片 Intel8279，独立于 CPU 工作，并对显示/键盘自动扫描、识别键盘上闭合键的键值。关于 8279 的详细应用，请参考有关资料。

2. MCS-51 单片机显示器扩展技术

(1) 数码管显示器工作原理。

数码管显示器(也称 LED 显示器)是利用发光二极管(LED)组成显示的字段和字型；数码管显示器有共阴极和共阳极之分，如图 7-24 所示为 8 段数码管显示器示意图。

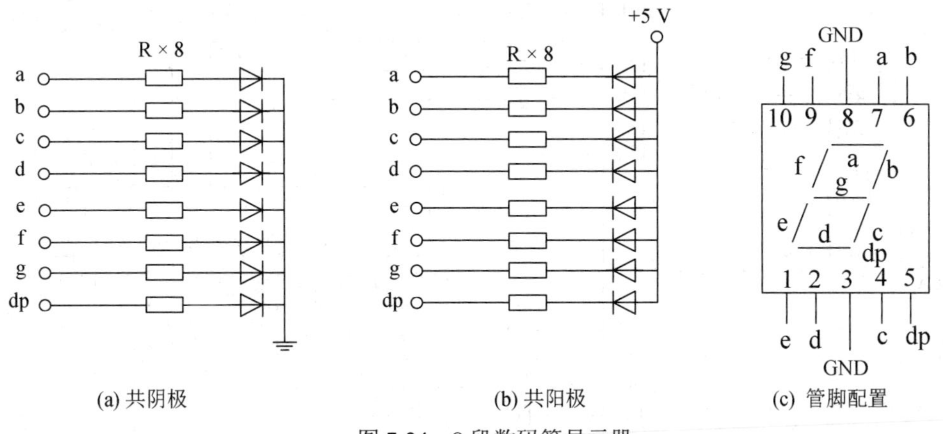

(a) 共阴极　(b) 共阳极　(c) 管脚配置

图 7-24　8 段数码管显示器

CPU 输出不同的数据 LED 将组成不同的字型，8 段数码管显示器字型码与显示字型对应关系如表 7-7 所示。

表 7-7　8 段数码管显示器字符码

显示字符	共阴极段选码	共阳极段选码	显示字符	共阴极段选码	共阳极段选码
0	3FH	C0H	B	7CH	83H
1	06H	F9H	C	39H	C6H
2	5BH	A4H	D	5EH	A1H
3	4FH	B0H	E	79H	86H
4	66H	99H	F	71H	84H
5	6DH	92H	P	73H	82H
6	7DH	82H	U	3EH	C1H
7	07H	F8H	Γ	31H	CEH
8	7FH	80H	Y	6EH	91H
9	6FH	90H	8	FFH	00H
A	77H	88H	“灭”	00H	FFH

(2) LED 的显示控制方式。

LED 显示控制方式有静态显示和动态显示两种。静态显示的特点是各字型 LED 管能同时稳定点亮显示字型，显示稳定但是功耗较大；动态显示是利用人眼的视觉暂留现象，按一定时间间隔循环点亮各字型 LED 管显示字型，即任意时刻只需点亮 1 个字型 LED 管，节能效果明显，且当循环周期≤20 ms 时，可达到与静态显示几乎等同的显示效果，当然可根据个体差异调整循环周期，循环周期越长，显示效果越差。图 7-25 所示为利用 8155A 扩展的 6 只共阳极 LED 组成的动态 LED 显示器。PB 口输出显示字型码，经反向驱动与所有的 LED 的字型引线连接；PC 口为 LED 的字位控线，与 LED 的 G 端连接，控制各 LED 是否选通点亮。

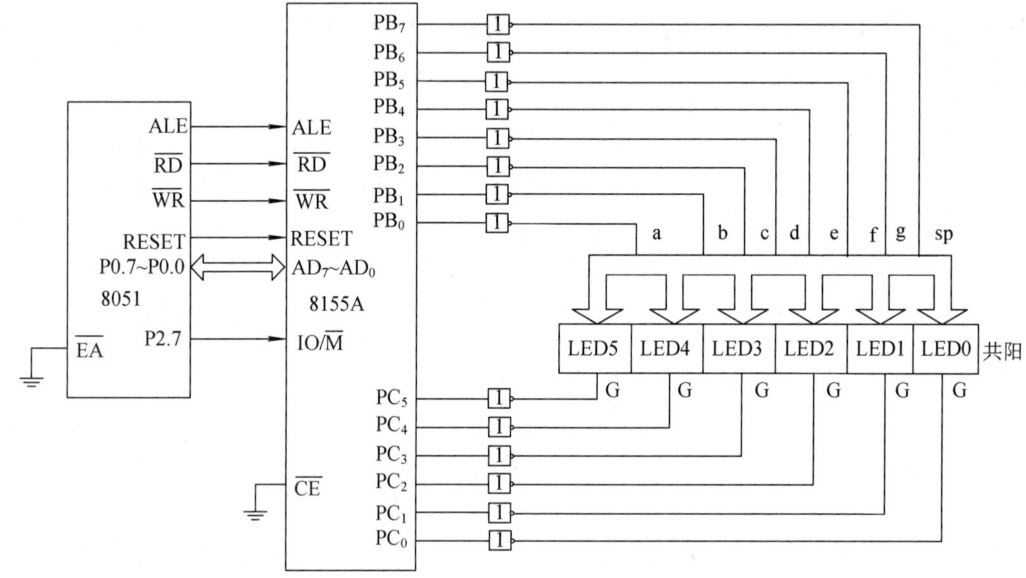

图 7-25　LED 动态扫描显示电路

分析可知，若空闲地址位设为 0，则 8155A 控制端口地址为 8000H，PA 口地址为 8001H，PB 口地址为 8002H(字型口)，PC 口地址为 8003H(字位口)。

① 8155A 初始化。需设置 8155A 的 PB 口为基本输出口、PC 口为基本输出口，可确定 8155A 控制字为 00001110B = 0EH。

8155 初始化程序代码如下：

```
MOV   DPTR,#8000H
MOV   A,#0EH
MOVX  @DPTR,A
```

② 动态显示控制子程序。动态显示即采用软件法把欲显示的十六进制数(或 BCD 码)转换成相应字型码，然后将字型码存入显示缓冲区(多为 RAM 某区域)，每只 LED 对应缓冲区中的 1 个字型码，缓冲区中各存储单元地址连续，每个存储单元存放 1 个欲显示的十六进制数，如图 7-26 所示。CPU 执行显示程序时，顺序地从缓冲区中取出数据，并通过查表程序，将数据转换为字型码，然后由 PB 口输出。

地址	单元	内容
70H	DS0	00H
71H	DS1	01H
72H	DS2	09H
73H	DS3	00H
74H	DS4	02H
75H	DS5	02H

图 7-26　显示缓冲区

动态显示程序代码如下：

```
            ORG     0600H
DISPLAY: MOV    A, #06H             ;方式控制字 06H 送 A
            MOV   DPTR, #8000H
            MOVX    @DPTR,   A      ;方式控制字送 8155 命令
DISPLAY1:MOV    R0, #70H            ;显示缓冲区始址送 R0
             MOV    R3, #0FEH       ;字位码始值送 R3
             MOV    A, R3
LD0:MOV    DPTR, #8003H             ;C 口地址送 DPTR
      MOVX    @DPTR, A              ;字位码送 C 口
      MOV    DPTR, #8002H           ;B 口地址送 DPTR
      MOV       A, @R0              ;待显字符地址偏移量送 A
      ADD        A, #13             ;对 A 进行地址修正
      MOVC      A, @A+PC            ;查字型码表
      MOVX    @DPTR, A              ;字型码送 B 口
      LCALL     DELAY               ;延时 1ms
      INC       R0                  ;修正显示缓冲区指针
      MOV    A, R3                  ;字位码送 A
      JNB    ACC.5, LD1             ;若显示完一遍，则 LD1
      RL    A                       ;字位码左移一位
      MOV    R3, A                  ;送回 R3
      LJMP    LD0                   ;显示下一个字符
LD1:RET
DTAB:DB 0C0H,0F9H,0A4H,0B0H,99H,92H,82H,0F8H,80H,90H,88H
        DB 83H,0C6H,0A1H,86H,8EH,0FFH,0CH,89H,7FH,0BFH
DELAY:MOV    R7, #02                ;延时 1ms 程序
DELAY1:MOV    R6, #0FFH
DELAY2:DJNZ    R6, DELAY2
           DJNZ    R7, DELAY1
           RET
           END
```

3. MCS-51 单片机键盘与显示综合扩展

在 MCS-51 单片机应用系统中，往往既需要键盘输入，又需要显示，为了节省 I/O 资源，常采用如图 7-27 所示电路；图中 8155 的 PA 口既作为键盘列线，又作为各位 LED 的位选线，PB 口作为 LED 的字型码输出线(段选线)；PC 口作为键盘的行输入线。

分析可知，若空闲地址位设为 0，则 8155A 控制端口地址为 0100H，PA 口地址为 0101H(键盘列选和显示字位口)，PB 口地址为 0102H(字型口)，PC 口地址为 0103H(键盘行选)。需设置 8155A 的 PA 口、PB 口均为基本输出口、PC 口为基本输入口，可确定 8155A

控制字为 0000 0011B = 03H。下面是显示年月日和设置年月日程序代码，显示形式为YY-MM-DD，图 7-28 为仿真结果。读者也可编写其他功能程序代码熟悉键盘和显示技术。

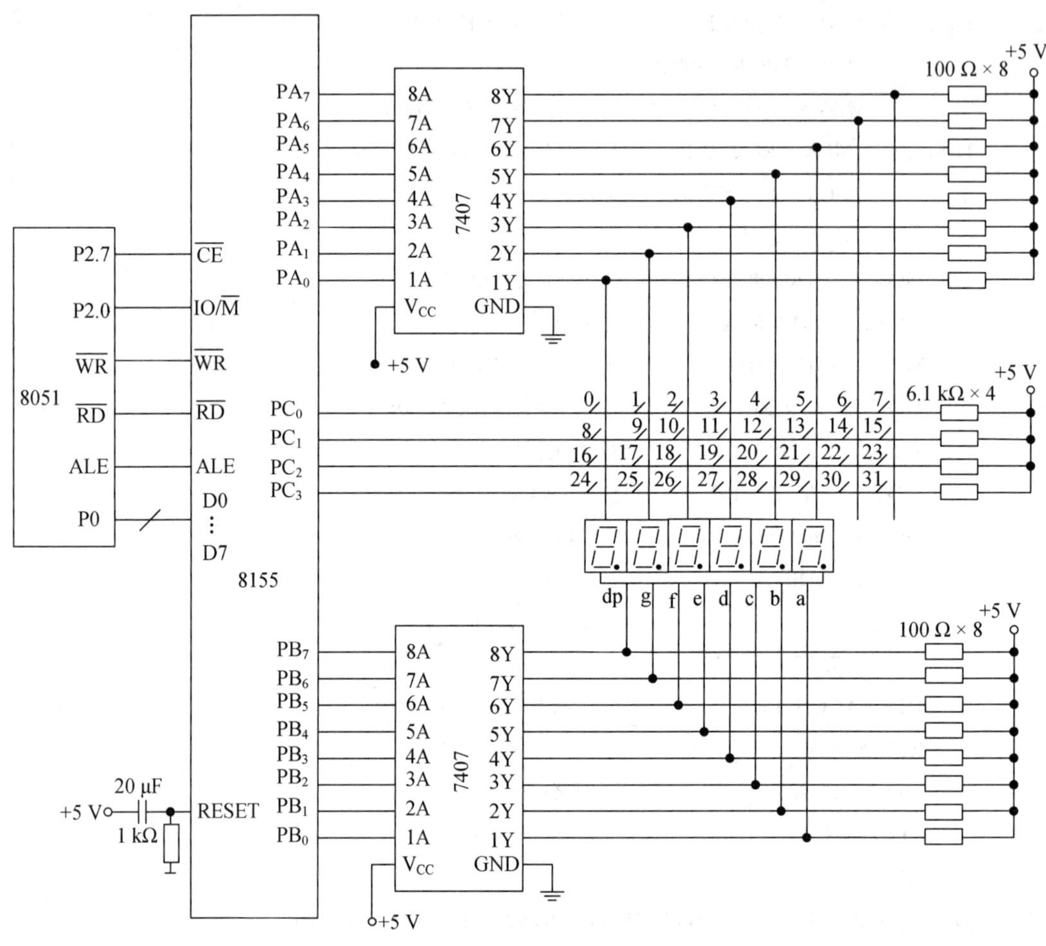

图 7-27　8155A 扩展的键盘和显示接口电路

```
        ORG    0000H
        LJMP   START
        ORG    0100H
        YEAR    DATA   70H
        MONTH DATA   72H
        DATE     DATA   74H
START:MOV    DPTR,#0100H
        MOV    A, #03H
        MOVX   @DPTR,.A        ;8155A 初始化
        MOV    YEAR,#02H
        MOV    YEAR+1,#02H
        MOV    MONTH,#00H
```

```
        MOV   MONTH+1,#08H
        MOV   DATE,#00H
        MOV   DATE+1,#09H         ;初始化显示内容
DIS:LCALL   DISPLAY
SETD:LCALL   KJA                  ;键盘侦听
       JNZ   YD                   ;有键按下，转消抖延时
       SJMP   CONDIS              ;无键按下，继续显示
YD:LCALL   DELAY                  ;延时 10ms 去抖
     LCALL   KJA                  ;再次判键
     JZ   CONDIS                  ;无键按下，继续显示
WAIT:LCALL   KJA
       JNZ   WAIT                 ;等待按键释放
       MOV   R0,#YEAR
       LCALL SETV                 ;需要重新设置年
       MOV   R0,#MONTH
       LCALL SETV                 ;需要重新设置月
       MOV   R0,#DATE
       LCALL SETV                 ;需要重新设置日
CONDIS:SJMP DIS                   ;是抖动继续显示
                                  ;显示内容重新设置子程序
SETV:LCALL   KEY ;
       MOV @R0,A
       INC   R0
       LCALL   KEY ;
       MOV @R0,A
       RET
                                  ;判键子程序
KJA: MOV   DPTR, #0101H           ;指向 PA 口
      MOV   A, #00H               ;送全扫描字 00H
      MOVX   @DPTR, A
      INC   DPTR                  ;指向 8155C 口
      INC   DPTR
      MOVX   A, @DPTR             ;读入行输入状态
      CPL   A                     ;取反，以高电平表示有键按下
      ANL   A, #0FH               ;屏蔽高 4 位
      RET
                                  ;求键值子程序
KEY:LCALL   KJA                   ;调用判键子程序
     JNZ   KJ1                    ;有键按下，转消抖延时
```

```
      LJMP   KEY                    ;无键按下，返回继续查询
KJ1:LCALL    DELAY                  ;延时 10ms 去抖
      LCALL  KJA                    ;再次判键
      JNZ    KJ2                    ;确有键按下，转逐列扫描形成键值
      LJMP   KEY                    ;是抖动返回
KJ2:MOV      R2, #0FEH              ;列扫描初值送入 R2
      MOV    R4, #00H               ;初始列号送入 R4
KJ4:MOV      DPTR, #0101H           ;送列扫描字入 PA 口
      MOV    A, R2
      MOVX   @DPTR, A
      INC    DPTR                   ;从 PC 口读入行输入状态
      INC    DPTR
      MOVX   A, @DPTR
      JB     ACC.0, ONE             ;0 行无键按下，转查第 1 行
      MOV    A, #00H                ;第 0 行有键按下，设行首键号为 00H
      LJMP   KJP                    ;转求键号
ONE:JB       ACC.1, TWO             ;第 1 行无键按下，转查第 2 行
       MOV   A,#08H                 ;第 1 行有键按下，设行首键号为 08H
       LJMP  KJP                    ;转求键号
TWO:JB       ACC.2, THR             ;第 2 行无键按下，转查第 3 行
       MOV   A,#10H                 ;第 2 行有键按下，设行首键号为 10H
       LJMP  KJP                    ;转求键号
THR:JB       ACC.3,NEXT             ;第 3 行无键按下，改查下一列
       MOV   A, #18H                ;第 3 行有键按下，设行首键号为 18H
KJP:ADD      A,R4                   ;求键号为行首键号加列号
      PUSH   ACC                    ;键号进栈保护
KJ3:LCALL    KJA                    ;等待键释放
      JNZ    KJ3                    ;没释放转继续查询
      POP    ACC                    ;键已释放取出键号入累加器 A
      RET
NEXT:INC     R4                     ;指向下一列，列号加 1
        MOV  A, R2                  ;判断 8 列都扫描完否
        JNB  ACC.7, KJ5             ;8 列扫描完，返回
        RL   A                      ;没扫描完，指向下一列继续扫描
        MOV  R2, A                  ;送扫描字如 R2
        LJMP KJ4                    ;转下一列扫描
KJ5:LJMP     KEY
                                    ;显示子程序
DISPLAY:MOV  R0, #YEAR              ;显示缓冲区始址送 R0
```

```
            MOV   R3, #01H         ;字位码始值送 R3
            MOV   A, R3
LD0:MOV   DPTR, #0101H             ;PA 口地址送 DPTR
        MOVX   @DPTR, A            ;字位码送 PA 口
        MOV   DPTR, #0102H         ;PB 口地址送 DPTR
        MOV   A, @R0               ;待显字符地址偏移量送 A
        ADD   A, #13               ;对 A 进行地址修正
        MOVC   A, @A+PC            ;查字型码表
        MOVX   @DPTR, A            ;字型码送 PB 口
        LCALL   DELAY              ;延时 1ms
        INC   R0                   ;修正显示缓冲区指针
        MOV   A, R3                ;字位码送 A
        JNB   ACC.5, LD1           ;若显示完一遍，则 LD1
        RL   A                     ;字位码左移一位
        MOV   R3, A                ;送回 R3
        LJMP   LD0                 ;显示下一个字符
LD1:RET
DTAB:DB 0C0H,0F9H,0A4H,0B0H,99H,92H,82H,0F8H,80H,90H,88H
     DB 83H,0C6H,0A1H,86H,8EH,0FFH,0CH,89H,7FH,0BFH
                                   ;延时子程序
DELAY:MOV   R7, #02                ;外循环计数器
DELAY1:MOV   R6, #0FFH             ;内循环计数器
DELAY2:DJNZ   R6, DELAY2
           DJNZ   R7, DELAY1
           RET
```

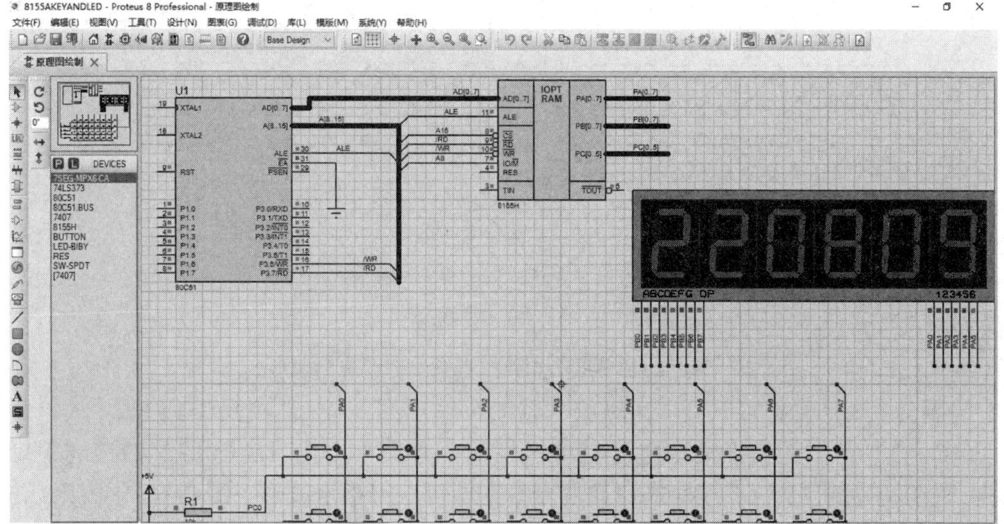

图 7-28　8155A 扩展的键盘和显示仿真结果

7.1.5　MCS-51 D/A 与 A/D 扩展技术

1. MCS-51 单片机 D/A 扩展技术

MCS-51 单片机扩展 D/A 转换芯片可实现微机系统的模拟信号输出，本书第 4 章介绍的 DAC0832 是 1 个 8 位的 D/A 转换芯片，MCS-51 单片机扩展 DAC0832 时，可以有单缓冲方式和双缓冲方式两种连接方式。

(1) 单缓冲方式。

单缓冲方式是指 DAC0832 内部的两个数据缓冲器有 1 个处于直通方式，另 1 个受单片机的控制。8051 单片机与 DAC0832 的单缓冲方式接线如图 7-29 所示。

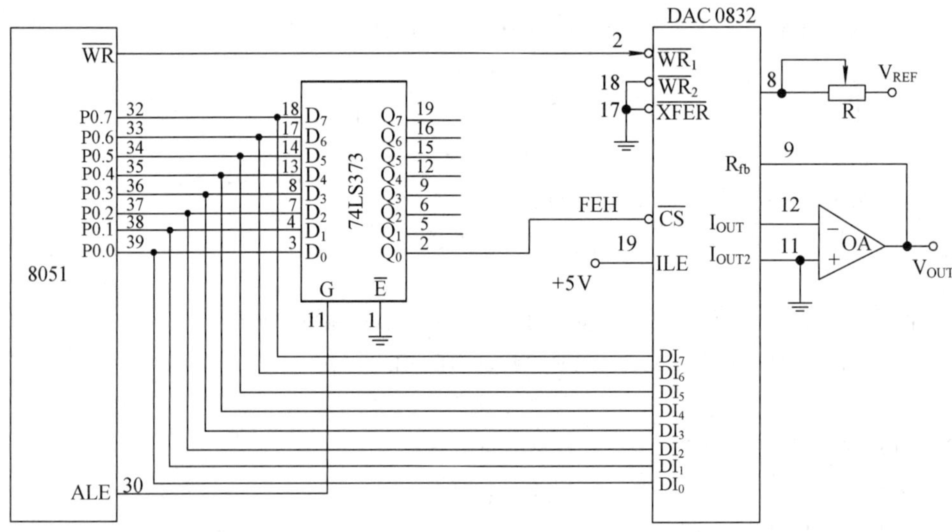

图 7-29　DAC0832 单缓冲单极性电压输出方式

【例 7-6】　根据图 7-29 接线，将 DAC0832 用作波形发生器，分别写出产生如图 7-30 所示的锯齿波、三角波和正弦波的程序。

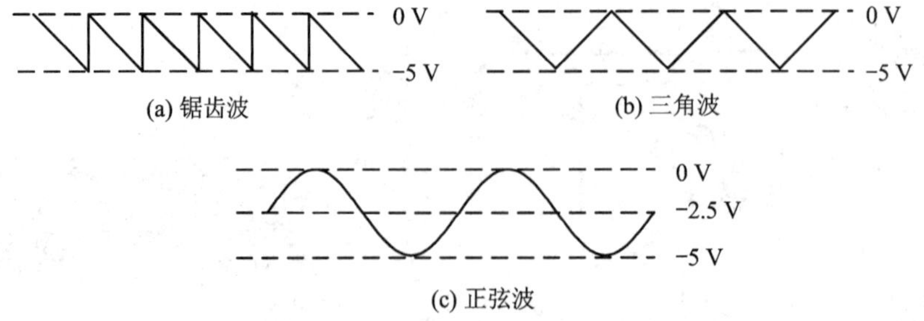

(a) 锯齿波　(b) 三角波　(c) 正弦波

图 7-30　DAC0832 用作波形发生器产生的波形

问题分析：在图 7-29 中，运算放大器 OA 输出端 V_{OUT} 直接反馈到 R_{fb}，故这种接线 DAC0832 产生的模拟输出电压是单极性的，且图中给出 DAC0832 的选通地址为 FEH。8051 单片机只需向 FEH 端口送波形数据即可获得指定波形，图 7-31 为正弦波仿真结果。

① 锯齿波程序代码如下：

```
        ORG    0100H
START: MOV    R0, #0FEH
        MOVX    @R0, A
        INC    A
        SJMP    START
        END
```

② 三角波由锯齿波线性下降段和线性上升段组成，相应程序代码如下：

```
        ORG    0100H
START: CLR A
        MOV R0,#0FEH
DOWN:MOVX @ R0,A         ;线性下降段
        INC A
        JNZ DOWN         ;若未完，则转 DOWN
        MOV A, #0FEH
UP: MOVX    @ R0,A       ;线性上升段
    DEC A
    JNZ UP               ;若未完，则 UP
    SJMP DOWN            ;若已完，则循环
```

③ 正弦波程序代码如下：

```
        ORG 0100H
START: MOV    R0,#0FEH
        MOV R1,#00H
        MOV R2,#64
LOOP: MOV    A,R1
       ADD    A,#8
       MOVC A,@A+PC
       MOVX @R0, A
       ACALL DELAY
       INC R1
       DJNZ R2,LOOP
       SJMP START                          ;循环
;64 点正弦波数据表，可在 MATLAB 命令行中利用
;Y=dec2hex(ceil((256/2-1)*sin(0:pi*2/64:2*pi)+128))
;语句获得
DB 80H,8DH,99H,0A5H,0B1H,0BCH,0C7H,0D1H,0DAH,0E3H,0EAH,0F1H,0F6H,0FAH
DB 0FDH,0FFH,0FFH,0FFH,0FDH,0FAH,0F6H,0F1H,0EAH,0E3H,0DAH,0D1H,0C7H
DB 0BCH,0B1H,0A5H,99H,8DH,81H,74H,68H,5CH,50H,45H,3AH,30H,27H,1EH,17H,
DB 10H,0BH,07H,04H,02H,01H,02H,04H,07H,0BH,10H,17H,1EH,27H,30H,3AH
DB 45H,50H,5CH,68H,74H
```

```
DELAY:MOV    R7, #02                 ;外循环计数器
DELAY1:MOV   R6, #0FFH               ;内循环计数器
DELAY2:DJNZ  R6, DELAY2
       DJNZ  R7, DELAY1
       RET
```

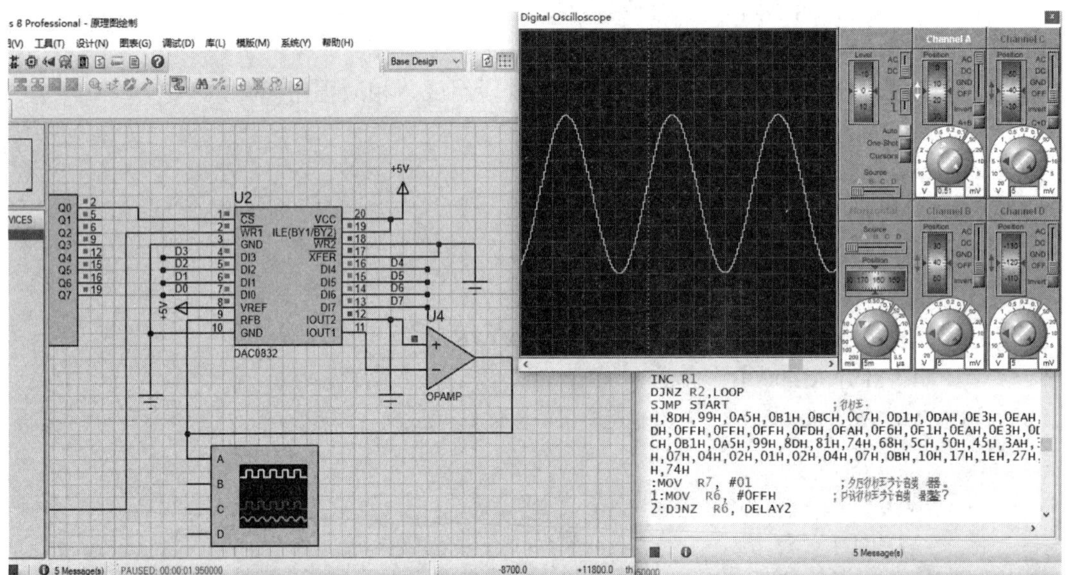

图 7-31　正弦波仿真结果

(2) 双缓冲方式。

8051 单片机与 DAC0832 的双缓冲器同步方式接口电路如图 7-32 所示。对于多路 D/A 转换器接口，要求同步进行 D/A 转换输出时，必须采用双缓冲器同步方式接法，DAC0832 采用这种接法时，数字量的输入锁存和 D/A 转换输出是分两步完成：CPU 的数据总线分时地向各路 D/A 转换器输入要转换的数字量并锁存在各自的输入寄存器中，然后 CPU 对所有的 D/A 转换器同时发出控制信号，使各自 D/A 转换器输入寄存器中的数据进入 DAC 寄存器，实现同步转换输出。读者可自行编程进行双通道同步 DA 转换的仿真验证。

2. MCS-51 单片机 AD 扩展技术

MCS-51 扩展 AD 转换芯片可实现单片机对外部数据的信息和状态的采集，本书第 4 章介绍 ADC0809 是 1 个 8 位的 AD 转换芯片。由于 ADC0809 带有三态输出锁存器，所以它可以和 8051 单片机直接连接，参考电路如图 7-33 所示。

图中 7-33 中 ADC0809 占用 8051 的一个 I/O 口，利用 P2.0 口线作线选址方式，设端口地址为 0FEFFH，ADC0809 的 EOC 端与 8051 的 $\overline{\text{INT1}}$ (P3.3)相连。ADC0809 的 A、B、C 三根通道选择线接在数据总线上，8051 单片机 ALE 连接分频器提供 ADC0809 转换时钟 CLK。

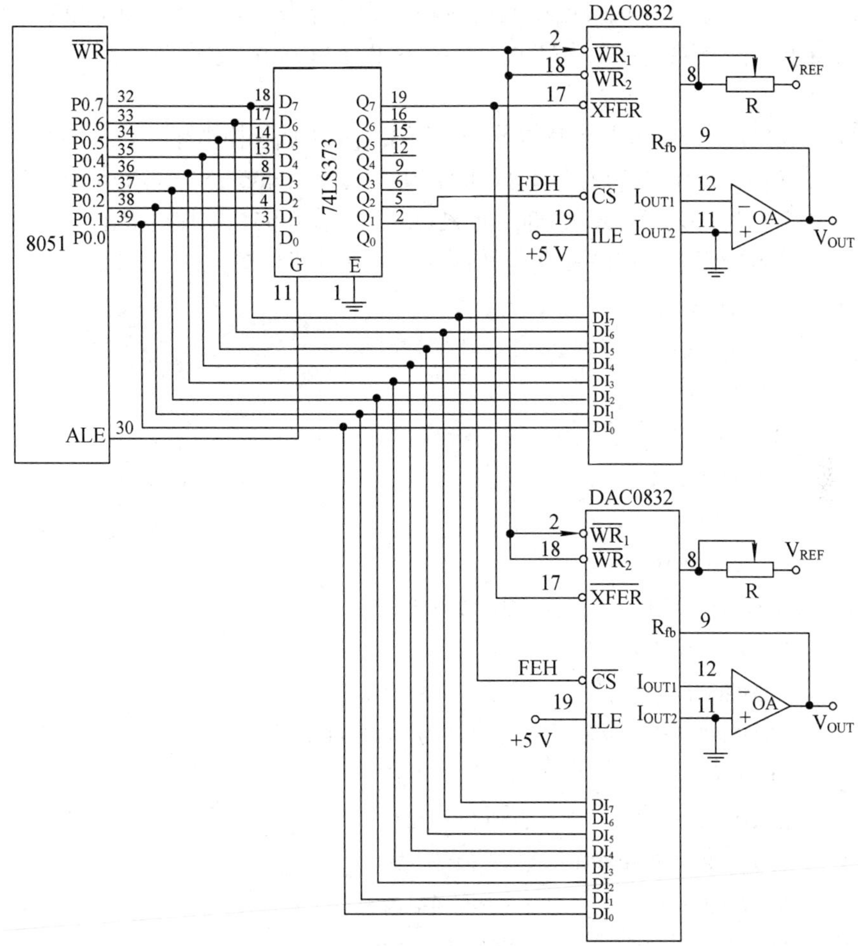

图 7-32　8051 单片机扩展的双通道同步 DAC0832

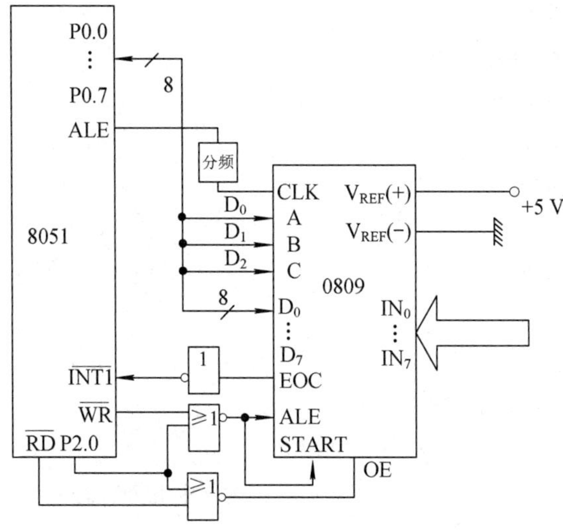

图 7-33　ADC0809 与 8051 单片机连接图

【例 7-7】　8051 单片机采用中断控制方式，实现图 7-33 中 ADC0809 对 8 个模拟通道的数据采集，采集数据存入内部 RAM40H～47H 单元中，设外部中断 1 采用边沿触发方式。

问题分析：图 7-33 中，8051 单片机数据线低 3 位负责选择模拟输入通道 IN0～IN7，8051 单片机可通过向端口地址 FEFFH 写数据 00H～07H 选择 IN0～IN7 并启动 ADC0809 转换。待某一通道数据转换结束后，ADC0809 的 EOC 信号向 8051 单片机提出中断申请，CPU 响应中断后，通过读端口 0FEFFH 获得转换数据并存入指定单元。

AD 采样程序代码如下：

```
        ORG 0000H
        LJMP START
        ORG 0013H
        LJMP PINT1
        ORG 3100H
        ORG   0100H
START:MOV R7, #08H              ;通道数设置
        MOV B, #00H             ;通道选择初始化设置
        MOV R0, #40H            ;数据存储初始地址
        SETB IT1                ; INT1 置为下降沿触发
        SETB EA                 ;单片机开中断
        SETB EX1                ; INT1 开中断
        MOV DPTR,#0FEFFH        ;建立地址指针
        MOV A,B                 ;选 IN0 通道输入
        MOVX @DPTR,A            ;启动 ADC0809
WAIT: SJMP   WAIT               ;等中断
       ORG   0200H
PINT1:MOV DPTR, #0FEFFH
       MOVX   A,@DPTR           ;读 A/D 结果
       MOV @R0,A
       DJNZ R7,NEXT
       MOV R0,#40H
       MOV R7,#08H
       MOV B,#00H
       SJMP RETURN
NEXT: INC R0
       INC B
       MOV A,B                  ;重新启动 0809 对模拟量的转换
       MOVX @DPTR,A
RETURN:RETI                     ;中断返回
```

图 7-34 为 8 通道数据采样仿真结果，仿真时采用 ADC0808 芯片(Proteus 目前版本中没有 ADC0809 仿真模型)，AD 转换时钟 CLOCK 频率为 500 KHz，由方波函数发生器直接提供(ALE 在仿真环境下默认不输出)，模拟信号电压为 1.1 V，对应转换数字量为 38 H。若在上例中采用查询方式实现数据的循环采集，则需要对 8051 单片机的 P3.3 口线进行查询，具体的程序代码请读者自行编写并仿真。

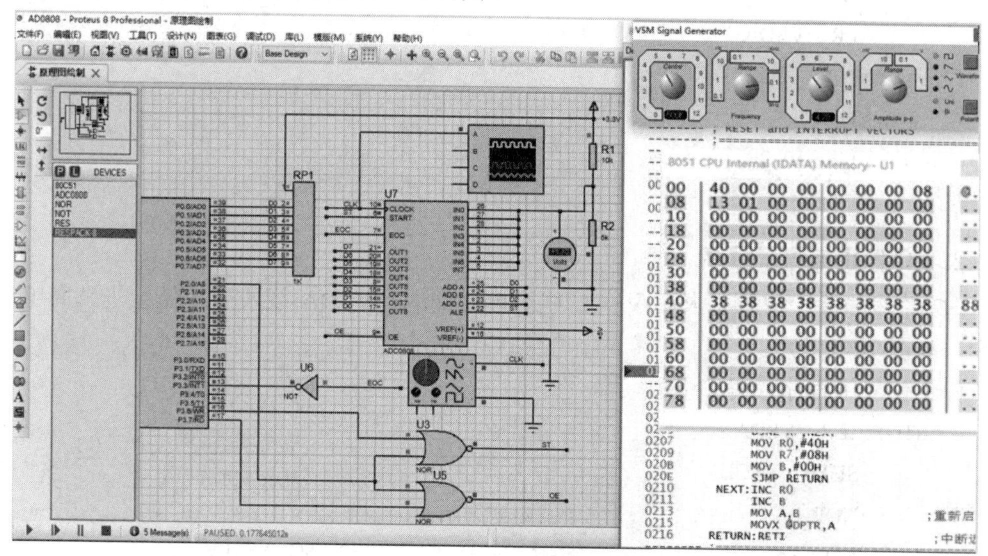

图 7-34　8 通道数据采样仿真结果

7.1.6　MCS-51 I²C 总线扩展技术

目前，许多型号的新型单片机大多具有 I²C 总线接口，其工作方式只需设定若干专用寄存器即可，使用十分方便简单；而 MCS-51 系列单片机大多不具备 I²C 总线接口，若需连接 I²C 接口设备，则必须根据 I²C 总线的操作协议，利用 I/O 引脚模拟 I²C 总线的操作过程。I²C 总线可以分为单主机系统和多主机系统。在多主机系统中，可以同时由多个主机企图启动总线传输数据，但任一时刻总线只能由其中的一台主机控制。该总线需要通过总线裁决过程来决定由哪台主机控制总线，用 MCS-51 单片机模拟仲裁过程是比较困难的，所以用 MCS-51 单片机模拟的 I²C 总线一般为单主机系统。在单主机系统中只有 1 个单片机，其余从机都是具有 I²C 接口的外围设备，因此模拟过程相对简单一些。

I²C 总线的操作过程包括启动、数据发送、数据接收、停止、应答、非应答等，根据实际通信需求，典型信号的模拟子程序应包含启动信号子程序、停止信号子程序、发送应答位子程序、发送非应答位子程序、应答位检查子程序、发送单字节子程序、接收单字节子程序、发送多字节子程序、接收多字节子程序等。

MCS-51 单片机的系统时钟设为 6 MHz，数据线 SDA 和时钟线 SCL 用 I/O 引脚模拟，数据线定义为 VSDA，时钟线定义为 VSCL，下面逐一介绍各子程序的实现过程。

1. I²C 启动信号子程序

I²C 总线的启动信号要求在 VSCL 线高电平期间，VSDA 线发生由高电平到低电平的跳变，如图 7-35 所示。

启动信号子程序代码如下：

```
STA: SETB   VSDA
     SETB   VSCL
     NOP
     NOP
     CLR    VSDA
     NOP
     NOP
     CLR    VSCL
     RET
```

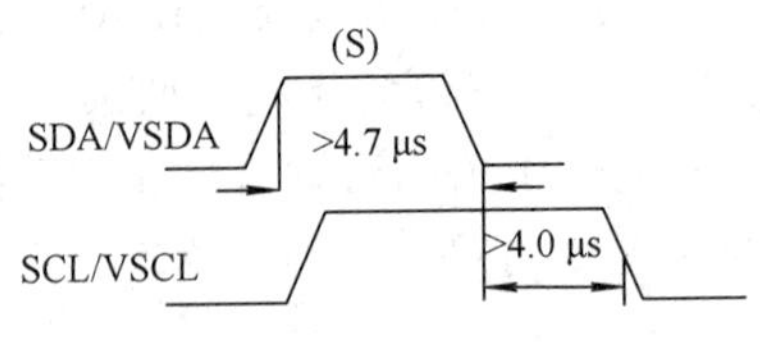

图 7-35　I^{2}C 总线的启动信号

2. I^{2}C 停止信号子程序

I^{2}C 总线的停止信号要求在 VSCL 线高电平期间，VSDA 线发生由低电平到高电平的跳变，如图 7-36 所示。

停止信号子程序代码如下：

```
STOP:CLR    VSDA
     SETB   VSCL
     NOP
     NOP
     SETB   VSDA
     NOP
     NOP
     CLR VSDA
     CLR VSCL
     RET
```

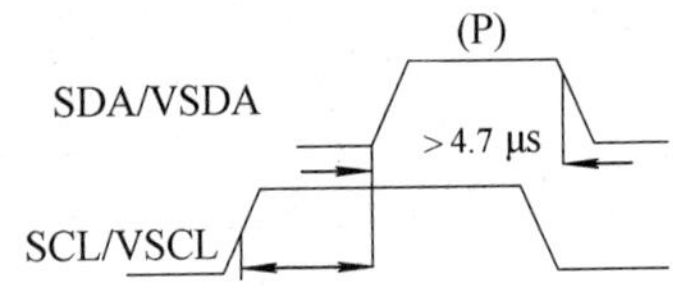

图 7-36　I^{2}C 总线的停止信号

3. I^{2}C 发送应答位子程序

I^{2}C 总线的发送应答位要求在 VSCL 线高电平期间，VSDA 线保持低电平，如图 7-37 所示。

发送应答位子程序代码如下：

```
MACK: CLR VSDA
      SETB VSCL
      NOP
      NOP
      CLR VSCL
      SETB VSDA
      RET
```

图 7-37　I^{2}C 总线的发送应答信号

4. I^{2}C 发送非应答位子程序

I^{2}C 总线的发送非应答位要求在 VSCL 线高电平期间，VSDA 线保持高电平，如图 7-38 所示。

发送非应答位子程序代码如下：

```
MNACK:SETB   VSDA
      SETB   VSCL
      NOP
      NOP
      CLR    VSCL
      CLR    VSDA
      RET
```


图 7-38　I^2C 总线的发送非应答信号

5. I^2C 应答位检查子程序

I^2C 总线中接收方若正确接收数据，应向发送方回发应答位，发送方需利用应答位检查子程序检查应答位。若应答位检查子程序利用 PSW 中的 F0 位作标志位，当检查到正常应答位后，F0 = 0，否则 F0 = 1。

应答位检查子程序代码如下：

```
CACK:SETB VSDA        ;置 VSDA 为输入方式
     SETB VSCL        ;使 VSDA 上数据有效
     CLR F0           ;预设 F0=0
     MOV C,VSDA       ;输入 VSDA 引脚状态
     JNC CEND         ;检查 VSDA 状态，正常应答转 CEND，且 F0=0
     SETB F0          ;非正常应答，则 F0=1
CEND: CLR VSCL        ;子程序结束，使 VSCL=0
      RET
```

6. I^2C 发送单字节子程序

I^2C 发送单字节子程序是向虚拟 I^2C 总线的数据线 VSDA 上发送 1 个字节数据的操作。设调用本子程序前要发送的数据送入 A 中。程序中占用资源 R0、C。

I^2C 发送单字节子程序代码如下：

```
WRBYT: MOV   R0,#08H   ;8 位数据长度送 R0
WLP: RLC   A           ;发送数据左移，使发送位入 C
     JC    WR1         ;判断发送“1”还是“0”，发送“1”转 WR1
     SJMP  WR0         ;发送“0”转 WR0
WR1:SETB   VSDA        ;发送“1”程序段
    SETB   VSCL
    NOP
    NOP
    CLR    VSCL
    CLR    VSDA              ;时钟为低电平时，可改变数据位的状态
    SJMP   WLP1
WR0:CLR    VSDA              ;发送“0”程序段
    SETB   VSCL
```

```
        NOP
        NOP
        CLR   VSCL
WLP1:DJNZ   R0,WLP          ;8 位是否发送完，未完转 WLP
        RET                 ;8 位发送完结束
```

7. I²C 接收单字节子程序

I²C 接收单字节子程序用来从 VSDA 上读取一个字节数据，执行本程序后，从 VSDA 上读取一个字节存放在 R2 或 A 中。程序中占用资源：R0，R2，C。

I²C 接收单字节子程序代码如下：

```
RDBYT:MOV   R0,#08H         ;8 位数据长度入 R0
RLP: SETB   VSDA            ;置 VSDA 为输入方式
     SETB VSCL              ;置 VSDA 上数据有效
     MOV C,VSDA             ;读入 VSDA 引脚状态
     MOV A,R2               ;读入"0"程序段，由 C 拼装入 R2 中
     RLC   A
     MOV   R2,A
     CLR   VSCL             ;使 VSCL=0 可继续接收数据位
     DJNZ R0,RLP            ;8 位读完否？未读完转 RLP
     RET
```

8. I²C 发送多字节子程序

I²C 总线数据传送中，主节点常常需要连续地向外围器件发送多个字节数据，I²C 发送多字节子程序是用来向 VSDA 线上发送 N 个字节数据的操作。该子程序的编写必须按照 I²C 总线规定的读/写操作格式进行。主控器向 I²C 总线上某个外围器件连续发送 N 个数据字节时，其数据操作格式如下：

S	SLAW	A	data1	A	data2	A	…	dataN-1	A	data N	A	P

其中，SLAW 为外围器件寻址字节(写)。按照上述操作格式编写的主控器发送 N 个字节的通用子程序代码如下：

```
WRNBYT:MOV   R3, NUMBYT
        LCALL   STA         ;启动 I²C 总线
        MOV   A,#SLAW       ;发送 SLAW 字节
        LCALL   WRBYT
        LCALL   CACK        ;检查应答位
        JB   F0,WRNBYT      ;非正常应答位则重发
        MOV   R1,#MTD
WRDA: MOV   A,@R1
      LCALL   WRBYT
```

```
        LCALL   CACK
        JB  F0,WRNBYT          ;非正常应答位则重发
        INC   R1
        DJNZ   R3,WRDA
        LCALL   STOP
        RET
```

在使用本子程序时，占用资源为 R1、R3，但须调用 STA、STOP、WRBYT、CACK 子程序，而且使用了一些符号单元，在使用这些符号单元时，应在内部 RAM 中分配好这些地址。这些符号单元有：MTD，主节点发送数据缓冲区首址；SLA，外围器件寻址字节存放单元；NUMBYT，发送数据字节数存放单元。在调用本子程序之前必须将要发送的 N 个字节数据依次存放在以 MTD 为首地址的发送数据缓冲区中。调用本子程序后，N 个字节数据依次传送到外围器件内部相应的地址单元中。

9. I²C 接收多字节子程序

在 I²C 总线系统中，主控器按主接收方式从外围器件中读出 N 个字节数据的操作格式如下：

S	SLAR	A	data1	A	data2	A	…	dataN-1	A	data N	$\overline{A}$	P

其中，$\overline{A}$ 为非应答位，主节点在接收完 N 个字节后，必须发送一个非应答位；SLAR 为外围器件寻址字节(读)。

主控器接收 N 字节子程序代码如下：

```
RDNBYT:MOV   R3, NUMBYT
          LCALL   STA           ;启动 I²C 总线
          MOV   A,#SLAR         ;发送寻址字节(读)
          LCALL   WRBYT
          LCALL   CACK          ;检查应答位
          JB   F0,RDNBYT        ;非正常应答时重新开始
RDN:MOV   R1,#MRD               ;接收数据缓冲区首址 MRD 入 R1
RDN1:LCALL RDBYT                ;读入一个字节到接收数据缓冲区中
       MOV   @R1, A
       DJNZ   R3,ACK            ; N 个子节读完否?未完转 ACK
       LCALL   MNACK            ; N 个字节读完发送非应答位 Ā
       LCALL   STOP             ;发送停止信号 P
       RET                      ;子程序结束
ACK:LCALL   MACK                ;发送应答位
      INC   R1                  ;指向下一个接收数据缓冲单元
      SJMP   RDN1               ;转读入下一个字节数据
```

在使用 RDNBYT 子程序时，占用资源 R1、R3，但需调 STA、STOP、WRBYT、RDBYT、

ACK、MACK、MNACK 等子程序，且需满足这些子程序的调用要求。RDNBYT 子程序中还使用了：SLA，器件寻址(读)存放单元；MRD，主节点中数据缓冲区首址。

【例 7-8】 8051 单片机 I/O 口模拟 I^2C 总线扩展 E^2PROM AT24C02，系统时钟为 6 MHz，连接电路如图 7-39 所示。

(1) AT24C02 的引脚及功能。

V_{DD}：+5 V 电源。

SCL：串行时钟输入端，在时钟的上升沿时把数据写入 E^2PROM；在时钟的下跳沿时将数据从 E^2PROM 中读出来。

SDA：串行数据 I/O 端，用于输入/出数据，漏极开路，可以组成“线与”结构。

TEST：写保护端，该引脚提供了硬件数据保护，TEST 接地时，允许芯片执行一般的读写操作，TEST 接 V_{DD} 时，则对芯片实施写保护。

A_0、A_1、A_2 引脚：提供引脚地址，其状态由硬件组合(000～111)，该型号芯片最多可接 8 片。

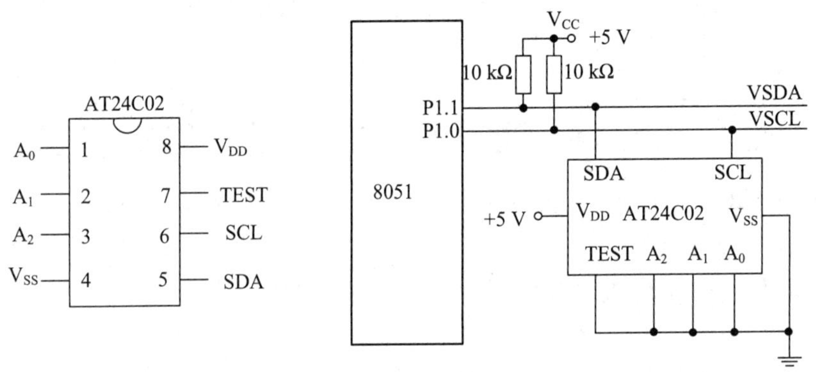

图 7-39　AT24C02 的引脚及连接电路

(2) AT24C02 存储器的内部结构。

AT24C02 内部可存储容量为 256 B，共可接 8 片，总容量为 256 B × 8 = 2 KB，内部结构如图 7-40 所示。

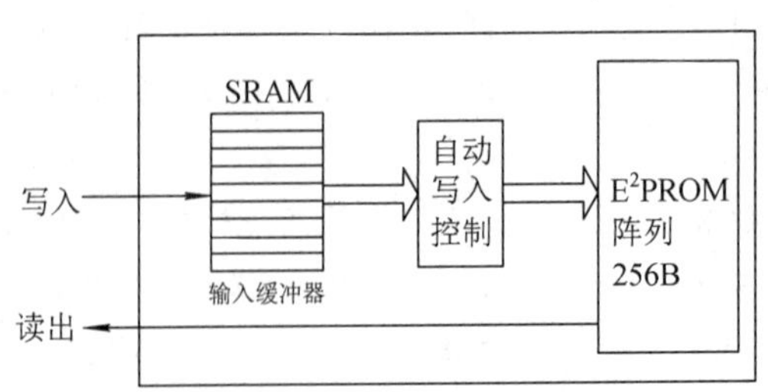

图 7-40　AT24C02 内部结构

AT24C02 内部由 SRAM 性质内部缓冲器和 256B E^2PROM 组成，由于 E^2PROM 写入时间较长(5～10 ms)，为了提高写入速度，设置了 8 个字节的内部缓冲器。对 E^2PROM 写入实际上是先对缓冲器装载，装载完后自动将缓冲器中的全部数据一次写入 E^2PROM

阵列中。对缓冲器写入称为页写，缓冲器容量称为页写字节数(8 个字节)，占用对 E²PROM 阵列字节地址(00H～FFH)寻址的低 3 位，一般低 3 位地址从零开始写入输入缓冲器；而高 5 位为阵列的页地址(共有 $2^5 = 32$ 页)；对阵列的写入是以页为单位一次写入的，写入时应等候 5～10 ms 后再启动 1 次写操作。由于输入缓冲器容量较少，且不具备溢出功能，因此在从非零地址写入 8 个字节或从零地址写入超过 8 个字节时，会形成地址翻卷，导致写入错误。

(3) AT24C02 的写入与读出操作。

利用 I²C 总线对 AT24C02 进行读/写操作时，除了要传送节点地址(SLA)外，还必须传送 E²PROM 阵列的字节地址(起始地址低 3 位为零)，称该地址为 SUBADR。

写 N 个字节的操作格式：

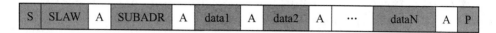

S	SLAW	A	SUBADR	A	data1	A	data2	A	…	dataN	A	P

读 N 个字节操作格式：

S	SLAB	A	SUBADR	A	S	SLAR	A	data1	A	data2	A	…	dataN	$\overline{A}$	P

AT24C02 的器件地址为 1010 B，对 AT24C02 写入操作的寻址字节 SLAW 为 A0H，对 AT24C02 读操作的寻址字节 SLAR 为 A1H，并设阵列字节地址(SUBADR)为 50H，以该地址为起始地址，连续写入或读出若干字节数据。在执行写操作之前，应该在 8051 单片机内部 RAM 中设置 1 个发送数据缓冲区，可称为 MTD，将被发送的数据连同 SUBADR 提前装入该缓冲区中，一并发送出去。

【例 7-9】 编写程序将内部 RAM 60H 起始的 8 个字节数据写入 AT24C02 50H 起始的存储单元中。程序代码如下：

```
        ORG   0000H
        LJMP   START
        ORG   0100H
        SUBADR   EQU 50H
        SLAW   EQU 0A0H
        VSDA   EQU   P1.1
        VSCL   EQU   P1.0
        MTD   EQU   50H
        NUMBYT   EQU   40H
        MRD   EQU   41H
VAT24W:LCALL   WMOV9              ;将写数据连同 SUBADR 送入 MTD
        MOV   NUMBYT,#09H         ;写入数据字节为 9
        LCALL   WRNBYT            ;调发送 N 个字节子程序
        RET
WMOV9:MOV   R0,#MTD               ;发送缓冲区首址入 R0
```

```
        MOV . @R0,#SUBADR
        INC    R0
        MOV    R1,#60H              ;数据区首址入 R1
        MOV    R2,#8                ;移入数据字节数入 R2
WMOV:MOV    A,@R1                   ;8 个数据转入发送缓冲区 MTD
        MOV    @R0,A
        INC    R0
        INC    R1
        DJNZ   R2, WMOV
        RET
```

【例 7-10】 编写程序从 AT24C02 中的 60H～67H 中读出 8 个字节数据存入 8051 单片机内部 RAM 的 60H～67H 单元中。程序代码如下：

```
        ORG    0000H
        LJMP   VAT24R
        ORG    0100H
        SUBADR   EQU 60H
        SLAW   EQU 0A0H
        SLAR   EQU 0A1H
        VSDA   EQU   P1.1
        VSCL   EQU   P1.0
        MRD    EQU   60H
        MTD    EQU   50H
        NUMBYT   EQU   40H
VAT24R:MOV   MTD, #SUBADR           ;向 AT24C02 写入 SUBADR
        MOV    NUMBYT, #1           ;发送 SLAW 1 个字节数据
        LCALL   WRNBYT
        MOV    NUMBYT, #08H
        LCALL   RDNBYT
        ACALL   RMOV8               ;调数据转移子程序
        SJMP
RMOV8:MOV    R0, #MRD               ;将 8 个数据从 MRD 转移到 60H～67H 中
        MOV    R1, #60H
        MOV    R2, #8
RMOV:MOV    A,@R0
        MOV    @R1,A
        INC    R0
        INC    R1
        DJNZ   R2, RMOV
        RET
```

AT24C02 读出的数据自动存放在接收缓冲区 MRD 中。

若将内部 RAM 60H～67H 设为 01H～08H，并将 AT24C02(Proteus 中无)用 24C02C 代替，写 AT24C02 仿真结果如图 7-41 所示，读 AT24C02 仿真结果如图 7-42 所示。

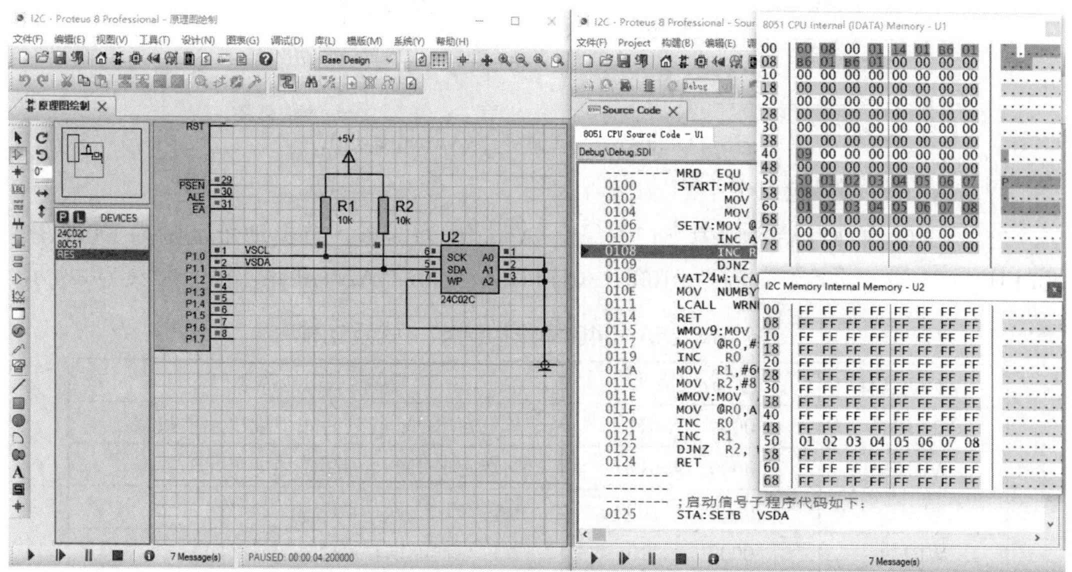

图 7-41　写 AT24C02 仿真结果

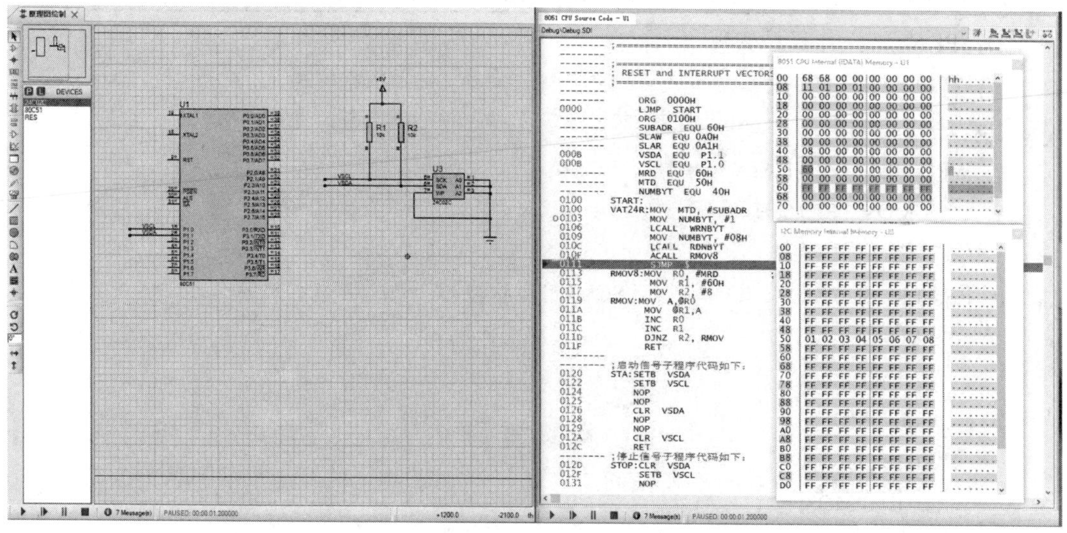

图 7-42　读 AT24C02 仿真结果

7.1.7　MCS-51 SPI 总线扩展技术

SPI 总线包含时钟线 SCLK、主控输出线 MISO、主控输入线 MOSI 和从设备片选线 SS。MCS-51 单片机大多不具备 SPI 总线接口，若需扩展 SPI 接口设备，需要利用 IO 口模拟 SPI 时序，下面以 8051 单片机 I/O 口模拟 SPI 总线扩展 E²PROM 25AA040 为例来简单介绍 SPI 总线的扩展技术，系统时钟为 12 MHz，连接电路如图 7-43 所示。

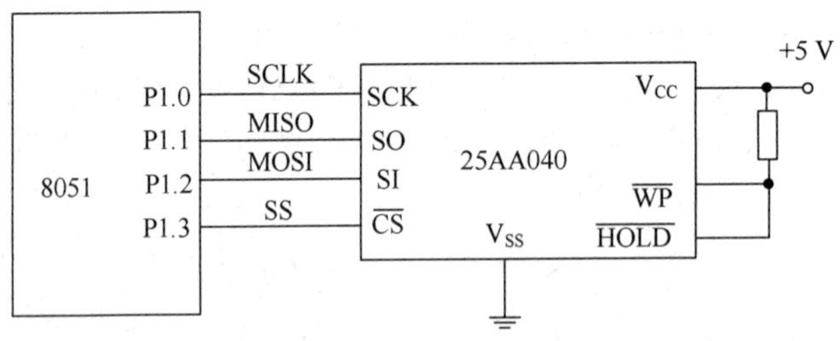

图 7-43　8051 单片机扩展 25AA040 连接图

1) 25AA040 操作控制字

25AA040 内部存储容量为 512 B，由 A_8 标记为两页，首页地址范围为 0000H～00FFH(A_8 = 0)，次页地址范围为 0100H～01FFH(A_8 = 1)，25AA040 操作命令如表 7-8 所示。

表 7-8　25AA040 操作控制字格式及功能

控制字名称	控制字格式	控制字功能描述
READ	0000　$A_8$011	从选定 ROM 阵列起始地址单元读数据
WRITE	0000　$A_8$010	向选定 ROM 阵列起始地址单元写数据
WRDI	0000　×100	复位写使能锁存器(禁止写操作)
WREN	0000　×110	置位写使能锁存器(允许写操作)
RDSR	0000　×101	读状态寄存器
WRSR	0000　×001	写状态寄存器

2) SPI 读/写操作程序实现

(1) 写单字节子程序。

其程序代码如下：

```
WRB:MOV   A,WDATA
     MOV   R2,#08H
     CLR C
RS:CLR   SCLK                ;SCLK 空闲状态
    RLC   A
    JC   WR1
    CLR   MOSI
    SJMP CONW
WR1:SETB MOSI
CONW:SETB SCLK               ;SCLK 上升沿
       DJNZ R2,RS
       RET
```

(2) 读单字节子程序。

其程序代码如下：

```
RDB:MOV RDATA,#00H
     CLR C
     MOV R2,#8
```

```
CONR:CLR   SCLK                    ;SCLK 空闲状态
      MOV   A,RDATA
      SETB   SCLK                  ;SCLK 上升沿
      MOV   C,MISO
      RLC   A
      MOV   RDATA,A
      DJNZ   R2,CONR
      RET
```

(3) 写指定地址单元。

其程序代码如下：

```
WRDESTA: CLR SCLK
         CLR   SS                  ;选中从设备
         MOV   WDATA,#WREN
         LCALL   WRB               ;写 25AA040 锁存器使能命令
         SETB   SS
         CLR   SS
         MOV   WDATA,WRITE
         LCALL   WRB               ;送 25AA040 写入命令字
         MOV   WDATA,DESTA
         LCALL   WRB               ;送 25AA040 数据写入起始地址
         MOV   WDATA,SDATA
         LCALL   WRB               ;数据写入 25AA040 指定地址
         SETB   SS
         CLR   SCLK
         RET
```

(4) 读指定地址单元。

其程序代码如下：

```
RDESTA:CLR SCLK
       CLR   SS
       MOV   WDATA,READ
       LCALL   WRB                 ;送 25AA040 读出命令字
       MOV   WDATA,DESTA
       LCALL   WRB                 ;送 25AA040 读出起始地址
       LCALL   RDB                 ;读 25AA040 指定地址数据
       SETB   SS
       CLR   SCLK
       RE
```

3) 功能程序实现

编写程序实现将 25AA040 的首页所有单元赋值为 55H，次页为所有单元赋值为 AAH，然后将 25AA040 的 0000H～0010H 的数据传送至内部 RAM 60H 为起始地址的存储单元中。

主程序代码如下：

```
        ORG     0000H
        LJMP    START
        ORG     0100H
        SCLK    EQU P1.0        ;时钟线
        MISO    EQU P1.1        ;主控输入线
        MOSI    EQU P1.2        ;主控输出线
        SS      EQU P1.3        ;从控片选线
        WREN    EQU 06H         ;25AA040 锁存器使能命令字
        WRDI    EQU 04H         ;25AA040 锁存器禁止命令字
        READ    EQU 20H         ;25AA040 读出命令字单元
        WRITE   EQU 21H         ;25AA040 写入命令字单元
        WDATA   EQU 30H         ;发送单元
        RDATA   EQU 31H         ;读数据寄存单元
        DESTA   EQU 50H         ;写数据目标地址单元
        SDATA   EQU 51H         ;写数据存储单元
        WRLEN   EQU 00H         ;
        RLEN    EQU  11H
        RSTOR   EQU 60H
START:  MOV     DESTA,#00H
        MOV     SDATA,#55H
        MOV     WRITE,#02H      ;首页写命令字设为 02H
        MOV     R3,#WRLEN
REW1:LCALL   WRDESTA
        LCALL   DELAY10mS
        INC     DESTA
        DJNZ    R3,REW1
        MOV     DESTA,#00H
        MOV     SDATA,#0AAH
        MOV     WRITE,#0AH      ;次页写命令字设为 0AH
        MOV     R3,#WRLEN
REW2:LCALL   WRDESTA
        LCALL   DELAY10mS
        INC     DESTA
        DJNZ    R3,REW2
        MOV     READ,#03H       ;读首页单元，命令字设为 03H
        MOV     R0,#RSTOR
        MOV R3,#RLEN
        MOV DESTA,#00H
RER:LCALL    RDESTA
```

```
MOV @R0,RDATA
INC R0
INC DESTA
DJNZ R3, RER
SJMP    $
```

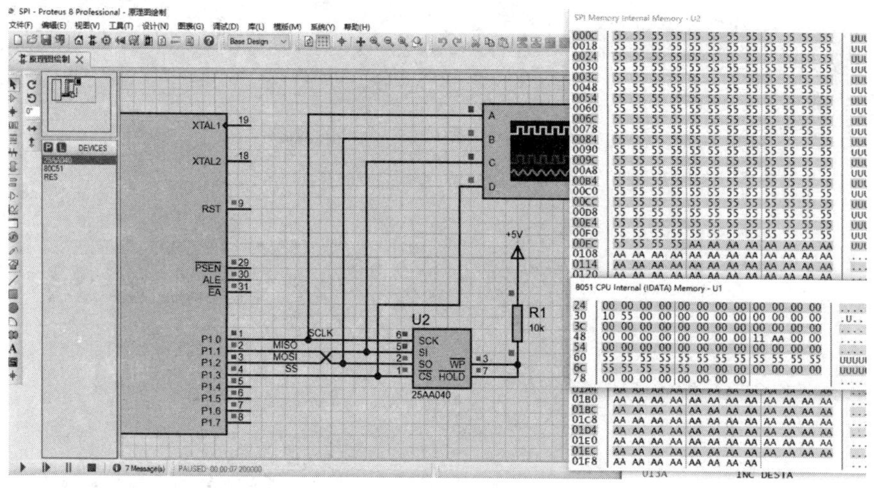

图 7-44　模拟 SPI 总线扩展 E²PROM 25AA040 仿真结果

7.1.8　MCS-51 扩展 RS-232 总线技术

RS-232-C 不能直接与 TTL 电路连接，必须经过电平转换，否则将使 TTL 电路烧坏。在 MCS-51 单片机系统中扩展 RS-232 总线须将单片机串口连接专门的电平转换芯片。图 7-45 是利用 8051 单片机串口连接电平转换芯片 MAX232 构建的 RS-232 总线。由于 RS-232 采用负逻辑，因此发送和接收均需连接反相器确保数据传输逻辑正确，如图 7-45 中的 U4 和 U3。

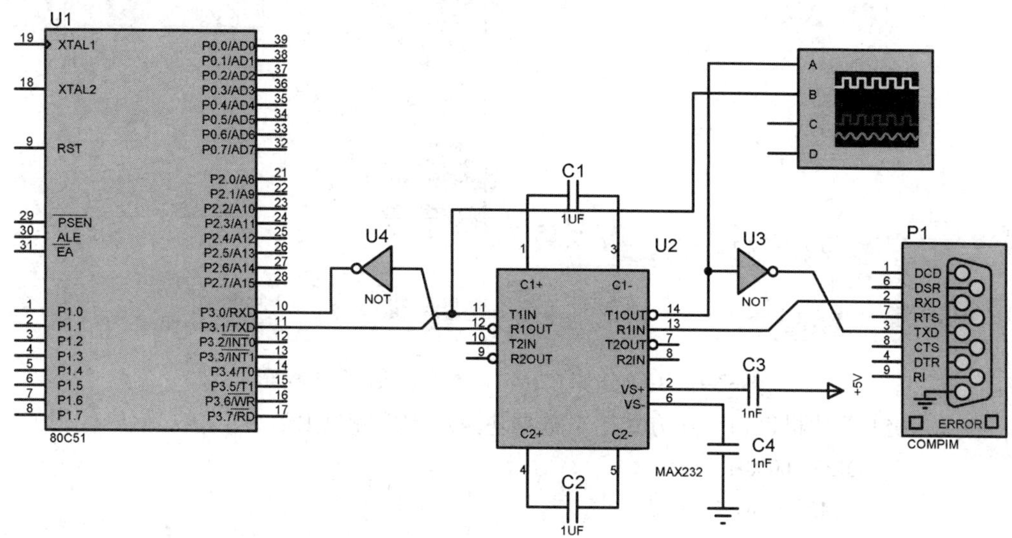

图 7-45　8051 单片机扩展 RS-232 总线连接图

利用相关软件(如 VSPD 等)构建虚拟串行端口 COM1 和 COM2，如图 7-46 所示。COMPIM 口配置为 COM1 口，串口调试助手配置为 COM2，配置为相同通信参数，如图 7-47 所示。

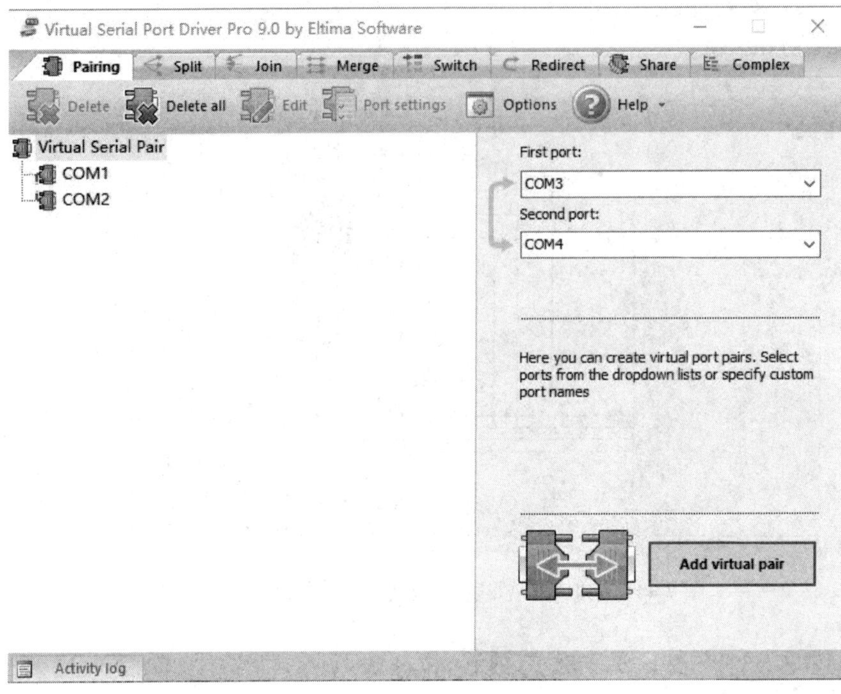

图 7-46　构建虚拟串口 COM1 和 COM2

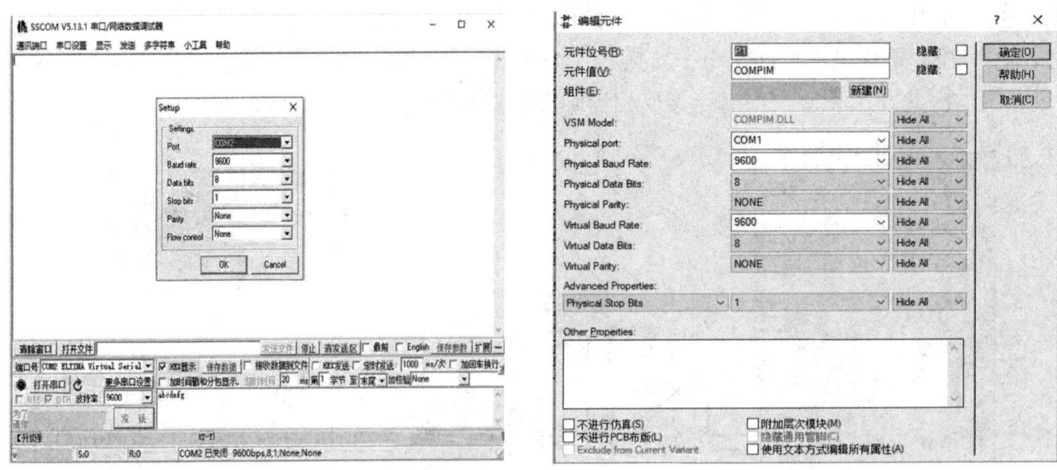

图 7-47　COM1 和 COM2 口设置和通信参数配置

编写 8051 单片机串口工作方式 1 下数据块发送程序测试 RS-232 总线，程序代码如下：

```
ORG    0000H
LJMP   START
ORG    0100H
TBLOCK    DATA    20H
```

```
        LEN     DATA     14H
START: MOV    TMOD,#20H        ;定时器 T1 为方式 2
        MOV    TL1, #0FDH       ;波特率为 9600b/s
        MOV    TH1, #0FDH       ;给 TH1 送重装初值
        MOV    PCON, #80H       ;令 SMOD=1
        SETB   TR1              ;启动 T1
        MOV    SCON, #40H       ;串行口为方式 1
        MOV    R0, #TBLOCK      ;发送数据块始址送 R0
        MOV    A, #LEN
        MOV    R2, A            ;数据块长度字节送 R2
        MOV    SBUF, A          ;发送 LEN 字节
HERE: JBC    TI,TXSVE          ;等待长度发送
       SJMP   HERE
TXSVE: CLR    TI               ;清 TI
         MOV    A, @R0          ;发送数据送 A
         MOV    SBUF, A         ;启动发送
WAIT: JBC    TI,NEXT           ;等待数据发送
       SJMP   WAIT
NEXT: INC    R0                ;数据块指针加 1
       DJNZ   R2, TXSVE         ;若数据未发送完，则转 TXSVE
STOP:SJMP   STOP
       END
```

若设置 8051 单片机内部 RAM 20H 单元起始的 64 个单元为测试数据，将程序代码写入单片机，8051 单片机扩展 RS-232 总线仿真结果如图 7-48 所示。读者可分析 RS-232 数据波形并尝试编写接收程序代码，加深对 RS-232 总线通信方式的理解。

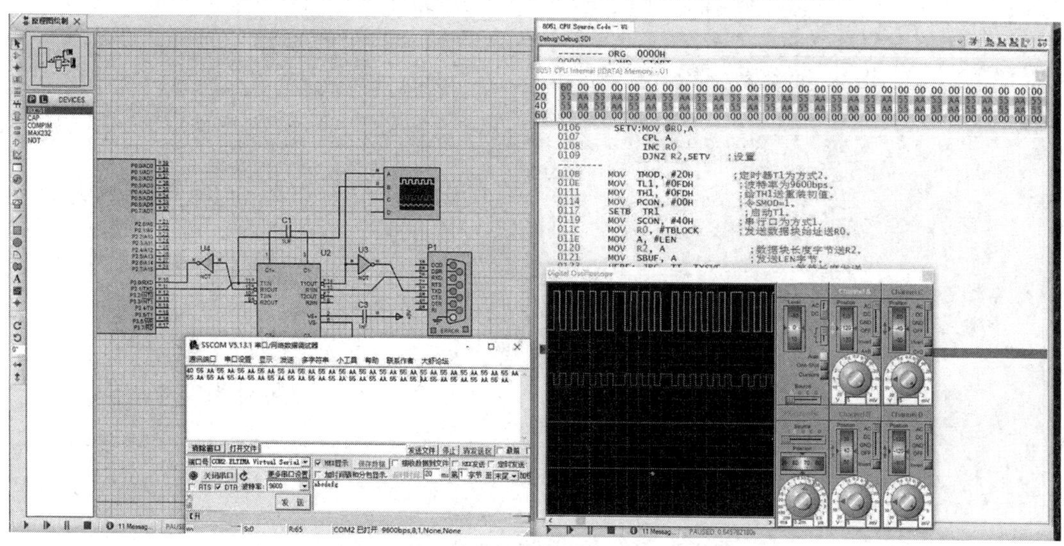

图 7-48　8051 单片机扩展 RS-232 总线仿真结果

7.1.9 MCS-51 扩展 RS-485 总线技术

RS-485 总线通信距离为几十米到上千米以上的场合广泛采用串行总线标准。RS-485 采用平衡发送和差分接收方式，因此具有抑制共模干扰的能力。RS-485 适用于收发双方共用一条线路进行通信，也适用于多个点之间共用一条线路进行总线方式联网，虽然通信只能是半双工的，但是可设计自动切换收实现准全双工通信。图 7-49 是利用两片 8051 单片机串口连接 RS-485 通信控制芯片 MAX487 构建的 RS-485 总线双机通信。

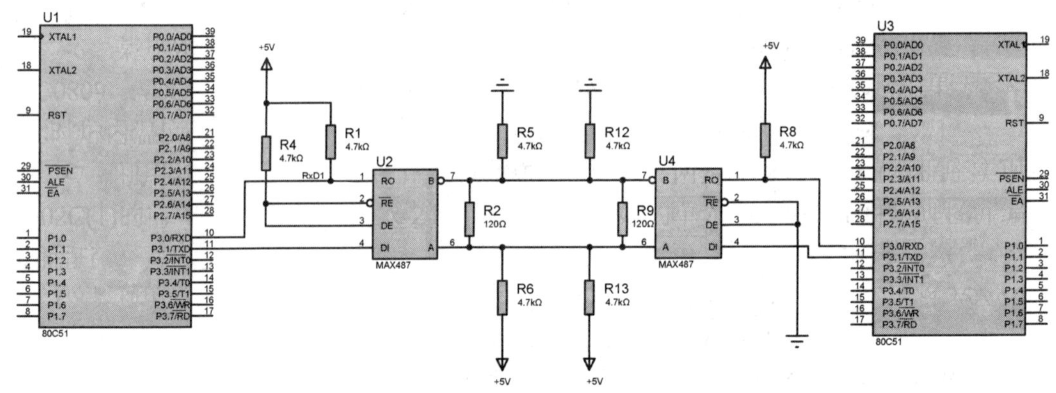

图 7-49 RS-485 总线双机通信

两片 8051 单片机分别写入 8051 单片机串口方式 1 的发送和接收程序代码(参照 8051 单片机串口部分的相关程序)，并设置测试数据可得图 7-50 所示的仿真结果。本例中 MAX487 的收发是固定的(即 U1 发 U3 收)，有兴趣的读者可利用 I/O 口控制收发，并可尝试仿真设计自动切换收发等深入学习 RS-485 的通信机制。

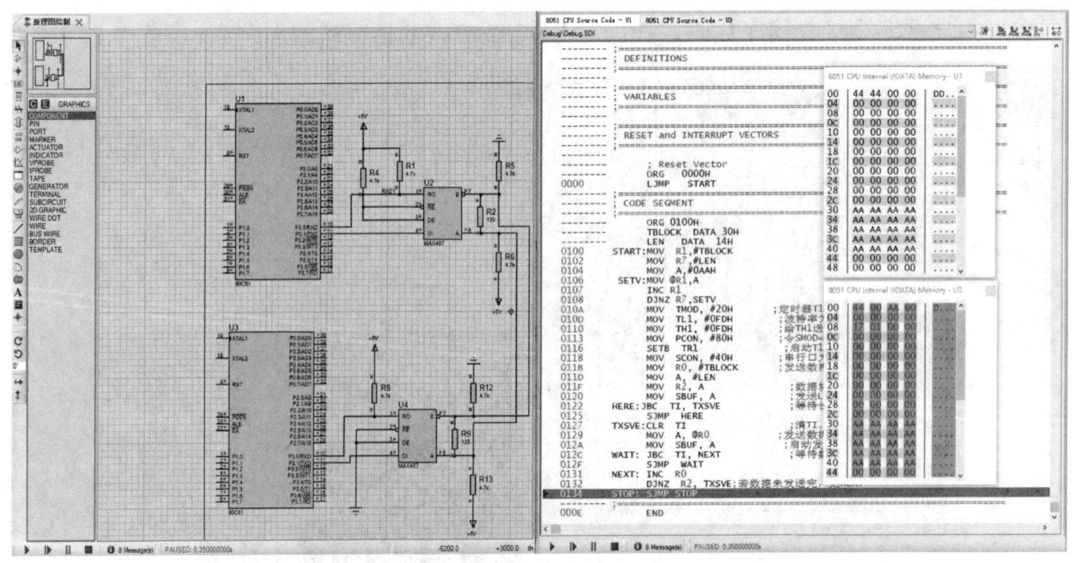

图 7-50 RS-485 总线双机通信仿真结果

7.2　基于 8051 的数字温度计设计

7.2.1　数字温度计功能要求

采用 8051 单片机和温度传感器 DS18B20 设计一种数字温度计，测温范围为-55℃～128℃，测量精度为 0.1℃，由按键设定温度报警上下限 TH 和 TL，采用点阵字符型液晶模块作为数字温度计的显示器，分两行显示。第一行显示工作状态，正常时显示“DS18B20 OK”，不正常时显示“DS18B20 ERROR”；第二行显示实测温度值和状态符号，“＞H”表示实测温度大于温度报警值 TH，“＜L”表示实测温度小于温度报警值 TL。“！”表示实测温度位于设定的温度范围之内，当实测温度超过设定温度限制范围时，发出声光报警信号。

7.2.2　数字温度计硬件电路设计

数字温度计硬件电路如图 7-51 所示，主要包括 8051 单片机、温度传感器 DS18B20、点阵字符型液晶显示模块等。

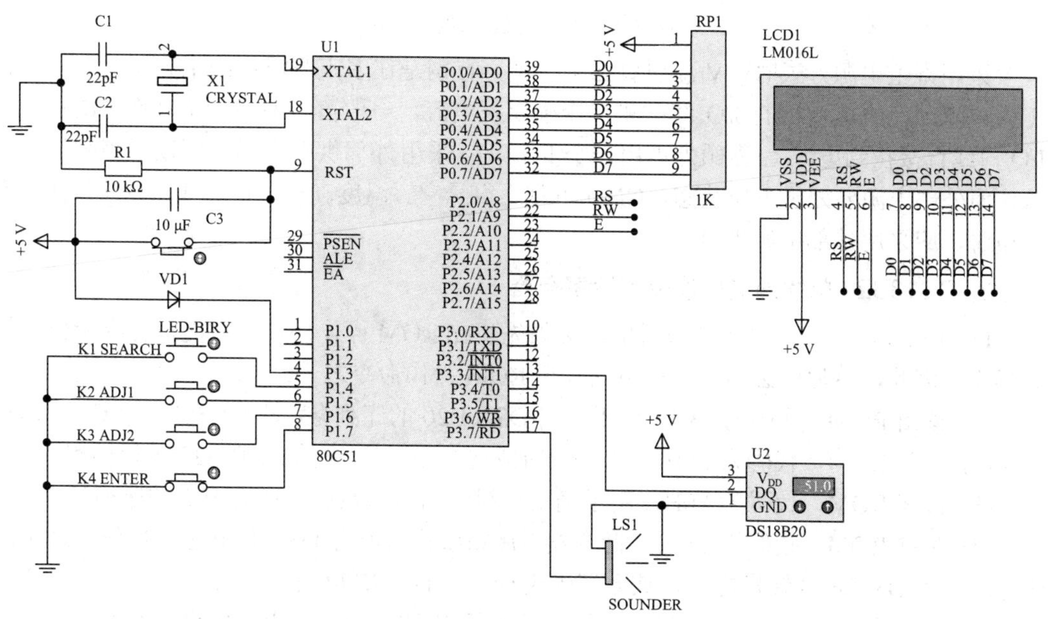

图 7-51　数字温度计硬件电路

温度传感器 DS18B20 是一种新型数字温度传感器，它采用独特的单线接口方式，仅需一个端口引脚来发送或接收信息，在单片机和 DS18B20 之间仅需一条数据线和一条地线进行接口。

1. DS18B20 各引脚功能

(1) GND：地。

(2) DQ：单线应用的数据输入/输出引脚。

(3) V_{DD}：可选的外部供电电源引脚。

DS18B20 内部有 64 位激光 ROM、温度传感器、非易失性温度报警触发器三个主要数字部件。

2. DS18B20 供电方式

DS18B20 可以采用寄生电源方式工作，从单总线上汲取能量，在信号线处于高电平期间把能量储存在内部电容里，在信号线处于低电平期间消耗电容上的电能工作，直到高电平到来再给寄生电源(电容)充电；DS18B20 也可用外部 3～5.5 V 电源供电。这两种供电方式的电路如图 7-52 所示。

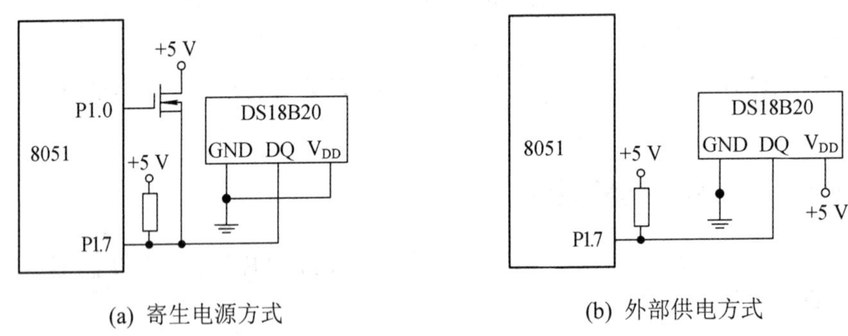

(a) 寄生电源方式　　(b) 外部供电方式

图 7-52　DS18B20 的供电方式

采用寄生电源方式时，V_{DD} 引脚必须接地，特别是在多点测温系统中为了得到足够的工作电流，应给单片机的 I/O 线提供一个强上拉电流，一般可以使用一个功率 MOS 管将 I/O 口线直接拉到电源上(需额外占用一个 I/O 口)。采用外部供电方式时可以不用强上拉电流，但外部电源要处于工作状态，GND 引脚不得悬空。温度高于 100℃时，不推荐使用寄生电源，应采用外部电源供电。

3. DS18B20 单线通信协议及配置寄存器

DS18B20 依靠一个单线端口通信，必须先建立 ROM 操作协议，才能进行存储器和控制操作。因此，单片机必须先提供下面 5 个 ROM 操作命令之一：

(1) 读出 ROM，代码为 33H，用于读出 DS18B20 的序列号，即 64 位激光 ROM 代码。

(2) 匹配 ROM，代码为 55H，用于辨别(或选中)某一特定的 DS18B20 进行操作。

(3) 搜索 ROM，代码为 F0H，用于确定总线上的节点数以及所有节点的序列号。

(4) 跳过 ROM，代码为 CCH，命令发出后系统将对所有 DS18B20 进行操作，通常用于启动所有 DS18B20 转换之前，或系统中仅有一个 DS18B20 时。

(5) 报警搜索，代码为 ECH，主要用于鉴别和定位系统中超出程序设定的报警温度界限的节点。

这些命令对每个器件的激光 ROM 部分进行操作，在单线总线上挂有多个器件时，可以区分出单个器件，同时指明有多少器件或是什么型号的器件。

DS18B20 内部存储器映像如图 7-53 所示。存储器由一个高速暂存器和一个存储高低温报警触发值 TH 和 TL 的非易失性电可擦除 E^2PRAM 组成。前 2 个字节为实测温度值，低字节在前，高字节在后，第 3 和第 4 字节是用户设定温度报警值 TH 和 TL 的副本，是易失的，每次上电时被刷新。第 5 字节为配置寄存器，其内容用于确定温度值的数字转换分辨率，DS18B20 工作时按此寄存器中的分辨率将温度转换为相应精度的数值。

存储器内容	字节
温度 LSB	字节 1
温度 MSB	字节 2
TH 用户字节 1	字节 3
TL 用户字节 2	字节 4
配置寄存器	字节 5
保留	字节 6
保留	字节 7
保留	字节 8
CRC	字节 9

图 7-53　DS18B20 内部存储器映像

配置寄存器各位的分布如下：

D7	D6	D5	D4	D3	D2	D1	D0
TM	R1	R0	1	1	1	1	1

其中，TM 为测试模式位，用于设定 DS18B20 为工作模式还是为测试模式，出厂时 TM 位被设置为 0，用户一般不要改动。R1 和 R0 用于设定温度转换的精度分辨率，如表 7-9 所示。其余低 5 位全为 1。DS18B20 温度转换时间较长，而且设定的分辨率越高，所需转换时间越长，因此实际应用中要根据具体情况权衡考虑。

表 7-9　DS18B20 的分辨率设定

R1	R0	分辨率/位	温度最大转换时间/ms
0	0	9	93.75
0	1	10	187.5
1	0	11	375
1	1	12	750

高速寄存器的第 6、7、8 字节保留未用，读出值为全 1。第 9 字节为前面 8 个字节的 CRC 校验码，用于保证数据通信的正确性。

4. DS18B20 存储器操作命令

DS18B20 提供了如下存储器操作命令。

(1) 温度转换，代码为 44H，用于启动 DS18B20 进行温度测量，温度转换命令被执行后 DS18B20 保持等待状态。如果主机在这条命令之后跟着发出读时间隙，而 DS18B20 又忙于进行温度转换，DS18B20 将在总线上输出“0”，若温度转换完成，则输出“1”。如果使用寄生电源，主机必须在发出这条命令后立即启动强上拉，并保持 750 ms，在这段时间内单总线上不允许进行任何其他操作。

(2) 读暂存器，代码为 BEH，用于读取暂存器中的内容，从字节 0 开始最多可以读取 9 个字节，如果不想读完所有字节，主机可以在任何时间发出复位命令中止读取。

(3) 写暂存器，代码为 4EH，用于将数据写入到 DS18B20 暂存器的地址 2 和地址 3(TH 和 TL 字节)，可以在任何时刻发出复位命令中止写入。

(4) 复制暂存器，代码为 48H，用于将暂存器的内容复制到 DS18B20 的非易失性 E^2PRAM 中，即把温度报警触发字节存入非易失性存储器里。如果主机在这条命令之后跟着发出读时间隙，而 DS18B20 又正在忙于把暂存器的内容复制到 E^2PRAM 存储器，DS18B20 就会输出 1 个“0”，如果复制结束，则 DS18B20 输出“1”。如果使用寄生电源，主机必须在这条命令发出后立即启动强上拉并最少保持 10 ms，在这段时间内单总线上不允许进行任何其他操作。

(5) 重读 E^2PRAM，代码为 B8H，用于将存储在非易失性 E^2PRAM 中的内容重新读入到暂存器(温度触发器)中。这种复制操作在 DS18B20 上电时自动执行，这样器件只要上电，暂存器中马上就存在有效的数据了。若在这条命令发出之后发出读时间隙，器件会输出温度转换忙的标志，“0”代表忙，“1”代表完成。

(6) 读电源，代码为 B4H，用于将 DS18B20 的供电方式信号发送到主机。若在这条命令发出之后发出读时间隙，DS18B20 将返回它的供电模式，“0”代表寄生电源，“1”代表外部电源。

5. DS18B20 数据读写

1 条温度转换命令启动 DS18B20 完成 1 次温度测量，测量结果以二进制补码形式存放在高速暂存器中，占用暂存器的字节 1(LSB)和字节 2(MSB)。用 1 条读暂存器内容的存储器操作命令可以把暂存器中的数据读出。温度报警触发器 TH 和 TL 各由 1 个 E^2PRAM 字节构成，可以用 1 条写存储器操作命令对 TH 和 TL 进行写入，对这些寄存器的读出需要通过暂存器。所有数据以低位(LSB)在前的方式进行读/写，数据格式以 0.0625℃/LSB 形式表示如下：

LSB 字节：

2^3	2^2	2^1	2^0	2^{-1}	2^{-2}	2^{-3}	2^{-4}

MSB 字节：

S	S	S	S	S	2^6	2^5	2^4

当符号位 S = 0 时，表示测得的温度值为正，可以直接对测得的二进制数进行计算并转换为十进制数；当符号位 S = 1 时，表示测得的温度值为负，此时测得的二进制数为补码数，要先变成原码数再进行计算。表 7-10 所示为 DS18B20 温度与测量值对应表。

表 7-10　DS18B20 温度与测量值对应表

温度/℃	二进制数表示	十六进制数表示
+125	00000111 11010000	07D0H
+85	00000101 01010000	0550H
+25.0625	00000001 10010001	0191H
+10.125	00000000 10100010	00A2H
+0.5	00000000 00001000	0008H
0	00000000 00000000	0000H
−0.5	11111111 11111000	FFF8H
−10.125	11111111 01011110	FF5EH
−25.0625	11111110 01101111	FE6FH
−55	11111100 10010000	FC90H

DS18B20 完成温度转换后，就把测得的温度值 t 与暂存器中的 TH、TL 字节内容进行比较，若 t＞TH 或 t＜TL，则将 DS18B20 内部报警标志位置 1，并对主机发出的报警搜索命令做出响应，因此可用多只 DS18B20 进行多点温度循环监测。

7.2.3　数字温度计软件程序设计

1. 任务分析

数字温度计的软件程序包括主程序、DS18B20 复位与检测子程序、读温度子程序、温度数据处理子程序、温度显示子程序、按键扫描子程序、报警值设定子程序、温度比较子程序等。

(1) 主程序首先进行初始化，当检测到 DS18B20 存在时发出温度转换命令和读温度命令，再分别调用相应的数据处理子程序，完成温度测量及显示工作。

(2) DS18B20 复位与检测子程序的主要功能为检测 DS18B20 是否存在。若存在则将标志位 FLAG1 置 1，不存在则将标志位 FLAG1 置 0。后续程序可以通过判断标志位来决定进行何种操作。

(3) 读温度子程序只读出 DS18B20 暂存器前 4 字节的数据：温度值 LSB，温度值 MSB，温度报警值 TH 和 TL，并将它们分别存入 26～29H。

(4) 温度数据处理子程序首先判断温度值 MSB 的符号位。当符号位 S = 0 时，表示测得的温度值为正值，可以直接将二进制转换为十进制；当符号位 S = 1 时，表示测得的温度值为负值，要先将补码变成原码，再计算十进制值。计算时先将温度值 LSB 的低 4 位取出，进行小数部分数据处理，再将温度值 LSB 的高 4 位和温度值 MSB 的低 4 位取出，重新组合后进行整数部分数据处理。

(5) 温度显示子程序将从 DS18B20 读出的温度值经过数据处理后，送往 LCD 进行实测温度显示。

(6) 按键扫描子程序对数字温度计的 K1～K4 键进行扫描，得到键值，根据键值完成相应操作。按下 K1 键查看温度报警值，按下 K3 键返回。按下 K2 键设定温度报警值，再次按下 K2 键调整 TH 的设定值，按下 K3 键调整 TL 的设定值，设定过程中可以通过按键 K1 来决定是增还是减，按下 K4 键将设定的温度报警值写入 DS18B20。设定完毕，将温度报警值写入 DS18B20 的 E^2PRAM 中保存，每次开机时自动从 DS18B20 中读出温度报警值。

(7) 温度比较子程序将实测温度值与设定的温度报警值进行比较，根据比较结果执行相应处理程序。当实测温度大于温度报警值 TH 的设定值时，LCD 显示“>H”，并使指示灯闪动，蜂鸣器发出报警声。当实测温度小于温度报警值 TL 的设定值时，LCD 显示“<L”，并使指示灯闪动，蜂鸣器发出报警声。当实测温度小于温度报警值 TH 但大于温度报警值 TL 的设定值时，LCD 显示“！”，同时点亮指示灯。

2. 数字温度计程序设计代码

数字温度计程序设计代码如下：

```
        TEMP_ZH   EQU   24H          ;实测温度值存放单元
        TEMPL   EQU   25H
        TEMPH   EQU   26H
        TEMP_TH   EQU   27H          ;高温报警值存放单元
        TEMP_TL   EQU   28H          ;低温报警值存放单元
        TEMPHC   EQU   29H           ;正、负温度值标记
        TEMPLC   EQU   2AH
        TEMPFC   EQU   2BH
        K1   EQU   P1.4              ;查询按键
        K2   EQU   P1.5              ;设置/调整键
        K3   EQU   P1.6              ;调整键
        K4   EQU   P1.7              ;确定键
        BEEP   EQU   P3.7            ;蜂鸣器
        RELAY   EQU   P1.3           ;指示灯
        LCD_X   EQU   2FH            ;LCD 字符显示位置
        LCD_RS   EQU   P2.0          ;LCD 寄存器选择信号
        LCD_RW   EQU   P2.1          ;LCD 读写信号
        LCD_EN   EQU   P2.2          ;LCD 允许信号
        FLAG1   EQU   20H.0          ;DS18B20 是否存在标志
        KEY_UD   EQU   20H.1         ;设定按键的增、减标志
        DQ   EQU   P3.3              ;DS18B20 数据信号
        ORG   0000H
        LJMP   MAIN
        ORG    0030H
   MAIN:MOV   SP,#60H
        MOV   A,#00H
        MOV   R0,#20H
        MOV   R1,#10H
```

```
CLEAR:MOV    @R0,A
        INC    R0
        DJNZ   R1,CLEAR              ;将 20H～2FH 单元清零
        LCALL   SET_LCD
        LCALL   RE_18B20
START:LCALL    RST                   ;调用 18B20 复位子程序
        JNB   FLAG1,START1           ;DS1820 不存在
        LCALL   MENU_OK              ;DS1820 存在，调用显示正确信息子程序
        MOV    TEMP_TH,#055H         ;设置 TH 初值 85 度
        MOV    TEMP_TL,#019H         ;设置 TL 初值 25 度
        LCALL RE_18B20A              ;调用暂存器操作子程序
        LCALL   WRITE_E2             ;写入 DS18B20
        LCALL   TEMP_BJ              ;显示温度标记
        JMP     START2
START1: LCALL   MENU_ERROR           ;调用显示出错信息子程序
        LCALL   TEMP_BJ              ;显示温度标记
        SJMP   $
START2: LCALL   RST                  ;调用 DS18B20 复位子程序
        JNB   FLAG1,START1           ;DS18B20 不存在
        MOV     A,#0CCH              ;跳过 ROM 匹配命令
        LCALL   WRITE
        MOV     A,#44H               ;温度转换命令
        LCALL   WRITE
        LCALL   RST
        MOV     A,#0CCH              ;跳过 ROM 匹配
        LCALL   WRITE
        MOV     A,#0BEH              ;读温度命令
        LCALL   WRITE
        LCALL   READ                 ;调用 DS18B20 数据读取操作子程序
        LCALL   CONVTEMP             ;调用温度数据 BCD 码处理子程序
        LCALL DISPBCD                ;调用温度数据显示子程序
        LCALL CONV                   ;调用 LCD 显示处理子程序
        LCALL TEMP_COMP              ;调用实测温度值与设定温度值比较子程序
        LCALL   PROC_KEY             ;调用键扫描子程序
        SJMP START2                  ;循环
;*************************** 键扫描子程序 ****************************
PROC_KEY:JB    K1,PROC_K1
        LCALL   BEEP_BL
        JNB    K1,$
```

```
        MOV    DPTR,#M_ALAX1
        MOV    A,#1
        LCALL  LCD_PRINT
        LCALL  LOOK_ALARM
        JB     K3,$
        LCALL  BEEP_BL
        JMP    PROC_K2
PROC_K1: JB    K2,PROC_END
        LCALL  BEEP_BL
        JNB    K2,$
        MOV    DPTR,#RST_A1
        MOV    A,#1
        LCALL  LCD_PRINT
        LCALL  SET_ALARM
        LCALL  RE_18B20          ;将设定的 TH,TL 值写入 DS18B20
        LCALL  WRITE_E2
PROC_K2: LCALL MENU_OK
        LCALL  TEMP_BJ
        PROC_END:RET
;**************************** 设定温度报警值 TH、TL ****************************
SET_ALARM:LCALL LOOK_ALARM
        AS0: JB   K1,AS00
             LCALL  BEEP_BL
             JNB    K1,$
             CPL    20H.1        ;UP/DOWN 标记
       AS00:JB   20H.1,ASZ01     ;20H.1=1，增加
            JMP  ASJ01           ;20H.1=0，减小
      ASZ01:JB   K2,ASZ02        ;TH 值调整(增加)
             INC    TEMP_TH
             CJNE   A,#120,ASZ011
             MOV    TEMP_TH,#0
     ASZ011:LCALL  LOOK_ALARM
             MOV    R5,#10
             LCALL  DELAY
             JMP    ASZ01
      ASZ02:JB   K3,ASZ03        ;TL 值调整(增加)
             LCALL  BEEP_BL
             INC    TEMP_TL
             MOV    A,TEMP_TL
```

```
            CJNE   A,#99,ASZ021
            MOV    TEMP_TL,#00H
    ASZ021:LCALL   LOOK_ALARM
            MOV    R5,#10
            LCALL   DELAY
            JMP    ASZ02
     ASZ03:JB    K4,AS0           ;确定调整
            LCALL   BEEP_BL
            JNB    K4,$
            RET
     ASJ01: JB    K2,ASJ02        ;TH 值调整(减少)
            LCALL   BEEP_BL
            DEC     TEMP_TH
            MOV    A,TEMP_TH
            CJNE   A,#0FFH,ASJ011
            JMP    ASJ022
    ASJ011: LCALL   LOOK_ALARM
            MOV    R5,#10
            LCALL   DELAY
            JMP    AS0
     ASJ02: JB    K3,ASJ03        ;TL 值调整(减少)
            LCALL   BEEP_BL
            DEC    TEMP_TL
            MOV    A,TEMP_TL
            CJNE   A,#0FFH,ASJ021
            JMP    ASJ022
    ASJ021: LCALL   LOOK_ALARM
            MOV    R5,#10
            LCALL   DELAY
            JMP    AS0
    ASJ022: CPL    20H.1
            JMP    ASZ01
     ASJ03: JMP    ASZ03
            RET
RST_A1:    DB    " SET ALERT CODE ",0
;************ 实测温度值与设定温度值比较子程序 **********************
TEMP_COMP:MOV    A,TEMP_TH
          SUBB A,TEMP_ZH
          JC    CHULI1              ;实测温度大于最高设定温度，转温度处理 1
```

```
            MOVA,TEMPFC
            CJNEA,#0BH,COMP
            SJMP CHULI2
COMP: MOV   A,TEMP_ZH
      SUBB  A,TEMP_TL
      JC    CHULI2              ;实测温度小于最低设定温度，转温度处理 2
      MOV   DPTR,#BJ5
      LCALL TEMP_BJ3
      CLR   RELAY               ;点亮指示灯
      RET
CHULI1: MOV   DPTR,#BJ3
        LCALL TEMP_BJ3
        SETB  RELAY             ;熄灭指示灯
        LCALL BEEP_BL           ;蜂鸣器响
        RET
CHULI2: MOV   DPTR,#BJ4
        LCALL TEMP_BJ3
        SETB  RELAY             ;熄灭指示灯
        LCALL BEEP_BL           ;蜂鸣器响
        RET
;----------------------------------------
TEMP_BJ3: MOV   A,#0CEH
          LCALL WCOM
          MOV   R1,#0
          MOV   R0,#2
BBJJ3: MOV   A,R1
       MOVC A,@A+DPTR
       LCALL  WDATA
       INC R1
       DJNZ  R0,BBJJ3
       RET
BJ3: DB   ">H"
BJ4: DB   "<L"
BJ5: DB   " !"
;**************************** 显示温度标记子程序 ****************************
TEMP_BJ: MOV   A,#0CBH
         LCALL WCOM
         MOV   DPTR,#BJ1        ;指针指到显示消息
         MOV   R1,#0
```

```
        MOV   R0,#2
BBJJ1: MOV   A,R1
      MOVC A,@A+DPTR
      LCALL   WDATA
      INC R1
      DJNZ   R0,BBJJ1
      RET
BJ1: DB   00H,"C"
;***************************** 显示正确信息子程序 ***************************
MENU_OK:MOV   DPTR,#M_OK1          ;指针指到显示消息
        MOV   A,#1                 ;显示在第一行
        LCALL   LCD_PRINT
        MOV   DPTR,#M_OK2          ;指针指到显示消息
        MOV   A,#2                 ;显示在第一行
        LCALL   LCD_PRINT
        RET
M_OK1: DB "    DS18B20 OK     ",0
M_OK2: DB " TEMP:              ",0
;***************************** 显示出错信息子程序 ***************************
MENU_ERROR:MOV   DPTR,#M_ERROR1 ;指针指到显示消息
           MOV   A,#1              ;显示在第一行
           LCALL   LCD_PRINT
           MOV   DPTR,#M_ERROR2 ;指针指到显示消息 1
           MOV   A,#2              ;显示在第一行
           LCALL   LCD_PRINT
           RET
M_ERROR1: DB " DS18B20 ERROR    ",0
M_ERROR2: DB " TEMP: ----        ",0
;****************************DS18B20 复位子程序 ****************************
RST: SETB DQ
     NOP
     CLR DQ
     MOV R0,#6BH                   ;主机发出延时复位低脉冲
     MOV R1,#04H
TSR1:DJNZ R0,$
     MOV R0,#6BH
     DJNZ R1,TSR1
     SETB DQ                       ;拉高数据线
     NOP
```

```
      NOP
      NOP
      MOV R0,#32H
TSR2:JNB DQ,TSR3            ;等待 DS18B20 回应
      DJNZ R0,TSR2
      JMP TSR4              ;延时
TSR3:SETB FLAG1             ; 置 1 标志位,表示 DS1820 存在
      JMP TSR5
TSR4: CLR FLAG1             ; 清 0 标志位,表示 DS1820 不存在
      JMP TSR7
TSR5: MOV R0,#06BH
TSR6: DJNZ R0,$             ; 时序要求延时一段时间
TSR7: SETB DQ
      RET
;************************ DS18B20 暂存器操作子程序 **************************
RE_18B20:JB  FLAG1,RE_18B20A
        RET
RE_18B20A:
        LCALL  RST
        MOV   A,#0CCH      ;跳过 ROM 匹配
        LCALL  WRITE
WR_SCRAPD:
        MOV   A,#4EH       ;写暂存器
        LCALL  WRITE
        MOV   A,TEMP_TH    ;TH(报警上限)
        LCALL  WRITE
        MOV   A,TEMP_TL    ;TL(报警下限)
        LCALL  WRITE
        MOV   A,#7FH       ;12 位精度
        LCALL  WRITE
        RET
;************************ 复制暂存器子程序 ******************************
WRITE_E2:
        LCALL  RST
        MOV   A,#0CCH      ;跳过 ROM 匹配
        LCALL  WRITE
        MOV   A,#48H       ;把暂存器里的温度报警值拷贝到 E²ROM
        LCALL  WRITE
        RET
```

```
;************************ 重读 E²PROM 子程序 *******************************
READ_E2:LCALL   RST
            MOV    A,#0CCH        ;跳过 ROM 匹配
            LCALL   WRITE
            MOV    A,#0B8H        ;把 E²PROM 里的温度报警值拷贝回暂存器
            LCALL   WRITE
            RET
;************************ 将自定义字符写入 LCD 的 CGRAM 中******************
STORE_DATA:
            MOV    A,#40H
            LCALL   WCOM
            MOV    R2,#08H
            MOV    DPTR,#D_DATA
            MOV    R3,#00H
S_DATA: MOV    A,R3
           MOVC    A,@A+DPTR
           LCALL    WDATA         ;写入数据
           INC    R3
           DJNZ    R2,S_DATA
           RET
D_DATA: DB 0CH,12H,12H,0CH,00H,00H,00H,00H
;************************    DS18B20 数据写入操作子程序 ************************
WRITE:MOV R2,#8                   ;共 8 位数据
        CLR    C
WR1: CLR DQ                       ;开始写入 DS18B20 总线要处于复位(低)状态
      MOV R3,#07
      DJNZ R3,$                   ;总线复位保持 16 微妙以上
      RRC A                       ;把一个字节 DATA 分成 8 个 BIT 环移给 C
      MOV DQ,C                    ;写入一位
      MOV R3,#3CH
      DJNZ R3,$                   ;等待 100μs
      SETB DQ                     ;重新释放总线
      NOP
      DJNZ R2,WR1                 ;写入下一位
      SETB DQ
      RET
;********************** DS18B20 数据读取操作子程序   **************************
READ: MOV R4,#4                   ;将温度低位、高位、TH、TL 从 DS18B20 中读出
MOV R1,#TEMPL                     ;存入 25H、26H、27H、28H 单元
RE00: MOV R2,#8
```

```
RE01: CLR CY
      SETB DQ
      NOP
      NOP
      CLR DQ                     ;读前总线保持为低
      NOP
      NOP
      NOP
      SETB DQ                    ;开始读总线释放
      MOV R3,#09                 ;延时 18μs
      DJNZ R3,$
      MOV C,DQ                   ;从 DS18B20 总线读得 1 位
      MOV R3,#3CH
      DJNZ R3,$                  ;等待 100μs
      RRC A                      ;把读得的位值环移给 A
      DJNZ R2,RE01               ;读下一位
      MOV @R1,A
      INC R1
      DJNZ R4,RE00
      RET
;************************ 温度值 BCD 码处理子程序 ************************
CONVTEMP: MOV   A,TEMPH          ;判温度是否零下
          ANL   A,#08H
          JZ    TEMPC1           ;温度零上转设正温度标记
          CLR   C
          MOV   A,TEMPL          ;二进制数求补(双字节)
          CPL   A                ;取反加 1
          ADD   A,#01H
          MOV   TEMPL,A
          MOV   A,TEMPH
          CPL   A
          ADDC  A,#00H
          MOV   TEMPH,A
          MOV   TEMPHC,#0BH      ;负温度标志
          MOV   TEMPFC,#0BH
          SJMP  TEMPC11
TEMPC1:MOV   TEMPHC,#0AH         ;正温度标志
       MOV   TEMPFC,#0AH
TEMPC11:MOV   A,TEMPHC
        SWAP   A
```

```
        MOV   TEMPHC,A
        MOV   A,TEMPL
        ANL   A,#0FH              ;乘 0.0625
        MOV   DPTR,#TEMPDOTTAB
        MOVC  A,@A+DPTR
        MOV   TEMPLC,A            ;TEMPLC LOW=小数部分 BCD
        MOV   A,TEMPL             ;整数部分
        ANL   A,#0F0H             ;取出高 4 位
        SWAP  A
        MOV   TEMPL,A
        MOV   A,TEMPH             ;取出低 4 位
        ANL   A,#0FH
        SWAP  A
        ORL   A,TEMPL             ;重新组合
        MOV   TEMP_ZH,A
        LCALL HEX2BCD1
        MOV   TEMPL,A
        ANL   A,#0F0H
        SWAP  A
        ORL   A,TEMPHC            ;TEMPHC LOW = 十位数 BCD
        MOV   TEMPHC,A
        MOV   A,TEMPL
        ANL   A,#0FH
        SWAP  A                   ;TEMPLC HI = 个位数 BCD
        ORL   A,TEMPLC
        MOV   TEMPLC,A
        MOV   A,R4
        JZ    TEMPC12
        ANL   A,#0FH
        SWAP  A
        MOV   R4,A
        MOV   A,TEMPHC            ;TEMPHC HI = 百位数 BCD
        ANL   A,#0FH
        ORL   A,R4
        MOV   TEMPHC,A
TEMPC12: RET
;************************ 二-十进制转换子程序 ****************************
HEX2BCD1:MOV  B,#064H
         DIV  AB
         MOV  R4,A
```

```
        MOV   A,#0AH
        XCH   A,B
        DIV   AB
        SWAP  A
        ORL   A,B
        RET
TEMPDOTTAB: DB 00H,00H,01H,01H,02H,03H,03H,04H      ;小数部分码表
          DB 05H,05H,06H,06H,07H,08H,08H,09H
;********************** 查询温度报警值子程序 **************************
LOOK_ALARM: MOV   DPTR,#M_ALAX2  ;指针指到显示信息区
          MOV   A,#2             ;显示在第二行
          LCALL   LCD_PRINT
          MOV   A,#0C6H
          LCALL   TEMP_BJ1
          MOV   A,TEMP_TH        ;加载 TH 数据
          MOV   LCD_X,#3         ;设置显示位置
          LCALL   SHOW_DIG2H     ;显示数据
          MOV   A,#0CEH
          LCALL   TEMP_BJ1
          MOV   A,TEMP_TL        ;加载 TL 数据
          MOV   LCD_X,#12        ;设置显示位置
          LCALL   SHOW_DIG2L     ;显示数据
          RET
M_ALAX1: DB " LOOK ALERT CODE",0
M_ALAX2: DB "TH:        TL:       ",0
TEMP_BJ1: LCALL WCOM
        MOV   DPTR,#BJ2          ;指针指到显示信息区
        MOV   R1,#0
        MOV   R0,#2
BBJJ2: MOV   A,R1
      MOVC A,@A+DPTR
      LCALL   WDATA
      INC R1
      DJNZ   R0,BBJJ2
      RET
BJ2: DB   00H,"C"
;************************* LCD 显示子程序 *********************************
SHOW_DIG2H: MOV   B,#100
          DIV   AB
          ADD   A,#30H
```

```
               PUSH   B
               MOV    B,LCD_X
               LCALL  LCDP2
               POP    B
               MOV    A,#0AH
               XCH    A,B
               DIV    AB
               ADD    A,#30H
               INC    LCD_X
               PUSH   B
               MOV    B,LCD_X
               LCALL  LCDP2
               POP    B
               INC    LCD_X
               MOV    A,B
               MOV    B,LCD_X
               ADD    A,#30H
               LCALL  LCDP2
               RET
SHOW_DIG2L:    MOV    B,#100
               DIV    AB
               MOV    A,#0AH
               XCH    A,B
               DIV    AB
               ADD    A,#30H
               PUSH   B
               MOV    B,LCD_X
               LCALL  LCDP2
               POP    B
               INC    LCD_X
               MOV    A,B
               MOV    B,LCD_X
               ADD    A,#30H
               LCALL  LCDP2
               RET
;************************ 显示区 BCD 码温度值刷新子程序 **********************
DISPBCD:  MOV    A,TEMPLC
          ANL    A,#0FH
          MOV    70H,A              ;小数位
          MOV    A,TEMPLC
```

```
            SWAP   A
            ANL   A,#0FH
            MOV   71H,A                  ;个位
            MOV   A,TEMPHC
            ANL   A,#0FH
            MOV   72H,A                  ;十位
            MOV   A,TEMPHC
            SWAP   A
            ANL   A,#0FH
            MOV   73H,A                  ;百位
DISPBCD2: RET
;*************************** LCD 显示数据处理子程序 *************************
CONV: MOV   A,73H                    ;加载百位数据
        MOV   LCD_X,#6                 ;设置位置
        CJNE A,#1,CONV1
        JMP   CONV2
CONV1: CJNE A,#0BH,CONV11
         MOV   A,#"-"                  ;"-"号显示
         JMP   CONV111
CONV11: MOV   A,#""                    ;"+"号不显示
CONV111: MOV   B,LCD_X
           LCALL   LCDP2
           JMP   CONV3
CONV2: LCALL   SHOW_DIG2             ;显示数据
CONV3: INC   LCD_X
         MOV   A,72H                   ;十位
         LCALL   SHOW_DIG2
         INC   LCD_X
         MOV   A,71H                   ;个位
         LCALL   SHOW_DIG2
         INC   LCD_X
         MOV   A,#'.'
         MOV   B,LCD_X
         LCALL   LCDP2
         MOV   A,70H                   ;加载小数点位
         INC   LCD_X                   ;设置显示位置
         LCALL   SHOW_DIG2             ;显示数据
         RET
;*************************** 第二行显示数字子程序 *************************
SHOW_DIG2:ADD   A,#30H
```

```
        MOV   B,LCD_X
        LCALL   LCDP2
        RET
;************************** 第二行显示数字子程序 ************************
LCDP2: PUSH   ACC
      MOV   A,B                    ;设置显示地址
      ADD   A,#0C0H                ;设置 LCD 的第二行地址
      LCALL   WCOM                 ;写入命令
      POP   ACC                    ;由堆栈取出 A
      LCALL   WDATA                ;写入数据
      RET
;************************** 对 LCD 做初始化设置及测试************************
SET_LCD: CLR   LCD_EN
        LCALL   INIT_LCD           ;初始化 LCD
        LCALL   STORE_DATA         ;将自定义字符存入 LCD 的 CGRAM
        RET
;****************************** LCD 初始化 *********************************
INIT_LCD: MOV   A,#38H             ;2 行显示，字形 5*7 点阵
        LCALL   WCOM
        LCALL   DELAY1
        MOV   A,#38H
        LCALL   WCOM
        LCALL   DELAY1
        MOV   A,#38H
        LCALL   WCOM
        LCALL   DELAY1
        MOV   A,#0CH               ;开显示，显示光标，光标不闪烁
        LCALL   WCOM
        LCALL   DELAY1
        MOV   A,#01H               ;清除 LCD 显示屏
        LCALL   WCOM
        LCALL   DELAY1
        RET
;****************************** 清除 LCD 的第一行字符 **************************
CLR_LINE1:MOV   A,#80H             ;设置 LCD 的第一行地址
        LCALL   WCOM
        MOV   R0,#24               ;设置计数值
C1: MOV   A,#' '                   ;载入空格符至 LCD
    LCALL   WDATA                  ;输出字符至 LCD
    DJNZ   R0,C1                   ;计数结束
```

```
    RET
;************************ LCD 的第一行或第二行显示字符 **********************
LCD_PRINT:CJNE   A,#1,LINE2          ;判断是否为第一行
          LINE1: MOV   A,#80H        ;设置 LCD 的第一行地址
          LCALL   WCOM               ;写入命令
          LCALL   CLR_LINE           ;清除该行字符数据
          MOV   A,#80H               ;设置 LCD 的第一行地址
          LCALL   WCOM               ;写入命令
          JMP   FILL
LINE2: MOV   A,#0C0H                 ;设置 LCD 的第二行地址
       LCALL   WCOM                  ;写入命令
       LCALL   CLR_LINE              ;清除该行字符数据
       MOV   A,#0C0H                 ;设置 LCD 的第二行地址
       LCALL   WCOM
FILL: CLR   A                        ;填入字符
      MOVC   A,@A+DPTR               ;由消息区取出字符
      CJNE   A,#0,LC1                ;判断是否为结束码
      RET
LC1: LCALL   WDATA                   ;写入数据
     INC   DPTR                      ;指针加 1
     JMP   FILL                      ;继续填入字符
     RET
;*************************** 清除 1 行 LCD 的字符 ****************************
CLR_LINE: MOV   R0,#24
CL1: MOV   A,#' '
     LCALL   WDATA
     DJNZ   R0,CL1
     RET
DE:MOV   R7,#250
   DJNZ   R7,$
   RET
;*************************** LCD 间接控制方式命令写入 *************************
WCOM: MOV   P0,A                ;写入命令
      CLR LCD_RS                ;RS=L,RW=L,D0-D7=指令码，E=高脉冲
      CLR LCD_RW
      SETB LCD_EN
      LCALL DELAY1
      CLR LCD_EN
      RET
```

```
;************************** LCD 间接控制方式数据写入 ************************
WDATA: MOV   P0,A              ;写入数据
        SETB  LCD_RS
        CLR   LCD_RW
        SETB  LCD_EN
        LCALL  DE
        CLR   LCD_EN
        LCALL  DE
        RET
;************************** 在 LCD 的第一行显示字符 **************************
LCDP1: PUSH   ACC
       MOV   A,B               ;设置显示地址
       ADD   A,#80H            ;设置 LCD 的第一行地址
       LCALL  WCOM             ;写入命令
       POP   ACC               ;由堆栈取出 A
       LCALL  WDATA            ;写入数据
       RET
;****************************** 声光报警子程序 ******************************
BEEP_BL: MOV   R6,#100
BL2: LCALL   DEX1
     CPL   BEEP
     CPL   RELAY
     DJNZ   R6,BL2
     MOV   R5,#10
     LCALL   DELAY
     RET
DEX1: MOV   R7,#180
DE2: NOP
     DJNZ   R7,DE2
     RET
;****************************** 延时子程序 ******************************
DELAY: MOV   R6,#50
DL1: MOV   R7,#100
     DJNZ   R7,$
     DJNZ   R6,DL1
     DJNZ   R5,DELAY
     RET
DELAY1:MOV   R6,#25            ;延时 5ms
DL2: MOV   R7,#100
```

```
DJNZ   R7,$
DJNZ   R6,DL2
RET
END
```

图 7-54～图 7-57 分别是环境温度大于 TH(＞85℃)、小于 TL(＜25℃)、介于二者之间和非正常测温情况下的 Proteus 仿真结果，读者可根据需要自行设计仿真电路并录入代码，进行更多情况的仿真和体验。

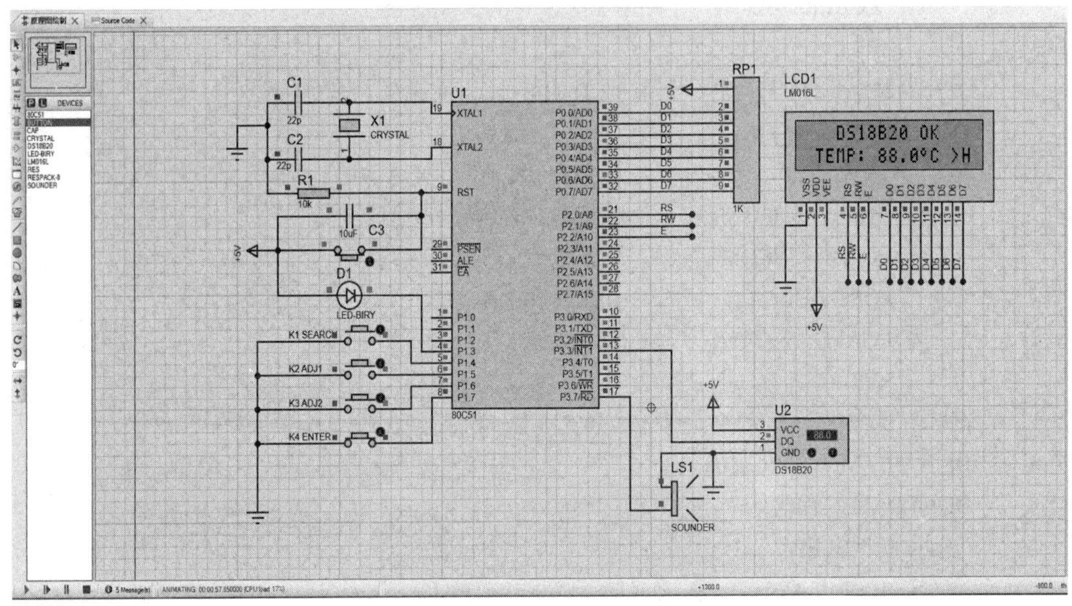

图 7-54　环境温度大于 TH(＞85℃)仿真结果

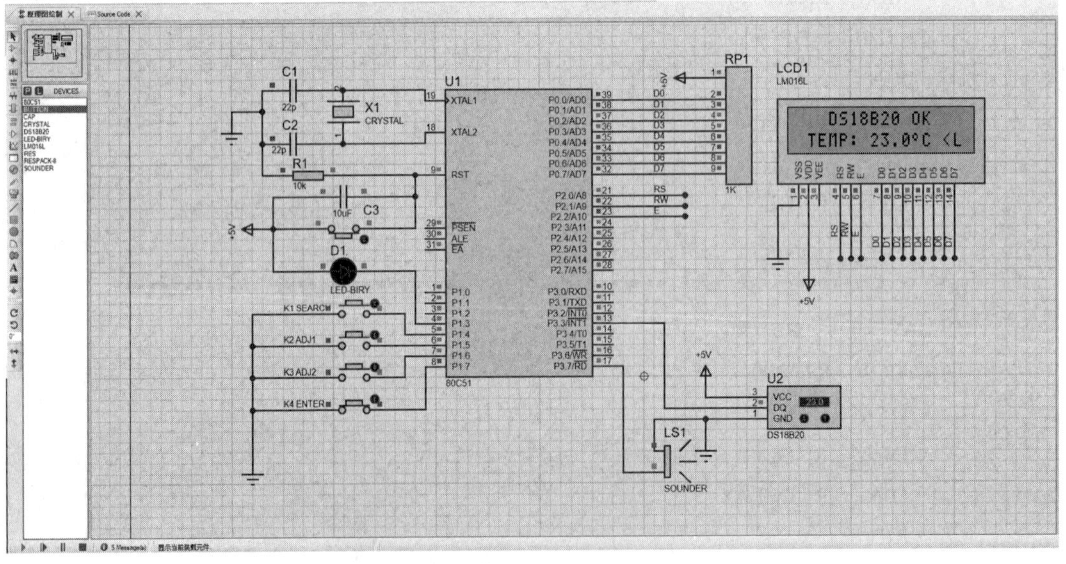

图 7-55　环境温度小于 TL(＜25℃)仿真结果

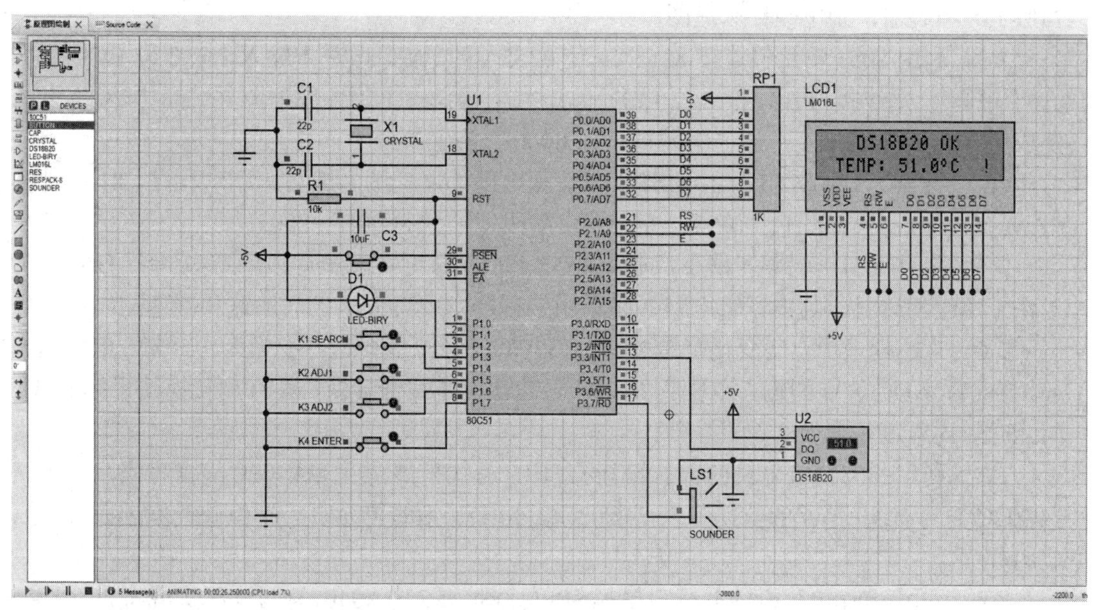

图 7-56　环境温度正常范围仿真结果

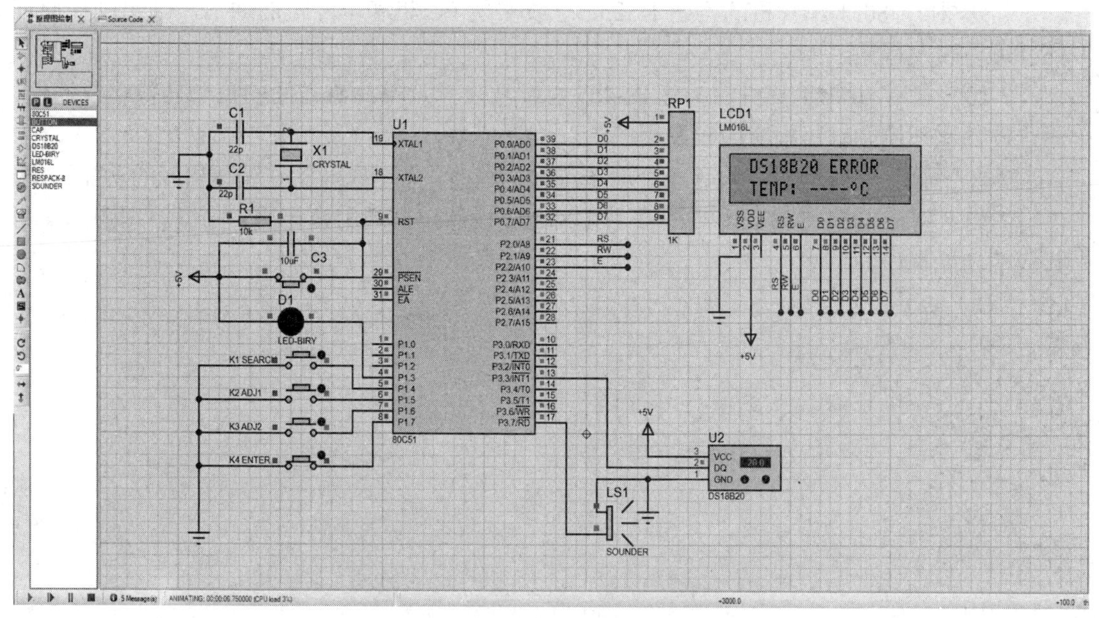

图 7-57　环境温度非正常范围仿真结果

习　　题

7-1　简述 8051 单片机的系统总线构建方法。

7-2　利用 8051 单片机扩展 2 片 6264 和 2 片 2764，6264(1)从 6000H 开始编址，6264(2)与 6264(1)地址连续，2764(1)从 0000H 开始编址，2764(2)与 2764(1)地址连续，译码器采用

74LS138 译码器，画出硬件原理图。

7-3　利用 8051 单片机连接 8255A，使 8255A 的 PA 口做基本输入，与 2 位 BCD 拨码盘(十进制输入)连接，PB 口接 2 位 LED 输出(共阴极)，画出硬件原理图并编写出驱动程序，要求用线选法对 8255A 片选，编码地址为 8000H～8003H。

7-4　将题 7-3 中 8255 改用 8155 扩展，画出硬件原理图并编写出驱动程序，8155 片内 RAM 字节地址为 0000H～00FFH，I/O 端口编码地址为 8000H～8005H。

7-5　利用 8051 单片机扩展 1 片 DAC0832 和两个按键实现直流电机调速功能，DAC0832 工作于单缓冲方式，画出逻辑电路并编写相应程序实现直流电机的加速和减速控制。

7-6　某热处理炉温度变化范围为 0～1350℃，经温度变送器变换为 0～5 V 电压送至 ADC0809，ADC0809 的输入范围为 0～5 V，若认为是线性转换，某时刻转换结果为 6AH，问此时炉内温度是多少度？

7-7　利用 8051 单片机的并行口模拟 I^2C 总线扩展两片 24C02C，编写程序实现将 24C02C(1)的前 40 单元的数据写入 24C02C(2)40H 开始的单元中，画出硬件原理图并编写应用程序。

7-8　利用 8051 单片机的并行口模拟 SPI 总线扩展 25AA040，编写程序实现将 25AA040 的首页的前 40 单元的数据写入次页 40H 开始的单元中，画出硬件原理图并编写应用程序。

7-9　利用 8051 单片机的构建 RS232 总线实现 PC 机和单片机的通信，画出硬件原理图并编写收发程序。

7-10　利用 8051 单片机的构建 RS485 总线实现两片单片机之间的自动切换收发通信，画出硬件原理图并编写相应的收发程序。

7-11　基于 8051 单片机设计一个电子琴演奏歌曲，画出原理图并编写相应的功能程序。

7-12　基于 8051 单片机和时钟芯片 DS1302 设计一个通用万年历，画出原理图并编写相应的功能程序。

附录 A　ASCII 码表

基本 ASCII 码见表 A-1。

表 A-1　基本 ASCII 码

高4位 / 低4位		基本ASCII码							
		0	1	2	3	4	5	6	7
		0000	0001	0010	0011	0100	0101	0110	0111
0	0000	NUL	DLE	SP	0	@	P	、	p
1	0001	SOH	DC1	!	1	A	Q	a	q
2	0010	STX	DC2	“	2	B	R	b	r
3	0011	ETX	DC3	#	3	C	S	c	s
4	0100	EOT	DC4	$	4	D	T	d	t
5	0101	ENQ	NAK	%	5	E	U	e	u
6	0110	ACK	SYN	&	6	F	V	f	v
7	0111	BEL	ETB	‘	7	G	W	g	w
8	1000	BS	CAN	(	8	H	X	h	x
9	1001	HT	EM	)	9	I	Y	i	y
A	1010	LF	SUB	*	:	J	Z	j	z
B	1011	VT	ESC	+	;	K	[	k	{
C	1100	FF	FS	,	<	L	\	l	|
D	1101	CR	GS	-	=	M	]	m	}
E	1110	SO	RS	.	>	N	↑ or ^	n	~
F	1111	SI	US	/	?	O	← or _	o	DEL

表中符号说明：

NUL—空，SOH—标题开始，STX—正文开始，ETX—正文结束，EOT—传输结束，ENQ—询问，ACK—承认，BEL—报警符，BS—退一格，HT—横向列表，LF—换行，VT—垂直制表，FF—走纸控制，CR—回车，SO—移位输出，SI—移位输入，SP—空格，DLE—数据链换码，DC1—设备控制 1，DC2—设备控制 2，DC3—设备控制，3DC4—设备控制 4，NAK—否定，SYN—空转同步，ETB—信息组传送结束，CAN—作废，EM—纸尽，SUB—减，ESC—换码，FS—文字分隔符，GS—组分隔符，RS—记录分割符，US—单位分隔符，DEL—删除。

扩展 ASCII 码见表 A-2。

表 A-2　扩展 ASCII 码

高4位 低4位		扩展ASCII码							
		8	9	A	B	C	D	E	F
		1000	1001	1010	1011	1100	1101	1110	1111
0	0000	Ç	É	á	░	└	╨	α	≡
1	0001	ü	æ	í	▒	┴	╤	β	±
2	0010	é	Æ	ó	▓	┬	╥	γ	⩾
3	0011	â	ô	ú	│	├	╙	π	⩽
4	0100	ä	ö	ñ	┤	─	T	Σ	⌠
5	0101	à	õ	Ñ	╡	┼	╒	σ	∮
6	0110	å	û	ɑ	╢	╞	╓	μ	÷
7	0111	ç	ù	o	╖	╟	╫	T	≈
8	1000	ê	ÿ	¿	╕	╚	╪	Φ	°
9	1001	ë	ö	┏	╣	╔	┘	Θ	·
A	1010	è	Ü	┓	║	╩	┌	Ω	·
B	1011	ï	¢	½	╗	╦	█	δ	√
C	1100	î	£	¼	╝	╠	▄	∞	^{n}
D	1101	ì	¥	i	╜	═	▌	φ	^{2}
E	1110	Ä	P_{ts}	》	╛	╬	▐	∈	■
F	1111	Å	*f*	《	┐	╧	▀	∩	

附录 B　MCS-51 单片机指令集

MCS-51 指令集见表 B-1。

表 B-1　MCS-51 指令集

类型		序号	助记符	指令功能	对标志位影响				操作码
					Cy	AC	OV	P	
传送类指令	基本传送类指令	1	MOV A, Rn	A←Rn	×	×	×	√	E8～EFH
		2	MOV A,direct	A←(direct)	×	×	×	√	E5H
		3	MOV A, @Ri	A←(Ri)	×	×	×	√	E6H、E7H
		4	MOV A, #data	A←data	×	×	×	√	74H
		5	MOV Rn,A	Rn←A	×	×	×	×	F8H～FFH
		6	MOV Rn,direct	Rn←(direct)	×	×	×	×	A8H～AFH
		7	MOV Rn,#data	Rn←data	×	×	×	×	78H～7FH
		8	MOV direct,A	direct←A	×	×	×	×	F5H
		9	MOV direct,Rn	direct←Rn	×	×	×	×	88H～8FH
		10	MOV direct2, direct1	direct2←(direct1)	×	×	×	×	85H
		11	MOV direct, @Ri	direct←(Ri)	×	×	×	×	86H,87H
		12	MOV direct, #data	direct←data	×	×	×	×	75H
		13	MOV @Ri, A	(Ri)←A	×	×	×	×	F6H, F7H
		14	MOV @Ri, direct	(Ri)←(direct)	×	×	×	×	A6H, A7H
		15	MOV @Ri, #data	(Ri)←data	×	×	×	×	76H, 77H
		16	MOV DPTR,#data16	DPTR←data16	×	×	×	×	90H
	查表指令	17	MOVC A,@A+DPTR	A←(A+DPTR)	×	×	×	√	93H
		18	MOVC A,@A+PC	A←(A+PC)	×	×	×	√	83H
	内外传送指令	19	MOV X　A , @Ri	A←(Ri)	×	×	×	√	E2H,E3H
		20	MOV X　A , @DPTR	A←(DPTR)	×	×	×	√	E0H
		21	MOV X　@Ri, A	(Ri)←A	×	×	×	×	F2H,F3H
		22	MOV X　@DPTR , A	(DPTR)←A	×	×	×	×	F0H
	堆栈指令	23	PUSH direct	SP←SP+1, (direct)→(SP)	×	×	×	×	C0H
		24	POP　direct	(SP)→direct, SP←SP−1	×	×	×	×	D0H

续表一

类型		序号	助记符	指令功能	对标志位影响				操作码
					Cy	AC	OV	P	
传送类指令	交换指令	25	XCH　A, Rn	A↔Rn	×	×	×	√	C8H,CFH
		26	XCH　A, direct	A↔direct	×	×	×	√	C5H
		27	XCH　A, @Ri	A↔(Ri)	×	×	×	√	C6H,C7H
		28	XCHD　A, @Ri	A3～A0↔(Ri3～Ri0)	×	×	×	√	D6H,D7H
算术运算指令	不带进位加法	1	ADD A, Rn	A←A+Rn	√	√	√	√	28H～2FH
		2	ADD A, direct	A←A+(direct)	√	√	√	√	25H
		3	ADD A, @Ri	A←A+(Ri)	√	√	√	√	26H, 27H
		4	ADD A, #data	A←A+data	√	√	√	√	24H
	带进位加法	5	ADDC A, Rn	A←A+Rn+Cy	√	√	√	√	38H～3FH
		6	ADDC A, direct	A←A+(direct)+Cy	√	√	√	√	35H
		7	ADDC A, @Ri	A←A+(Ri)+Cy	√	√	√	√	36H,37H
		8	ADDC A, #data	A←A+data+Cy	√	√	√	√	34H
	带借位减法	9	SUBB A, Rn	A←A-Rn-Cy	√	√	√	√	98H～9FH
		10	SUBB A, direct	A←A-(direct)-Cy	√	√	√	√	95H
		11	SUBB A, @Ri	A←A-(Ri)-Cy	√	√	√	√	96H,97H
		12	SUBB A, #data	A←A-data-Cy	√	√	√	√	94H
	自加1指令	13	INC A	A←A+1	×	×	×	√	04H
		14	INC Rn	Rn←Rn+1	×	×	×	×	08H～0FH
		15	INC　direct	direct←(direct)+1	×	×	×	×	05H
		16	INC　@Ri	(Ri)←(Ri)+1	×	×	×	×	06H,07H
		17	INC DPTR	DPTR←DPTR+1	×	×	×	×	A3H
	自减1指令	18	DEC A	A←A-1	×	×	×	√	14H
		19	DEC Rn	Rn←Rn-1	×	×	×	×	18H～1FH
		20	DEC　direct	direct←(direct)-1	×	×	×	×	15H
		21	DEC　@Ri	(Ri)←(Ri)-1	×	×	×	×	16H,17H
	乘法	22	MUL AB	A←B×A 低 8 位 A←B×A 高 8 位	0	×	√	√	A4H
	除法	23	DIV AB	A←B÷A 商 A←B÷A 余数	0	×	√	√	84H
	调整	24	DA　A	对 A 进行 BCD 调整	√	√	√	√	D4H

续表二

类型		序号	助记符	指令功能	对标志位影响				操作码
					Cy	AC	OV	P	
逻辑运算指令	逻辑与指令	1	ANL A, Rn	A←A∧Rn	×	×	×	√	58H～5FH
		2	ANL A, direct	A←A∧(direct)	×	×	×	√	55H
		3	ANL A, @Ri	A←A∧(Ri)	×	×	×	√	56H～57H
		4	ANL A, #data	A←A∧data	×	×	×	√	54H
		5	ANL　direct, A	direct←(direct)∧A	×	×	×	×	52H
		6	ANL　direct, #data	direct←(direct)∧data	×	×	×	×	53H
	逻辑或指令	7	ORLA, Rn	A←A∨Rn	×	×	×	√	48H～4FH
		8	ORLA, direct	A←A∨(direct)	×	×	×	√	45H
		9	ORLA, @Ri	A←A∨(Ri)	×	×	×	√	46H～47H
		10	ORLA, #data	A←A∨data	×	×	×	√	44H
		11	ORL direct, A	direct←(direct)∨A	×	×	×	×	42H
		12	ORL direct, #data	direct←(direct)∨data	×	×	×	×	43H
	逻辑异或指令	13	XRLA, Rn	A←A⊕Rn	×	×	×	√	68H～6FH
		14	XRLA, direct	A←A⊕(direct)	×	×	×	√	65H
		15	XRLA, @Ri	A←A⊕(Ri)	×	×	×	√	66H～67H
		16	XRLA, #data	A←A⊕data	×	×	×	√	64H
		17	XRL direct, A	direct←(direct)⊕A	×	×	×	×	62H
		18	XRL direct, #data	direct←(direct)⊕data	×	×	×	×	63H
	清零	19	CLR　A	A←0	×	×	×	×	E4H
	取反	20	CPL　A	A←/A	×	×	×	×	F4H
	移位指令	21	RL　A	A7←A0	×	×	×	×	23H
		22	RR　A	A7→A0	×	×	×	×	03H
		23	RLC　A	CY←A7←A0	√	×	×	√	33H
		24	RRC　A	CY→A7→A0	√	×	×	√	13H
		25	SWAP　A	A7—A4 ⇄ A3—A0	×	×	×	×	C4H

续表三

类型		序号	助记符	指令功能	对标志位影响				操作码
					Cy	AC	OV	P	
控制转移指令	无条件转移	1	AJMP　addr11	PC10～PC0←addr11	×	×	×	×	&0
		2	LJMP　addr11	PC←addr16	×	×	×	×	02H
		3	SJMP　rel	PC←PC+rel+2	×	×	×	×	80H
		4	JMP　@A+DPTR	PC←A+DPTR	×	×	×	×	73H
	判A转移指令	5	JZ rel	若 A=0，则 PC←PC+2+ rel 否则 PC←PC+2	×	×	×	×	60H
		6	JNZ　rel	若 A≠0，则 PC←PC+2+rel 否则 PC←PC+2	×	×	×	×	70H
	比较转移指令	7	CJNE　A, direct, rel	若 A≠(direct)， 则 PC←PC+3+rel 否则PC←PC+3；若A≥(direct)， 则 Cy←0，否则 Cy←1	√	×	×	×	B5H
		8	CJNE　A, #data, rel	若 A≠data， 则 PC←PC+3+rel， 否则 PC←PC+3；若 A≥data， 则 Cy←0；否则 Cy←1	√	×	×	×	B4H
		9	CJNE　Rn, #data, rel	若 Rn≠data， 则 PC←PC+3+rel， 否则 PC←PC+3；若 Rn≥data， 则 Cy←0，否则 Cy←1	√	×	×	×	B8H～BFH
		10	CJNE　@Ri, #data, rel	若(Ri)≠data， 则 PC←PC+3+rel， 否则 PC←PC+3；若(Ri)≥data， 则 Cy←0，否则 Cy←1	√	×	×	×	B6H B7H
	循环控制转移指令	11	DJNZ　Rn, rel	若 Rn-1≠0， 则 PC←PC+2+rel， 否则 PC←PC+2	×	×	×	×	D8H～DFH
		12	DJNZ　direct, rel	若 direct-1≠0， 则 PC←PC+3+rel， 否则 PC←PC+2	×	×	×	×	D5H
	调用指令	13	ACALL　addr11	PC←PC+2， SP=SP+1, SP←PC7-0 SP=SP+1, SP←PC15-8 PC10～PC0←addr11	×	×	×	×	&1
		14	LCALL　addr16	PC←PC+3， SP=SP+1, SP←PC7-0 SP=SP+1, SP←PC15-8 PC←addr16	×	×	×	×	12H

续表四

类型		序号	助记符	指令功能	对标志位影响				操作码
					Cy	AC	OV	P	
控制转移指令	子程序返回	15	RET	PC15-8←SP, SP←SP-1 PC7-0←SP, SP←SP-1	×	×	×	×	22H
	中断返回	16	RETI	PC15-8←SP, SP←SP-1 PC7-0←SP, SP←SP-1	×	×	×	×	32H
	空操作	17	NOP	PC←PC+1	×	×	×	×	00H
位操作指令	位清零	1	CLR　C	Cy←0	√	×	×	×	C3H
		2	CLR　bit	bit←0	×	×	×	×	C2H
	位置位	3	SETB　C	Cy←1	√	×	×	×	D3H
		4	SETB　bit	bit←1	×	×	×	×	D2H
	位取反	5	CPL　C	Cy←/Cy	√	×	×	×	B3H
		6	CPL　bit	bit←/bit	×	×	×	×	B2H
	位相与	7	ANL　C, bit	Cy←Cy∧bit	√	×	×	×	82H
		8	ANL　C, /bit	Cy←Cy∧/bit	√	×	×	×	B0H
	位相或	9	ORL　C, bit	Cy←Cy∨bit	√	×	×	×	72H
		10	ORL　C, /bit	Cy←Cy∨/bit	√	×	×	×	A0H
	位传送	11	MOV C, bit	Cy←bit	√	×	×	×	A2H
		12	MOV　bit, C	bit←Cy	×	×	×	×	92H
	判Cy转移	13	JC rel	若 Cy=1，则 PC←PC+2+rel， 否则 PC←PC+2	×	×	×	×	40H
		14	JC rel	若 Cy=0，则 PC←PC+2+rel， 否则 PC←PC+2	×	×	×	×	50H
	位检测转移	15	JB bit, rel	若 bit=1，则 PC←PC+3+rel， 否则 PC←PC+3	×	×	×	×	20H
		16	JNB bit,rel	若 bit=0，则 PC←PC+3+rel， 否则 PC←PC+3	×	×	×	×	30H
		17	JBC bit,rel	若 bit=1，则 PC←PC+3+rel 且 bit←0，否则 PC←PC+3	×	×	×	×	10H

注：&0 = $a_{10}a_9a_8$00001B　&1 = $a_{10}a_9a_8$10001B

参 考 文 献

[1] 耿仁义. 新编微机原理及接口技术[M]. 天津：天津大学出版社，2006.

[2] 林志贵，严锡君，袁臣虎，等. 微型计算机原理及接口技术[M]. 北京：机械工业出版社，2010.

[3] 胡蕾，王祥瑞，王蓉晖. 微机原理及接口技术[M]. 北京：机械工业出版社，2013.

[4] 吕淑萍，于立君，刘心，等. 微型计算机原理与接口技术[M]. 哈尔滨：哈尔滨工业大学出版社，2013.

[5] 郑学坚. 微型计算机原理及应用[M]. 北京：清华大学出版社，2001.

[6] 胡汉才. 单片机原理及接口技术[M]. 北京：清华大学出版社，1996.

[7] 王敏，袁臣虎，冯慧，等. 单片机原理及接口技术：基于 MCS-51 与汇编语言[M]. 北京：清华大学出版社，2013.

[8] 徐爱钧. 单片机原理实用教程：基于 Proteus 虚拟仿真[M]. 北京：电子工业出版社，2011.

[9] 杨全胜，胡友彬，王晓蔚，等. 现代微机原理与接口技术[M]. 北京：电子工业出版社，2012.

[10] 周孟初，秦永平，王晓芳，等. 微型计算机原理与接口技术[M]. 合肥：中国科技大学出版社，2012.

[11] 洪志全，侯晔. 微机原理与应用[M]. 成都：电子科技大学出版社，2013.

[12] 袁臣虎，冯慧. 新编微型计算机原理及应用[M]. 北京：中国电力出版社，2014.